高等职业技术教育规划教材——土木工程类

水力学与桥涵水文

（第 2 版）

主编　安　宁　殷克俭

西南交通大学出版社
·成　都·

图书在版编目（CIP）数据

水力学与桥涵水文 / 安宁主编. —2 版. —成都：
西南交通大学出版社，2014.8（2020.8 重印）
高等职业技术教育规划教材. 土木工程类
ISBN 978-7-5643-3288-4

Ⅰ. ①水… Ⅱ. ①安… Ⅲ. ①水力学－高等职业教育
－教材②桥涵工程－工程水文学－高等职业教育－教材
Ⅳ. ①TV13②U442.3

中国版本图书馆 CIP 数据核字（2014）第 190637 号

高等职业技术教育规划教材——土木工程类

水力学与桥涵水文
（第 2 版）

主编 安 宁 殷克俭

责 任 编 辑	张 波
助 理 编 辑	胡晗欣
封 面 设 计	墨创文化
	西南交通大学出版社
出 版 发 行	（四川省成都市金牛区二环路北一段 111 号 西南交通大学创新大厦 21 楼）
发 行 部 电 话	028-87600564　028-87600533
邮 政 编 码	610031
网 　 址	http://www.xnjdcbs.com
印 　 刷	成都蓉军广告印务有限责任公司
成 品 尺 寸	185 mm×260 mm
印 　 张	19
字 　 数	497 千字
版 　 次	2014 年 8 月第 2 版
印 　 次	2020 年 8 月第 4 次
书 　 号	ISBN 978-7-5643-3288-4
定 　 价	37.50 元

第 2 版前言

21 世纪以来，铁路建设进入了一个持续的高速发展时期，加之我国高职教育的快速发展，迫切需要编写适合三年制高职和五年制高职的教材，而适合高职层次铁道工程技术专业的水力学与桥涵水文方面的教材市场则几乎空白。本教材在 2008 年 3 月首次出版以来，深受广大读者的青睐。在使用过程中，同行们也提出了一些宝贵的意见，再版之际编者会同有关专家对教材部分内容作了一定的修改，主要针对提高教材易读性，使描述更加详细、易懂，并对教材中存在的一些问题进行了修改和处理。

本教材根据专业教学计划的要求编写，在编写过程中，吸取和结合国内外最新的理论、知识以及计算方法，特别是运用 Matlab 解决水力学和桥涵水文方面的计算方法问题，具有一定的新颖性。

在编写过程中以工程应用为指导，努力贯彻"打好基础、够用、实用"的原则，其教学学时数随专业要求有所不同，建议为 60~90 学时。考虑到本教材要既能满足高职高专教材的需要，又可作为职业培训教材，内容较前略有增加。并根据现场需要和科技的发展，细化了有关案例，具体使用教材时，可根据实际需要酌情删减。本书分为两部分：第一部分为水力学基础，使学生能够按设计、施工的技术要求，掌握水力学的基础知识；第二部分为桥涵水文，按照 1999 年颁布实施的《铁路工程水文勘测设计规范》《桥梁检定规范》、标准设计图以及桥渡水文技术手册的内容，系统地讲述基本原理与计算方法，使学生能够具有水文勘测与计算的基本技能，并在学完本书后，能较顺利地查阅各种有关规范和手册。全书各章均提供了不少计算实例，还进行了小结，以便于学生更好地复习和运用。

本书分两篇，共十三章，第一至六章由陕西铁路工程职业技术学院安宁编写，

第七章由张玉鹏编写，第八章由周永胜编写，第九至十三章由殷克俭编写，附录及有关各章的 Matlab 程序和算例由安宁编写。陕西铁路工程职业技术学院的铁工 5045 班贺建邦、杨正东、姚文龙和铁工 3051 班的王浩昕等同学参加了绘图并协助整编资料工作，全书由安宁主编并完成再版修订。

由于时间仓促和编者水平有限，疏漏和不妥之处在所难免，敬请读者提出宝贵意见，以便及时修改。

编　者

2014 年 6 月

第 1 版前言

进入 21 世纪以来，特别是近几年来，铁路建设进入了一个新的高潮期，人们需要不断地更新知识，学习新的工程技术，加之我国高职教育的快速发展，迫切需要编写适合三年制高职和五年制高职的教材，而适合高职层次铁道工程技术专业的水力学与桥涵水文方面的教材则几乎是空白的。

本教材根据专业教学计划的要求编写，在编写过程中，尽量汲取和结合国内外最新的理论、知识以及计算方法，特别是运用 Matlab 解决水力学和桥涵水文方面的计算方法问题，具有一定的新颖性。

在编写过程中努力贯彻"打好基础、够用、实用"的原则，其教学学时数随专业要求有所不同，为 60~80 学时。考虑到本教材要既能满足高职高专教材的需要，又可作为职业培训教材，内容较前略有增加。并根据现场需要和科技的发展，加强了既有桥涵水文检算的具体方法与实例，用 Matlab 进行水文计算以及附录（水力学实验）等。因此，具体使用教材时，可根据需要酌情删减。本书分为两部分：第一部分为水力学基础，使学生能够按设计、施工的技术要求，掌握水力学的基础知识；第二部分为桥涵水文，按照 1999 年颁布实施的《铁路工程水文勘测设计规范》、《桥梁检定规范》、标准设计图以及桥渡水文技术手册的内容，系统地讲述基本原理与计算方法，使学生能够具有水文勘测与计算的基本技能，并在学完本书后，能较顺利地查阅各种有关规范和手册。全书各章均提供了不少计算实例，还对各章进行了小结，以便于学生更好地复习和运用。

本书分两篇，共十三章，第一至六章由陕西铁路工程职业技术学院安宁编写，第七章由张玉鹏编写，第八章由周永胜编写，第九至十三章由殷克俭编写，附录及有关各章的 Matlab 程序和算例由安宁编写。陕西铁路工程职业技术学院的铁工 5045 班贺建邦、杨正东、姚文龙和铁工 3051 班的王浩昕等同学参加了绘图并协助整编资料工作，全书由安宁统稿并主编。由于时间仓促和编者水平有限，疏漏之处在所难免，敬请读者提出宝贵意见，以便及时修改。

编　者

2008 年 1 月

目　录

第一篇　水力学基础

第二篇　桥涵水文

第一篇

水力学基础

第一章　液体的物理性质及作用在液体上的力

内容提要　本章概略地阐述了水力学的性质和任务，重点讲述了液体的物理性质与作用力。

第一节　水力学的性质和任务

水力学是一门阐述水的力学规律及其在工程中应用的科学。它是力学的一个分支，属于技术科学范畴。水力学所研究的是以水为代表的液体平衡和机械运动的规律，其任务是运用这些规律解决工程实践中的一系列技术问题。

水力学和其他科学一样，是人类在不断征服自然的长期斗争中逐渐建立和发展起来的。水力学在工农业生产的各个部门有着广泛的应用，如工程实践中的给水、排水、热水采暖、渠道和桥涵的过水能力以及洪水对铁路路基与桥涵的冲刷，都是水流运动做功的结果。这些水流运动一方面和液体的外部条件有关，更主要的则是液体本身的物理、力学性质的反映。

在铁道工程、公路工程和市政工程等专业的课程中，水力学是一门极为重要的技术基础课程。因为在桥梁、隧道和线路的设计、施工、管理和维护中都会遇到一系列的水力学问题，所以只有学好水力学课程，才能正确地解决工程中所遇到的水力学方面的诸多问题。

水力学的基本内容可分为水静力学和水动力学两大部分。其中，水静力学主要研究液体处于静止或相对平衡状态下的力学规律及其应用，如静止液体中某一作用点压强和某一作用面压力的计算等问题；水动力学主要研究液体处于运动状态下的力学规律及其应用，如管流、明渠流、堰流的计算等问题。因为静止是运动速度为零的一种特殊运动，所以水静力学规律和水动力学规律的关系也是"特殊性"与"一般性"的关系，前者包含在后者之中。

自然界物质的基本存在形态分为固体、液体和气体三种。由于它们的微观分子结构和分子力性质不同，它们的宏观性状也各不相同，液体的宏观性状介于固体与气体之间。

从宏观特性看，液体同固体的基本区别在于：固体有一定的形状，而液体没有一定的形状，它的形状随容器而异；一般液体几乎不能承受拉力和抵抗拉伸变形；在相对静止状态下，液体不能承受剪切力，即液体具有流动性。气体与液体一样，也具有流动性，故统称为流体，所以水力学是流体力学的一个分支。液体和气体的区别在于：液体的体积有一定大小，能形成自由表面，能承受压力，对于压缩变形有较大的抵抗能力，即液体具有不易压缩性；而气体具有很大的压缩性和膨胀性，受容器边界的限制，没有固定的体积，体积随着温度的变化而变化，而且不能保持固定的形状，即随容器的形状而改变。

在物理学中我们学过气体的压强、体积和温度，它们之间满足如下关系：

$$\frac{p_1 V_1}{T_1} = \frac{p_2 V_2}{T_2}$$

水力学不研究液体分子的微观运动，只研究液体的宏观机械运动，即研究大量液体分子运动的统计平均特性和统计平均运动规律。即水力学把液体作为连续介质研究，认为液体是由本身质点完全充满空间，各质点之间毫无空隙、连续地、不间断地排列，并认为这种连续介质是匀质的和各向同性的。各向同性是指各部分和各方向的物理性质是一样的。

总之，在水力学中研究的液体是容易流动的、不易压缩的、均匀等向的连续介质，因此在水力学中可用连续函数研究水流运动的规律。

在学习水力学这门课程中，要注重基本概念、基本原理和基本方法的理解与掌握，注重水力计算和试验基本技能的培养，学会理论联系实际地分析和解决工程实际中的水力学问题。本书主要采用国际单位制。国际单位制在我国采用时间不长，在此之前，长期使用的是工程单位制，目前许多技术资料的物理量参数仍为工程单位制。因此，学习时必须注意这两种单位的换算。

第二节　液体的主要物理、力学性质

一、引力特性与重力、密度与重度

液体是有质量的，对质量为 m 的液体，在引力作用下，根据牛顿第一定律，其重力为 $G = mg$，水的质量与重力常用单位体积来量度，在匀质液体中，单位体积内所具有的质量称为密度，即：

$$\rho = \frac{m}{V} \tag{1.1}$$

密度的单位为 kg/m^3。液体的密度随温度和压强而变化，但变化甚小。工程上一般将水的密度视为常数。采用在 0.1 MPa（一个大气压）压力下，温度为 4 ℃ 时，$\rho = 1\,000\ kg/m^3$，而在相同条件，汞（水银）的密度：$\rho_汞 = 13\,600\ kg/m^3$。

在匀质液体中，单位体积内所具有的重力称为重度，即：

$$\gamma = \frac{G}{V} \tag{1.2}$$

根据牛顿定律：$G = mg$

g 为重力加速度，在水力学计算中，一般 $g = 9.8 \text{ m/s}^2$，式（1.2）可写成：

$$\gamma = \frac{G}{V} = \frac{mg}{V} = \frac{m}{V} \cdot g = \rho \cdot g \tag{1.3}$$

重度的单位为 N/m^3（或 kN/m^3），在工程实践中，同样在 0.1 MPa（一个大气压）压力下，温度为 4 ℃ 时，水的重度视为常数，即：

$$\gamma = \rho \cdot g = 1\,000 \times 9.8 = 9\,800 = 9.8\,（\text{kN/m}^3）$$

而在相同条件下汞的重度为：

$$\gamma_汞 = \rho_汞 \cdot g = 13\,600 \times 9.8 = 133\,280 = 133.28\,（\text{kN/m}^3）$$

在工程中常用的是水和汞，ρ 与 γ 作为液体的重要物性指标，必须牢记。

二、惯性与惯性力

物体保持原有运动状态或静止状态的性质叫物体的惯性。对液体也同样适用，当液体的运动速度改变或方向改变，会产生惯性力，根据牛顿第一定律，惯性力（F）的大小用质量 m 衡量，即 $F = -ma$，负号表示惯性力的方向与液体加速度 a 的方向相反。惯性力突出表现在边界条件的改变上。

三、黏滞性与黏滞力

液体具有流动性，在运动状态时，具有抵抗剪切变形的能力，在流层间产生内摩擦力，这种特性称为黏滞性。这种内摩擦力称为黏滞力。液体在运动时，质点之间存在着相对运动质点之间要产生一种内摩擦力来抵抗其相对运动，使相邻液层之间产生剪切力而形成剪切变形而影响液体的运动状况。

由于运动液体的内部存在着内摩擦力，液体在流动过程中，为克服内摩擦力而不断消耗本身的机械能，这种能量消耗称为液流能量损失。因此，液体的黏滞性是引起液体能量损失的根源，是事物变化的内因，而能量损失问题是水力学重要研究课题之一，在以后讲述能量损失时，我们再详细讨论液体黏滞性问题。

在水力学中，为了研究问题的方便，要对复杂问题做简化分析，故可对液体的黏滞性暂不考虑。对于有黏滞性的实际液体，在需要时再做必要的理论补充与实验修正。

四、弹性、表面张力与毛细现象

在实际工程中，液体的密度通常可取为常数。但当液体处在温度或压强变化很大的状态下时，其密度取值就要考虑受温度和压强变化的影响。这是由于液体的体积随着温度和压强的变化而产生了一定变化的缘故。这种变化规律通常是：液体的压强增加，体积缩小，密度增加；液体的温度升高，体积膨胀，密度减小。这种属性就是液体的压缩性（称为弹性）和膨胀性。

弹性是指液体受到压力或温度变化时而产生的液体体积变化的性质。

液体的压缩性通常用体积压缩系数 β 或弹性模量 K 来表示。

体积压缩系数是当温度保持不变时,液体体积的相对缩小值 $\dfrac{\mathrm{d}V}{V}$（或密度的相对增加值 $\dfrac{\mathrm{d}\rho}{\rho}$）与液体压强的增加值 $\mathrm{d}p$ 之比。即:

$$\beta = -\frac{\dfrac{\mathrm{d}V}{V}}{\mathrm{d}p} \tag{1.4}$$

$$\beta = \frac{\dfrac{\mathrm{d}\rho}{\rho}}{\mathrm{d}p} \tag{1.5}$$

因压强的变化量 $\mathrm{d}p$ 与体积的变化量 $\mathrm{d}V$ 符号始终相反,为使 β 为正值,故在式（1.4）前加一负号。β 值愈小,说明液体愈不易被压缩。

弹性模量 K 是体积压缩系数 β 的倒数,即:

$$K = \frac{1}{\beta} = \frac{\mathrm{d}p}{\dfrac{\mathrm{d}\rho}{\rho}} = -\frac{\mathrm{d}p}{\dfrac{\mathrm{d}V}{V}} \tag{1.6}$$

显然,K 值愈大,液体愈不易被压缩。工程中常用 K 来衡量液体压缩性的大小。国际单位制中,β 的单位为 Pa^{-1},K 的单位为 Pa。

液体的 β 值或 K 值与液体种类有关。同一种液体的 β 值或 K 值还随温度和压强的不同而变化,但这种变化不大,一般可视为常数。不可压缩的液体是不存在的,但液体的压缩性一般都小。

当温度不变时,仅使作用在液体上的压力增加而使液体体积减小的特性,称为压缩性。对于水,它能承受压力且对压缩变形有很大的抵抗力。试验证明:每增加 0.1 MPa（一个大气压）压力时,水的体积只缩小 5×10^{-5}。与水相似,其他液体的压缩比也极小,所以可认为液体是不可压缩的。液压传动就是利用了液体是不可压缩的这一重要性质。

当压力不变时,仅使液体的温度增高而使液体体积增加的特性,称为膨胀性。水受温度的影响膨胀的数值也很小。试验表明,在 10~20 ℃ 时,温度每增加 1 ℃,水的体积只改变 1.5×10^{-4}。即水温从 4 ℃ 增加到 50 ℃,其体积相对增加到 1%。

在铁路工程中,水的压力和温度变化的幅度很少超过上面列举的范围,因而水的体积的微小变化,在工程实际上是完全可以忽略不计的。所以一般可认为水是不可压缩的,也不考虑其膨胀性,而把水的容量和密度视为不变的常量,即取 $\rho = 1\,000\ \mathrm{kg/m^3}$,$\gamma = 9.8\ \mathrm{kN/m^3}$。但在特殊情况下,例如研究供热工程时,才考虑水的膨胀性。

表面张力能使水滴悬在水龙头口上,水面稍高出碗口而不外溢;缝衣针能浮在液面上而不下沉。所有这些现象都是液体在和另一种不能相互溶合的液体或气体的分界面上分子间内聚力（表面张力）作用的结果。这时的液面好像是一张富有弹力的薄膜,表面张力有使液体或者气体的表面积尽量缩小的趋势,从而使液面上的和空中的水滴近似地成为圆形。所以表面张力是液体自由表面在液体分子的作用半径中,由于分子引力大于斥力,而在薄膜表层沿表面方向而产生的拉力。

水的表面张力很小,故在水力学中一般不考虑它的影响。但在水力学实验中,经常使用盛有水或水银的细玻璃做测压管，由于表面液层内，液体分子与固体容器内壁分子的相互作用，而发生毛细管现象。由于毛细管现象的影响，使测压管读数产生误差。因此，通常测压管的直径不小于 1 cm。

第三节　作用在液体上的力

液体的运动或相对平衡状态是由各种力的作用引起的，其中重力或外加力而产生的压力以及条件改变而产生的惯性力的作用是液体运动的外因，液体的物理、力学性质是液体运动的内因。因此，汇总这些力有重力、压力、惯性力、黏滞力等。水力学就是研究这些力的相互作用关系。为了分析方便，我们将作用在液体上的力分为质量力和表面力两种。

一、质量力

作用于所研究的液体体积内所有质点上的力称为质量力。质量力的大小与液体质量成正比，对匀质液体亦与体积成正比，故又称体积力。

在水力学中，常见的质量力有两种类型：一类是重力，即地球对液体的每个质点的引力。大小用 $G = mg$（或 $G = \gamma V$）表示，方向垂直向下；另一类为惯性力，即液体改变速度与运动方向对所产生的力，用 $F = -ma$ 计算，负号表示惯性力的方向与液体加速度 a 的方向相反。

二、表面力

作用于液体表面上的力称为表面力，其大小与作用面积成正比，故又称面积力。水力学常见的表面力有：固体边界对液体的摩擦阻力 T；作用于液体自由表面上的大气压力；一部分液体对相邻的另一部分液体在接触面上的作用力等。

表面力也常用单位面积上所受的力来度量。如表面力与被作用面相垂直，称为压强或压力；表面力与被作用面平行，称为切应力。

有质量力的地方，必然有重力、压力（压强）或惯性力存在。它们促使水流运动，因而反映出液体的流动性，而液体运动时所产生的边界阻力与内摩擦力，又综合反映出液体的性质，二者刚好构成液体运动的矛盾统一体。它们既相矛盾又相依存，其对立统一的结果使液体产生运动与相对平衡，这正是水力学所要分析水流运动的基本指导思想。

在水力学有关液体作用力的研究中，重点是讨论压力、压强与摩擦阻力的计算方法，并在以后的各章中叙述。

第四节　水力学的研究方法

现代水力学要运用经典力学的基本原理，如牛顿力学三大定律、质量守恒定律、动能定理、动量定理等进行理论分析，以建立水流运动的基本方程，同时还要结合量纲分析、科学实验方法来验证理论的完整性。研究水流运动原则上应从三维空间来分析，但从工程水力学的考虑，常将三维（三元）流动简化为一维（一元）流动水力学基本方程，就可方便地解决许多流动问题。

小　结

水力学主要研究液体（主要是水）的平衡和机械运动规律，现将有关内容归纳如下：

1. 液体的主要物理力学性质

（1）引力特性：引出重力 $G = mg$，密度 $\rho = \dfrac{m}{V}$ 与重度 $\gamma = \dfrac{G}{V}$，其关系为 $\gamma = \rho g$。

（2）惯性：引出惯性力 $F = -ma$。

（3）黏滞性：引出黏滞力（内摩擦力），它是导致能量损失的根源。

（4）弹性：引出表面张力、膨胀、压缩等一系列问题，重点是不易压缩性。

2. 从质量力与表面力描述液体运动的基本概念

3. 从宏观上看液体连续介质的概念和意义

思考与练习题

1.1　水力学研究的对象及任务是什么？

1.2　液体的基本特征是什么？它同气体、固体的主要区别是什么？

1.3　何谓连续介质？为什么要引用连续介质的概念？它对于研究液体运动（或者相对静止）规律的意义何在？

1.4　什么叫液体的黏滞性？在什么条件下才能显示黏滞性？

1.5　已知油的重度 $\gamma = 8.4 \times 10^3\ \text{N/m}^3$，求油的密度？

1.6　已知 $0.5\ \text{m}^3$ 汞的质量为 $6\,795\ \text{kg}$，试求汞的重度和密度。

1.7　$1\ \text{m}^3$ 水的质量是多少？其所受的重力是多少？应怎样理解质量与重量、重量与重力的区别？试用国际单位制与工程单位制进行分析并说明。

1.8　水的密度 $\rho_水 = 1\,000\ \text{kg/m}^3$，海水的密度 $\rho_{海水} = 1\,020\ \text{kg/m}^3$，油的密度 $\rho_油 = 800\ \text{kg/m}^3$，汞的密度为 $\rho_汞 = 13\,600\ \text{kg/m}^3$，分别求水、海水、油、水银的重度（$\gamma_水$、$\gamma_{海水}$、$\gamma_油$、$\gamma_汞$）为多少？

第二章 水 静 力 学

内容提要 水静力学是研究液体处于相对静止或相对平衡状态（液体质点间不存在相对运动）下的力学规律，以及这些规律在工程实践中的运用。

人的认识规律总是：认识从实践开始，并从特殊到一般。水流运动是绝对的，而静止则是相对的、特殊的，为此水力学应先从水静力学谈起。

第一节　静水压强

对于水静力学，液体质点间没有相对运动时，黏滞性不起作用，没有剪切力，没有惯性力。质量力中只有重力。液体几乎不能承受拉应力。所以水静力学是研究重力作用下的静水压力问题。

一、静水压强及其特性

（一）静水压力

图 2.1 所示为一输水涵洞，在涵洞进水口 A 点设有铰的闸门，在 B 点施加力 T 可将闸门拉开。拉开闸门时所需的拉力很大，因为水体对闸门有很大的静水压力。

静止水体对与水接触的壁面以及水体内部质点之间都有压力的作用，这个压力叫静水压力。静止液体对一个受压面上所作用的全部压力，称为静水总压力，也简称为静水压力。静水压力用大写 P 表示，它的单位是 Pa 或 kPa。

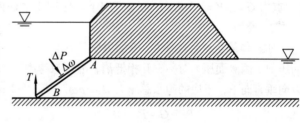

图　2.1

（二）静水压强

单位面积上的静水压力称为平均静水压强。

如图 2.1 所示，在闸门平面上取微小面积 $\Delta\omega$，该面积所受的静水总压力为 ΔP，则 ΔA 面积上所受的平均静水压强为 $p = \dfrac{\Delta P}{\Delta\omega}$。当受压面 $\Delta\omega$ 面积无限缩小而趋近于 0 时，即 $\Delta\omega \to 0$，$\dfrac{\Delta P}{\Delta\omega}$ 的极限值称为这一点的静压强，简称点压强。

$$p = \lim_{\Delta\omega \to 0} \frac{\Delta P}{\Delta\omega} = \frac{\mathrm{d}P}{\mathrm{d}\omega}$$

静水压强用符号小写 p 表示，单位为 kPa。应用点压强可以清楚地表示出任意点处静压强的大小。

（三）静水压强的特性

1. 静水压强的垂直性

静水压强垂直并指向作用面（受压面）。因为静止液体不能承受剪切力，若静水压强与作用面不垂直，水体必然会受到剪切力而产生流动；静止液体也不能承受拉力，所以静水压强方向只能是垂直并指向作用面。

2. 静水压强的各向等值性

如图 2.2 所示，在静止水体中取一定点 A，作用于 A 点的静水压强就是个定值，即 $p_{A1} = p_{A2} = \cdots = p_{An}$，如果各向不等值，合力不为零，液体的静止状态必然受到破坏。

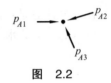

图　2.2

二、静水压强的大小

液体与它上面的气体的交界面称为自由表面。水在重力作用下的表面为水平面。表面上的气体压强称为表面压强，用 p_0 表示。通常自由表面上是大气，大气的质量对自由表面产生的压强叫大气压强，用 p_a 表示。此时，$p_a = p_0 = 98\ \text{kPa}$。

静水压强的基本受力如图 2.3 所示，表面压强为 p_0 的静止水体，水深 h 处有一点 A，现找出 A 点的压强。

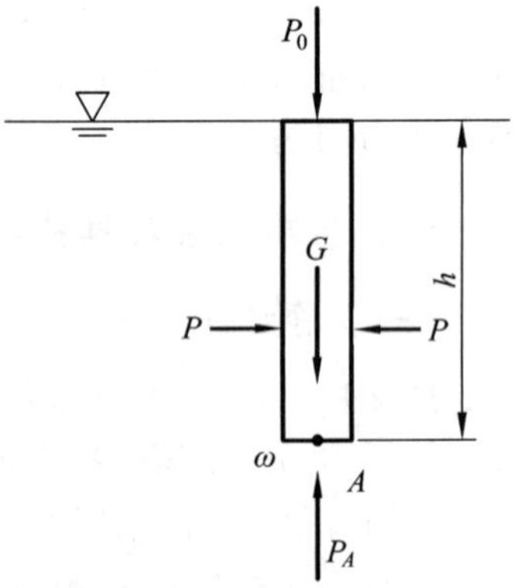

围绕 A 点作一个面积为 ω 的水平面，取 ω 以为下底，高为 h 的等截面垂直水柱体，来分析水柱体的受力情况。

1. 质量力

水柱体静止，无惯性力，质量力中只有重力。若水体重度为 γ，重力 $G = \gamma V = \gamma h\omega$，方向垂直向下，作用于水柱体重心处。

2. 表面力

水柱体静止，无黏滞力，表面力中只有水柱体上、下端和侧面的压力。因侧面压力对称，互相抵消，故可只考虑竖直方向的力。液体上表面的总压力 $P_0 = p_0\omega$，方向垂直向下；下底的静水总压力 $P_A = p\omega$，方向垂直向液体沿竖直轴力的平衡方程（向下为正）：

图　2.3

$$P_0 + G - P_A = 0$$
$$p_0\omega + \gamma h\omega - p\omega = 0$$
$$p = p_0 + \gamma h \tag{2.1}$$

式（2.1）为静水压强的基本方程式。从该式可以看出：① 表面压强 p_0 将等值地传递到静止液体的每一点，这也是液压传动的基本原理；② 当 $p_0 = 0$ 时，静水压强与水深成正比。

三、静水压强的表示法 —— 绝对压强、相对压强、真空值

工程实践中压强大小的计算，根据起算点的不同，分别以绝对压强、相对压强与真空值来表示。

1. 绝对压强　相对压强

通常以没有空气的绝对真空（即压力为零）作基准算起的压强称为绝对压强，用 $p_{绝对}$ 表示，以大气压强为基准算起的压强称为相对压强，用 $p_{相对}$ 表示。

任一点的相对压强与绝对压强总相差一个大气压强值，即：

$$p_{相对} = p_{绝对} - p_a \qquad (2.2)$$

下面以图 2.4 所示的挡水闸门为例，说明绝对压强与相对压强的关系。其中 A 点在水面下深度为 h 处，B 点在自由表面上。

对于 A 点，以真空作为基准计算的压强为绝对压强：

$$p_{A绝对} = p_0 + \gamma h = p_a + \gamma h$$

以大气压强为基准计算的压强为相对压强：

$$p_{A相对} = p_{A绝对} - p_a = p_a + \gamma h - p_a = \gamma h$$

实际上，闸门 A 点的背面也有大气压强 p_a 存在，这个 p_a 与 A 点的 p_a 相抵消，所以，对闸门起作用的只是相对压强。

对于 B 点，因为 B 点在自由表面上，水深为零，所以：

$$p_{B绝对} = p_a + \gamma h = p_a = 98（kPa）$$

$$p_{B相对} = p_{B绝对} - p_a = 0$$

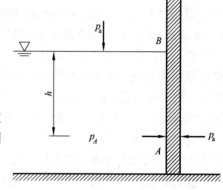

图 2.4

注：通常建筑物表面和液面都作用着大气压强，而大气压强一般是随海拔及气温的变化而变化。物理学上，海平面北纬 45°、温度为 15°处的标准大气压强（p_{atm}）相当于 760 mmHg*（或 10.336 mH₂O）在其底部所产生的压强（对完全真空面而言，称绝对大气压），即：

$$p_{atm} = \gamma_汞 h_汞 = 133.28 \times 0.76 = 101.293(kN/m^2) = 101.293（kPa）$$

或

$$p_{atm} = \gamma_水 h_水 = 9.8 \times 10.336 = 101.293(kN/m^2) = 101.293（kPa）$$

工程上为了计算方便，在一般情况下，均取一个绝对大气压相当于 10 mH₂O 在其底部所产生的压强（736 mmHg），即称为工程大气压：

$$p_a = \gamma_水 h_水 = 9.8 \times 10 = 98(kN/m^2) = 98(kPa) = 0.098（MPa）$$

或

$$p_a = \gamma_汞 h_汞 = 133.28 \times 0.736 = 98(kN/m^2) = 98(kPa) = 0.098（MPa）$$

在以后的水力计算中，凡大气压强的绝对值统用 $p_a = 98$ kN/m² = 98 kPa 表示。由于建筑物表面和液面都作用着大气压强，这就是说以地方大气压面为计量面（也就是基准面），这些大气压强相互抵消，不起任何作用，称地方大气压强，故大气压强的相对值 $p_{a相对} = 0$。

上述结果表明，当水面暴露于大气中时，水面上某一点的绝对压强就是大气压强，其绝对值为 98 kPa，而大气压强的相对压强为零。

在工程实践中，压强通常都是以相对压强表示，在以后的章节中，如未注明者均指相对压强，而不再加角标，仍以 p 表示。

2. 真空值

在工程实践中，压强都是以相对压强表示，只有相对压强出现负值时，绝对压强才有实际意义。例如水泵的吸水管中、虹吸管中都会出现相对压强为负值的情况（即负压），负压就是该点压强小于大气压强的数值（即大气压强和该点压强的差值），或者说该点绝对压强小于大气压

---

* 1 mmHg = 133.332 Pa

强而形成部分"真空"。工程上不用负压表示压强，而是用大气压强与该点绝对压强的差值表示压强，特称之为真空值，也可用负的相对压强的绝对值表示真空值（p_v），即$|p_{相对}| = p_v$，它们的关系如图 2.5 所示。

图 2.5 中 0—0 为完全真空面，p_a—p_a为地面大气压面，二者之间的差值为绝对值 98 kPa。现看 A、B 两点的压强，从图中可以看出，以完全真空面算起其压强为绝对压强，以大气压强面算起的压强称相对压强。由于所取基准面不同，A、B 两点的绝对压强均为正值（绝对压强只能为正值，不能为负值，相对压强可为正值，也可为负值），A 点的相对压强因在大气压强面之上，故为正值；而 B 的相对压强因在大气压强面之下，则为负值。可见，绝对压强无负值，相对压强有正有负，用空气表示负压时则为：

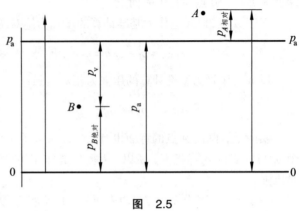

图　2.5

$$p_v = |p_{绝对} - p_a| = |p_{相对}| \tag{2.3}$$

某点的真空值越大，则绝对压强越小。从理论上讲，绝对压强小到零时，真空值最大，为 $p_v = |p_{绝对} - p_a| = |0 - p_a| = p_a = 98$ kPa。这种状态称为绝对真空，可见真空值 p_v 在 0~98 kPa 范围内变动，实际上绝对真空是不可能存在的。

四、静水压强的计量单位

1. 以单位面积上的压力表示

压强用单位面积上所受压力的大小，即用应力单位表示，单位为 N/m²、kN/m²、Pa 或 kPa。这种表示方法是最基本的。

2. 以液柱高度表示

因为水和汞的重度均为常数，水柱高度和汞柱高度的数值就可以代表压强的大小。故常用米水柱高度（mH₂O）和毫米汞柱高度（mmHg）表示。液柱的高度可从静水压强基本方程式求得，即：

$$p = p_0 + \gamma h$$

取 $p_0 = 0$，则：

$$h = \frac{p}{\gamma}$$

3. 以工程大气压的倍数表示

海平面上的平均大气压为一个标准大气压。一个标准大气压对真空面而言相当于 760 mmHg（或 10.336 mH₂O）在其底部所产生的压强，数值为：

$$\gamma_汞 h_汞 = 133.28 \times 0.76 = 101.293（\text{kN/m}^2）= 101.293（\text{kPa}）$$

或　　　　　　　$$\gamma_水 h_水 = 9.8 \times 10.336 = 101.293（\text{kN/m}^2）= 101.293（\text{kPa}）$$

大气压强随海拔不同而有所差异，工程中常用工程大气压。一个工程大气压数值相当于 10 mH₂O，即：

$$\gamma_水 h_水 = 9.8 \times 10 = 98 （kN/m^2） = 98 （kPa）$$
$$1 工程大气压 = 98 kPa$$

压强的各种单位之间的换算关系如表 2.1 所示。

表 2.1　压强的单位换算

帕（Pa）	千帕（kPa）	兆帕（MPa）	米水柱（mH₂O）	毫米汞柱（mmHg）
1	10^{-3}	10^{-6}	0.101×10^{-3}	7.5×10^{-3}
10^3	1	10^{-3}	0.101 97	7.5
10^6	10^3	1	101.971 2	7 500.64
9.8×10^4	98	0.098	10	735.6
101 325	101.325	0.101 325	10.33	760
9 806.55	9.806 55	0.009 81	1	73.56
133.332	0.133 332	0.000 133	1.36×10^{-2}	1

五、静水压强的量测与计算

（一）等压面

从公式（2.1）可看出，静止水体中，深度 h 相同的各点，静水压强都相等。压强相等的点组成的面称为等压面。静止液体中的自由表面因各点水深均为零而形成等压面。重力作用下的静止液体中，等压面是水平面。连通的同种静止液体，同一水平面都是等压面，重力作用下两种互不混杂的静止液体的交界面也是等压面。如图 2.6（a）所示，连通器内装水，$N—N$ 面及其以下的水平面均为等压面。图 2.6（b）所示为装有两种不同液体的连通器，$N—N$ 面及其以下的水平面均为等压面，$N—N$ 面以上的水平面均不是等压面。等压面的认定是很重要的，它是推算压强的重要工具。

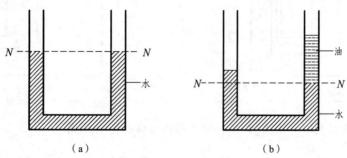

（a）　　　　　　　　　　（b）

图　2.6

（二）压强量测仪表与压强推算

测量压强的仪器种类很多，量程的大小和计量的精度也各有不同。其按作用原理可分为液体测压计和金属压力计两大类。液体测压计有测压管、水银测压计、水银差压计等。液体测压计精度高但携带不便，且量测范围有限，故主要用于实验室中。

1. 测压管

测压管是直接用同种液体的液柱高度来测量液体中静水压强的仪器。如图 2.7 所示，测压管是一支两端开口的玻璃管，下端与所测液体相连，上端与大气相通，在液体相对压强的作用下，测压管的液面将上升，直到 A' 点压强与 A 点压强相等，也即测压管水面与容器水面同高时为止。

例 2.1 如图 2.7 所示为一水箱，水箱的自由表面暴露在大气中，A 点在水深 4 m 处，若在 A' 点处连一测压管，测压管水面与大气相通，求测压管高度 h_p。

解：取 $N—N$ 为等压面，则：

$$p'_A = p_A = \gamma h = 9.8 \times 4 = 39.2 \ (\text{kPa})$$

$$p'_A = \gamma h_p$$

所以

$$h_p = \frac{p'_A}{\gamma}$$

结论：测压管高度 h_p 反映 A 点的相对压强。同种液体的连通器，表面压强相等时，液柱必等高。

例 2.2 如图 2.8 所示的水箱，水箱封闭后由 A 口打入压缩空气，测压管内水面将上升，若图中 $h = 3$ m，求水箱内水面与水面下 B 点的绝对压强和相对压强。

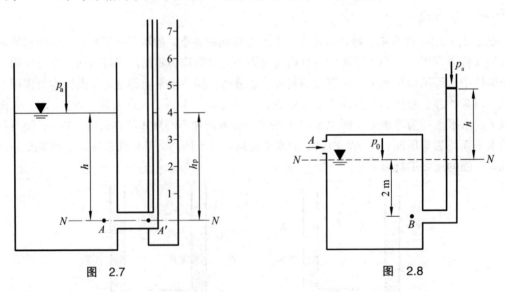

图 2.7   图 2.8

解：沿水箱内水面取等压面 $N—N$，则水箱内水面的绝对压强：

$$p_{0绝对} = p_a + \gamma h = 98.0 + 9.8 \times 3 = 127.4 \ (\text{kN/m}^2) = 127.4 \ (\text{kPa})$$

水箱内水面的相对压强：

$$p_{0相对} = p_{0绝对} - p_a = 127.4 - 98.0 = 29.4 \ (\text{kPa})$$

水面下 B 点的绝对压强：

$$p_{B绝对} = p_{0绝对} + \gamma h = 127.4 + 9.8 \times 2 = 147.0 = 147.0 \ (\text{kPa})$$

水面下 B 点的相对压强：

$$p_{B相对} = p_{B绝对} - p_a = 147.0 - 98 = 49.0 \ (\text{kPa})$$

　　测压管通常用来测量较小的压强，若压强较大，就需要很高的测压管，很不方便。所以，可以用汞柱代替水柱，以扩大量测范围。

　　2. 水银测压计

　　水银测压计是一个 U 形管子，内装水银，如图 2.9 所示。U 形管的一端接至容器，另一端与大气相连通。欲测 A 点压强，将测压管接到 A 点。在静水压强的作用下，U 形管内左边水银面下降，右边水银面上升，直到平衡为止。

　　取 N—N 水平面为等压面，U 形管左边 1 点相对压强 p_1 应与右边 2 点相对压强 p_2 相等。即：

$$p_1 = p_2$$
$$p_1 = p_0 = \gamma_水 (h_1 + h_2)$$
$$p_2 = \gamma_汞 h_p$$
$$p_0 + \gamma_水 (h_1 + h_2) = \gamma_汞 h_p$$
$$p_0 + \gamma_水 h_1 = \gamma_汞 h_p - \gamma_水 h_2$$
$$p_A = p_0 + \gamma_水 h_1 = \gamma_汞 h_p - \gamma_水 h_2$$

　　3. 水银差压计

　　水银差压计可以测出液体中两点的压强差。水银差压计也是一个 U 形管，内装水银，如图 2.10 所示。欲测文丘里管中 A、B 两点的压强差，将水银差压计的两支管分别连到 A、B 两点，

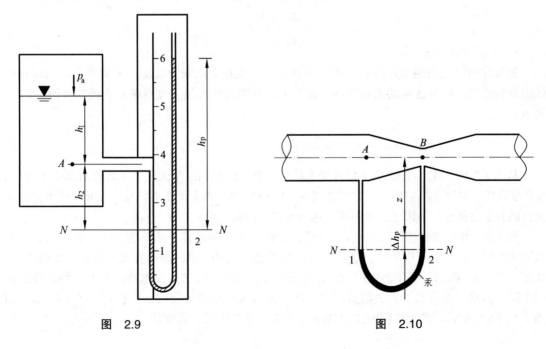

图　2.9　　　　　　　　　　　　　　图　2.10

若测得 Δh_p，取 N—N 为等压面，则有：

$$p_1 = p_2$$
$$p_1 = p_A + \gamma_{水}(z + \Delta h_p)$$
$$p_2 = p_B + \gamma_{水} z + \gamma_{汞} \Delta h_p$$
$$p_A + \gamma_{水}(z + \Delta h_p) = p_B + \gamma_{水} z + \gamma_{汞} \Delta h_p$$
$$p_A - p_B = \gamma_{汞} \Delta h_p - \gamma_{水} \Delta h_p = (\gamma_{汞} - \gamma_{水})\ \Delta h_p$$

4. 金属测压计

测量较高的压力，通常采用金属测压计。其优点是携带方便，装置简单，也是测量压强的主要仪器。现常用的为金属压力表，可量测相对压强为正值的各点压强。其内部有一个弯成镰刀形的黄铜管，与需要测定压强的液体接通，如图 2.11 所示。施测时，液体压力的作用使黄铜管伸展，液体的压强就可以在表盘上显示出来，压力表读数以 MPa 表示。注意，一般压强表上得到的读数，称为"计示压强"，亦称相对压强。当需要进行物理计算的时候，还要加上外部的大气压，也就得到了绝对压强。工程上还有一种专门测量负压的压力表，称为真空表。

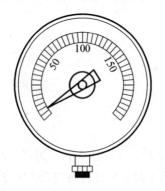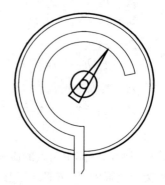

图　2.11

5. 真空及真空表

若液体中某点的绝对压强小于大气压强，则该点相对压强为负值，形成真空。当相对压强出现负值时，相对压强的绝对值称为真空值，也即大气压强与该点绝对压强的差值，以 p_v 表示：

$$p_v = |p_{相对}| = p_a - p_{绝对} \tag{2.4}$$

从式（2.4）可以看出，真空值理论上的最大值只能达到一个大气压（即绝对真空）。但在生产实践中，对于水真空值一般只能达到 $6 \sim 7\ \mathrm{mH_2O}$ 高，再大了水就汽化。因此各种水力装置允许的真空值都有一定限度，绝不可能达到理论上的最大值。

例 2.3　如图 2.12 所示，某水箱上下均有阀门，水箱侧面连一测压管。首先关闭下阀门 B，打开上阀门 A，向水箱中放水，这时箱内水面压强为大气压强，测压管水面与箱内水面齐平，如图 2.12（a）所示。现关闭阀门 A，打开阀门 B，向水箱外放水，水箱内水面及测压管水面均下降，放出一部分水后，关闭阀门 B，此时箱内水面与测压管内水面高差为 $h = 0.5\ \mathrm{m}$，如图 2.12（b）所示。求此时箱内水面的绝对压强、相对压强、真空值。

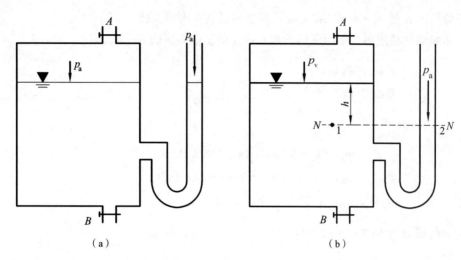

图　2.12

解： 取等压面 $N—N$，则：

$$p_{1绝对} = p_{2绝对}$$

$$p_{1绝对} = p_{0绝对} + \gamma h$$

$$p_{2绝对} = p_a$$

所以

$$p_{0绝对} + \gamma h = p_a$$

$$p_{0绝对} = p_a - \gamma h = 98.0 - 9.8 \times 0.5 = 93.1 \ (kPa)$$

$$p_{0相对} = p_{0绝对} - p_a = 93.1 - 98.0 = -4.9 \ (kPa)$$

$$p_v = \left| -4.9 \right| = 4.9 \ (kPa)$$

用水柱高度表示的真空值称为真空度，用 h_v 表示：

$$h_v = \frac{p_v}{\gamma_水}$$

如上例中水箱水面的真空度为：

$$h_v = \frac{p_v}{\gamma_水} = \frac{4.9}{9.8} = 0.5 \ (m)$$

测量真空值的压力表称为真空表，金属真空表的原理与金属压力表相同，在液体负压强（真空值）作用下，黄铜管收缩，通过齿轮带动指针转动，液体的真空值就显示在表盘上。真空表读数以 MPa 表示。

例 2.4 图 2.13 所示为一离心式水泵。在开泵前，将泵内灌满水，由电动机带动叶片高速旋转，泵壳内的水受到离心力的作用被从泵口甩出，泵内形成真空，池内水在大气压强作用下被压入吸水管，这样连续运转，水即被抽出。现安装测压管和真空表于吸水管的 K 处，

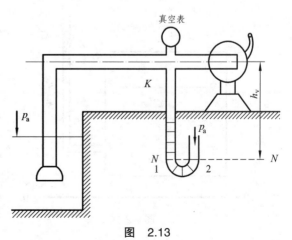

图　2.13

若用测压管测出 K 处 $h_v = 4$ m，求 K 处的真空值及真空表的读数。

解： 水泵运转稳定后，测压管内的水是静止的，取等压面 $N—N$，则：

$$p_{1绝对} = p_{2绝对}$$

$$p_{1绝对} = p_a = 98.0$$

$$p_{2绝对} = p_{k绝对} + \gamma h$$

$$p_{k绝对} + \gamma h_v = p_a$$

$$p_{k绝对} = p_a - \gamma h_v = 98.0 - 9.8 \times 4 = 58.8 \ (\text{kPa})$$

$$p_{k相对} = p_{k绝对} - p_a = 58.8 - 98.0 = -39.2 \ (\text{kPa})$$

$$p_v = \left| p_{k相对} \right| = \left| -39.2 \right| = 39.2 \ (\text{kPa})$$

真空表的读数为 39.2 kPa = 0.039 2 MPa。

第二节　测管水头与静止液体的能量方程

一、静水压强分布规律 ——测管水头为常数

在水力学上，把水中任一点的测压管高度与该点在基准面以上的位置高度之和称为测管水头。如图 2.14 所示，A 点的测管水头即为 $z_A + \dfrac{p_A}{\gamma}$。

在静止液体中，各点的测管水头是一常数，下面推导这一结论。

如图 2.15 所示，在重力作用下的静止液体中，围绕任意点 A 取一水平微小面积 $\mathrm{d}\omega$，并以 $\mathrm{d}\omega$ 为底，垂直向上做出高为 $\mathrm{d}z$ 的液柱体。坐标 z 轴垂直向上，则作用于液体柱上的力有：液柱底面上的压强 p，压力为 $p\mathrm{d}\omega$，方向垂直向上；液柱顶面的铅垂坐标为 $z + \mathrm{d}z$，相应的压力为 $(p + \mathrm{d}p)\mathrm{d}\omega$，方向向下；液柱的重力为 $G = \gamma \cdot \mathrm{d}\omega \cdot \mathrm{d}z$；液柱侧面上的压力均为水平方向，互相抵消。

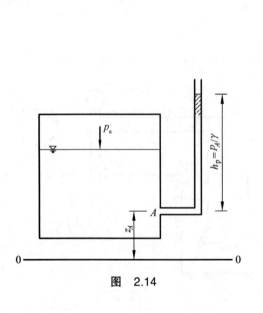

图　2.14

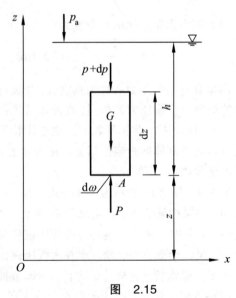

图　2.15

在竖直方向上建立液柱受力的平衡方程：

$$p \cdot d\omega - (p + dp)d\omega - \gamma \cdot d\omega \cdot dz = 0$$

消去 $d\omega$：

$$p - (p + dp) - \gamma \cdot dz = 0$$
$$dp = -\gamma \cdot dz$$

积分得：

$$\int dp = -\int \gamma \cdot dz$$
$$p = -\gamma z + C_1$$

两边同除以 γ 得：

$$\frac{p}{\gamma} = -z + \frac{C_1}{\gamma}$$

令：

$$\frac{C_1}{\gamma} = C$$

所以

$$z + \frac{p}{\gamma} = C \qquad\qquad (2.5)$$

式（2.5）就是重力作用下静止液体内各点静水压强的分布规律，也称为水静力学的基本方程式。式中 z 为某点压强对基准面 0—0 的距离，$\frac{p}{\gamma}$ 表示该点在水面下的深度，即 $h = \frac{p}{\gamma}$，称测管高度，也表示该点压强的大小，即 $p = \gamma h$。这就说明，随着水深 h 的加大，z 减少；反之亦然。其二者之和 $z + \frac{p}{\gamma}$ 为一常数，而 $z + \frac{p}{\gamma} = C$ 称为测管水头。水静力学的基本意义也可这样描述：静止液体内各点的测管水头为一常数，这也是静水压强的分布规律。

测管水头是水力学中一个十分重要的概念，下面进一步讨论它的物理意义与几何意义。

（1）物理意义：水头即能量，它表示单位重力的液体所具有做功的能力。在静止液体中，z 与 $\frac{p}{\gamma}$ 分别表示该点位置上单位重量液体的位能与压能，亦即物理学中所说的势能，这一势能在水力学中称为测管水头，测管水头越大，则表示做功的能力越强。在水力学中称 z 为位置水头，$\frac{p}{\gamma}$ 为压强水头，二者之和为测管水头，这也是其水力学意义。

（2）几何意义：水头即高度，z 和 $\frac{p}{\gamma}$ 分别用高度来量度，它反映了单位重量液体能量的大小。为了量取和比较液体内各点的测管水头，必须取一个共同的基准面。

二、水静力学的能量方程

若在水中任取几点，如图 2.16 所示，水静力学显然可写成以下的方程：

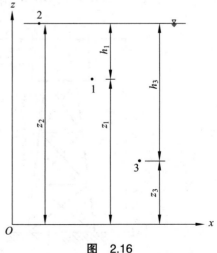

图　2.16

$$
\left.
\begin{array}{l}
z_1 + \dfrac{p_1}{\gamma} = z_2 + \dfrac{p_2}{\gamma} \\[2mm]
z_1 + \dfrac{p_1}{\gamma} = z_3 + \dfrac{p_3}{\gamma} \\[2mm]
z_2 + \dfrac{p_2}{\gamma} = z_3 + \dfrac{p_3}{\gamma}
\end{array}
\right\}
\qquad (2.6)
$$

式（2.6）就是水静力学方程用能量表示的方程。该式说明液体各点是有能量的，亦即具有做功的能力，这一能量表现为各点处的单位重量液体具有位能 z 与压能 p/γ。位能与压能合成为势能，说明静止液体的系统内各点的势能为一常数。这正是能量守恒与转化定律在水静力学中的表现形式，是反映势能做功的方程，称为水静力学的能量方程。

三、能量方程在工程实践中的应用举例

图 2.17 所示为水塔供水系统，图中 1～5 点分别为水塔水面和各楼层的用水点。从该图的管道系统中可以看出，静水是有能量的，而不论在各层用水点水流是否启动。其输水能力不仅与管道系统内各点的测压管高度$\left(\text{压强水头 } \dfrac{p}{\gamma}\right)$有关，还与各点的位置高度（位置水头 z）有关，更与水塔的整体高度有关，也就是说与各点的测管水头有关。从图 2.17 中可以形象地看出，如取基准面 0—0，则 1～5 点的测管水头是相等的，即 $z_1 + \dfrac{p_1}{\gamma} = z_2 + \dfrac{p_2}{\gamma} = \cdots = z_5 + \dfrac{p_5}{\gamma}$。位置高度大者，压强小，处在底层的 $z = 0$ 处，压强最大。它反映出：水塔对地面所具有的总势能是不变的，只是压强水头与位置水头的互相转化。由于在水塔系统中各点的测管水头为一常数，故其测管水头的连线为一水平线。图 2.17 所示告诉我们：水塔的输水能力，随管道系统各点所在位置而不同，其压强也相应变化，所以为了表示整个水塔所具有的能量（输水能力），必须把测压管水头 $\dfrac{p}{\gamma}$ 与位置水头 z 联系起来一并考虑，形成一个测管水头的概念才是确切的。这正是能量守恒与转化定律在水静力学中的具体体现。各层用水点的水流启动后，这一势能将会有部分能量转化为动能，这将在下一章中深入阐述。

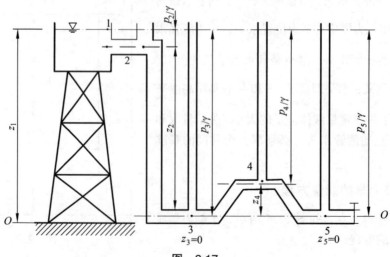

图　2.17

第三节 水静力学在工程实践中的应用

一、作用在平面上的静水总压力

工程实践中常需确定水工建筑物所受的静水总压力（包括大小、方向和作用点）。静水总压力的求解方法，可分为图解法和解析法。

（一）图解法

1. 静水压强分布图

作用在受压平面上的静水压强图是根据静水压强基本方程式 $p = p_0 + \gamma h$ 绘制的。因水利工程中自由表面压强多为大气压强，起作用的只是 γh，所以直接按 $p = \gamma h$ 绘制。

绘制静水压强图的方法：用 $p = \gamma h$ 确定静水中任一点压强的大小，按静水压强垂直指向受压面的特性确定作用方向。因为静水压强大小与水深而成直线关系，所以具体绘制压强图时，可选受压面的最上和最下两点，用 $p = \gamma h$ 公式计算出该两点压强的大小，确定方向后，按比例尺在最上和最下绘制两个箭头，连接两箭头的尾部就得到压强图。

图 2.18 所示为不同情况下的压强分布图。两边都有水的受压面，可画出合成后的压强分布图。

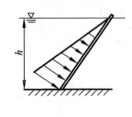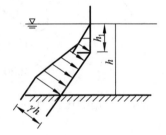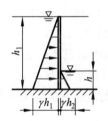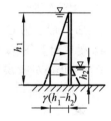

图   2.18

2. 求矩形受压面上的静水总压力

作用在矩形受压面上的静水总压力的大小，就是压强分布图的体积，如图 2.19 所示。

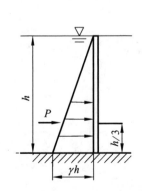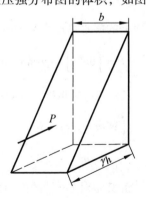

图   2.19

其合力大小：

$$P = b \cdot \Omega \tag{2.7}$$

式中　b —— 矩形受压面的宽度（m）；

　　　Ω —— 受压面上的纵向沿水深的压力分布（kN/m）。

静水总压力 P 指向受压面，P 的作用点指向压强分布体的形心。

在图 2.19 所示中，若 $b = 2.0$ m，$h = 2.0$ m，则：

$$P = b \cdot \Omega = b \times \frac{1}{2} \gamma h \times h = 2.0 \times \frac{1}{2} \times 9.8 \times (2.0)^2 = 39.2 \ (kN)$$

P 的方向垂直指向受压面的形心，由几何学得知，位于距底边 $\dfrac{h}{3} = \dfrac{2.0}{3} = 0.67$ m 处。

（二）解析法

对任意形状的受压面，静水总压力可用解析法求得。

如图 2.20 所示，受压平面 AB 放在水中，与水平面交角为 α，该平面的面积为 ω。水面上作用有大气压强，建立坐标系如图，以 AB 平面和水面的交点为原点 O，AB 所在平面为 Oy 轴，为分析方便，将 AB 平面围绕 Oy 轴旋转 $90°$。设受压面 AB 的形心为 C，其坐标为 x_C、y_C。在 AB 受压面上任意取一微小面积 $\mathrm{d}\omega$，$\mathrm{d}\omega$ 的面积中心处水深为 h，纵坐标为 y。

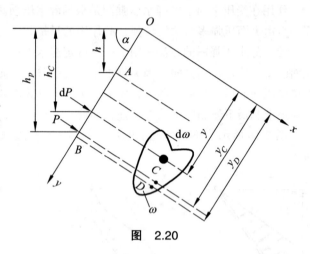

图　2.20

将微小面积 $\mathrm{d}\omega$ 上的压强看成均匀分布，$\mathrm{d}\omega$ 上作用的压强为：

$$p = \gamma h = \gamma \cdot y \cdot \sin \alpha$$

作用在 $\mathrm{d}\omega$ 上的静水总压力为 $\mathrm{d}P$：

$$\mathrm{d}P = p\mathrm{d}\omega = \gamma \cdot y \cdot \sin \alpha \cdot \mathrm{d}\omega$$

积分，整个受压面上的静水总压力为 P：

$$P = \int_{\omega} \mathrm{d}P = \int_{\omega} \gamma \cdot y \cdot \sin \alpha \cdot \mathrm{d}\omega = \gamma \cdot \sin \alpha \int_{\omega} y \mathrm{d}\omega$$

$$= \gamma y_C \omega \sin \alpha = \gamma h_C \omega = p_C \omega$$

式中

$$\int_{\omega} y \mathrm{d}\omega = y_C \omega = S_x$$

$$p_C = \gamma h_C \tag{2.8}$$

其中　S_x —— 面积 ω 对 Ox 轴的面积矩；

　　　P_C —— 受压面形心的相对压强。

式（2.8）为作用于一般平面上的静水总压力大小的计算公式。该式说明静水总压力的大小为受压面的面积与其形心处的静水压强的乘积。若平面是一部分在水中，另一部分在水面上，则公式中的受压面积和受压面形心均由淹没部分求得。

静水总压力的作用点用 D 表示。需要求出 D 点的坐标 x_D、y_D 以确定静水总压力的作用点。工程上的受压面一般都具有与 y 轴平行的对称轴，作用点 D 在该对称轴上，不需计算 Z_D，只根据合力矩定理求和即可。

根据合力矩定理，合力对某轴的力矩等于各分力对同一轴力矩之和，合力及各分力对 Ox 轴求矩：

$$P_{yD} = \int_\omega y \mathrm{d}P$$
$$P = \gamma y_c \omega \sin\alpha = \gamma S_x \sin\alpha$$
$$\int_\omega y\mathrm{d}P = \int_\omega y\gamma y\sin\alpha\mathrm{d}\omega = \gamma\sin a\int_\omega y^2\mathrm{d}\omega = \gamma I_x\sin\alpha$$
$$\gamma S_x y_D \sin\alpha = \gamma I_x \sin\alpha$$
$$y_D = \frac{I_x}{S_x} \tag{2.9}$$

式中 I_x——受压面积 ω 对 Ox 轴的惯性矩：

$$I_x = \int_\omega y^2\mathrm{d}\omega$$

欲找 y_D 与 y_C 之间的关系，要用惯性矩的移轴公式，即：$I_x = I_C + \omega y_C^2$，所以

$$y_D = \frac{I_x}{S_x} = \frac{I_C + \omega y_C^2}{\omega y_C} = y_C + \frac{I_C}{\omega y_C} \tag{2.10}$$

式中 I_x—— 受压面积 ω 对其形心轴（平行于 Ox 轴）的惯性矩。

式（2.10）说明，静水总压力的作用点位于形心 C 的下方。静水总压力的方向为垂直指向受压面 AB。

例 2.5 水池斜壁上有一矩形放水口，放水口上盖有闸门，闸门尺寸如图 2.21 所示，求作用于闸门上的静水总压力。

解：形心 C 处水的深度为：

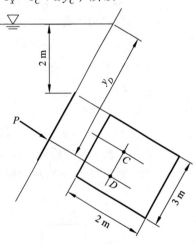

图 2.21

$$h_C = 2 + \frac{3}{2}\sin 60° = 3.3 \text{ (m)}$$
$$P = p_C\omega = \gamma h_C\omega = 9.8\times 3.3\times 2\times 3 = 194.0 \text{ (kN)}$$

求 P 的作用点：

$$y_C = \frac{h_C}{\sin 60°} = \frac{3.3}{\sin 60°} = 3.8 \text{ (m)}$$
$$I_C = \frac{1}{12}bh^3 = \frac{1}{12}\times 2\times 3^3 = 4.5 \text{ (m}^4)$$
$$y_D = y_C + \frac{I_C}{\omega y_C} = 3.8 + \frac{4.5}{3.8\times 2\times 3} = 4.0 \text{ (m)}$$

P 的方向垂直指向闸门。

二、浮力与浮体平衡

（一）浮　力

浮力是指浸入液体中的物体所受到的垂直向上的静压力。由物理学中的阿基米德定律可知，浮力的大小等于物体排开液体的重量，浮力的方向与重力作用方向相反。

如图 2.22 所示，底面积为 ω，高为 h，体积为 $V = \omega h$ 的柱体浸入水中，作用在柱体侧面上的静水总压力互相抵消，作用在柱体顶面上的静水总压力 $P_1 = \gamma h_1 \omega$，方向向下；作用于柱体底面上的静水总压力 $P_2 = \gamma h_2 \omega$，方向向上。$P_2 > P_1$，此两力之差即为方向向上的浮力，用 P_Z 表示：

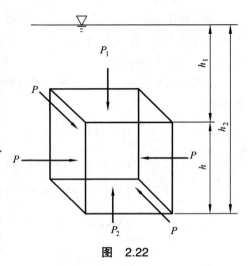

图　2.22

$$P_Z = P_2 - P_1 = \gamma h_2 \omega - \gamma h_1 \omega = \gamma \omega (h_2 - h_1) = \gamma h \omega = \gamma V \qquad (2.11)$$

浮力的作用点为排开的液体的体积形心，称为浮心，以 D 表示。

根据物体的重力 G 和浮力 P_Z 的大小，浸在液体中的物体可有三种情况：

（1）当 $G > P_Z$ 时，物体沉没。

（2）当 $G < P_Z$ 时，物体浮起，并在上浮露出水面后，排开液体的重量，即浮力逐渐减小，至 $G = P_Z$ 达到二力平衡。此时，物体部分在水中，部分在水面以上，称其为浮体。

（3）当 $G = P_Z$ 时，物体可在液体中保持平衡，称其为潜体。

（二）浮体的稳定性

浮体受到外力干扰时，往往会发生倾斜。匀质物体的重心 C 的位置是不变的，但倾斜后浮体浸入水中体积部分的形状发生变化，使浮心的位置发生变化，从而有可能使浮体倾覆。

如图 2.23（b）、（c）所示为浮体的平衡遭破坏后可能出现的两种趋势。其中，图 2.23（b）所示为趋向平衡位置的趋势，称为稳定平衡；图 2.23（c）所示为远离平衡位置的趋势，称为不稳定平衡；图 2.23（a）所示为原平衡位置。

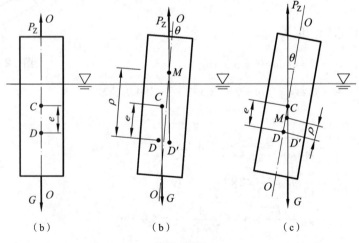

（b）　　　　　　　（b）　　　　　　　（c）

图　2.23

在桥梁施工中，用船舶运送结构物或用浮运法下沉沉井时，要求这些浮体应具有稳定的平衡，在发生倾斜之后，应有恢复到平衡位置的能力。

在图 2.23（a）所示中，把浮心 D 与重心 C 的连线称为浮轴，用 O—O 表示。重心 C 与浮心 D 之间的距离为偏心距 e。

当浮体倾斜后[见图 2.23（b）、（c）]，浮轴也发生了倾斜，仍记为 O—O，浮心变为 D'。此时浮力 P_Z 的作用线与浮轴 O—O 交于 M 点，M 点称为定倾中心。定倾中心 M 与原平衡状态的浮心 D 之间的距离称为定倾中心半径，记为 ρ。

当浮体倾斜不大时，浮心 D' 在以 M 为圆心、ρ 为半径的圆弧上摆动。

当浮体的倾角 θ<15°时，可以证明，定倾中心半径 ρ 可由下式计算：

$$\rho = \frac{I_{\min}}{V}$$

式中　$I_{\min}$——浮面（浮体在平衡状态时与液面的相交面）面积对于其形心轴的惯性矩（对两个轴的惯性矩中取较小值）；

　　　V——浮体所排开的液体体积。

浮体稳定性的判定：

当 ρ>e 时，M 点在 C 点之上[见图 2.23（b）]，重力 G 和浮力 P_Z 构成的力偶与倾斜方向相反，浮体有恢复平衡状态的趋势，为稳定平衡。

当 ρ<e 时，M 点在 C 点之下，重力 G 与浮力 P_Z 构成力偶与倾斜方向相同，浮体为不稳定平衡。

综上可知，浮体的稳定平衡条件是：

$$\rho > e \tag{2.12}$$

例 2.6　如图 2.24 所示为一浮运沉井，沉井底面尺寸为 5 m×7 m，重量 350 kN，求沉井在水中的淹没深度。若在沉井上继续灌注混凝土，并要求在水中的淹没深度不超过 1.5 m，则灌注的混凝土重最多为多少？若灌注混凝土后，沉井重心距离底边 1 m，试检算沉井此时的稳定性。

解：未灌注混凝土时沉井所受浮力与沉井重相等。即：

$$P_Z = G = 350 \ (kN)$$
$$P_Z = \gamma V = 9.8 \times 5 \times 7 \times h = 350 \ (kN)$$

故
$$h = \frac{350}{9.8 \times 5 \times 7} = 1.02 \ (m)$$

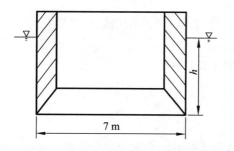 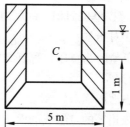

图　2.24

灌注混凝土后，沉井淹没 1.5 m，$h = 1.5$ m，此时浮力为：

$$P_Z = \gamma V P_Z = \gamma V = 9.8 \times 5 \times 7 \times 1.5 = 514.5 \ (kN)$$

最多可灌注混凝土重为：

$$G' = P_Z - G = 514.5 - 350 = 164.5 \ (kN)$$

检算其稳定性，求沉井重心与浮心的距离：

$$e = 1 - \frac{1.5}{2} = 0.25 \ (m)$$

定倾中心半径：

$$\rho = \frac{I_{min}}{V} = \frac{12 \times 7 \times 5^3}{7.5 \times 5 \times 1.5} = 1.39 \ (m)$$

$\rho > e$，沉井处于稳定平衡状态。

小　结

本章的主要内容是静水压强和静水总压力的计算及应用，现归纳如下：

一、静水压强

1. 静水压强

定义：$p = \lim\limits_{\Delta\omega \to 0} \frac{\Delta P}{\Delta\omega} = \frac{dP}{d\omega}$

特性：垂直性、各向等值性。

2. 静水压强的分布规律

分布规律：$z + \frac{p}{\gamma} = C$（称水静力学基本方程）

能量方程：$z_1 + \frac{p_1}{\gamma} = z_2 + \frac{p_2}{\gamma}$

大小：$p = p_0 + \gamma h$（称静水压强基本方程）

3. 压强的表示法

压强的单位：① 单位面积上的压力；② 工程大气压的倍数；③ 液柱高。

绝对压强与相对压强：$p_{相对} = p_{绝对} - p_a$

相对压强为负值时为负压，称真空度（真空值）。

4. 压强的量测

自由表面与表面压强。

等压面：压强相等的点组成的面。

量测仪表：测压管、水银测压计、水银差压计、金属压力表、真空表。

5. 水头与势能如表 2.2 所示

表 2.2 水头与势能

能量／各项意义	Z	$\dfrac{p}{\gamma}$	$z+\dfrac{p}{\gamma}=C$
水力学意义	位置水头	压强水头	测管水头为一常数
物理意义	单位位能	单位压能	单位势能，$z+\dfrac{p}{\gamma}$ 表示做功的能力
几何意义	位置高度	压强高度	$z+\dfrac{p}{\gamma}$ 以长度单位表示做功的大小

二、静水总压力

1. 矩形平面

大小：压强分布图的体积。

方向：垂直指向受压面。

作用点：通过压强分布体的形心。

2. 任意形状平面

大小：受压面的面积与其形心处的静水压强的乘积。

方向：垂直指向受压面。

作用点：$y_D = y_C + \dfrac{I_C}{\omega y_C}$。

思考与练习题

2.1 何谓静水压强？静水压强有何特性？

2.2 静水压强基本方程式 $p = p_0 + \gamma h$ 说明了什么规律？

2.3 表示压强的单位有几种？它们之间如何换算？

2.4 绝对压强与相对压强有何关系？

2.5 什么是等压面？等压面有何特性？

2.6 水静力学的基本方程式 $z + \dfrac{p}{\gamma} = C$ 说明了什么规律？测管水头的物理、几何意义是什么？

2.7 如何绘制静水压强分布图？

2.8 写出平面上静水总压力大小和作用点位置的计算公式，并用文字叙述。

2.9 解释下列名词：浮力、浮面、浮轴、定倾中心。

2.10 如图 2.25 所示，求 p_A、p_1、p_2 的相对压强？如压强出现负值，求其真空值。

2.11 某桥梁工地上的压力水箱装有复式压力计，如图 2.26 所示。求水箱表面上的 p_0 应为多少（封闭管内的气体质量不计，$p_C = p_D$）？

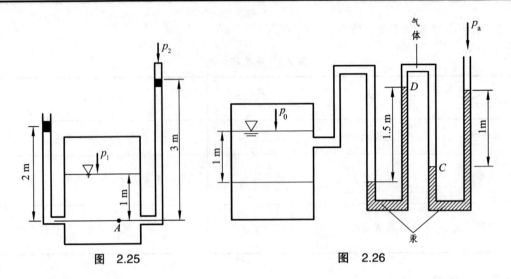

图　2.25　　　　　　　　　　　　　　　图　2.26

2.12　某一输油管道上装有文丘里水表，参见图 2.10 所示。求 A、B 两点的压强差。已知 $\gamma_{油} = 8.33 \text{ kN/m}^3$，$\gamma_{汞} = 133.28 \text{ kN/m}^3$，$\Delta h_p = 0.1 \text{ m}$。

2.13　如图 2.27 所示，求 p_A、p_0 的绝对压强、相对压强和真空值各为多少？

2.14　有一简易水压机，如图 2.28 所示。已知两活塞直径之比为 $1:4$，杠杆 OA 与 OB 长度之比为 $1:3$，若在 B 点加一力 P，问水压机能举起多重物体？

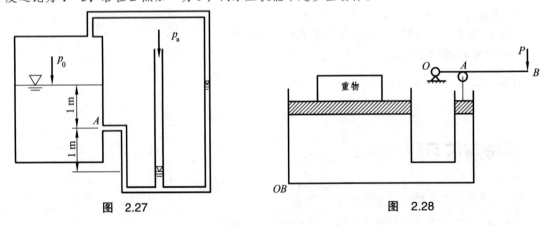

图　2.27　　　　　　　　　　　　　　图　2.28

2.15　如图 2.29 所示，四个容器底面积为 1 m^2，高 2 m，放在桌面 $M—M$ 上，试求作用在

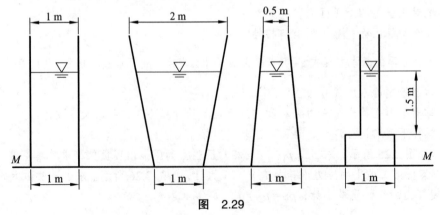

图　2.29

底面积上静水总压力及桌上承受的力有多大? 是否相等?

2.16   如图 2.30 所示,绘制各平面壁 *AB*、*BC*、*CD*、*DE*、*EF* 上的压强分布。

2.17   如图 2.31 所示,有一座三角形的混凝土挡土墙,直立于水中,水深 $h = 5$ m,混凝土重度为 $\gamma_混 = 23$ kN/m³,如规定倾覆稳定系数 $K = 1.5$,求混凝土挡土墙的基础宽度 *B*(不计水浮力)。

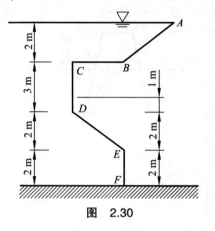

图   2.30

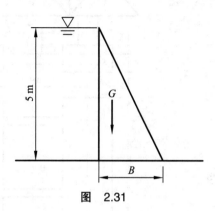

图   2.31

2.18   如图 2.32 所示为灌注墩柱混凝土,底面积为 1 m×1 m,木制模板,$\gamma_混 = 23$ kN/m³。求(1)混凝土对单位宽模板的侧压力;(2)模板用拉条固定,试确定拉条位置高度 *e* 的大小。

2.19   如图 2.33 所示,有一直立金属闸门,水深 $h = 5$ m,闸门宽 1 m,试根据负荷相等条件布置四根横梁。

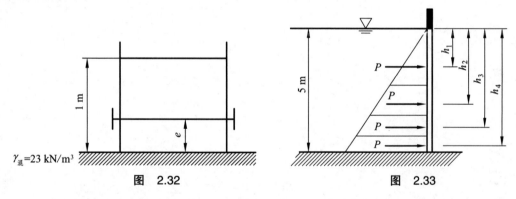

图   2.32

图   2.33

2.20   有一木块浮于水中,其尺寸为 $a = 100$ mm,$c = 200$ mm,$L = 300$ mm,$\gamma_木 = 7.84$ kN/m³,在图 2.34 所示的三种可能的位置中,哪一种稳定?

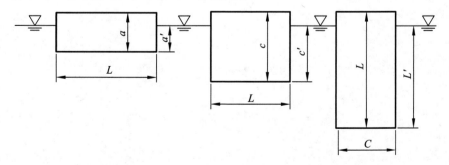

图   2.34

2.21 欲用浮运法将钢梁架设到所需的墩位上,如图 2.35 所示。已知钢梁质量为 2.5×10^5 t,每只船质量为 2.5×10^4 t(含船上枕木垛的质量)。钢梁重心 C_1 点距梁底 1.5 m,船的重心 C_2 在 2/3 吃水深度处,两船的尺寸均为 3 m×17 m,并连接在一起,试验算该船只的稳定性。

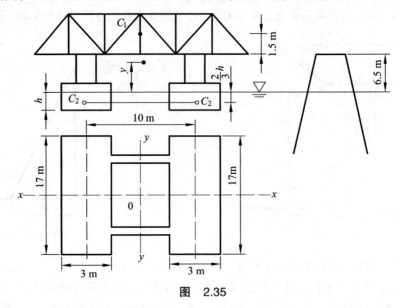

图 2.35

第三章 水动力学基础

内容提要 本章主要研究水力学三大方程（连续性方程、能量方程、动量方程）建立的理论基础和三大方程在工程实践中的应用。

第一节 液体运动描述

一、液体的稳定流动与非稳定流动

为了研究水流的运动规律,首先要对水流的运动形态有一个总体认识。按水流运动要素(压强与流速等)与时间的关系,水流的运动形态可分为稳定流动与非稳定流动。

（一）稳定流

水流运动要素不随时间变化,仅与所在位置有关,这种水流运动称为稳定流,亦称恒定流。

（二）非稳定流

水流运动要素不仅与空间位置有关,还随着时间的变化而变化,这种水流运动称为非稳定流,亦称非恒定流。

现举一例来说明这两种水流运动与水流运动要素之间的联系。如图 3.1（a）所示,当水流静止时,其 A 点测压管高度与水箱齐平。打开管道阀门后, A 点处于流动状态,其测压管高度将下降,如图 3.1（b）所示。该水柱高度 h' 所产生的压强就是液体运动时所产生在点 A 处的液体内部的动水压强（亦称动压）。其值 $p_{A动} = \gamma h'$。动压与静压具有同一种特性,单位为 kPa、kN/m³,这说明压强由静压到动压是一个水头由大变小的过程,其变小的差值,转化为 A 点的流速水头（u_A）及水头损失了。在水动力学中,特把动水压强 p_A 与流速 u_A 称为水流运动要素。

倘打开阀门使水自管道流出时不断给水箱进水,而且保持作用水头 H 为一常数（即 $H=C$）,此时 A 点的测压管高度 h' 将稳定不变, A 点的动水压强与流速值的大小不变,也就是说 p_A 与 u_A 将不随时间变化,其流出的水柱形状也不变,这样的水流称为稳定流。

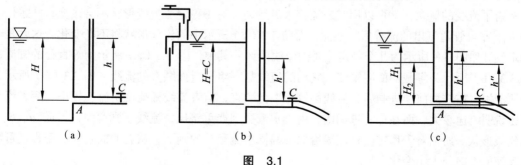

（a）　　　　　　　　（b）　　　　　　　　（c）

图 3.1

　　当水流从变化水位的水箱（即水箱上部不再给水）流出时 h' 越来越小为 h''，这就说明 A 点的压强 p_A 与流速 u_A 将随着时间而变化，其流出的水柱形状也是随着时间变化的，如图 3.1（c）所示。这就是非稳定流。

　　自然界中稳定是相对的，不稳定才是绝对的。但是非稳定流会给研究带来许多困难。为此我们给予一定的条件，使水流保持稳定。例如给水箱安设溢流管，并保证水泵不停地供水，这样水流即保持稳定。再如洪水涨落通过桥涵时为非稳定流，但我们可以认为最大洪峰通过桥涵的那一段时间的水流将保持稳定，并依此作为设计的依据，这样就可以把研究的问题归结在稳定流的范围内。本书所讨论的水流运动均为稳定流。

二、总流、元流（微小流束）与流线

　　我们常看到，水在自来水管中流动（称有压管流）和水在河渠中流动（称无压明渠流）。这种有一定边界尺寸和相当大小的实际水流，在水力学中便称为总流。

　　总流可以认为是由许多微小流束（也称元流）组成，而微小流束则可视为一束流线所围成。当微小流束的面积 $\Delta\omega$，无限缩小趋近于以零为极限的时候，该微小流束就是流线，可见流线是组成总流的最基本部分。

　　为了分析水流运动，常用流线来描绘水流运动的图像，现举一桥墩挡水实例来说明。如图 3.2（a）所示，在桥墩模型上游连续不断地撒木屑，木屑被水流带动流经桥墩，如果在某一瞬间，把正在流动的、连续撒下的木屑用照相机拍摄下来，就得到如图 3.2（a）所示的曲线，这一曲线清晰地反映出同一瞬间水流运动的方向。水力学中把这些从实际水流现象中概括出来的，可以反映液体运动方向的线称流线。为了正确应用流线，下面分析流线的性质。

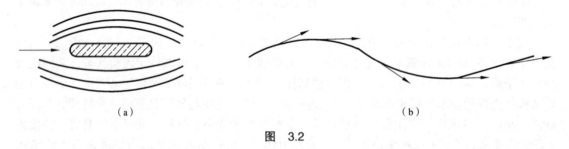

图　3.2

　　（1）由于流线是表示各质点在某一瞬间流动方向的一条线，因而在这条曲线上某一点的瞬时流速方向与这条曲线相切，如图 3.2（b）所示。

　　（2）对于某一瞬间，在流线上只可能有一个速度向量，因此流线不会相交，同时流线也不可能有折角，也不可能有折转，只能是一条平滑的曲线。

　　有了流线的概念，就可以用它来描绘水流运动。对于稳定流流线形状不会改变，[见图 3.3（b）]，水自管道流出的流线形状不变；而图 3.3（c）所示中的流线形状将不断变化，这就是非稳定流。如图 3.3 所示为几个稳定流时的流线图像。其中，图 3.3（a）所示为等直径的管流；图 3.3（b）所示为等截面的明渠流。它们的流线是一组平行而顺直的流线；图 3.3（c）所示为有压涵洞，在进洞前和进洞后，流线都较为平行顺直，前者流线稀疏说明流速较小，后者流线紧密说明流速较大，而在即将进洞前，由于水流受到严重挤压，流线急剧弯曲，形成 a、b、c 的流线形状。所以对于稳定流，流线恰似一幅幅水流运动的画面，从它的曲直和疏密程度可看出流速的方向与大小变化。

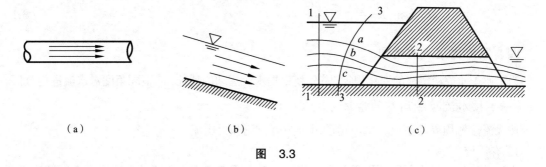

（a）　　　　　　　　　（b）　　　　　　　　　（c）

图　3.3

三、过水断面、流量与平均流速

1. 过水断面

在元流或总流中，与所有流线相垂直的横断面称过水断面。如图 3.3（a）、（b）所示中任取一过水断面均为平面；图 3.3（c）所示中 1—1、2—2 断面为平面，3—3 断面必须与流线垂直而为曲面了。

过水断面符号用 ω（元流，即微小流束为 $\mathrm{d}\omega$）表示，单位为 m^2。

2. 流量与平均流速

流量是指单位时间内通过某一过水断面的水的体积，总流的流量示以 Q，元流的流量为 $\mathrm{d}Q$，单位均为 m^3/s。流量是衡量水流大小（一般称通过能力或过水能力）的重要指标。

对某个过水断面而言，液体质点在单位时间内通过该断面的距离称为点流速，以 u 表示，单位为 $\mathrm{m/s}$，它实际为微小流束的流速。根据流量的定义，取微小流束的面积为 $\mathrm{d}\omega$。因其非常小，其上各点的流速可以认为是相等的，故得元流的流量为 $\mathrm{d}Q = u\mathrm{d}\omega$。对于总流，通过过水断面的流量 Q 等于所有微小流束流量 $\mathrm{d}Q$ 的总和，即：

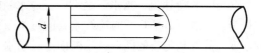

$$Q = \int_Q \mathrm{d}Q = \int_Q u\mathrm{d}\omega$$

由于液体黏滞性的影响，水流过水断面上各点的流速并不相等。图 3.4 所示为实测管流与明渠流过水断面上点流速分布图，显然用点流速进行流量计算是复杂的。实际工程中，为了计算方便，常用断面平均流速来描述水流运动。

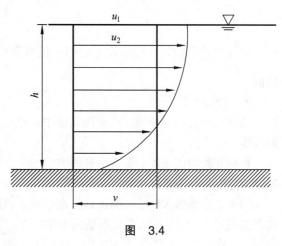

图　3.4

断面平均流速用 v 表示，它是断面中各质点流速 u 的平均值（见图 3.4），流量公式积分后简化为：

$$Q = v\int_Q \mathrm{d}\omega = v\omega$$

$$Q = v\omega; \quad \omega = \frac{Q}{v}; \quad v = \frac{Q}{\omega} \qquad\qquad (3.1)$$

四、液体稳定流的类型

为了便于研究稳定流的变化规律,首先要根据水流运动的特征,从不同角度对水流进行分析。

(一)按水流接触周界的情况分类

按水流接触周界的情况,水流运动可分为有压流和无压流。

1. 有压流

水流沿流程各过水断面的周界与固体表面接触而无自由表面,这种水流称为有压管流或管流。有压管流受压差作用而流动,动水压强沿流程而变化,通常大于大气压强,但有时也小于大气压强。例如给水管路与有压涵管即为有压流动。

2. 无压流

水流沿流程各过水断面的部分周界与固体表面接触,其余部分周界与大气相接触具有自由表面,这种水流称为无压流或明渠流。无压流受重力作用而流动,也称重力流。如河流中的水流与无压涵管的水流均属此类。

(二)按水流运动要素(主要指流速)是否沿流程不变分类

按水流运动要素(主要指流速)是否沿流程不变分类,可将水流分为均匀流和非均匀流。

1. 均匀流

均匀流又称等速流,指水流运动中各过水断面上的流速(大小和方向)沿流程不变。其基本特征为:流线顺直平行,与流线垂直的过水断面为一个平面,没有惯性力,过水断面大小沿流程不变。故在均匀流的同一过水断面上,动水压强的分布规律是一个仅与重力有关的静力学问题,与静水压强分布规律相同。即:

$$z + \frac{p}{\gamma} = C$$

这里着重指出,上述结论是对同一过水断面而言。而对于不同断面,$z + \frac{p}{\gamma} = C$ 各有不同的值。

2. 非均匀流

非均匀流也称变速流,指水流运动中各过水断面上的流速沿流程变化,流线呈彼此不平行的直线和曲线。

根据非均匀流流线的曲直(流线方向变化急缓)程度或流线间夹角的大小不同,将非均匀流分为急变流与渐变流。

(1)急变流的水流流线为曲线且曲率较大或流线间夹角较大,流线上各点流速的大小或方向有剧烈变化。它多发生在局部地区(如拐弯、断面突然扩大或缩小等)。因急变流的流线是弯曲的,从水力学观点看,作用在质点上的力,除重力外还有离心力,故动水压强的分布规律与静水压强分布规律不同。即:

$$z_a + \frac{p_a}{\gamma} > z_b + \frac{p_b}{\gamma}$$

如图 3.5(a)所示。

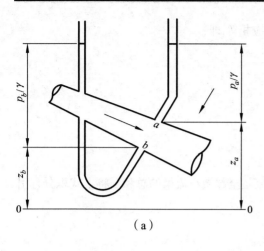
（a）

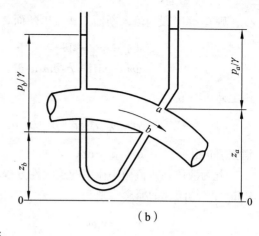
（b）

图　3.5

（2）渐变流的水流流线为近似平行直线或虽弯曲但曲率不大。由于渐变流的流线近似顺直平行，故略去惯性力，则可近似认为过水断面上动水压强分布规律是一个仅与重力有关的静力学问题，也就是说与静水压强分布规律相同。即认为：

$$z + \frac{p}{\gamma} = C$$

如图 3.5（b）所示。

所以，在以后的研究中，总是取均匀流与渐变流的断面作为讨论的对象。其目的即为避开惯性力，从而使问题简化。

现将各类水流相互间的关系列出如下，并对照图 3.6 所示的有压流图形认识。

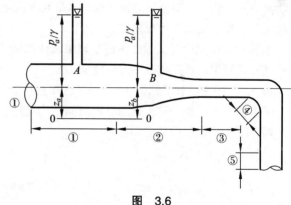

图　3.6

①、③、⑤— 均匀流；②—渐变流；④—急变流

第二节　稳定流的连续性方程

液体作为不可压缩的连续介质，与其他运动物质一样，也必然遵循质量守恒定律。水流运动的连续性方程式就是质量守恒定律在水力学中的表达式。

在稳定总流中任取一微小流束，如图 3.7 所示，两断面面积为 $d\omega_1$ 和 $d\omega_2$，相应流速为 u_1、u_2。因为是稳定流，故流速及流线形状不随时间变化，液流质点不能从流束侧面流入和流出。根据质量守恒定律，对于不可压缩液体，微小流束内液体的质量和密度不

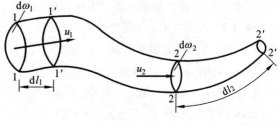

图　3.7

变，则在 dt 时段内流入断面 1 和流出断面 2 的质量应相等，即：

$$dm_1 = dm_2 = dm$$
$$dm = \rho dV = \rho \cdot d\omega \cdot u \cdot dt$$

则上式可写成：

$$\rho \cdot d\omega_1 \cdot u_1 \cdot dt = \rho \cdot d\omega_2 \cdot u_2 \cdot dt$$

消去 ρdt 得：　　$d\omega_1 \cdot u_1 = d\omega_2 \cdot u_2$

此为液体稳定流微小流束的连续性方程，而总流是全部微小流束的总和，将上式积分且引用断面平均流速的概念，则变成：

$$v_1 \omega_1 = v_2 \omega_2$$
$$Q_1 = Q_2 \tag{3.2}$$

式（3.2）为不可压缩液体稳定流总流的连续性方程，它表明在稳定流条件下：① 通过两个断面的流量相等，即流量沿程不变，这是对水流运动的定量分析。② 两个断面平均流速之比与相应两个断面面积之比成反比。

连续性方程无论对实际液体还是理想液体都适用。该方程式是水力学中三大基本方程式之一，其形式简单，且在实践中被广泛应用。

例 3.1　一串联管路如图 3.8 所示。已知直径分别为 $d_1 = 100$ mm，$d_2 = 200$ mm，当 $v_1 = 5$ m/s 时，试求：（1）流量；（2）第二管段断面平均流速；（3）两个管段平均流速之比。

解：（1）由流量公式可知：

$$Q = v\omega$$
$$\omega_1 = \frac{1}{4}\pi d_1^2 = \frac{1}{4} \times 3.14 \times 0.1^2 = 7.85 \times 10^{-3} \text{ (m}^2)$$
$$Q_1 = v_1 \omega_1 = 5 \times 7.85 \times 10^{-3} = 0.039 \text{ (m}^3/\text{s)}$$

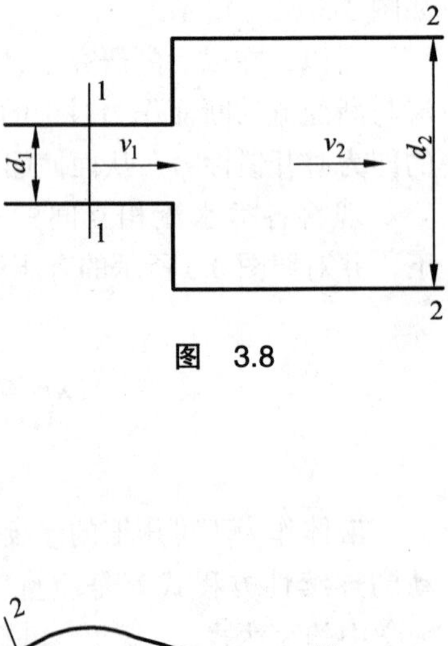

（2）由连续性方程 $v_1\omega_1 = v_2\omega_2$ 得：

$$v_2 = \frac{\omega_1 v_1}{\omega_2} = \frac{7.85 \times 10^{-3} \times 5}{\frac{1}{4} \times 3.14 \times 0.2^2} = 1.25 \text{ (m/s)}$$

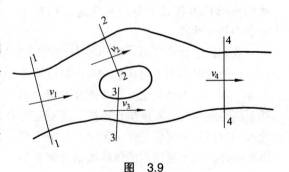
图　3.8

（3）$\dfrac{v_1}{v_2} = \dfrac{\omega_2}{\omega_1} = \dfrac{5}{1.25} = 4$。

因此可知，管径缩小一半，流速增加四倍。

例 3.2　某河中有一小岛将水流分为二支，如图 3.9 所示。今测得北侧断面 $\omega_2 = 2\ 560$ m^2，平均流速 $v_2 = 0.97$ m/s；南侧断面 $\omega_3 = 3\ 490$ m^2，平均流速 $v_3 = 0.62$ m/s；下游平均流速 $v_4 = 0.48$ m/s，试求：（1）总流量；（2）下游断面面积。

图　3.9

解：（1）由连续方程知：$Q_1 = Q_2 + Q_3 = Q_4$，则

$$Q = Q_2 + Q_3 = \omega_2 v_2 + \omega_3 v_3 = 2\,560 \times 0.97 + 3\,490 \times 0.62 = 4\,647 \ (\text{m}^3/\text{s})$$

（2）由流量公式 $Q_4 = \omega_4 v_4$，得：

$$\omega_4 = \frac{Q_4}{v_4} = \frac{4\,647}{0.48} = 9\,681 \ (\text{m}^2)$$

第三节　稳定流的能量方程

一、能量方程的感性认识与实验推导

在水静力学中，我们已经得出了如图 3.10（a）所示的对某一基准面 0—0 而言的静止液体的能量方程：

$$z_1 + \frac{p_1}{\gamma} = z_2 + \frac{p_2}{\gamma}$$

它说明给水系统内各点的单位势能为一常数，这是能量守恒与转化定律在水静力学中的体现。本节主要讨论当给水管道的阀门 C 打开，让水流运动后，这一方程的能量转化关系。下面将通过简单的实验现象，从感性认识上建立运动液体的能量方程。

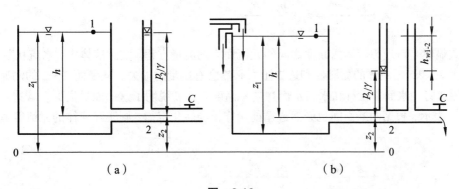

图　3.10

现观察水箱供水时[见图 3.10（b）]，由静止液体至运动液体时的能量转化关系与规律。

打开管道阀门 C 作稳定流动时，对于断面 1—1 中的点 1，$\dfrac{p_1}{\gamma} = \dfrac{p_a}{\gamma} = 0$，该点因对基准面 0—0 具有位能 z_1，故断面内便会有液体质点通过点 1 流动，这样该断面内单位重量液体的势能 z_1，就会有部分能量转化为动能即具有流速 u_1。质量为 m 的液体，具有动能 $\frac{1}{2}mu_1^2$，而单位重量（$G = mg$）液体所具有的动能便为：

$$\frac{\frac{1}{2}mu_1^2}{mg} = \frac{u_1^2}{2g}$$

根据能量守恒与转化定律，断面 1—1 对基准面 0—0 具有的总能量应为 $z_1 + \dfrac{p_1}{\gamma} + \dfrac{u_1^2}{2g}$（这里需要说明的是，$\dfrac{u_1^2}{2g}$ 是由 z_1 的部分能量转化而来，z_1 是在下降或减小，但由于给水箱不断供水，水流是稳定流，作用水头为一常数，故 z_1 值实际上并没有减小）。

对于断面 2—2，位置高度 z_2 没有变，只是静水压强变为动水压强，值变小了，静压的能量转化为动压 $\left(\dfrac{p_1}{\gamma}\right)$ 和流速（u_2）了。显然断面 2—2 内的质点 2 便具有动能 $\dfrac{1}{2}mu_2^2$，对于单位重量液体所具有的动能为 $\dfrac{\frac{1}{2}mu_2^2}{mg} = \dfrac{u_2^2}{2g}$。2—2 断面的动能，也可以从插入的测速管（亦称比托管）观测到，测速管针孔直对 2 点水流方向，这样由 2 点流速产生的动能便做功，使液柱高度增升了一段 h_u，若使测速管小孔转 90° 或顺水流方向，测速管就只起测压管作用了，测速管中的 h_u 内的水就会以流速 u 从管中流下。

从物理学中可知，这就是势能与动能的转化，其关系为 $u = \sqrt{2gh_u}$，故 $h_u = \dfrac{u^2}{2g}$，于是断面 2—2 对基准面 0—0 所具有的总能量为 $z_2 + \dfrac{p_2}{\gamma} + \dfrac{u_2^2}{2g}$。

根据能量守恒与转化定律，两断面的总能量应该相等，因而运动液体的能量方程便可写成：

$$z_1 + \frac{p_1}{\gamma} + \frac{u_1^2}{2g} = z_2 + \frac{p_2}{\gamma} + \frac{u_2^2}{2g}$$

上式显然是对理想液体两断面之间的元流而言的能量方程。实际液体中，水流从断面 1—1 流至断面 2—2，因液体的黏滞性和边界阻力必然会有能量的损失。从断面 2—2 的测速管可以看出，测速管内水面并没有和水箱水面在同一高度上，就说明了这一能量损失。若这一损失用高度 h_{w1-2} 表示，根据两断面间也必然遵循能量守恒与转化定律，则实际液体的元流能量方程便可写成：

$$z_1 + \frac{p_1}{\gamma} + \frac{u_1^2}{2g} = z_2 + \frac{p_2}{\gamma} + \frac{u_2^2}{2g} + h_{w1-2}$$

工程实践中，需要的是实际液体总流的能量方程，这就需要将上述方程由元流推广为总流。对于方程中的势能 $\left(z + \dfrac{p}{\gamma} = C\right)$，因仅在重力作用下，断面内各点势能为 $z + \dfrac{p}{\gamma} = C$（$C$ 为一常数），故对总流而言，其值 $z + \dfrac{p}{\gamma} = C$ 不变，只是各点流速要以断面平均流速 v 来表示。实验和理论证明，各点流速水头的平均值大于断面平均流速水头，即 $\dfrac{\sum \frac{u^2}{2g}}{n} > \dfrac{v^2}{2g}$。若要使两者相等，应取大于 1 的动能修正系数 a 来修正，即：

$$\frac{\sum \dfrac{u^2}{2g}}{n} > \frac{av^2}{2g}$$

于是总流的能量方程，应该写成：

$$z_1 + \frac{p_1}{\gamma} + \frac{av_1^2}{2g} = z_2 + \frac{p_2}{\gamma} + \frac{av_2^2}{2g} + h_w \tag{3.3}$$

这就是通过观察水流运动现象得出的实际液体总流的能量方程式，它是水力学中第二个重要的方程。

二、能量方程的理论推导

能量守恒与转化定律，是物质运动的一个普遍规律，水流运动是物质运动的一种，也必须遵循这一定律。而液体有它自己的特点，它是一种具有黏滞性、易流动的连续介质，同时又受边界的约束和影响。因此，由能量守恒定律导出的水流运动能量方程，也具有其独特的表现形式。

能量方程式是按动能定理导出的，即外力对物体做功的和等于物体动能的增量。其公式为：

$$\sum A = \frac{1}{2}mu_2^2 - \frac{1}{2}mu_1^2$$

式中　$\sum A$——所有外力做功的总和；

　　　u_1——物体处于起始位置的速度；

　　　u_2——在所有外力作用下，物体运动到新位置的速度；

　　　m——物体的质量。

在水流运动中，由于动水压强与流速不仅沿流程变化，同一断面上由于各点位置不同，其值也各异，故在分析能量转化关系时，应首先从微小流束（元流）入手，然后再扩大到总流。

（一）微小流束的能量方程

在稳定流中，任取一段微小流束来研究其受力后的流动情况。

如图 3.11 所示，取基准面为 0—0，1—1、2—2 断面各要素分别为：$d\omega_1$，z_1，u_1，p_1，$d\omega_2$，z_2，u_2，p_2。下面分析在 dt 时间内，微小流束 1—2 从原位置移动到 1′—2′时的变化。由图 3.11 可知，其 1、2 断面移动位置分别是 dl_1、dl_2，根据连续性方程，液体从断面 1—1 流出的体积必须与断面 2—2 流出的体积相等。即：$dV_1 = dV_2 = dV$。

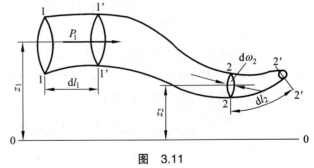

图　3.11

而中间体积 1′—2 部分又属液体流动前后共有，对于稳定流它的体积和形状都不发生变化，故可认为该部分在原处未动，把液体运动看做是液体体积 dV 由 1—1′移动 2—2′的位置。

液体移动说明外力做了功，动能发生了变化。

1. 外力做功

（1）压力功。侧表面上的动水压力与水流方向垂直故不做功，只有端面上的动水压力做功，动水压力 $dP_1 = p_1 d\omega_1$ 和 $dP_2 = p_2 d\omega_2$，若压力与流速方向一致做正功，反之做负功，故所做压力功为：

$$A_{\text{压}} = dP_1 \cdot dl_1 - dP_2 \cdot dl_2 = p_1 \cdot d\omega_1 \cdot dl_1 - p_2 \cdot d\omega_2 \cdot dl_2$$
$$= p_1 \cdot d\omega_1 \cdot u_1 dt - p_2 \cdot d\omega_2 \cdot u_2 dt$$

根据连续性定理 $d\omega_1 \cdot u_1 = d\omega_2 \cdot u_2 = dQ$，可知上式为：

$$p_1 \cdot d\omega_1 \cdot u_1 dt - p_2 \cdot d\omega_2 \cdot u_2 dt = p_1 \cdot dQ \cdot dt - p_2 \cdot dQ \cdot dt$$
$$= dQ \cdot dt(p_1 - p_2)$$

（2）重力功，即液体从 1—1′ 移动到 2—2′ 所做的功。设该液体的重力为：

$$dG = \gamma \cdot dV = \gamma \cdot dQ \cdot dt$$

它垂直地作用于水体，该水体移动的距离即 $z_1 - z_2$，故重力功为：

$$A_{\text{重}} = dG \cdot (z_1 - z_2) = \gamma \cdot dQ \cdot dt \cdot (z_1 - z_2)$$

（3）阻力功。由于水流有黏滞性，在流动过程中，管壁和水流内壁总是有阻力的，这一阻力反抗液体的运动，其所做的功是内摩擦力与移动距离的乘积，因其方向相反，故为负功。由于阻力做功的情况复杂，故阻力问题留待下节专题讨论。我们先假定单位重力水体在 1—2 段流动时所做的功为负功，并取 h'_w 为其损失值，则在 dt 时间内通过的微小流束的重力为 $dG = \gamma \cdot dQ \cdot dt$，其所做阻力功为：

$$A_{\text{阻}} = -dG \cdot h'_w = -\gamma \cdot dQ \cdot dt \cdot h'_w$$

摩擦力所做的功，表现为水流机械能耗散为热能，对水流和机械能来说是一种损失，故称为能量损失，或称水头损失。

所以，外力对微小流束所做功的总和为：

$$\sum A = A_{\text{压}} + A_{\text{重}} + A_{\text{阻}}$$
$$= dQ \cdot dt(p_1 - p_2) + \gamma \cdot dQ \cdot dt \cdot (z_1 - z_2) - \gamma \cdot dQ \cdot dt \cdot h'_w$$

2. 动能增量

在 dt 时间内，1′—2 部分的水体虽有水体质点的流动和更换，但在稳定流条件下，这部分水体质量不变，各点流速没有变，所以这部分水体的动能没有变化。因此只考虑水体 dV_2 与水体 dV_1 的动能之差，又因水体的质量为：

$$dm_1 = dm_2 = dm = \frac{dG}{g} = \frac{\gamma \cdot dQ \cdot dt}{g}$$

则动能增量 ΔE 为：

$$\Delta E = \frac{1}{2} m u_2^2 - \frac{1}{2} m u_1^2 = \frac{1}{2} \frac{\gamma \cdot dQ \cdot dt}{g}(u_2^2 - u_1^2) = \gamma \cdot dQ \cdot dt \left(\frac{u_2^2}{2g} - \frac{u_1^2}{2g} \right)$$

据动能定理，则有 $\sum A = \Delta E$ ，即：

$$\gamma \cdot \mathrm{d}Q \cdot \mathrm{d}t \cdot (z_1 - z_2) + \mathrm{d}Q \cdot \mathrm{d}t(p_1 - p_2) - \gamma \cdot \mathrm{d}Q \cdot \mathrm{d}t \cdot h_{\mathrm{w}}' = \gamma \cdot \mathrm{d}Q \cdot \mathrm{d}t \left(\frac{u_2^2}{2g} - \frac{u_1^2}{2g} \right)$$

$$\gamma \cdot \mathrm{d}Q \cdot \mathrm{d}t = \mathrm{d}G$$

等式两边同除以 $\gamma \cdot \mathrm{d}Q \cdot \mathrm{d}t$ ，式中各项变成单位重量液体的功和能，整理后为：

$$z_1 + \frac{p_1}{\gamma} + \frac{u_1^2}{2g} = z_2 + \frac{p_2}{\gamma} + \frac{u_2^2}{2g} + h_{\mathrm{w}}' \tag{3.4}$$

这就是稳定流中微小流束的能量方程式，它表达了微小流束中任意两断面间流速、压强与空间位置之间的关系。

（二）总流的能量方程式

在实际工程中，所需要的是总流的能量转化关系，故需得出总流的能量方程式。

将式（3.4）两边再同乘以单位重量液体 $\mathrm{d}G = \gamma \cdot \mathrm{d}Q \cdot \mathrm{d}t$ ，其中 $\mathrm{d}Q = u_1 \cdot \mathrm{d}\omega_1 = u_2 \cdot \mathrm{d}\omega_2$ ，则式（3.4）变为：

$$\left(z_1 + \frac{p_1}{\gamma} + \frac{u_1^2}{2g} \right) \gamma \cdot u_1 \cdot \mathrm{d}\omega_1 \cdot \mathrm{d}t = \left(z_2 + \frac{p_2}{\gamma} + \frac{u_2^2}{2g} \right) \gamma \cdot u_2 \cdot \mathrm{d}\omega_2 \cdot \mathrm{d}t + h_{\mathrm{w}}' \cdot \gamma \cdot u_2 \cdot \mathrm{d}\omega_2 \cdot \mathrm{d}t$$

将微小流束的能量方程在总流上积分，可得到总流的能量方程式，即：

$$\int_{\omega_1} \left(z_1 + \frac{p_1}{\gamma} + \frac{u_1^2}{2g} \right) \gamma \cdot u_1 \cdot \mathrm{d}\omega_1 \cdot \mathrm{d}t = \int_{\omega_2} \left(z_2 + \frac{p_2}{\gamma} + \frac{u_2^2}{2g} \right) \gamma \cdot u_2 \cdot \mathrm{d}\omega_2 \cdot \mathrm{d}t + \int_{\omega_1} h_{\mathrm{w}}' \cdot \gamma \cdot u_2 \cdot \mathrm{d}\omega_2 \cdot \mathrm{d}t$$

下面逐项讨论这一方程式。

1. 过水断面上势能的积分

因过水断面取在均匀流与渐变流中，故断面上的 $z + \dfrac{p}{\gamma} = C$ 为常数，因此势能的积分为：

$$\int_{\omega} \left(z_1 + \frac{p_1}{\gamma} \right) \gamma \cdot u \cdot \mathrm{d}\omega = \left(z_1 + \frac{p_1}{\gamma} \right) \cdot \gamma \int_{\omega} u \cdot \mathrm{d}\omega = \left(z_1 + \frac{p_1}{\gamma} \right) \cdot \gamma \cdot Q$$

2. 过水断面上动能的积分

过水断面上水流的实际总动能为：

$$\int_{\omega} \frac{u^2}{2g} \gamma \cdot u \cdot \mathrm{d}\omega = \gamma \int_{\omega} \frac{u^3}{2g} \mathrm{d}\omega$$

由于断面上各点的流速 u 不一样，且各点的 $\dfrac{u^2}{2g}$ 也不一样，要将上式积分，就必须知道过水断面上的流速分布，但流速分布往往难以确定，因此通常用断面平均流速 v 来计算总动能。

断面实际总动能 $\gamma \displaystyle\int_{\omega} \frac{u^3}{2g} \mathrm{d}\omega$ 与用平均流速表示的总动能 $\left(\dfrac{\gamma Q v^2}{2g} \right)$ 在数量上并不相等，因此需

乘以系数 a 来反映它们之间的差别。即：

$$\gamma \int_{\omega} \frac{u^3}{2g} \, \mathrm{d}\omega = \frac{a\gamma Q v^2}{2g} = \gamma \omega \frac{a v^3}{2g}$$

系数 a 称为动能修正系数，根据上式可知其值为：

$$a = \frac{\int_{\omega} \frac{u^3}{2g} \, \mathrm{d}\omega}{v^3 \omega}$$

由于 u 的立方和永远大于其平均值的立方，即 $\int_{\omega} \frac{u^3}{2g} \, \mathrm{d}\omega > v^3 \omega$，故动能修正系数 a 大于 1，其值与过水断面上的流速分布有关，流速分布较均匀时其值接近 1。在满足工程精度要求的情况下，为计算方便常取 $a = 1$。但在高速水流或流速分布极不均匀的情况下，则必须引入 a 加以校正，一般 a 为 $1.05 \sim 1.10$。只有个别情况下，a 值可能比 1 大很多。

3. 关于水流总能量损失的积分

为了积分 $\int_{Q} h'_{\mathrm{w}} \cdot \gamma \cdot \mathrm{d}Q$，暂用一个平均值 h_{w} 来代替 h'_{w}，则：

$$\int_{Q} h'_{\mathrm{w}} \cdot \gamma \cdot \mathrm{d}Q = \gamma h_{\mathrm{w}} \int_{Q} \mathrm{d}Q = \gamma \cdot Q \cdot h_{\mathrm{w}}$$

h_{w} 为单位重力液体从断面 1—1 流至断面 2—2 的过程中所损失能量的平均值，简称总流的能量损失（或水头损失），h_{w} 的确定将在下节中讨论。

根据以上分析结果得：

$$\left(z_1 + \frac{p_1}{\gamma} \right) \gamma Q + \frac{a_1 v_1^2}{2g} \gamma Q = \left(z_2 + \frac{p_2}{\gamma} \right) \gamma Q + \frac{a_2 v_2^2}{2g} \gamma Q + h_{\mathrm{w}} \cdot \gamma Q$$

以单位时间内流入或流出流段的水流总量 γQ 除以各项，得到单位重的液体从断面 1—1 到断面 2—2 所具有的能量转化关系为：

$$z_1 + \frac{p_1}{\gamma} + \frac{a_1 v_1^2}{2g} = z_2 + \frac{p_2}{\gamma} + \frac{a_2 v_2^2}{2g} + h_{\mathrm{w}} \tag{3.5}$$

这就是能量守恒与转化定律在水流中的特殊表达形式，称为总流的能量方程式，简称能量方程式。它是由荷兰学者尼亚·伯诺里于 1738 年首先推导出来的，后来便以他的名字命名为伯诺里方程式。它是水动力学的第二个重要方程式。

三、能量方程的意义

（一）能量方程的水力学意义

从式（3.5）可以看出，任何一个过水断面中必具有三项能量，它们是 $E = z + \frac{p}{\gamma} + \frac{a v^2}{2g}$ 水流从断面 1—1 流向断面 2—2，必然有 $E_1 = E_2 + h_{\mathrm{w}}$，所以能量方程式反映出总流中两过水断面的能量相等和转化关系。它是能量守恒与转化定律在水力学中的体现，是对水流运动的定性分析，是用来分析水流现象、解决工程问题的一个重要基本原理。

式中各项均称水头，即位置水头 z、压强水头 $\dfrac{p}{\gamma}$、流速水头 $\dfrac{av^2}{2g}$，而 $H_\mathrm{p}=z+\dfrac{p}{\gamma}$ 称为测压管水头，$E=z+\dfrac{p}{\gamma}+\dfrac{av^2}{2g}$ 称为总水头，h_w 称为损失水头。

（二）能量方程的物理意义

水头即能量，式中各项均表示能量，表示单位重量的液体具有做功的能力：

（1）z，表示总流过水断面上单位重量液体所具有的位能，简称单位位能。

（2）$\dfrac{p}{\gamma}$，表示总流过水断面上单位重量液体所具有的压能，简称单位压能。

（3）$z+\dfrac{p}{\gamma}$，表示总流过水断面上单位重量液体所具有的单位势能。

（4）$\dfrac{av^2}{2g}$，表示总流过水断面上单位重量液体所具有的平均单位动能。

（5）$E=z+\dfrac{p}{\gamma}+\dfrac{av^2}{2g}$，表示过水断面上单位重量液体的平均总能量（或称总机械能）。

（6）h_w，表示总流单位重量液体在始末两过水断面间水流流程上平均消耗的能量，称单位能量损失。

（三）能量方程的几何意义

水头即高度，用长度单位表示能量的大小，为了量取各断面能量大小，必须有一个共同的基准面 0—0，如图 3.12 所示。该图中各断面的 z 为位置高度，$\dfrac{p}{\gamma}$ 为用高度表示的压强，$\dfrac{av^2}{2g}$ 为

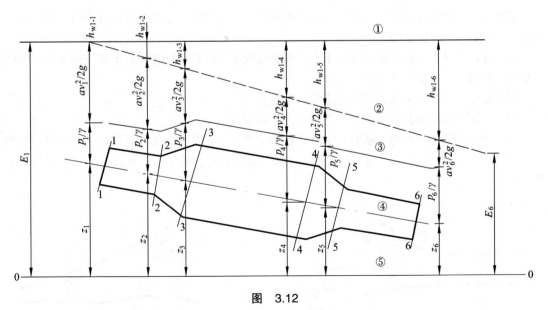

图　3.12

①—理想液体总水头线；②—实际液体总水头线；③—测压管水头线；④—位置水头线；⑤—基准面

用高度表示的动能。$z+\dfrac{p}{\gamma}$ 为测压管高度，E 为总水头（或总机械能）高度。分别连接这些高度便称之为位置水头线、测压管水头线与总水头线。它使我们清晰地看出这是一幅能量大小与转化的画面。

从图 3.12 可以看出：基准面 0—0 是量取总水头高度的起算面，基准面与理想液体总水头线之间的距离是恒定的，它反映了能量守恒定律的基本原理，实际液体是有黏滞性的，因此实际液体的总水头线是沿流程下降的，下降值即为水头损失 h_w。

两个断面之间总水头线沿流程下降值与其相应的流程长度之比，称水力坡度（或摩擦坡度），用 J 表示：

$$J = \frac{\left(z_1 + \dfrac{p_1}{\gamma} + \dfrac{a_1 v_1^2}{2g}\right) - \left(z_2 + \dfrac{p_2}{\gamma} + \dfrac{a_2 v_2^2}{2g}\right)}{L} = \frac{h_w}{L} \qquad (3.6)$$

式中　L——两断面间的距离；

　　　J——流段单位长度上水头损失的大小。

两个断面之间测压管水头差与相应流程长度之比称测压管坡度，用 J_p 表示：

$$J_p = \frac{\left(z_1 + \dfrac{p_1}{\gamma}\right) - \left(z_2 + \dfrac{p_2}{\gamma}\right)}{L} \qquad (3.7)$$

测压管水头线沿程可升、可降，或是水平的（理想液体时）。

四、能量方程的使用条件与注意事项

（一）限制条件

能量守恒与转化定律是一个普遍的自然规律，但能量方程却是在一定条件下推导出来的，故在应用上受到一定的限制。

（1）作用于液体上的质量力仅是重力，即所选取断面应符合均匀流或渐变流的条件，但两个断面之间的水流可以不满足这个条件。

（2）液体是不可压缩的，密度或重度是常数。

（3）液体运动必须是稳定流，要能满足连续性方程。

（4）建立能量方程的两个断面，流量必须沿流程不变。对有分流（或汇流）的情况，如图 3.13、3.14 所示，可设想将总流分成两股，每股总流的流量沿程不变，这样，就可分别写出能量方程。

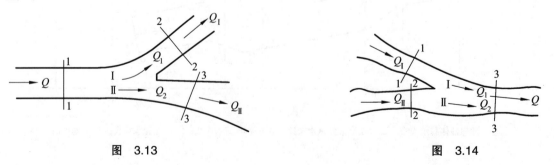

图　3.13　　　　　　　　　　　　　　　　　　　　图　3.14

对于分流，可对 1—1、1—2 断面，1—1、3—3 断面列能量方程，如下两式：

$$z_1 + \frac{p_1}{\gamma} + \frac{a_1 v_1^2}{2g} = z_2 + \frac{p_2}{\gamma} + \frac{a_2 v_2^2}{2g} + h_{w1-2} \tag{3.8}$$

$$z_1 + \frac{p_1}{\gamma} + \frac{a_1 v_1^2}{2g} = z_3 + \frac{p_3}{\gamma} + \frac{a_3 v_3^2}{2g} + h_{w1-3} \tag{3.9}$$

对于汇流，可分别对 1—1、1—3 断面，2—2、3—3 断面列能量方程，如下两式：

$$z_1 + \frac{p_1}{\gamma} + \frac{a_1 v_1^2}{2g} = z_3 + \frac{p_3}{\gamma} + \frac{a_3 v_3^2}{2g} + h_{w1-3} \tag{3.10}$$

$$z_2 + \frac{p_2}{\gamma} + \frac{a_2 v_2^2}{2g} = z_3 + \frac{p_3}{\gamma} + \frac{a_3 v_3^2}{2g} + h_{w2-3} \tag{3.11}$$

因此，只要两断面之间的能量损失（如上述各式中 h_{w1-3}、h_{w2-3}、h_{w1-2}）能够计算，则汇流和分流时，仍可应用前面推导出的能量方程。

（5）两过水断面之间的水流，没有能量的输入或输出。对实际水流，当有能量的输入或输出时，例如在管路中有水泵或水轮机等水力机械的情况下，能量方程应改写为：

$$z_1 + \frac{p_1}{\gamma} + \frac{a_1 v_1^2}{2g} \pm H = z_2 + \frac{p_2}{\gamma} + \frac{a_2 v_2^2}{2g} + h_w \tag{3.12}$$

上式中 H 表示单位重量液体输入或输出的能量。对于有水泵的管道系统，水流从水泵获得能量，H 取正号；对于有水轮机的管道系统，水流向水轮机输出能量，H 应取负号。

（二）使用方法与注意事项

能量方程式是解决实际水流工程的一个"重要工具"，若运用得法将会收到很好的效果。使用能量方程式的步骤是：选断面—定基线—列方程—求水头。

1. 选断面

所选的两个过水断面必须满足限制条件，并应包括所要求的水头，力求已知数量多，而未知数量少，且因均匀流、渐变流条件，可任选标志点。通常明渠流的标志点选在水面上，管流的标志点选在管轴上。

2. 定基线（面）

必须选择一个水平面为基准面。在分析计算各断面上的位能时，是对同一基准面而言。选基准面的原则是力求使 z 值已知，且为正值。

3. 列方程

列方程时，要将方程式全式写出，并逐项对号列出。其中，两断面压强可取相对压强，也可取绝对压强，但同一方程式必须采用同一标准，一般采用相对压强计算；两断面流速取断面平均流速，在一般情况下，a_1、a_2 数值相差不大，计算中常采用 $a_1 = a_2 = 1.0$（h_w 将在下节详细叙述）。

4. 求水头

求解方程中任一项，常与连续性方程联解以求得未知数。

例 3.3　如图 3.15 所示为一直立水箱，有关尺寸如图所示，在保证水箱出流为稳定流的情况下，试求：

（1）当液体静止时，管口已封闭，求 B 点压强；

（2）当液体流动时，求 B 点压强，不计水头损失。

解：（1）当液体静止时：

$$p_B = \gamma h = 9.8 \times 2.5 = 24.5 \ (\text{kPa})$$

（2）当液体流动时，B 点的流速与压强均未知，因

管中水流为均匀流，故 $Q_B = Q_C$。由于 $\omega_B = \omega_C$，故 $v_B = v_C$；

当出口直通大气时，其出口压强为一个大气压。取 B、C 两断面及基线 0—0，列方程：

$$\begin{cases} z_B + \dfrac{p_B}{\gamma} + \dfrac{av_B^2}{2g} = z_C + \dfrac{p_C}{\gamma} + \dfrac{av_C^2}{2g} \\ v_B = v_C (\text{根据连续性方程}) \end{cases}$$

$$p_C = 0, \ z_C = 0, \ z_B + \frac{p_B}{\gamma} = 0, \ \frac{p_B}{\gamma} = -1$$

$$p_B = -9.8 \times 1 = -9.8 \ (\text{kN/m}^2) = -9.8 \ (\text{kPa})$$

说明 B 点压强小于大气压强，处于真空状态，其真空度为 1 m。本例中，B 点静水压强大于动水压强，这就是部分压能化为动能的表现，实际上，考虑损失时 B 点压强还将继续减小。

第四节　水流阻力与水头损失

一、水流阻力与水头损失的两种形式

为了便于分析和计算，根据边界条件的不同，把阻力和损失分为两类。

1. 沿程阻力与沿程水头损失

水流在全部流动过程中，由于固体边壁的阻滞作用和水流内部存在的黏滞力而形成的流动阻力称沿程阻力。为克服沿程阻力而消耗的能量，称为沿程水头损失，以 h_f 表示。

2. 局部阻力与局部水头损失

水流边界在局部地区发生变化时，迫使流速的大小和方向发生急变化，水流急速变形，主流脱离边壁而形成旋涡，水流质点间产生剧烈的碰撞摩擦，阻力功急增，在较短的流程内产生较集中的阻力，称为局部阻力。为克服局部阻力而消耗的能量称为局部水头损失，以 h_j 表示。

通常在水流的全程上总是既有沿程水头损失又有局部水头损失。同时，各种水头损失又各有独立产生的原因。因此，计算两个任意断面间的全部水头损失可以分开计算，并用叠加原理求得。即：

$$h_w = h_f + h_j$$

阻力和损失是因果关系，二者同时存在并贯穿于整个运动的始末，欲求水头损失必须求得水流阻力，但阻力又和水的黏滞性、水流的边界条件以及液体的流态等有关。为此，可以先逐

步解决与阻力有关的各问题，然后再求得水头损失的关系式。

二、液体运动时引起水流阻力的原因

液体产生水头损失，一方面是由于液体具有黏滞性而产生内摩擦阻力，另一方面是由于固体边壁对液体的阻滞作用。因此，我们再对水流的黏滞性以及边界对阻力的影响作进一步分析。

（一）液体黏滞性与阻力的关系

我们已知道，黏滞性是产生阻力的根源，所以也称黏滞性阻力。我们从观察液体的速度来说明水流的黏滞阻力。图 3.16 所示为仪器测出的明渠水流某一断面上沿垂线方向的流速分布，从图上可以看出，明渠流速在近水面处最大（由于水面空气的阻力，最大流速发生在水面下稍许），向着固体边界依次递减，直到渠底处水的流速为零。这种液体各流层流速不同，因而有相对运动，使两个流层的接触面上产生一种相互作用的摩擦力。这就是液体的内摩擦力，即黏滞阻力，用 T 表示。这一黏滞力的大小计算较为复杂，下面仅做简要说明。

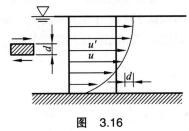

图　3.16

根据牛顿实验，如果流层的接触面积为 A，流层之间的距离为 $\mathrm{d}n$，流速差为 $\mathrm{d}u$ 时，那么内摩擦力 T 与 A 及 $\dfrac{\mathrm{d}u}{\mathrm{d}n}$ 成正比，即：

$$T = \mu A \frac{\mathrm{d}u}{\mathrm{d}n}$$

若用单位面积上的黏滞力 $\tau(\mathrm{Pa})$ 表示，则

$$\tau = \frac{T}{A} = \mu \frac{\mathrm{d}u}{\mathrm{d}n}$$

式中　$\dfrac{\mathrm{d}u}{\mathrm{d}n}$ ——流速梯度，它表示水流在运动方向上流速的变化率；

　　　μ ——比例系数，亦称动力黏滞系数或动力黏度。单位为 $\mathrm{Pa \cdot s}$ 或 $\mathrm{N \cdot s/m^2}$，它与液体的性质及温度有关。

各种不同液体的密度 ρ 不同，因此在水力计算上，动力黏滞系数往往以除以密度形式出现，用运动黏滞系数（运动黏度）v 表示这种关系。即：

$$v = \frac{\mu}{\rho} \tag{3.13}$$

v 单位是 $\mathrm{cm^2/s}$。v 与 μ 都表示液体的黏滞性阻力，所以它们是反映液体黏滞性大小的指标。表 3.1 所示列出了在 0.101 325 MPa 压力下，不同温度下液体的黏度。

表 3.1　v 与 μ 值

黏　度	温度（℃）								
	0	4	5	10	15	20	25	30	40
$\mu \times 10^{-3}$（$\mathrm{Pa \cdot s}$）	1.78	1.57	1.52	1.31	1.14	1.00	0.98	0.80	0.65
$v \times 10^{-2}$（$\mathrm{cm^2/s}$）	1.78	1.57	1.52	1.31	1.14	1.00	0.98	0.80	0.66

黏滞性对液体运动的影响是极为重要的，它是产生水流阻力的根源，也是水流机械能损失的原因，在分析和研究水流运动中占重要的地位。

（二）边界条件与阻力的关系

边界条件与阻力的关系，表现在边界的粗糙程度与边界的几何形状上。目前，边界的粗糙程度对阻力的影响多用实验的方法结合经验公式来解决。下边仅用边界的几何条件，如面积、周长来分析对阻力的影响。

1. 湿　周

在过水断面中，水和固体周界（边界）接触的长度称为湿周，用 χ 表示，单位为 m。湿周不包括水流自由表面的长度，如图 3.17 所示。过水面积相等时，湿周越大，固体边壁（边界）对水流产生的阻力也就越大。

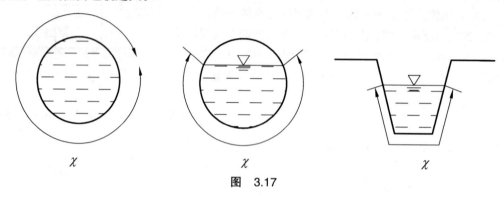

图　3.17

2. 水力半径

过水断面的大小与形状也影响着水流的阻力。而过水断面 ω 与湿周 χ 共同反映了过水断面上的水力特征。因此，可把它们组合成一个水力要素来综合反映过水断面和水流阻力的关系，这就是水力半径 R，即：

$$R = \frac{\omega}{\chi} \tag{3.14}$$

对于圆管有压流，水力半径 R 与直径 d 的关系为：

$$R = \frac{\omega}{\chi} = \frac{\frac{1}{4}\pi d^2}{\pi d} = \frac{d}{4} \tag{3.15}$$

从以上可以看出，水力半径越大，表示过水断面面积一定时，湿周越小，或湿周一定时，过水断面面积越大，这时边壁对水流的阻力也越小，输水能力越大。反之水力半径越小，表示边壁对水流的阻力越大，输水能力就越小。

三、运动液体的两种基本流态、雷诺数

1883 年，英国学者雷诺通过实验发现：同一种液体在同一种管道中流动，由于流速大小不同，形成两种不同的流动形态——层流与紊流。同一种液体在不同的流态、不同的液体运动方式以及不同的断面流速分布下，阻力损失的大小都不相同，因此在讨论水头损失之前，应先对液体的运动状态进行分类与研究。

1. 观察与区分层流与紊流的雷诺实验

如图 3.18 所示之装置，水箱 A 由进水管供水，溢水管保证水箱中水面恒定，玻璃管 BC 的水流为稳定流，小容器 D 内盛有与水的重度相近的颜色水经细管 E 流入玻璃管 BC 中，小阀门 F 可以调节颜色水的流量。

实验开始时，由阀门 C 调节管中流量，微微开启阀门 C，使玻璃管中的流速很小，同时打开小阀门 F，使颜色水经 E 管流入玻璃管 BC 内。这时有色液体呈一条平稳而鲜明并与管壁平行的细直线，如图 3.18（a）所示。如逐渐开大管道阀门 C，增大管中水流速度，在一定范围内，颜色液体形成的直线保持原来的形状和位置；当流速加大到某一数值时，由 E 管流出的颜色水将发生动荡，成波浪形，如图 3.18（b）所示；如阀门 C 继续开大，将出现颜色水向四周扩散，质点与液团相互混杂形成小漩涡，玻璃管中水流成为淡色云雾状，如图 3.18（c）所示。如再慢慢关小阀门 C，使水流速度逐渐减小，上述水流现象以相反的次序重演。

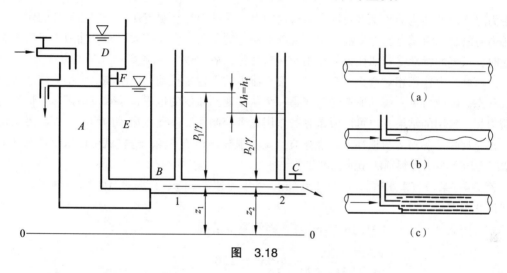

图 3.18

由此可见，随着流速大小不同，同一种液体形成两种不同流态。当颜色液体呈直线状态，说明全部水流质点作有条不紊的平行直线运动，水流各层和各微小流束的液体质点彼此互不混渗，呈规则性特征，这种流态称层流；水流出现有色云雾状，表明水流运动过程中，各流层及各微小流束的质点彼此剧烈混渗，互相碰撞，没有确定的规律性，这种流态称紊流，亦称湍流。

2. 雷诺数

如何区分层流与紊流？雷诺在实验中把水流形态发生转化的流速称为临界流速 v_k，并通过不同液体和不同管径做了大量的实验，发现 v_k 不是确定的数而是变数，它与管径 d 及运动黏滞系数有关，其关系为：

$$v_k \propto \frac{v}{d}$$

实验发现：不同管径、不同液体下的临界流速 v_k 值虽然不同，但当紊流转为层流时，综合反映 d、v_k、v 三者之间关系的 Re_k 值却是一个常数，所以称 Re_k 为临界雷诺数。

雷诺的实验证明：临界雷诺数是一个比较稳定的数值，它只与边界的几何形态有关，与液体的性质、边界尺寸的大小无关。

对于有压管流 Re_k 为 2 300；对于明渠流和非圆形断面的管流，应以水力半径 R（= $d/4$）

来取代 d，$Re_k = 575$，其计算公式如下：

$$Re_k = \frac{v_k R}{v}$$

有了临界雷诺数的概念，可以提出相应于液体运动的任意流速的雷诺数概念，即：

$$Re = \frac{vd}{v} \quad \text{或} \quad Re = \frac{vR}{v} \tag{3.16}$$

式中 Re 为实际雷诺数，只要知道了流速 v、运动黏滞系数 v 以及圆形管道的管径 d（或非圆形管道的水力半径 R），就可以算出实际雷诺数 Re，然后与临界雷诺数 Re_k 比较，即可判别液体的流动状态。所以，临界雷诺数可作为判别液体流动形态的标准。

雷诺数 Re 与临界雷诺数 Re_k 是一个无量纲常数，比值 $\frac{vR}{v}$ 从本质上反映了水流的惯性力与黏滞力之比，液体运动时受这两种力的双重约束。惯性力有使水流保持或加强紊乱的作用，而黏滞力有限制水流质点发生紊乱，制服水流不稳定的作用。当 v 较大，即惯性力为矛盾的主要方面时，水流的扰动受着惯性力的作用而逐渐强化，Re 较大，水流必然处于紊流状态。但当 v 较小，而黏滞力作用相对增强，它就可制服水流中的不稳定扰动，此时 Re 较小，使水流呈现层流状态。由此可见，流动形态的转变是一个从量变到质变的过程，是水流内部质点惯性力与黏滞力相互作用的结果，也可以说是黏滞作用能否控制住液体质点运动的问题。而临界雷诺数 Re，正是反映了黏滞力与惯性力对液体质点做功刚好达到了平衡。这样就可以从物理意义上理解 Re_k 为什么能作为判别流型的标准。

例 3.4　某段自来水管管径 $d = 100$ mm，管中流速 $v = 1$ m/s，水的温度为 10 ℃，试判别管中水流状态。

解： 查表 3.1 得 $v = 1.31 \times 10^{-6}$（m²/s），则管流雷诺数：

$$Re = \frac{vd}{v} = \frac{1 \times 0.1}{1.31 \times 10^{-6}} = 76\,453 \gg 2\,300$$

故管中水流处于紊流状态。

例 3.5　某段矩形排水沟，底宽 $b = 0.2$ m，水深 $h = 0.1$ m，流速 $v = 0.12$ m/s，水温为 20 ℃，试判别水流形态。

解： 根据已知条件先算出水力半径，即：

$$\omega = bh = 0.2 \times 0.1 = 0.02 \ (\text{m}^2)$$
$$\chi = b + 2h = 0.2 + 2 \times 0.1 = 0.4 \ (\text{m})$$
$$R = \frac{\omega}{\chi} = \frac{0.02}{0.4} = 0.05 \ (\text{m})$$

查表 3.1 得 $v = 1.0 \times 10^{-6}$ m²/s，排水沟水流的雷诺数：

$$Re = \frac{vR}{v} = \frac{0.12 \times 0.05}{1.0 \times 10^{-6}} = 5\,958 \gg 575$$

故排水沟的水流处于紊流状态。

3. 水头损失的基本规律

雷诺的实验不仅找到了流速与形态的关系，也同时展示了形态与损失的基本规律。从图 3.8

所示的实验中可以看出，根据能量方程式，1、2 两断面的测管水头差就是沿程水头损失，即：

$$h_{\mathrm{f}} = \left(z_1 + \frac{p_1}{\gamma} \right) - \left(z_2 + \frac{p_2}{\gamma} \right)$$

雷诺的实验表明：在层流状态下，即 v 很小时，h_{f} 也很小；当流速增大，直到出现紊流状态后，则 h_{f} 显著增加。

在层流状态下，沿程水头损失与流速的一次方成正比，即 $h_{\mathrm{f}} \propto v$；在紊流状态中，沿程水头损失与流速的二次方成正比，即 $h_{\mathrm{f}} \propto v^2$。实际中的水流，除非特别设计一般都是紊流。

四、沿程水头损失计算

（一）均匀流沿程水头损失的基本方程式

该方程式是沿程阻力与沿程水头损失之间的关系方程式。由于克服阻力消耗能量是个复杂过程，因而阻力与损失之间的关系便用最简单的水流情况 ——稳定均匀流求得。

如图 3.19 所示，在稳定流中取一断面面积为 ω 及长度为 L 的均匀流流段，由图 3.19 所示可知，1、2 两断面的沿程水头损失为：

$$h_{\mathrm{f}} = \left(z_1 + \frac{p_1}{\gamma} \right) - \left(z_2 + \frac{p_2}{\gamma} \right)$$

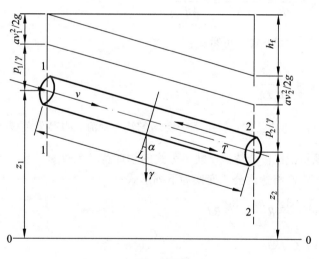

图　3.19

由于沿程水头损失是克服沿程阻力而造成的，下面分析作用在液段 1—2 上力的平衡条件，从而建立阻力与损失的关系。

作用在均匀流段上的质量力中只有重力，表面力中有压力和阻力。它们是：

（1）重力 $G = \gamma V = \gamma \omega L$；

（2）压力 $P_1 = p_1 \omega$，$P_2 = p_2 \omega$；

（3）阻力 $T = \tau \chi L$（χ 为湿周）。

流段就是在这些力的作用下保持均匀流动，因为均匀流水体的加速度为零，故作用在 1—2 流段上力的总和应为零。沿流轴写平衡方程式：

$$P_1 - P_2 - T + G\sin\alpha = 0$$

$$p_1\omega - p_2\omega - \tau\chi L + \gamma\omega L\sin\alpha = 0$$

式中： $\sin\alpha = \dfrac{z_1 - z_2}{L}$， $h_f = \left(z_1 + \dfrac{p_1}{\gamma}\right) - \left(z_2 + \dfrac{p_2}{\gamma}\right)$。整理得：

$$h_f = \frac{\tau L}{\gamma R} \tag{3.17}$$

这就是均匀流中计算沿程水头损失的基本方程式。

（二）沿程水头损失计算公式

τ 值随紊流与层流流态不同而不同，它与流速 v、黏滞系数 μ（或 v）、密度 ρ、管径 d 或 R 以及管（渠）壁的粗糙度有关。通过综合分析， τ 常用下式表示：

$$\tau = \frac{\lambda}{8}\rho v^2$$

式中　 λ ——沿程阻力系数，它与雷诺数和相对粗糙度有关，可由经验公式或查表求得。

将上式代入基本方程式中可得：

$$h_f = \frac{\tau L}{\gamma R} = \frac{\frac{\lambda}{8}\rho v^2 L}{\gamma R} = \lambda\frac{L}{4R}\frac{v^2}{2g} \tag{3.18}$$

有压管流中 $R = \dfrac{d}{4}$ ，故上式又可写成：

$$h_f = \lambda\frac{L}{d}\frac{v^2}{2g}$$

此公式称魏斯巴赫-达西公式，适用于一切均匀流（管流、明渠流）。方程式用流速水头 $\dfrac{v^2}{2g}$ 的倍数来表示，这既易记忆也清楚地反映了公式的物理意义和数学关系。

在实际工作中，常需将达西公式变换为下列形式：

$$v^2 = \frac{8g}{\lambda}R\frac{h_f}{L} = \frac{8g}{\lambda}RJ$$

$$v = C\sqrt{RJ} \tag{3.19}$$

这就是均匀流的流速公式，也叫谢才公式。式中 C 称谢才系数， $J\left(=\dfrac{h_f}{L}\right)$ 称水力坡度（也称摩擦坡度）， C 值常由以下经验公式确定。

1. 满宁公式

$$C = \frac{1}{n}R^{\frac{1}{6}} \tag{3.20}$$

式中　 n ——糙率 $\left(\dfrac{1}{n}$ 称糙率系数 $\dfrac{1}{n}\right)$ ，视管壁、渠壁材料的粗糙度而定，人工糙率可查本书第五章中表 5.1，天然河道糙率可查表 5.2；

　　　 R ——水力半径（m）。

满宁公式比较简单，在明渠中应用很广，尤其在 $n<0.02$ 及 $R<0.5\text{ m}$ 的范围内更适用。

2. 巴金公式

$$C = \frac{87}{1+\dfrac{\gamma}{\sqrt{R}}}\qquad\qquad(3.21)$$

式中　γ——渠道糙率，可查有关专业手册。

巴金公式有时在涵渠水力计算中用得较多。

五、局部水头损失计算

当水流边界条件急剧改变时，如突然扩大或缩小，转弯、遇到闸阀等，水流状态随之激烈变化导致水流能量的转化和损失，这种水头损失称局部水头损失。

由于边界条件的多样性，特别是边界突变使附近范围内具有回流区的急变流，其水流内部结构复杂，只有少数几种情况可由理论推导，故一般多由实验决定，通常用流速水头倍数（百分数）表示。即：

$$h_\text{j} = \zeta_\text{j}\frac{v^2}{2g}\qquad\qquad(3.22)$$

式中　ζ_j——局部损失系数，可查表 3.2；

　　　v——损失后断面的平均流速。

由前所述，总水头损失为：

$$h_\text{w} = h_\text{f} + h_\text{j} = \lambda\frac{L}{d}\frac{v^2}{2g} + \sum\zeta_\text{j}\frac{v^2}{2g}\qquad\qquad(3.23)$$

表 3.2　水流局部水头损失系数

名称	简图	ζ	名称	简图	ζ
断面突然扩大		$\zeta = \left(\dfrac{\omega_2}{\omega_1}-1\right)^2$	进口		切角 $\zeta=0.25$
断面突然缩小		$\zeta = 0.5\left(1-\dfrac{\omega_2}{\omega_1}\right)^2$			椭圆 $\zeta=0.20$ 喇叭形 $\zeta=0.10$ 流线形 $\zeta=0.05\sim0.06$
出口		水库 $\zeta=1$			直角 $\zeta=0.4$ 圆角 $\zeta=0.1$
		明渠 $\zeta = \left(\dfrac{\omega_2}{\omega_1}-1\right)^2$			

例 3.6 有一管径不同的管道与水箱连接，如图 3.20 所示。已知：各管道直径、长度，其中 $d_1 = 150$ mm，$L_1 = 25$ m；$d_2 = 125$ mm，$L_2 = 10$ mm；$d_3 = 100$ mm。$\lambda_1 = 0.037$，$\lambda_2 = 0.039$；$\zeta_{阀门} = 2.06$，$\zeta_{管嘴} = 0.1$，管内流量为 25 L/s，试求：（1）沿程水头损失；（2）局部水头损失；（3）管路水流中所需要的水头 H。

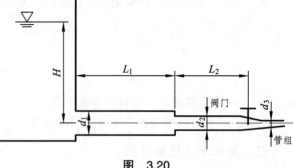

图 3.20

解：（1）沿程水头损失：

$$v_1 = \frac{Q}{\omega_1} = \frac{0.025 \times 4}{3.14 \times 0.15^2} = 1.42 \ (\text{m/s})$$

$$h_{f1} = \lambda \frac{L_1}{d_1} \frac{v_1^2}{2g} = 0.037 \times \frac{25}{0.15} \times \frac{1.42^2}{2 \times 9.8} = 0.63 \ (\text{m})$$

$$v_2 = \frac{Q}{\omega_2} = \frac{0.025 \times 4}{3.14 \times 0.125^2} = 2.04 \ (\text{m/s})$$

$$h_{f2} = \lambda \frac{L_2}{d_2} \frac{v_2^2}{2g} = 0.039 \times \frac{10}{0.125} \times \frac{2.04^2}{2 \times 9.8} = 0.66 \ (\text{m})$$

$$h_f = h_{f1} + h_{f2} = 0.63 + 0.66 = 1.29 \ (\text{m})$$

（2）局部水头损失：

进口：查表可知 $\zeta_{进} = 0.5$，则：

$$h_{j1} = \zeta_{j1} \frac{v_1^2}{2g} = 0.5 \times \frac{1.42^2}{2 \times 9.8} = 0.051 \ (\text{m})$$

缩小：查表可知：

$$\zeta_{j2} = 0.5 \times \left(1 - \frac{\omega_2}{\omega_1}\right) = 0.5 \times \left[1 - \frac{\frac{1}{4}\pi d_2^2}{\frac{1}{4}\pi d_1^2}\right] = 0.5\left(1 - \frac{0.125^2}{0.15^2}\right) = 0.15$$

$$h_{j2} = \zeta_{j2} \frac{v_2^2}{2g} = 0.15 \times \frac{2.04^2}{2 \times 9.8} = 0.032 \ (\text{m})$$

闸阀：

$$h_{j3} = \zeta_{j3} \frac{v_2^2}{2g} = 2.06 \times \frac{2.04^2}{2 \times 9.8} = 0.437 \ (\text{m})$$

$$v_3 = \frac{Q}{\omega_3} = \frac{0.025 \times 4}{3.14 \times 0.1^2} = 3.18 \ (\text{m/s})$$

缩小：

$$\zeta_{j4} = 0.5 \times \left(1 - \frac{\omega_3}{\omega_2}\right) = 0.5 \times \left(1 - \frac{d_3^2}{d_2^2}\right) = 0.18$$

$$h_{j4} = \zeta_{j4} \frac{v_3^2}{2g} = 0.18 \times \frac{3.18^2}{2 \times 9.8} = 0.092 \ (\text{m})$$

管嘴：

$$h_{j5} = \zeta_{j5}\frac{v_3^2}{2g} = 0.1 \times \frac{3.18^2}{2 \times 9.8} = 0.052 \quad (m)$$

$$h_j = h_{j1} + h_{j2} + h_{j3} + h_{j4} + h_{j5}$$

$$= 0.051 + 0.032 + 0.437 + 0.092 + 0.052 = 0.7 \quad (m)$$

（3）取水箱面、管嘴断面分别为 1、2 断面，管轴线为 0—0 基准面，列方程：

$$z_1 + \frac{p_1}{\gamma} + \frac{v_1^2}{2g} = z_2 + \frac{p_2}{\gamma} + \frac{v_2^2}{2g} + h_w$$

由图可知：

$$z_1 + \frac{p_1}{\gamma} + \frac{v_1^2}{2g} = z_2 + \frac{p_2}{\gamma} + \frac{v_2^2}{2g} + h_w$$

$$H = z_1 + \frac{av_1^2}{2g}, \ z_2 = 0, \ p_1 = p_2 = 0, \ v_2 = 3.18 \quad (m/s)$$

$$a_1 = a_2 = 1.0, \ h_w = h_f + h_j$$

所以

$$H = \frac{v_2^2}{2g} + h_w = \frac{3.18^2}{2 \times 9.8} + 1.29 + 0.7 = 2.51 \quad (m)$$

第五节　稳定流的动量方程式

　　工程实践中往往需要直接计算运动液体与固体边壁相互间的作用力。例如给水管路上的大管径水管，在拐弯处的弯道使水流转变方向，水流对弯管有一个作用力，我们需求出这个作用力作为设计混凝土支墩的依据，如图 3.21（a）所示。再如陡坡桥涵上设置的消力坎，也需要求出水流对消力坎的作用力，如图 3.21（b）所示。除此以外，有压管道中的水锤、急变流段上的局部水头损失以及水跃的水力计算，都涉及水流作用力的问题。由于在急变流段上无法求得能量损失，而且动水压强的分布也往往难以求得，因此不能用能量方程式去解决上述问题。但我们所需要的主要是动水总作用力，因此就可以用水流运动的动量方程来解决。液体稳定流的动量方程，就是直接把运动液体与固体边壁的相互作用力同运动液体的动量变化联系起来的方程。动量方程是水动力学中的第三个基本方程式。

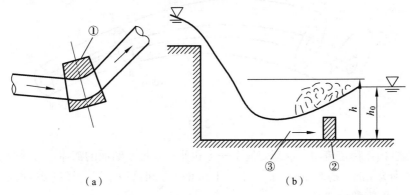

（a）　　　　　　　　　　　　　　（b）

图　3.21

一、动量定理

在物理学中讲过,物体在碰撞和打击之后,其运动状态是由物体的质量 m 和速度 u 两个因素决定的,二者的乘积 mu 称为运动物体的动量。动量是一个矢量,其方向与速度方向相同。另一方面,引起物体运动状态的改变,要同时考虑作用力 F 和力的作用时间 Δt 这两个因素,二者的乘积 $F\Delta t$,称为作用力的冲量。冲量也是一个矢量,它的方向和作用力的方向相同。动量与冲量二者之间存在着如下关系。

根据牛顿第二定律 $F = ma$,当 F 为一恒量时,在 Δt 时间内物体的速度从 u_1 到 u_2,故得加速度 a:

$$a = \frac{u_2 - u_1}{\Delta t}$$

将其代入 F,得:

$$F = m\frac{u_2 - u_1}{\Delta t} \tag{3.24}$$

当作用力不止一个时,亦可写成:

$$\sum F \cdot \Delta t = mu_2 - mu_1 = k_2 - k_1 = \Delta k \tag{3.25}$$

式中　k_1 —— 物体原有动量;

　　　k_2 —— 物体受外力作用后的动量;

　　　Δk —— 物体动量变化的增量。

式(3.24)表明:在时间 Δt 内,物体所受外力的冲量等于该物体动量的增量,这就是物理学中所讲的动量定理。

把动量定理应用于液体稳定流中,考虑到液体运动的某些特点,就得到液体稳定流的动量方程式。

二、稳定流动量方程的推导

在稳定总流的弯段上任取一股微小流束,如图 3.22 所示。现分析它在外力作用下动量的变化。

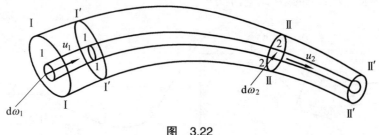

图　3.22

设液体在管内作稳定流动,取渐变流Ⅰ—Ⅰ和Ⅱ—Ⅱ过水断面的液体进行研究。两断面的面积和流速分别为 $d\omega_1$、u_1 与 $d\omega_2$、u_2。Ⅰ—Ⅰ和Ⅱ—Ⅱ间这段水流,经过 dt 时间后,流动至Ⅰ′—Ⅰ′和Ⅱ′—Ⅱ′间的位置。

dt 时间内微小流束的动量增量 dk 等于 Ⅰ′—Ⅱ′段的动量与 Ⅰ—Ⅱ 段的动量之差。稳定流时公共部分 Ⅰ′—Ⅱ 段的形状与位置及其质量与速度都不随时间变化，故动量不变。于是 Ⅰ′—Ⅱ′段的动量与 Ⅰ—Ⅱ 段的动量之差等于 Ⅱ—Ⅱ′段的动量与 Ⅰ—Ⅰ′段的动量之差。

根据质量守恒原理，Ⅱ—Ⅱ′段的质量与 Ⅰ—Ⅰ′段的质量相等，设它们均为 dm，则微小流束的动量增量为：

$$dk = dmu_2 - dmu_1 = dm(u_2 - u_1)$$

由 $dQ_1 = dQ_2 = dQ$ ，$dm = \rho \cdot dV = \rho \cdot dQ \cdot dt$ ，则：

$$dk = dm(u_2 - u_1) = \rho \cdot dQ \cdot dt \cdot (u_2 - u_1)$$

总流的动量增量等于所有微小流束的动量增量之和。所以将微小流束的动量积分，就可得到总流的动量增量。dt 时间内总流的动量增量为：

$$\sum dk = \int_{\omega_2} \rho \cdot dQ \cdot dt \cdot u_2 - \int_{\omega_1} \rho \cdot dQ \cdot dt \cdot u_1$$

因为 $dQ = u_2 d\omega_2 = u_1 d\omega_1$ ，所以

$$\sum dk = \rho \cdot dt \left(\int_{\omega_2} u_2^2 d\omega_2 - \int_{\omega_1} u_1^2 d\omega_1 \right)$$

由于流速 u 在过水断面上的分布是不均匀且难以确定的，故用断面平均流速 v 来表示总流的动量。即：

$$\sum dk = \rho \cdot dt(\beta_2 u_2^2 \omega_2 - \beta_1 u_1^2 \omega_1)$$

按断面平均流速计算的动量比实际点流速 u 计算的动量要小，故用大于 1 的动量修正系数来修正。其与动能修正系数 a 意义上雷同，通常在 1.0 ~ 1.05。如无特殊注明，均取 $\beta = 1$。

根据动量定理 $\sum dk = \sum F \cdot dt$ 得，且因为 $Q = u_2 \omega_2 = u_1 \omega_1$ ，所以

$$\sum dk = \rho \cdot dt(\beta_2 u_2^2 \omega_2 - \beta_1 u_1^2 \omega_1) = \sum F \cdot dt$$

$$\rho \cdot Q \cdot dt(\beta_2 u_2 - \beta_1 u_1) = \sum F \cdot dt$$

两边消去 dt，所以

$$\sum F = \frac{\gamma}{g} \cdot Q \cdot dt(\beta_2 u_2 - \beta_1 u_1) \tag{3.26}$$

式（3.26）就是稳定流总流的动量方程。它说明，在单位时间内，通过断面 Ⅱ—Ⅱ 流出的水流动量与通过断面 Ⅰ—Ⅰ 流入的水流动量的矢量差，应等于作用于两断面间水流上所有外力的矢量和。

三、限制条件与注意事项

1. 方程的限制条件

从以上推导的过程中可以看出，总流的动量方程是在一定的条件下推导出来的，在应用时也必须满足这些条件。即：①水流是稳定流；②水流是连续的，不可压缩的；③在流段的始终断面必须是渐变流断面。

2. 使用注意事项

（1）动量方程是一个向量方程式。作用力 $\sum F$ 和流速 v 都是向量，所以，通常利用它在某坐标系的投影上进行计算。对于平面问题，将流速和作用的外力都分解成 x、y 两个方向的分量，每个方向都存在作用力在该方向的分力之和与该方向动量变化的关系式。即：

$$\sum F_x = \frac{\gamma}{g} \cdot Q \cdot \mathrm{d}t(\beta_2 u_{2x} - \beta_1 u_{1x}) \tag{3.27}$$

$$\sum F_y = \frac{\gamma}{g} \cdot Q \cdot \mathrm{d}t(\beta_2 u_{2y} - \beta_1 u_{1y}) \tag{3.28}$$

（2）关于作用力的计算。式（3.26）中的 $\sum F$ 包括作用在所研究的流段上所有外力的合力。为计算方便，常把要研究的水流段取隔离体，隔离体的整个外表面为控制面（即图 3.22 所示中的 Ⅰ—Ⅰ ～ Ⅱ—Ⅱ 的封闭面，它包括液流的侧表面及两端断面），作用在控制面内外有外力的合力包括质量力和表面力。因是渐变流段，在质量力中只有重力；在表面力中，有两端断面上的压力、固体边界对液流的压力（这个力与液流作用于固体边界的力大小相等，方向相反，液流作用于固体边界的力，则常是要求解的力）。由于所取流段较短，固体边界附近的液流摩阻力一般不予考虑。

（3）应用动量方程求解问题时，其计算步骤是：选隔离体、标外力、定坐标、解方程。也就是说，要在研究的水流的流段上选取隔离体，隔离体的边界即为封闭面，它包括上下游两个过水断面，液流段与固体（管道、渠道等）接触的周界，或与大气接触的自由表面等。在隔离体上分析、标出所有的力，应注意不要漏掉任何一个。然后选用直角坐标，以便利用投影关系找出各向量值，最后代入动量方程，就可求解所需之力。

（4）水流动量方程所要解决的问题。水流动量方程主要用来求水流对建筑物或水力机械的作用力。有时它可以解决能量方程所不能解决的问题，如水流的局部阻力与水跃等。利用水流的动量方程求解问题，可避开计算水头损失 h_w 这个复杂问题，这些是水流动量方程的特点和优点。在应用水流动量方程式时，常应用能量方程与连续性方程。

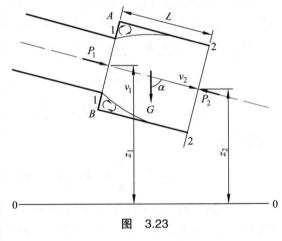

图　3.23

例 3.7　如图 3.23 所示，试用动量方程求水流突然扩大的局部水头损失。管径由 d_1 扩大到 d_2，水流进入大管时与边界发生分离，在突然扩大处形成旋涡区，流至断面 2—2 处，距离 L 约为 $8d_2$，以后流线接近平行，属于渐变流。

解： 取 $B—A—2—2—B$ 包成的封闭面为隔离体，取渐变流断面 1—1、2—2 列出隔离体上的外力有 P_1、P_2、G 和 $A_{1-2}B$ 环形面积上管壁对水体的作用力，如图 3.23 所示。

因为是求能量损失问题，故可列出 1、2 两断面的能量方程为：

$$h_j = \left(z_1 + \frac{p_1}{\gamma} + \frac{a_1 v_1^2}{2g} \right) - \left(z_2 + \frac{p_2}{\gamma} + \frac{a_2 v_2^2}{2g} \right) \tag{①}$$

为了将 h_j 只用流速水头表示，尚要用动量方程求出压强和流速之间的关系。为此将隔离体上所标出之力求出，然后选水流方向为 x 轴代入动量方程。

（1）压力：

$$P_1 = p_1\omega_1, P_2 = p_2\omega_2$$
$$P = P_2 - P_1 = p_2\omega_2 - p_1\omega_1$$

（2）重力：

$$G\cos\alpha = \gamma\omega_2 L\cos\alpha = \gamma\omega_2 L\frac{z_1 - z_2}{L} = \gamma\omega_2(z_1 - z_2)$$

（3）管壁对水流的阻力不计，将上列各值代入沿水流方向的动量方程得：

$$p_2\omega_2 + p_1\omega_1 + p_1(\omega_2 - \omega_1) + \gamma\omega_2(z_2 - z_1) = \frac{\gamma}{g}Q(\beta_2 v_2 - \beta_1 v_1)$$

将上列各值代入上式，并以 $\gamma\omega_2$ 除上式各项，取 $\beta_2 \approx \beta_1 \approx 1$，得：

$$\frac{v_2}{g}(v_2 - v_1) = \left(z_1 + \frac{p_1}{\gamma}\right) - \left(z_2 + \frac{p_2}{\gamma}\right) \qquad\qquad ②$$

将式②代入式①得：

$$h_j = \frac{v_2}{g}(v_2 - v_1) + \frac{v_1^2}{2g} - \frac{v_2^2}{2g}$$
$$= \frac{1}{2g}(v_1^2 - 2v_1 v_2 + v_2^2) = \frac{(v_1 - v_2)^2}{2g} \qquad\qquad (3.29)$$

式（3.29）就是圆管突然扩大时局部水头损失的理论公式。

第六节　三大方程在工程实践中的应用举例

一、使用文丘里流量计求流量

当实际工程中有压管道是恒定流时，所通过的流量可用文丘里流量计测量流量。文丘里流量计构造如图 3.24 所示。由收缩段、管径不变的喉管和扩散段三部分组成。需要测量管中流量时，通过测压管或比压计的压差读数，就可计算出管中流量。

分析过程如下：由连续性方程可知，断面 1 的流速小，断面 2 的流速大，动能不同。故两断面测压管高度出现压差：

$$\left(z_1 + \frac{p_1}{\gamma}\right) - \left(z_2 + \frac{p_2}{\gamma}\right) = \Delta h$$

任选基准面 0—0，列 1、2 两断面能量方程：

$$\begin{cases} z_1 + \dfrac{p_1}{\gamma} + \dfrac{a_1 v_1^2}{2g} = z_2 + \dfrac{p_2}{\gamma} + \dfrac{a_2 v_2^2}{2g} + h_w \\ \omega_1 v_1 = \omega_2 v_2 \end{cases}$$

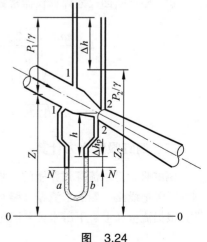

图　3.24

整理得：
$$v_1 = \sqrt{\dfrac{2g\Delta h}{\left(\dfrac{d_1}{d_2}\right)^4 - 1}}$$

忽略水头损失，即 $h_w = 0$，令 $\alpha_1 = \alpha_2 = 1$，则：

$$Q = \omega_1 v_1 = \frac{\pi d_1^2}{4}\sqrt{\dfrac{2g\Delta h}{\left(\dfrac{d_1}{d_2}\right)^4 - 1}}$$

令
$$k = \frac{\pi d_1^2}{4}\sqrt{\dfrac{2g}{\left(\dfrac{d_1}{d_2}\right)^4 - 1}}$$

则
$$Q = k\sqrt{\Delta h}$$

式中，k 称文丘里管系数，对一个文丘里管而言，它是一个常数。由于计算时未考虑损失，需对公式加以修正，引入一个小于 1 的流量系数 μ，则流量公式变为：

$$Q = \mu k\sqrt{\Delta h}$$

如遇较大的压强差，可使用水银比压计，如图 3.24 中 U 形管中，取等压面可得：

$$\left(z_1 + \frac{p_1}{\gamma}\right) - \left(z_2 + \frac{p_2}{\gamma}\right) = \frac{\gamma_汞 - \gamma_水}{\gamma_水}\Delta h_p = 12.6\Delta h_p$$

流量公式可变为：

$$Q = \mu k\sqrt{12.6\Delta h_p}$$

例 3.8　根据图 3.24 所示流量计，测得断面尺寸分别为 $d_1 = 200\ \text{mm}$，$d_2 = 80\ \text{mm}$，水银柱液面差 $\Delta h_p = 20\ \text{cm}$，流量系数 $\mu = 0.98$，试计算管中流量。

解：根据断面尺寸计算仪器常数，则：

$$k = \frac{\pi d_1^2}{4}\sqrt{\dfrac{2g}{\left(\dfrac{d_1}{d_2}\right)^4 - 1}} = \frac{3.14\times 0.2^2}{4}\times\sqrt{\dfrac{2\times 9.8}{\left(\dfrac{0.2}{0.08}\right)^4 - 1}} = 0.023$$

$$Q = \mu k\sqrt{12.6\Delta h_p} = 0.98\times 0.023\times\sqrt{12.6\times 0.2} = 0.035\ (\text{m}^3/\text{s})$$

二、倒虹吸管水力计算

倒虹吸管是水流穿过路堑的一种过水建筑物。一般是当灌溉渠道被铁路路堑切断时，利用倒虹吸管把线路一侧的水流经过路基下方引至另一侧，是一种有压管流，如图 3.25 所示。它通常是根据流量和上、下游水位差确定管径。

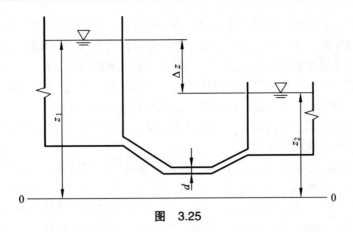

图　3.25

分析如下：选上、下游水面为 1、2 断面，任取基准面 0—0 列能量方程：

$$z_1 + \frac{p_1}{\gamma} + \frac{a_1 v_1^2}{2g} = z_2 + \frac{p_2}{\gamma} + \frac{a_2 v_2^2}{2g} + h_w$$

$p_1 = p_2 = 0$，上、下游流速几乎相等，且相对管中流速小得多，可忽略不计。故：

$$z_1 = z_2 + h_w$$
$$z_1 - z_2 = \Delta z$$
$$h_w = h_f + h_j$$
$$\Delta z = h_w = \lambda \frac{L}{d} \frac{v^2}{2g} + \sum \zeta \frac{v^2}{2g}$$

上式说明，上、下游水位差所具有的位能全部转化为水流在管中运动时所损失的能量。

将 $v = \frac{Q}{\omega} = \frac{4Q}{\pi d^2}$ 代入得：

$$\Delta z = \lambda \frac{L}{d} \frac{v^2}{2g} + \sum \zeta \frac{v^2}{2g} \sum \zeta \frac{v^2}{2g} = \lambda \frac{L}{d} \frac{16Q^2}{2g\pi^2 d^4} + \sum \zeta_j \frac{16Q^2}{2g\pi^2 d^4}$$

整理得：

$$\Delta z = 0.082 \ 7Q^2 \left[\frac{\lambda L}{d^5} + \frac{\sum \zeta_j}{d^4} \right]$$

此式即为求算倒虹吸管直径的方程。

例 3.9　已知 $Q = 3 \ \text{m}^3/\text{s}$，$z = 0.6 \ \text{m}$，$L = 30 \ \text{m}$，$\lambda = 0.021$，查表得 $\zeta_{进口} = 0.5$，$\zeta_{出口} = 1.0$，$\zeta_{弯管} = 0.5$。试确定倒虹吸管的直径。

解： 将各数代入公式中，得：

$$0.6 = 0.082 \ 7 \times 3^2 \times \left(\frac{0.021 \times 30}{d^5} - \frac{0.5 + 2 \times 0.5 + 1.0}{d^4} \right)$$

化简得：　　　　　　$d^5 - 3.09d - 0.78 = 0$

采用试算法得 $d \approx 1.4$ (m)。

水力水文的主要研究对象之一是水利工程中的水流现象中所蕴含的规律。其中，各种水工建筑物的水力计算极为复杂，并经常遇到用数表示的系数，如无坎宽顶堰流直角式翼墙的流量系数、宽顶堰淹没系数、平板闸门垂直收缩系数、弧形闸门垂直收缩系数、消能坎淹没系数等等，均涉及大量的数值计算，且通常这些系数的计算方法为最小二乘法、插值法、图解法。这些方法如人工计算，一般数据计算工作量较大，计算精度也不很高，即使可以采用计算机编制程序，对于一般工程技术人员来说，编写程序也是件颇为困难的任务。

现介绍一种近来广泛流行的数据处理软件 Matlab，可以很容易地完成这些水力计算，并结合实例来说明这一工具软件的应用方法。

Matlab 是美国 Math Work 公司推出的一种简便的科技应用软件，它是集数学、图形处理和程序设计语言于一体的著名数学软件。它把科学计算、结果的可视化和编程都集中在一个使用非常便利的环境中。在这个环境中，用户的问题和得到的结果都是通过用户非常熟悉的数学符号来表达的。Matlab 在国外的大学里，已经成为应用线性代数、自动控制理论、数理统计、数字信号处理、动态系统仿真等课程的基本教学所必须掌握的基本编程语言，并在国外的设计研究单位和工程部门中成为研究和解决各种具体工程问题的一种标准软件。Matlab 的产生是与数学计算紧密联系在一起的，它由主包和功能各异的工具箱组成，其基本数据单位是矩阵，矩阵是 Matlab 的核心，Matlab 中的所有数据都是以矩阵形式存储的。它的指令表达式和数学计算式与工程中常用的形式十分相似，便于用户学习和使用。Matlab 系统包括 5 个部分：Matlab 编程语言、Matlab 工作环境、图形的处理、Matlab 的数学函数库和 Matlab 应用程序接口。

Matlab 的主要功能有数据可视化、强大的数值运算、丰富的工具箱、数学计算、数字信号处理、自动控制模拟、动态分析、数据处理和 2D/3D 的绘图功能。

Matlab 的系统需求不高，目前的 PC 机基本上都能满足。软件环境，Windows 2000 和 Windows XP，支持和 VC、VB 等混合编程，可充分利用 VB 来设计赏心悦目的人机界面和 Matlab 强大的计算能力。

三、高次方程求解

利用 Matlab 提供的符号工具箱，可很容易地求解这个高次方程。其过程如下，启动 Matlab 后，在提示符后输入：

```
>> syms   d x
>> solve（d^5 – 3.09*d – 0.78）
ans =
                              1.3826005321750332001123945276058
0.61754204846502583497818597824202e – 1 + 1.3330379682539154536870093601593*i
                             -.25276106600922402682290463684384
                             -1.2533478758588143402851270864104
0.61754204846502583497818597824202e-1-1.3330379682539154536870093601593*i
```

Matlab 可一次性给出方程的多个解，很明显，其中只有 1.38 这个解是合理的，$d = 1.38$ m，而根据试算法的计算结果为 $d = 1.4$ m。

例 3.10 有一顶上过水的滚水坝，上游水位因水坝的阻挡而抬高，如图 3.26 所示。测得断面 1—1 的水深为 1.5 m，下游断面 2—2 的水深为 0.6 m。求水流对垂直于纸面方向坝宽 1 m 的水平推力 R（略去摩擦阻力与水头损失）。

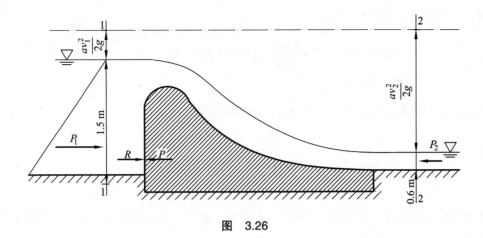

图 3.26

解: 取 1—2 段水流为隔离体,以断面 1—1 和断面 2—2 为进出口断面作控制面。先列能量方程:

$$\begin{cases} z_1 + \dfrac{p_1}{\gamma} + \dfrac{a_1 v_1^2}{2g} = z_2 + \dfrac{p_2}{\gamma} + \dfrac{a_2 v_2^2}{2g} + h_w \\ \omega_1 v_1 = \omega_2 v_2 \end{cases}$$

$$z_1 + \frac{a_1 v_1^2}{2g} = z_2 + \frac{a_2 v_2^2}{2g}$$

$$1.5 + \frac{a_1 v_1^2}{2g} = 0.6 + \frac{a_2 v_2^2}{2g}$$

利用连续性方程 $\omega_1 v_1 = \omega_2 v_2$,取宽度为 1 m,知

$$1 \times 1.5 \times v_1 = 1 \times 0.6 \times v_2$$

解得 $v_2 = 2.5 v_1$,代入能量方程得:

$$1.5 + \frac{a_1 v_1^2}{2g} = 0.6 + \frac{a_2 (2.5 v_1)^2}{2g}$$

$$5.25 \times \frac{v_1^2}{2g} = 0.9$$

解得 $v_1^2 = 3.36$,即 $v_1 = 1.83$ m/s,$v_2 = 4.58$ m/s。

坝宽 1 m 的单宽流量为:

$$q = 1.83 \times 1 \times 1.5 = 2.75 \ (\text{m}^3/\text{s})$$

作用在断面 1—1 上的水压力为:

$$P_1 = b\Omega_1 = b \times \frac{1}{2} \gamma h_1 \times h_1 = 1 \times \frac{1}{2} \times 9\,800 \times 1.5^2 = 11\,025 \ (\text{N})$$

作用在断面 2—2 上的水压力:

$$P_2 = b\Omega_2 = b \times \frac{1}{2} \gamma h_2 \times h_2 = 1 \times \frac{1}{2} \times 9\,800 \times 0.6^2 = 1\,764 \ (\text{N})$$

计算滚水坝对水流的水平力：

$$11\,025 - 1\,764 - P = \frac{9\,800}{9.8} \times 2.75 \times (4.58 - 1.83)$$

$$P = 1\,698 \ (N)$$

对坝宽 1 m 的水流推力 $P = 1\,698$ N，方向指向下游。

小　　结

本章所讨论的内容，尤其是总流的三个方程式，是学习水力学的重点之一。现将有关内容归纳如下。

1. 基本概念

（1）基本定义：总流、元流、流线、过水断面、流量、断面平均流速、动水压强、层流、紊流、雷诺数、湿周、水力半径、水力坡度。

（2）水流运动的分类：

$$
总流
\begin{cases}
稳定流
\begin{cases}
有压管流 \\
无压管流
\end{cases}
\begin{cases}
均匀流 \\
非均匀流
\begin{cases}
渐变流 \\
急变流
\end{cases}
\end{cases} \\
非稳定流
\end{cases}
$$

（3）水流阻力的原因：液体黏滞性与边界条件（材料性质与几何尺寸）。

（4）沿程阻力与局部阻力。

2. 三个基本方程式（见表 3.3）

表 3.3　水力学的三个基本方程式

方程式名称	适用条件	公　　式	注意事项
连续性方程	不可压缩液体的稳定流动	$Q_1 = Q_2$ $\omega_1 v_1 = \omega_2 v_2$	对同一断面求或不同断面求
能量方程	不可压缩液体的稳定重力流，流量沿程不变，过水断面为均匀流、渐变流	$z_1 + \dfrac{p_1}{\gamma} + \dfrac{a_1 v_1^2}{2g} = z_2 + \dfrac{p_2}{\gamma} + \dfrac{a_2 v_2^2}{2g} + h_w$	选断面、定基线、列方程、求水头，以简化为原则
动量方程	不可压缩液体的稳定重力流，过水断面为均匀流、渐变流	$\sum F = \dfrac{\gamma}{g} \cdot Q \cdot dt (\beta_2 u_2 - \beta_1 u_1)$	取隔离体，分析外力，选坐标系，写投影式

3. 基本公式

（1）流量公式：

$$Q = \omega v$$

$$R = \frac{\omega}{\chi}$$

（2）达西公式：$h_f = \lambda \dfrac{L}{d}\dfrac{v^2}{2g} = \lambda \dfrac{L}{4R}\dfrac{v^2}{2g}$

（3）谢才公式：$v = C\sqrt{RJ}$，$J = \dfrac{h_f}{L}$

（4）满宁公式：$C = \dfrac{1}{n}R^{\frac{1}{6}}$

思考与练习题

3.1 何谓液体的运动要素？

3.2 何谓水流流线？有何特点？

3.3 何谓稳定流与非稳定流？何谓渐变流与急变流？如图 3.27 所示。试问：（1）当上游水位不变时，各管段中的水流是稳定流还是非稳定流？各管段中的水流是均匀流还是非均匀流？（2）当上游水位变化时，这时管段中的水流是稳定流还是非稳定流？（3）若上游水位不变，改变阀门开度大小，此时管段中的水流是稳定流还是非稳定流？

3.4 试说明总流、过水断面、断面平均流速、点流速、流量的概念？如图 3.28 所示，试绘出图中所标位置 1~6 的过水断面形状？

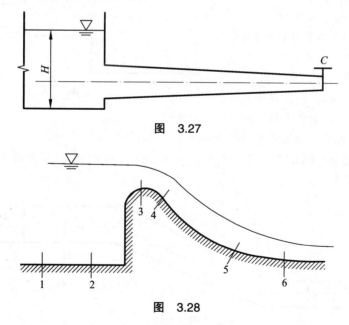

图 3.27

图 3.28

3.5 连续性方程应用的条件是什么？其意义是什么？

3.6 推导能量方程式有哪些条件？为什么要这些条件？能量方程的物理意义是什么？其中各项的意义分别是什么？

3.7 能量方程可以求解什么问题？应用时要注意些什么？

3.8 如图 3.29 所示的管道系统，试分析断面 1—1 到断面中是否可能产生负压？哪里压强最小？为什么？

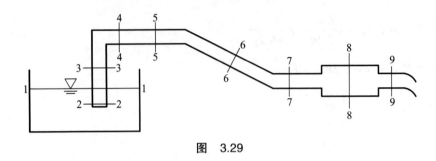

图 3.29

3.9 何谓水力坡度和测压管水头线坡度？举例一管道实例绘出总水头线及测压管水头线，并用实例说明能量是如何转化与守恒的？

3.10 建立动量方程式的条件是什么？方程中共包含哪些力？应用时应注意些什么问题？

3.11 应用动量方程式计算动水压力时，是采用绝对压强还是相对压强？为什么？

3.12 何谓沿程阻力损失？何谓局部阻力损失？产生水头损失的原因是什么？水力半径的意义是什么？它与输水能力有何关系？

3.13 雷诺实验的现象是什么？何谓层流？何谓紊流？水头损失的规律如何？

3.14 如图 3.30 所示管道系统。已知以 $d_1 = 250$ mm，$d_2 = 150$ mm，$d_3 = 100$ mm，$v_3 = 1.0$ m/s，$q_1 = 50$ L/s，$q_2 = 21.5$ L/s。试求：（1）各管段的流量；（2）各管段的平均流速。

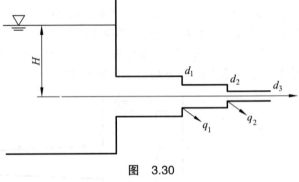

图 3.30

3.15 有一双孔桥，桥下每一孔的 $\omega = 3.2$ m^2，$v = 2.5$ m/s，测得桥前全断面的 $\omega = 13.5$ m^2，试求通过桥下的流量和桥前的流速？

3.16 某一管路由两根圆管和一根异径接头连接，如图 3.31 所示。已知 $d_1 = 200$ mm，$d_2 = 400$ mm，点 1 压强 $p_1 = 68.6$ kPa，点 2 压强 $p_2 = 29.2$ kPa，$v_1 = 1$ m/s，试判明水流方向，并计算两断面间的水头损失。

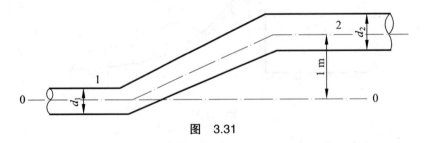

图 3.31

3.17 某一铅垂放置的输水管，如图 3.32 所示。已知 $d_1 = 1.00$ m，$d_2 = 0.50$ m，管长 $L = 3.0$ m 自下而上充满全管，断面 1—1 和 2—2 间的水头损失为 0.60 mH$_2$O，$v_2 = 5$ m/s，$p_2/\gamma = -1.20$ mH$_2$O，试求断面 1—1 的压强高度。

3.18 如图 3.33 所示的矩形溢流坝，单宽流量 $q = 29.80$ m^3/s，从断面 0—0 到断面 c—c，过坝水流的水头损失 $h = 0.08 v_c^2 / 2g$，试求 h_c 及 v_c 各为多少？

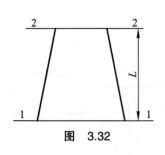

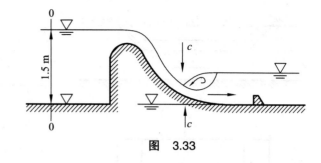

图 3.32　　　　　　　　　　　　图 3.33

3.19　如图 3.34 所示的虹吸管由河道 A 中引水。已知管径 $d=100$ mm，最高断面 3—3 超出河面 $z=2.00$ m。断面 1—1 至断面 3—3 的水头损失为 $10v^2/2g$，断面 1—1 至断面 2—2 的水头损失为 $9v^2/2g$，断面 3—3 至断面 4—4 的水头损失为 $2v^2/2g$，若真空高度限制在 7.00 mH_2O 以内，试求：

（1）虹吸管的最大流量有无限制？如有，应为多少？

（2）出水口到上游水面的高差 h 有无限制？如有，最大应为多少？

（3）在通过最大流量时，断面 1—1、2—2、3—3、4—4 上的单位重量液体的位能（相对于 4 点）、压能和动能各为多少？

3.20　水流在竖直等直径的管道中自 A 向 B 做稳定流动，如图 3.35 所示。A、B 两点的测管高度别为 $p_A/\gamma=1.0$ m，$p_B/\gamma=2.5$ m，两点间的距离 $d=2$ m，试求水头损失 h_{A-B}。

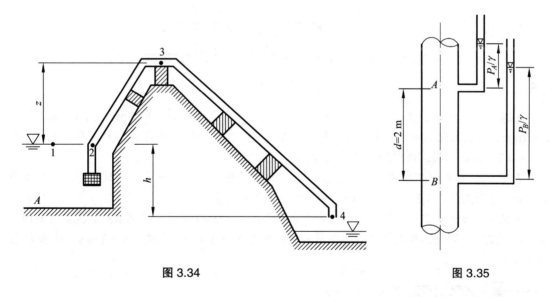

图 3.34　　　　　　　　　　　　图 3.35

3.21　某河段过水断面近似为矩形，河宽 100 m，施工时利用围堰将原河床压缩为 50 m，如图 3.36 所示。如压缩处水位与下游水位相同，并不计水头损失，当通过流量 $Q=300$ m³/s 时，下游水深 $h_0=3$ m。试求围堰上游的积水高度，当计入损失时与行近流速时的积水高为多少？

3.22　在水平的管路中，通过的水流 $Q=2.5$ L/s $=0.002\,5$ m³/s，已知 $d_1=50$ mm，$d_2=25$ mm，$p_1=9.8$ kN/m²，两断面间的水头损失可忽略不计，如图 3.37 所示。问（1）此时连接于该管收缩断面上的水管可将水自容器中吸上的高度 h 为多大？（2）通过该管路的流量为多大时，收缩断面上水管正好可将水自容器中吸起？

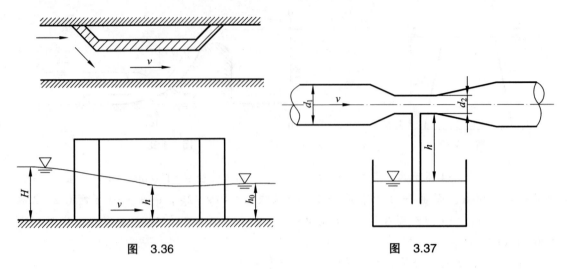

图　3.36　　　　　　　　　　　　　图　3.37

3.23　如图 3.38 所示，矩形宽顶堰，已知堰前水头 $H=1.85$ m，堰宽 $b=3.0$ m，堰高 $p=0.5$ m，此时堰上水深 $h=0.76$ m。若 $\zeta=0.5$，不计沿程水头损失，问堰上流量为多少？

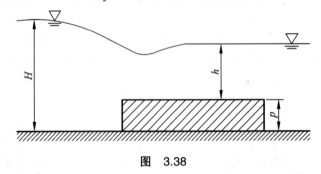

图　3.38

3.24　有一矩形压力式涵洞，如图 3.39 所示。其断面尺寸 $b=0.75$ m，$h_t=1.5$ m，涵长 $L=10$ m，下游水深 $h_0=1.85$ m，所通过的流量为 $Q=2.10$ m³/s，涵内各阻力系数为 $\lambda=0.02$，$\zeta_{进口}=0.5$，$\zeta_{出口}=1.0$，试求涵前积水高度 H。

3.25　某 1×8 m 钢筋混凝土小桥，一场洪水过后将小桥梁底淹没，此时测得桥前积水为 1.78 m，桥下水深为 1.35 m，$\zeta_j=0.5$，试求桥下通过的流量。

3.26　某隧道施工中，采用高山上的水池供水，如图 3.40 所示。若用水处的机具需要的水压不小于 $H_自=30$ m，机具开动后的全部水头损失为 $h_w=2$ m，管内流速 $v=2$ m/s，试求 H 应为多少？

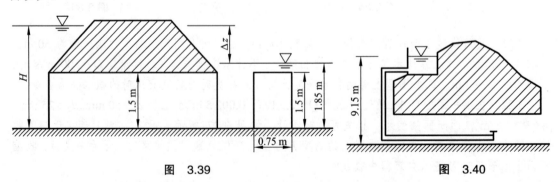

图　3.39　　　　　　　　　　　　　图　3.40

3.27 蒸汽机车的煤水车,由一直径 d 为 150 mm,长 L 为 80 m 的管道供水,如图 3.41 所示。该管道中共有两个闸阀和四个 90° 的弯头。已知 $\lambda = 0.03$,$\zeta_{闸阀} = 0.12$,$\zeta_{弯头} = 0.48$,煤水车的有效容积 V 为 25 m³,水塔具有水头 $H = 18$ m。试求煤水车充满水所需的最短时间。

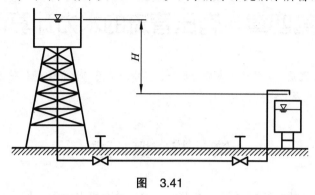

图 3.41

3.28 在浅水中航行的一艘喷水船,以水泵为动力装置,如图 3.42 所示。若水泵的吸水量为 80 L/s = 0.08 m³/s,船前吸水的相对速度 $v_{进} = 0.5$ m/s,船尾出水的相对速度 $v_{出} = 12$ m/s,试求喷水船的推进力 R。

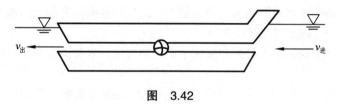

图 3.42

3.29 如图 3.43 所示,用文丘里管装置测管道中石油的流量,测得水银比压计读数 $\Delta h_p = 0.2$ m,$d_1 = 200$ mm,$d_2 = 100$ mm,$\lambda_{油} = 8.33$ kN/m³,$\lambda_{汞} = 133.28$ kN/m³,文丘里管流量系数 $\mu = 0.95$。试求:(1)通过管道中的石油流量;(2)若文丘里流量计倾斜放置或者铅直放置时(其他条件不变),通过的流量为多少?

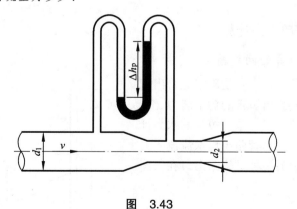

图 3.43

第四章　有压管流的水力计算

内容提要　有压管流是水力学的基本应用部分，其中心是用能量方程和水头损失的计算理论，推求有压管路的流量计算公式及其应用。

第一节　概　述

水流沿流程各过水断面的周界与固体表面接触，没有自由表面，称为管流，也叫有压流。从水头损失角度看，所有的管流都应有沿程水头损失，而局部水头损失则有可能占全部水头损失的很大部分，也有可能占很小部分。在管流的水力计算中，按这两部分水头损失与流速水头所占的比重把管路分为长管与短管两种。

（1）长管：管路中水流的沿程水头损失较大，而局部水头损失和流速水头较小，只占沿程水头损失的一小部分，以至可以忽略不计。

（2）短管：管路中局部水头损失和流速水头之和与沿程水头损失相比占较大的比重，在计算时都不能忽略。

把管路分为长管和短管的目的，是为了简化计算，而又不影响计算精度，但在没有充分根据时，应按短管计算。

第二节　短管水力计算及其应用

一、一般短管管路水力计算

（一）短管水力计算的两种情况

短管水力计算的任务，主要是确定短管出流的流速计算公式，从而找出短管的输水能力、作用水头以及阻力之间的相互关系。短管的水力计算可分为两种情况：一种是管路出口水流流入大气中，称为自由出流；另一种是管路出口在水面以下，称为淹没出流。

1. 自由出流

自由出流的短管如图4.1所示。管路长度为L，直径为d，管路中有两个相同的弯头和一个阀门。以通过管路出口断面中心点的水平面作为基准面0—0，取断面1—1和断面2—2，列出能量方程式：

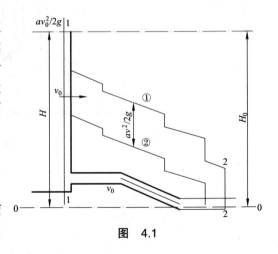

图　4.1

$$H + \frac{p_1}{\gamma} + \frac{a_1 v_0^2}{2g} = 0 + \frac{p_2}{\gamma} + \frac{a_2 v^2}{2g} + h_{\mathrm{w}}$$

$$p_1 = p_2 = 0$$

令 $\alpha_1 = \alpha_2 = 1$ ，则：

$$H + \frac{v_0^2}{2g} = \frac{v^2}{2g} + h_{\mathrm{w}}$$

令 $H_0 = H + \dfrac{v_0^2}{2g}, h_{\mathrm{w}} = h_{\mathrm{f}} + h_{\mathrm{j}} = \lambda \dfrac{L}{d} \dfrac{v^2}{2g} + \sum \zeta_{\mathrm{j}} \dfrac{v^2}{2g} = \left(\lambda + \dfrac{L}{d} + \sum \zeta_{\mathrm{j}} \right) \dfrac{v^2}{2g}$

从而得：

$$H_0 = \left(1 + \lambda \frac{L}{d} + \sum \zeta_{\mathrm{j}} \right) \frac{v^2}{2g} \tag{4.1}$$

式中 v_0——行近流速；

H_0——考虑行近流速水头在内的作用水头。

若 v_0 很小，$\dfrac{v_0^2}{2g}$ 可忽略不计。

式（4.1）说明，短管自由出流时，作用水头 H_0 一部分用来克服阻力，一部分以动能的形式被水流带到大气中去。

整理式（4.1）得：

$$v = \frac{1}{\sqrt{1 + \lambda \dfrac{L}{d} + \sum \zeta_{\mathrm{j}}}} \sqrt{2gH_0}$$

令 $\mu_{c\dot{=}} = \dfrac{1}{\sqrt{1 + \lambda \dfrac{L}{d} + \sum \zeta_{\mathrm{j}}}}$ ，则

$$v = \mu_{c\dot{=}} \sqrt{2gH_0} \tag{4.2}$$

设管路过水断面面积为 ω，则流量系数为：

$$Q = \omega v = \omega \frac{1}{\sqrt{1 + \lambda \dfrac{L}{d} + \sum \zeta_{\mathrm{j}}}} \sqrt{2gH_0} = \mu_{c\dot{=}} \omega \sqrt{2gH_0} \tag{4.3}$$

式中 $\mu_{c\dot{=}}$——短管自由出流的流量系数。

式（4.3）表达了自由出流时短管的过水能力、作用水头及阻力的相互关系。若计算出各段管路的损失，就可以绘出总水头线，而测管水头线与总水头线相差一个流速水头 $\dfrac{a v^2}{2g}$ 所以依据总水头线绘制平行线，即可得测管水头线。

2. 淹没出流

淹没出流的短管如图 4.2 所示。其情形与自由出流相似，只是管路出口淹没在水面以下。以管路出口下游水面为基准面 0—0，取断面 1—1、2—2 列能量方程：

$$z + \frac{p_1}{\gamma} + \frac{a_1 v_0^2}{2g} = 0 + \frac{p_2}{\gamma} + \frac{a_2 v_2^2}{2g} + h_w$$

$$p_1 = p_2 = 0, \quad a_1 = a_2 = 1$$

$$h_w = h_f + h_j = \left(\lambda \cdot \frac{L}{d} + \sum \zeta_j \right) \frac{v^2}{2g}$$

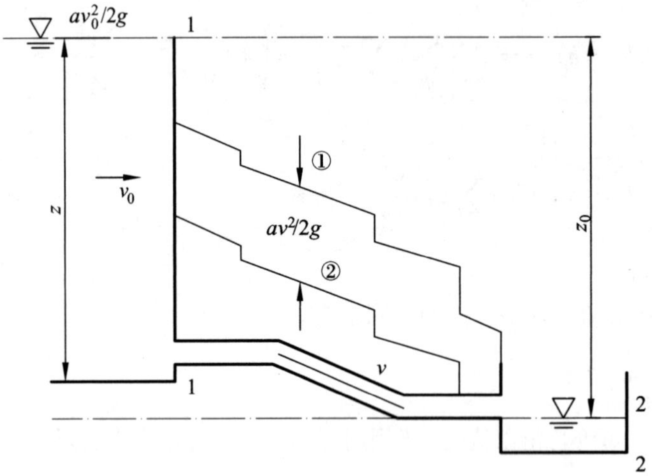

图 4.2

因 2—2 断面很大，流速很小，可取 $\frac{v_2^2}{2g} \approx 0$，若再令 $z_0 = \left(\lambda \frac{L}{d} + \sum \zeta_j \right) \frac{v^2}{2g}$，则：

$$z_0 = \left(\lambda \frac{L}{d} + \sum \zeta_j \right) \frac{v^2}{2g} \tag{4.4}$$

上式说明：淹没出流的作用水头，实际为上下游水位差，主要是用以消耗全部水头损失。式（4.4）说明短管在淹没出流时，它的上下游水头差 z_0 全部消耗在沿程水头损失和局部水头损失上。由此得：

$$v = \frac{1}{\sqrt{\lambda \frac{L}{d} + \sum \zeta_j}} \sqrt{2g z_0} \tag{4.5}$$

令 $\mu_{c淹} = \dfrac{1}{\sqrt{\lambda \dfrac{L}{d} + \sum \zeta_j}}$，则：

$$v = \mu_{c淹} \cdot \sqrt{2g z_0}$$

$$Q = \omega v = \mu_{c淹} \omega \sqrt{2g z_0} \tag{4.6}$$

式中　$\mu_{c淹}$——短管流量系数。

自由出流的流量系数 $\mu_{c自}$ 与淹没出流的流量系数 $\mu_{c淹}$ 只是形式不同，但本质上二者是相同的，因为淹没出流的 $\sum \zeta_j$ 比自由出流的 $\sum \zeta_j$ 多了一个出口阻力系数，而 $\zeta_{出口}=1$，所以，对同一管路而言，自由出流与淹没出流的流量系数是完全相同的，可统一用 μ_c 表示。自由出流与淹没出流的区别只是作用水头 H_0 与 z_0 不同。

（二）短管水力计算的类型

在进行短管的水力计算时，一般事先可确定管路的长度、材料（沿程损失系数）及局部阻力的情况，通常可解决以下三类问题：

（1）已知流量 Q、管路直径 d 和局部阻力的组成，计算作用水头 H_0 或 z_0。

（2）已知作用水头 H_0 或 z_0、管径 d 和局部阻力的组成，求算通过管路的流量 Q。

（3）已知通过管路的流量 Q 及作用水头 H_0 或 z_0 和局部阻力的组成，设计管径 d。

（三）短管在工程中的应用

1. 一般短管管路

例4.1　如图 4.3 所示，有一短管管路，由铸铁管组成，水管直径 $d=100$ mm，管总长 70 m，忽略行近流速的影响，图中 $H_0 \approx H=15$ m。管路中有两个弯头，每个弯头的局部水头损失系数为 $\xi_{弯}=0.2$，进口水头损失系数 $\xi_{进口}=0.5$，沿程水头损失系数 $\lambda=0.03$，出口水流入大气中。试求管路通过的流量 Q，并绘制该管路的测管水头线和总水头线。

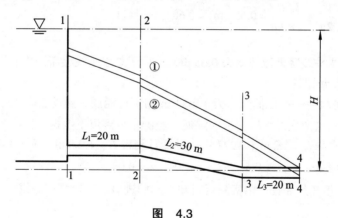

图 4.3

解：（1）求流量 Q。

短管自由出流的流量系数为：

$$\mu_c = \frac{1}{\sqrt{1+\lambda \dfrac{L}{d}+\sum \zeta_j}} = \frac{1}{\sqrt{1+0.03 \times \dfrac{70}{0.1}+(0.5+2 \times 0.2)}} = 0.209$$

$$Q = \mu_c \omega \sqrt{2gH_0} = 0.209 \times \frac{\pi}{4} \times 0.1^2 \times \sqrt{2 \times 9.8 \times 15} = 0.028 \ (\text{m}^3/\text{s}) = 28 \ (\text{L/s})$$

（2）绘制测管水头线及总水头线。在有局部水头损失处，取 1—1、2—2、3—3、4—4 断面，分别计算各断面的总水头。管路中的流速为：

$$v = \frac{Q}{\omega} = \frac{0.028}{\dfrac{\pi}{4} \times 0.1^2} = 3.58 \ (\text{m/s})$$

1—1 断面：$H_1 = H - \zeta_{进口} \dfrac{v^2}{2g} = 15 - 0.5 \times \dfrac{3.58^2}{2 \times 9.8} = 14.67$ （m）

2—2 断面：$H_2 = H_1 - \lambda \dfrac{L_1}{d} \cdot \dfrac{v^2}{2g} = 14.67 - 0.03 \times \dfrac{20}{0.1} \times \dfrac{3.58^2}{2 \times 9.8} = 10.75$ （m）

弯头损失之后：$H_2' = H_2 - \zeta_{弯} \cdot \dfrac{v^2}{2g} = 10.75 - 0.2 \times \dfrac{3.58^2}{2 \times 9.8} = 10.62$ （m）

3—3 断面：$H_3 = H_2' - \lambda \dfrac{L_2}{d} \cdot \dfrac{v^2}{2g} = 10.62 - 0.03 \times \dfrac{30}{0.1} \times \dfrac{3.58^2}{2 \times 9.8} = 4.73$ （m）

弯头损失之后：$H_3' = H_3 - \zeta_{弯} \cdot \dfrac{v^2}{2g} = 4.73 - 0.2 \times \dfrac{3.58^2}{2 \times 9.8} = 4.60$ （m）

4—4 断面：$H_4 = H_3' - \lambda \dfrac{L_3}{d} \cdot \dfrac{v^2}{2g} = 4.60 - 0.03 \times \dfrac{20}{0.1} \times \dfrac{3.58^2}{2 \times 9.8} = 0.68$ （m）

根据上述计算结果，将各断面总水头值按比例绘于图中，两断面间总水头直线连接，即得总水头线。流速水头为：

$$\frac{v^2}{2g} = \frac{3.58^2}{2 \times 9.8} = 0.65 \ (\text{m}) \approx 0.68 \ (\text{m}) \ （可）$$

将各断面的总水头线降低流速水头 0.65 m，平行于总水头线绘于图中，即为测管水头线。

2. 有压涵洞水力计算

例 4.2　某工务段有一孔截面尺寸为 1 m×1 m 的矩形涵洞，涵长 $L = 10\,\text{m}$，1997 年发生过两次大洪水，观测到这两次洪水所留下的洪痕，经测量得到以下数据：7 月 8 日测得涵前积水 $H_积 = 1.8\,\text{m}$，出口水深 $h_0 = 1.2\,\text{m}$；1997 年 8 月 2 日测得 $H_积 = 2.0\,\text{m}$，$h_0 = 1.0\,\text{m}$。试求这两次洪水的过涵流速与流量。$\zeta_{进口} = 0.5$，$\zeta_{出口} = 1.0$，$\lambda = 0.02$。

解：（1）1997 年 7 月 8 日，由实测资料知：涵洞进口、出口都被淹没，所以为淹没出流，故得：

$$z_0 = H_积 - h_积 = 1.8 - 1.2 = 0.6 \ (\text{m})$$

水力半径　　　　　$R = \dfrac{\omega}{\chi} = \dfrac{1 \times 1}{4} = \dfrac{1}{4} = 0.25\,(\text{m})$

因为是淹没出流，将以上各数据代入公式（4.5）、（4.6），得：

$$v = \mu_{c淹} \cdot \sqrt{2gz_0} = \frac{1}{\sqrt{\lambda \dfrac{L}{4R} + \sum \zeta_j}} \sqrt{2gz_0}$$

$$= \frac{1}{\sqrt{0.02 \times \dfrac{10}{4 \times \dfrac{1}{4}} + 0.5 + 1}} \times \sqrt{2 \times 9.8 \times 0.6} = 2.63 \ (\text{m/s})$$

$$Q = \omega v = 1 \times 1 \times 2.63 = 2.63 \ (\text{m}^3/\text{s})$$

（2）由实测资料知：涵洞下游水深 $h_0 = 1.0$ m，和涵洞出口高度一致，所以为自由出流，故根据公式得 $H_积 - h_0 = 2.0 - 1.0 = 1.0$ m，将已知量代入式（4.2）、（4.3），得：

$$v = \mu_{c自}\sqrt{2gH_0} = \frac{1}{\sqrt{1 + \lambda\dfrac{L}{4R} + \sum \zeta_j}}\sqrt{2gH_0}$$

$$= \frac{1}{\sqrt{1 + 0.02 \times \dfrac{10}{4 \times \dfrac{1}{4}} + 0.5}} \times \sqrt{2 \times 9.8 \times 1} = 3.40 \ (\text{m/s})$$

$$Q = \omega v = 1 \times 1 \times 3.40 = 3.40 \ (\text{m}^3/\text{s})$$

想一想，在这里我们可以得到什么结论呢？为什么有这样的结论？读者也可用能量方程来试着解这道题，看结果一样吗？

3．倒虹吸管

倒虹吸管的具体情况已在第三章中有所述及，它实际上是有压短管的淹没出流，可按上、下游水位差及流量求得倒虹吸管所需直径。

在工程实践中，为避免泥沙淤积，管内流速不宜过小，同时为防止水头损失过大，管中流速亦不能太大，一般规定倒虹吸管的允许流速为 1.5 ~ 2.5 m/s。为便于施工和工厂制造，管径采用标准管径。

例 4.3　采用第三章图 3.25 所示的倒虹吸管及其数据，$Q = 3$ m³/s，$L = 30$ m，$\lambda = 0.021$，$\zeta_{进口} = 0.5$，$\zeta_弯 = 0.5$，$\zeta_{出口} = 1.0$，试按允许流速决定倒虹吸管的直径，并求算上、下游的水位差。

解：根据允许流速为 1.5 ~ 2.5 m/s，选用 $v = 2.0$ m/s。

因为　　$Q = \omega v = \dfrac{\pi d^2}{4}v$，所以

$$d = \sqrt{\frac{4Q}{\pi v}} = \sqrt{\frac{4 \times 3}{\pi \times 2.0}} = 1.38 \ (\text{m})$$

采用标准直径 $d = 1.5$ m，管中实有流速为：

$$v_实 = \frac{Q}{\omega} = \frac{30}{\dfrac{\pi}{4} \times 1.5^2} = 1.70 \ (\text{m/s})$$

仍在 1.5 ~ 2.5 m/s 范围。

短管淹没出流的流量系数为：

$$\mu_c = \frac{1}{\sqrt{\lambda\dfrac{L}{d} + \sum \zeta_j}} = \frac{1}{\sqrt{0.021 \times \dfrac{30}{1.5} + (0.5 + 2 \times 0.5 + 1.0)}} = 0.59$$

由于 $Q = \mu_c \omega \sqrt{2gz_0}$ ，忽略行进流速水头，即令 $z_0 \approx z$ ，得：

$$z_0 = z = \frac{Q^2}{2g\mu_c^2\omega^2} = \frac{3.0^2}{2\times9.8\times0.59^2\times\left(\dfrac{\pi}{4\times1.5^2}\right)^2} = 0.42 \ \ (m)$$

二、水泵装置的水力计算

水泵是铁路工程施工中常用的抽水机械，它通过电动机将电能转化为水的机械能，将水提升到一定高度。水泵的工作过程在第二章例 2.4 中已有说明，现在解决水泵的装置高度、扬程及功率问题。

1. 水泵的吸水管与压水管

由水源取水点到水泵进口的管路称为吸水管，由水泵的出口到水塔的管路称为压水管，如图 4.4 所示。吸水管的长度一般较短，管路的配件（弯头、滤网等）所产生的局部阻力不能忽略，应按短管计算。压水管则应视其长度具体分析，有时按短管，有时按长管计算。

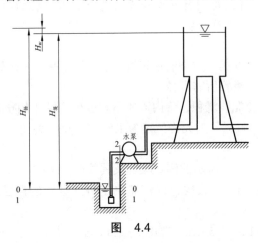

图　4.4

吸水管与压水管的直径根据流量和允许流速确定。吸水管的允许流速为 2.0 ~ 2.5 m/s，压水管的允许流速则为 3.0 ~ 3.5 m/s。吸水管的水力计算一般是确定水泵的装置高度，压水管的水力计算则是计算水泵的扬程和功率。

2. 水泵的安装高度

水泵的安装高度即为水泵的最大允许安装高度。

要保证水泵的正常工作，就必须在水泵的进口处形成部分真空。这个真空值达不到理论上最大的真空值即绝对真空值 98 kPa（736 mmHg 高或 10 mH$_2$O 高），因为绝对真空是不存在的。另一方面，真空值太大则会发生气蚀现象，即当水泵进口处压强降低至该温度下的蒸汽压强时，水因汽化而生成大量气泡。气泡随着水流进入泵内高压部位受压缩而突然溃灭，周围的水便以极大的速度向气泡溃灭点冲击，在该点形成高达数百个大气压的压强。气蚀会造成水泵管壁的破坏，也会引起振动。水泵进口处所允许的真空值一般不超过 60 ~ 70 kPa（6 ~ 7 mH$_2$O）。规定了允许的真空值，就限制了水泵的装置高度。详见水泵的铭牌如图 4.5 所示。产生"气蚀"的具体原因不外以下几种：泵的安装位置高出吸液面高度太大，即泵的几何安装高度过大；泵安装地点的大气压强较低，例如安装在高海拔地区；泵所输送的液体温度过高等。

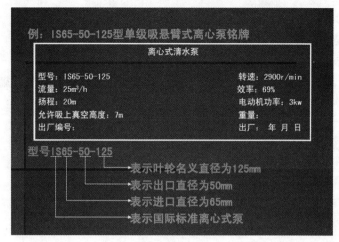

图　4.5

在图 4.4 所示中，取水池水面为基准面 0—0，水池水面作为 1—1 断面，水泵进口处为 2—2 断面，列能量方程：

$$z_1 + \frac{p_1}{\gamma} + \frac{av_1^2}{2g} = z_2 + \frac{p_2}{\gamma} + \frac{av_2^2}{2g} + h_w$$

$$0 + \frac{p_a}{\gamma} + 0 = h_{装} + \left(-\frac{p_v}{\gamma}\right) + \frac{v^2}{2g} + h_{w吸}$$

$$0 + 0 + 0 = h_{装} + \left(-\frac{p_v}{\gamma}\right) + \frac{v^2}{2g} + h_{w吸}$$

$$h_w = h_f + h_j = \lambda \frac{L}{d} \frac{v^2}{2g} + \sum \zeta_j \frac{v^2}{2g}$$

$$h_{装} = \frac{p_v}{\gamma} - \frac{v^2}{2g} - \left(\lambda \frac{L_{吸}}{d_{吸}} + \sum \zeta_j\right) \frac{v^2}{2g}$$

$$= \frac{p_v}{\gamma} - \left(1 + \lambda \frac{L_{吸}}{d_{吸}} + \sum \zeta_j\right) \frac{v^2}{2g} \tag{4.7}$$

令 $\frac{p_v}{\gamma} = h_v$，称为水泵的允许真空度（m），因 h_v 为水泵允许的最大真空度，则求出的 $h_{装}$ 即为水泵允许的最大安装高度。h_v 值一般为 6～7 mH$_2$O，在水泵的产品说明中已注明。

水泵轴线到水池水面的距离不得超过 $h_{装}$，否则水泵将不能正常工作。

3. 水泵的扬程及功率

如图 4.4 所示，水泵把水从水池提升到水塔中，被提升的水势能增加了，在提升的过程中还要产生能量损失，这两部分能量都是由电能转化而来。这两部分能量的总和就是水泵的扬程。即：

$$H_{扬} = h_{提} + h_w = h_{提} + h_{w吸} + h_{w压} \tag{4.8}$$

式中　$H_扬$——水泵的扬程（m）；

　　　　$h_提$——提水总高度（m）；

　　　　$h_{w吸}$，$h_{w压}$——吸水管与压水管的全部水头损失。

　　因为传动时有能量损失，水泵的功率可分输入功率（轴功率）$N_{水泵}$和输出功率（有效功率）$N_{e水泵}$两种（单位均为 kW）：

$$N_{e水泵} = \gamma Q H_扬 \tag{4.9}$$

$$N_{水泵} = \frac{N_{e水泵}}{\eta} \tag{4.10}$$

式中　η——水泵的效率，$\eta = \dfrac{N_{e水泵}}{N_{水泵}}$；

　　　　Q——水泵的流量（m^3/s）。

　　$H_扬$ 及 η 均应由厂家在产品说明中给出，见图 4.6。

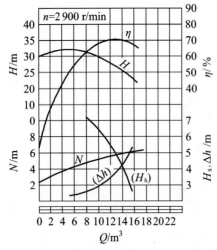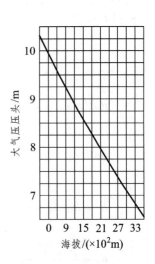

图　4.6

　　例 4.4　如图 4.4 所示，用水泵把水从水池抽入水塔，吸水管与压水管均用铸铁管。已知 $L_吸 = 10$ m，$d_吸 = 150$ mm，$L_压 = 50$ m，$d_压 = 150$ mm，$\lambda = 0.024$，吸水管进水口有底阀并有滤网，$\zeta_滤网 = 6.0$，吸水管与压水管共有四个弯头，每个弯头的 $\zeta_弯 = 0.80$，压水管设一闸门 $\zeta_闸门 = 0.10$，水塔水面与水池水面的高差 $h_提 = 20$ m，水泵的设计流量 $Q = 0.03$ m^3/s，水泵进口处的真空值为 59 kPa（6 mH_2O 高），试求水泵的装置高度 $h_装$ 及水泵的扬程及输入功率（设 $\eta = 0.75$）。

　　解：（1）计算水泵的装置高度。吸水管内水的流速为：

$$v = \frac{Q}{\omega} = \frac{0.03}{\frac{\pi}{4} \times 0.15^2} = 1.75 \ (m/s)$$

由式（4.7）得：

$$h_{装} = \frac{p_v}{\gamma} - \left(1 + \lambda\frac{L_{吸}}{d_{吸}} + \sum\zeta_j\right)\frac{v^2}{2g}$$

$$= \frac{59}{9.8} - (1 + 0.024\times\frac{10}{15} + 6.0 + 0.8)\times\frac{1.75^2}{2\times9.8} = 4.63 \text{ (m)}$$

（2）计算水泵的扬程及输入功率：

$$h_w = h_f + h_j = \left(\lambda\frac{L}{d} + \sum\zeta_j\right)\frac{v^2}{2g}$$

$$= \left(0.024\times\frac{10+50}{0.15} + 6.0 + 4\times0.8 + 0.10\right)\times\frac{1.75^2}{2\times9.8} = 2.79 \text{ (m)}$$

由式（4.8）得：

$$H_{扬} = h_{提} + h_w = 20 + 2.79 = 22.79 \text{ (m)}$$

由式（4.9）、（4.10）得：

$$N_{e水泵} = \gamma Q H_{扬} = 9.8\times0.03\times22.79 = 6.70 \text{ (kW)}$$

$$N_{水泵} = \frac{N_{e水泵}}{\eta} = \frac{6.70}{0.75} = 8.93 \text{ (kW)}$$

三、虹吸管装置水力计算

虹吸管指先上升、后下降、中间凸起的管路。虹吸管的应用很广泛，有时为了将水库中的水引到堤坝外，并且不穿通坝身而设置虹吸管，如图 4.7 所示。

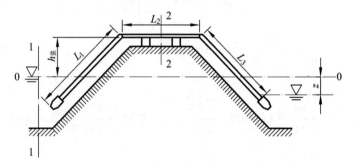

图 4.7

虹吸管的工作原理，是首先将管内空气抽出，形成真空，在大气压强作用下，上游的水从管口上升到虹吸管的顶部，然后流向下游，水充满整个虹吸管以后，在上下游水位差的作用下，水即由上游不停地流到下游。

和水泵一样，虹吸管中的真空值也不能太大，因装置高度受到限制，其计算原理与水泵相同。虹吸管有水流进口、出口、弯头等损失，当管路不长时，应按短管淹没出流计算。

例 4.5 如图 4.7 所示，用 $d = 500$ mm 的钢筋混凝土虹吸管从水库引水，水库与水渠的水位差 $z = 5$ m，虹吸管的各段长度 $L_1 = 10$ m，$L_2 = 6$ m，$L_3 = 14$ m，各阻力系数 $\lambda = 0.027$，虹吸管进口 $\zeta_{滤网} = 2.5$，每个弯头 $\zeta_{弯} = 0.55$，$\zeta_{出口} = 1.0$，试求（1）虹吸管的流量；（2）当虹吸管允许真空值 p_v 为 59 kPa（h_v 为 6 mH2O 高）时，装置高度为多少？

解：（1）计算虹吸管的流量。短管淹没出流的流量系数为：

$$\mu_c = \frac{1}{\sqrt{\sum \lambda \frac{L}{d} + \sum \zeta_j}} = \frac{1}{\sqrt{0.027 \times \frac{10+6+14}{0.5} + 2.5 + 2 \times 0.55 + 1}} = 0.40$$

忽略行近流速水头，$z_0 \approx z$，则

$$Q = \mu_c \omega \sqrt{2gz} = 0.40 \times \frac{\pi}{4} \times 0.5^2 \times \sqrt{2 \times 9.8 \times 5} = 0.78 \ (\text{m}^3/\text{s})$$

（2）计算装置高度。取水库水面为基准面 0—0，取断面 1—1、2—2，见图 4.5 所示（假定最大真空值 p_v 发生在 $\frac{L_2}{2}$ 处），列能量方程式：

$$z + \frac{p_1}{\gamma} + \frac{a_1 v_0^2}{2g} = 0 + \frac{p_2}{\gamma} + \frac{a_2 v_2^2}{2g} + h_w$$

$$0 + \frac{0}{\gamma} + 0 = h_{装} + \left(-\frac{p_v}{\gamma}\right) + \frac{v^2}{2g} + h_w$$

$$h_{装} = \frac{p_v}{\gamma} - \frac{v^2}{2g} - h_w$$

$$h_w = h_f + h_j = \left(\lambda \frac{L_1 + \frac{L_2}{2}}{d} + \zeta_{滤网} + \zeta_{弯}\right)\frac{v^2}{2g}$$

$$v = \frac{Q}{\omega} = \frac{0.78}{\frac{\pi}{4} \times 0.5^2} = 3.79 \ (\text{m/s})$$

$$h_{装} = \frac{59}{9.8} - \left(1 + 0.027 \times \frac{10 + \frac{6}{2}}{0.5} + 2.5 + 0.55\right) \times \frac{3.79^2}{2 \times 9.8} = 2.20 \ (\text{m})$$

第三节　长管水力计算及其应用

　　根据管路的组合情况，长管可分为简单管路与复杂管路。简单管路指直径不变而且没有分支的管路，其流量沿程不变，如图 4.8（a）所示。复杂管路指由两个以上的管路组成的管网，包括由串联管路组成的枝状管网与由并联管路组成的环状管网。枝状管网如图 4.8（b）所示，环状管网如图 4.8（c）所示。枝状管网的管路总长度较短，建筑费用较低，一般施工现场用得多；而环状管网的供水可靠性高，不会因为管网的某处损坏而影响其他地方供水，一般城镇小区用得多。本书重点讨论枝状管网。

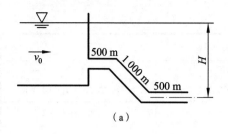 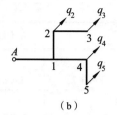 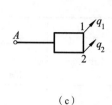

（a）　　　　　　　　（b）　　　　　　　（c）

图　4.8

一、简单管路水力计算

如图 4.9 所示，其表示由水箱引出的简单管路，管路长度为 L，管径为 d，高差为 H，水箱水面距离管路出口的高差为 H，管路出口水流入大气中。

以通过管路出口断面形心的水平面为基准面 0—0，取断面 1—1、2—2，如图所示，列能量方程式：

$$z_1 + \frac{p_1}{\gamma} + \frac{a v_1^2}{2g} = z_2 + \frac{p_2}{\gamma} + \frac{a v_2^2}{2g} + h_w$$

$$H + 0 + \frac{a_1 v_1^2}{2g} = 0 + 0 + \frac{a_2 v_2^2}{2g} + h_w$$

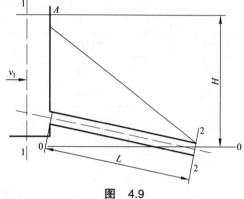

图　4.9

忽略水箱中的行近流速 v_1，又因为长管的计算中忽略局部水头损失和流速水头 $\dfrac{v^2}{2g}$，则上式转化为：

$$H = h_f \tag{4.11}$$

上式表明，长管的全部作用水头消耗于沿程水头损失。

由谢才公式知 $Q = \omega c \sqrt{RJ}$，而 $J = \dfrac{h_f}{L}$，所以 $Q = \omega C \sqrt{R \cdot \dfrac{h_f}{L}}$，令 $K = \omega C \sqrt{R}$，则 $Q = K \cdot \sqrt{\dfrac{h_f}{L}}$，得出 $h_f = \dfrac{Q^2}{K^2} \cdot L$，联系式（4.11）得：

$$H = \frac{Q^2}{K^2} \cdot L \tag{4.12}$$

式中　K——流量模数（m^3/s）。

K 反映了管道截面尺寸及管壁粗糙情况等特性对输水能力的影响。当 $J = 1$ 时，$Q = K$。

若令 $A = \dfrac{1}{K^2}$，则公式（4.12）转化为：

$$H = A Q^2 L \tag{4.13}$$

式中　A——比阻。

比阻 A 是单位流量通过单位长度管路所需要的水头，它取决于管径 d 和沿程阻力系数 λ（或糙率 n）。

工程上编制了一定管径和糙率的 K、A 值表以供查用，可使计算简化。现列出 K 值表，如表 4.1。

表 4.1 K 值表

直径 d (mm)	K（ L/s 或 $m^3/s \times 10^{-3}$ ）		
	清洁管 $1/n = 90$ （ $n = 0.011$ ）	正常管 $1/n = 80$ （ $n = 0.0125$ ）	污秽管 $1/n = 70$ （ $n = 0.0143$ ）
50	9.624	8.460	7.403
75	28.37	24.94	21.83
100	61.11	53.72	47.01
125	110.80	97.40	85.23
150	180.20	158.40	138.60
175	271.80	238.90	209.00
200	388.00	341.10	298.50
225	531.20	467.00	408.60
250	703.50	618.50	541.20
300	1.144×10^3	1.006×10^3	880.00
350	1.726×10^3	1.517×10^3	1.327×10^3
400	2.464×10^3	2.166×10^3	1.895×10^3
450	3.373×10^3	2.965×10^3	2.594×10^3
500	4.467×10^3	3.927×10^3	3.436×10^3
600	7.264×10^3	6.386×10^3	5.587×10^3
700	10.96×100	9.632×10^3	8.428×10^3
750	13.17×10^3	11.58×10^3	10.13×10^3
800	15.64×10^3	13.57×10^3	12.03×10^3
900	21.42×10^3	18.83×10^3	16.47×10^3
1 000	28.36×10^3	24.93×10^3	21.82×10^3
1 200	46.12×10^3	40.55×10^3	35.48×10^3

因为忽略了流速水头，导致长管的总水头线与测管水头线重合，又由于忽略了管路进口的局部水头损失，所以管路进口处总水头应与水箱水面同高。从图 4.9 所示的水面与水箱壁交点 A 处与 2—2 断面形心点连接，即为该管路的总水头线，也是该管路的测管水头线。

在输水管道的水力计算中，管线布置和管道长度 L 一般都是根据需要而预先拟定的，余下的问题则是在流量 Q、管径 d 及作用水头 H 三个因素中，给定其中的两个，利用式（4.12）计算第三个。为了保证用水点有足够的流量供给，也考虑到给水工程扩建的需要及消防的要求，用水点应有一定的压强水头，这个压强水头称自由水头，亦称为供水管端的工作水头，以 $H_{自}$ 表示。

例如一层楼房 $H_{自} = 10$ m，二层楼房 $H_{自} = 12$ m，以后每上升一层增加 4 m。对消火栓

$H_\text{自} = 10$ m；对射水沉桩，$H_\text{自} = 5 \sim 20$ m 等。

自由出流的管口不是压强为零吗？想一想为什么？

例 4.6　如图 4.10 所示，某工地用水塔输送施工用水，水塔地面高程 $z_\text{塔} = 61$ m，水塔水面距离水塔处地面 $H_1 = 18$ m，工地用水点地面高程 $z' = 45$ m，要求该点自由水头 $H_\text{自} = 20$ m。输水管路为铸铁管，总长为 2 000 m，管径 d 为 400 mm，试计算通过管路的流量。

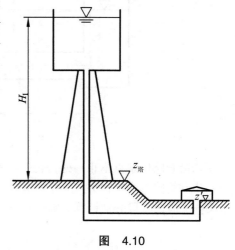

图　4.10

解：1—1 断面选在水塔水面，2—2 断面选在用水点，以高程零点为基准面，列能量方程：

长管计算忽略速度水头和局部水头损失：

$$z_1 + \frac{p_1}{\gamma} + \frac{av_1^2}{2g} = z_2 + \frac{p_2}{\gamma} + \frac{av_2^2}{2g} + h_\text{w}$$

$$(H_1 + z_\text{塔}) + 0 + 0 = z' + 0 + H_\text{自} + h_\text{f}$$

根据公式（4.11），水塔的作用水头为：

$$\begin{aligned} H &= (H_1 + z_\text{塔}) - (H_\text{自} + z') \\ &= (18 + 61) - (20 + 45) \\ &= 14 \ (\text{m}) \end{aligned}$$

根据公式（4.12），$H = \dfrac{Q^2}{K^2} \cdot L$，所以

$$Q = K \cdot \sqrt{\frac{H}{L}}$$

由管径 $d = 400$ mm，按正常管查表 4.1 得 $K = 2.166$ m³/s，所以

$$Q = 2.166 \times \sqrt{\frac{14}{2\ 000}} = 0.181 \ (\text{m}^3/\text{s})$$

例 4.7　仍如上例，若工地需要流量为 0.250 m³/s，其他条件不变，则需用多大直径的铸铁管？

解：应用公式（4.12）求 K 值，然后查表。

作用水头 H 仍为 14 m，代入公式（4.12）得：

$$14 = \frac{0.250^2}{K^2} \times 2\ 000$$

所以很容易求得 $K = 2.988$ m³/s。

按正常管查表 4.1 知：当 $d = 450$ mm 时，$K = 2.965$ m³/s；当 $d = 500$ mm 时，$K = 3.927$ m³/s。只能选用 $d = 500$ mm，输入流量将比所需的 0.250 m³/s 大，但会浪费材料。为了充分利用水头，保证用水和节约材料，宜采用两段不同直径的管径（450 mm 和 500 mm）连接起来。这样连接的管路称为串联管路。

二、串联管路水力计算

由直径不同的数段管路按顺序串联而成的管路称为串联管路，如图 4.11 所示。

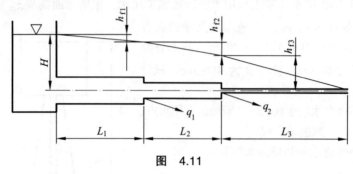

图　4.11

当沿管路供水点不止一处，经过一段距离便有流量 q_i 分出，管径需要逐渐减小以节省材料。

串联管路总水头损失应等于各管段水头损失的总和，而各管段因管径、流量、流速不相等，水头损失应按各段分别计算。则有：

$$H = \sum h_{fj} = \sum \frac{Q_i^2}{K_i^2} L_i = \sum S_i Q_i^2 \qquad (4.14)$$

式中　S_i——各管段管路的阻力率，$S_i = \dfrac{L_i}{K_i^2}$。

若中途没有流量 q_i 泄出，即各管段流量相等，$Q_1 = Q_2 = \cdots = Q$，则：

$$H = Q^2 \sum S_i = Q^2 S_s \qquad (4.15)$$

式中　S_s——整个管路的阻力率，它等于各管段阻力率 S_i 之和。

串联管路的总水头线（测管水头线）是一条折线，这是由于各管段的流速不相等，水力坡度也不相等造成的，如图 4.11 所示。

例 4.8　在例 4.7 中，为节约材料，若用两段管径为 450 mm 和 500 mm 的铸铁管串联，输送 0.250 m³/s 的流量，则每段管路长为多少？

解：设用直径 450 mm 的管段长为 L_1，$K_1 = 2.965$ m/s；管径 500 mm 的管段长为 L_2，$K_2 = 3.927$ m³/s。代入式（4.14）得：

$$H = \sum \frac{Q_i^2}{K_i^2} L_i = Q^2 \left(\frac{L_1}{K_1^2} + \frac{L_2}{K_2^2} \right)$$

$$14 = 0.250^2 \times \left(\frac{L_1}{2.965^2} + \frac{L_2}{3.927^2} \right)$$

$$L_1 + L_2 = 2\ 000\ \text{(m)}$$

由以上两式联立方程，可解出 $L_1 = 1\ 935$ m，$L_2 = 65$ m。

三、并联管路水力计算概述

为了提高供水的可靠性，在两节点 A、B 之间并设两条以上的管路供水，组成所谓的并联管路，如图 4.12 所示。

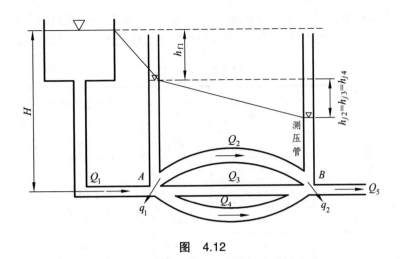

图　4.12

并联管路实际上是由多段简单长管组成。若在 A、B 两点处安装测压管，每一点都只可能出现一个测压管水头。这是因为管段 AB 间，A 点与 B 点是各段所共有的，所以并联管路的水流特点在于液体通过所并联的任何管段时，其水头损失皆相等，亦即 A、B 两点的测管水头差为每一并联管段的水头损失。即：

$$h_{fAB} = h_{f2} = h_{f3} = h_{f4} \qquad (4.16)$$

每个单独管段都是简单长管路，用比阻 $A = \dfrac{1}{K^2}$ 表示时，亦可写成：

$$A_2 L_2 Q_2^2 = A_3 L_3 Q_3^2 = A_4 L_4 Q_4^2$$

另外，并联管路的各管段直径、长度、糙率均可能不同，因而流量也会不同。但各管段的流量分配也应满足节点流量平衡条件，即流向节点 A 的流量等于由节点 B 流出的流量，这才满足了连续性方程。即：

$$\left. \begin{array}{l} \text{对节点} A：\quad Q_1 = q_1 + Q_2 + Q_3 + Q_4 \\ \text{对节点} B：\quad Q_2 + Q_3 + Q_4 = Q_5 + q_2 \end{array} \right\} \qquad (4.17)$$

如已知 Q_1 及各并联管段的直径及长度，便可联解以上各方程分别求得 Q_2、Q_3、Q_4 及 h_{fAB}。

四、枝状管网水力计算

为了给更多的用户供水，一般施工场地多采用枝状管网供水。枝状管网实际上是枝状的串联管路，它的计算内容包括输水管直径及供水水塔高度的确定。

1. 流速与管径

在流量 Q 一定的情况下，流速不同则所需的管径也不同。若选择较大的流速，则管路造价可以降低，但流速大会使水头损失加大，从而使水塔高度增加，要求水泵扬程增加，这意味着抽水的费用增加。若选择较小的流速，降低抽水的费用，则管径较大，材料耗费多。所以在确定管径时，应进行经济比较，所采用的流速应使供水总成本（包括铺设水管的建筑费、水泵站建筑费、水塔建筑费及抽水运转费用等）最少，这个流速称为经济流速 v_e。经济流速可参照下列值：直径 $d = 100 \sim 200$ mm，$v_e = 0.6 \sim 1.0$ m/s；直径 $d = 200 \sim 400$ mm，$v_e = 1.1 \sim 1.4$ m/s。

　　另外，管中流速不宜大于 2.5 ~ 3.0 m/s。若流速过大，阀门快速关闭时会引起压强快速升高，有可能使水管及接头处破裂，所以一般水管规定了允许流速 $v_{允许}$，如表 4.2 所示。

表 4.2　　$v_{允许}$ 值

直径（mm）	允许的极限流速（m/s）	相应于极限流速的流量（L/s）	直径（mm）	允许的极限流速（m/s）	相应于极限流速的流量（L/s）
60	0.70	2	400	1.25	157
100	0.75	4	500	1.40	275
150	0.80	14	600	1.50	453
200	0.90	28	800	1.80	905
250	1.00	49	1000	2.00	1571
300	1.10	78	1100	2.20	2 093

　　总之，应综合考虑上述因素，选定一个合理的流速。确定了流速之后，就可以根据流量要求，由 $\omega = \dfrac{Q}{v}$ 计算所需的输水管直径。

　　2. 计算水头损失及确定水塔高度

　　确定各用水点的流量和选定管径之后，即可计算各管段的水头损失。因枝状管网的每一支均为串联管路，按串联管路计算从水塔到管网控制点的总水头损失，于是水塔的高度可按下式计算：

$$H = \sum h_{f} + H_{自} + z_{控} - z_{塔} \tag{4.18}$$

式中　　$\sum h_{f}$ ——从水塔到管网控制点的总水头损失；

　　　　$z_{控}$ ——控制点的地面高程；

　　　　$z_{塔}$ ——水塔的地面高程。

　　所谓管网控制点，是指管网用水点中，考虑水塔至该点的水头损失、该点的地面高程、要求的自由水头三项之和最大的点。

　　例 4.9　如图 4.13 所示，某工地用水塔供水，有五个用水点。输水管路采用铸铁管，各段水管长度、流量见表 4.3 所示。0—3—4—5 支线中 2 点地面高程最高，0—3—4—5 支线中 5 点地面高程最高，见图中所示。工地要求两条支线的终点 2、5 点的自由水头为 15 m，试确定各管段直径和水塔高度。

　　解：根据各管段通过的流量大小，从表 4.2 中选取水管直径 d，填入于表 4.3 中第五列。根据管径查表 4.1 正常管得到流量模数 K 值，填入表 4.3 中第六列。根据公式（4.11）、（4.12）计算各管段的水头损失，也填入表 4.3 中第七列。

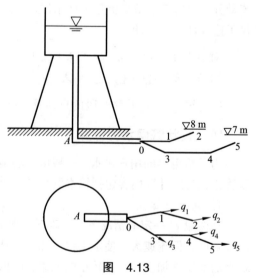

图　4.13

表 4.3　管段水力要素计算

管　段		q（L/s）	L（m）	d（mm）	K（m³/s）	h_f（m）
支线 0—3—4—5	0—3	26	300	200	0.341	1.74
	3—4	18	200	200	0.341	0.56
	4—5	10	300	150	0.158	1.20
支线 0—1—2	0—1	14	300	150	0.158	2.36
	1—2	7	400	150	0.158	0.79
干线 A—0	A—0	40	200	250	0.619	0.84

水塔的高度应按两支线，根据公式（4.18）分别计算取其高者（想一想为什么？）：

$$H = \sum h_f + H_控 + z_控 - z_塔$$

$A-2$：　　　　$H = (0.84 + 2.36 + 0.79) + 15 + 8 - 13 = 13.99$（m）

$A-5$：　　　　$H = (0.84 + 1.74 + 0.56 + 1.20) + 15 + 7 - 13 = 13.34$（m）

可见，真正的控制点为 2 号用水点，水塔高度至少应为 13.99 m。

第四节　给水管网水力设计计算算例

某城市小区共五栋建筑物（A、B、C、D、E），如图 4.14 所示。其所需流量分别为 $Q_A = Q_B = Q_C = 10$ L/s，$Q_D = Q_E = 6$ L/s，其管段所需自由水头分别为 $H_{自c} = 20$ m，$H_{自E} = 20$ m，管路均采用铸铁管（按一般正常管计算），管路长度与相应各用水点高程均示于图中。现决定在就近的渠道中取水，试设计管网直径、水塔高度，并对水泵及虹吸管进行装置计算（本算例只列出步骤，学生自行设计，作为学完本章后的综合练习，若设计条件不足，根据需要与可能自行拟定）。

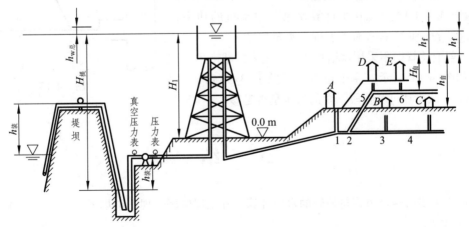

图　4.14

水泵吸水管 $L = 7.5$ m，水泵压水管 $L = 200$ m，输水管 $L = 200$ m，虹吸管全长 $L = 70$ m，虹吸吸水管 $L = 30$ m，$L_{1-2} = 40$ m，$L_{2-3} = 100$ m，$L_{3-4} = 120$ m，$L_{2-5} = 200$ m，$L_{5-6} = 120$ m。

设计时依次解决如下问题：

（1）确定管径：

$$d = \sqrt{\frac{4Q}{\pi v_p}} = 1.13\sqrt{\frac{Q}{v_p}}$$

（2）枝状管网水头损失，按简单长管路计算：

$$H = h_f = A_i L_i Q_i^2 = \frac{1}{K_i^2} L_i Q_i^2$$

（3）水塔高度按公式（4.18）列表计算，填入表 4.4 中。

表 4.4　管段水力要素计算

已知数据				计算所得数据					
管段		管段长度 （m）	管段中的 流量 （L/s）	经济流速 （m/s）	管路直径 （mm）	实际流速 （m/s）	比阻 A	修正系数 K	水头损失 （m）
左侧支线	⑤—⑥	120	6						
	②—⑤	200	12						
右侧支线	③—④	120	10						
	②—③	100	20						
水塔至 分叉点	①—②	40	32						
	⓪—①	200	42						

（4）水泵与虹吸管的装置计算。

① 根据设计流量与经济流速，选定吸水管与压水管直径；② 使用公式（4.7）分别确定水泵与虹吸管的装置高度，应在现场踏勘有利地形并确定长度，本算例尺寸供参考；③ 使用公式（4.8）计算水泵扬程；④ 使用公式（4.9）、（4.10）计算水泵与电动机的功率；⑤ 根据 Q、$H_{扬}$ 和 $N_{e\,水泵}$ 查有关表确定水泵型号。

（5）若上述管网不采用水塔供水，而是采用城市主干道供水，如图 4.15 所示。主干道水压不低于 3×98 kPa（即 30 mH₂O），试检算每个管段下游的水压是否足够。

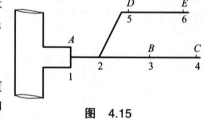

图 4.15

小　结

本章的主要内容是短管与长管的水力计算及其工程应用。现归纳如下：

1. 基本概念

管流，长管，短管，自由出流，淹没出流，作用水头，自由水头。

2. 水力计算公式

水力计算公式如表 4.5 所列。

表 4.5　短管与长管计算公式

短管	自由出流	$Q = \mu_{c\dot{H}} \cdot \omega \cdot \sqrt{2gH_0}$
	淹没出流	$Q = \mu_{c淹} \cdot \omega \cdot \sqrt{2gz_0}$
长管	简单管路	$H = \dfrac{Q^2}{K^2}L$ 或 $H = AQ^2L$
	串联管路	$H = \sum h_{fi} = \sum \dfrac{Q_i^2}{K_i^2}L_i = S_i Q_i^2$
	并联管路	$h_{fAB} = h_{f2} = h_{f3} = h_{f4}$，$\dfrac{1}{K_2^2}L_2 Q_2 = \dfrac{1}{K_3^2}L_3 Q_3 = \dfrac{1}{K_4^2}L_4 Q_4$ 对节点 A：$Q_1 = q_1 + Q_2 + Q_3 + Q_4$ 对节点 B：$Q_2 + Q_3 + Q_4 = Q_5 + q_2$
	枝状管路	$H = \sum h_f + H_自 + z_控 - z_塔$

思考与练习题

4.1　何谓"长管"和"短管"？在水力计算上有什么区别？何谓管流？它的特点是什么？

4.2　何谓管流？它的特点是什么？

4.3　管路流量系数 μ_c 有什么不同？对同一压力短管而言，自由出流和淹没出流的流量系数有什么不同？

4.4　何为水泵的装置高度、水泵的扬程？如何从能量损失的观点去解释和推导水泵的最大装置高度和扬程？

4.5　何谓自由水头？为何在长管计算中才提出自由水头的概念和具体值？

4.6　如图 4.16 所示，取断面 1—1、2—2 后，用动量方程可以求得局部水头损失的公式

$h_{j出口} = \dfrac{(v_1 + v_2)^2}{2g} = \zeta_{出口} \dfrac{v_1^2}{2g}$，求证 $\zeta_{出口} = 1$（提示：注意应该使用损失前的流速）。

4.7　一简单管路如图 4.17 所示，管长为 $L = 500$ m，管径 100 mm，管路上有两个弯头，每个弯头的局部阻力系数 $\zeta_弯 = 0.3$，管路沿程阻力系数 $\lambda = 0.025$，若作用水头 $H = 30$ m，试求通过管路的流量。

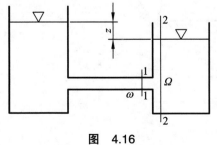

图　4.16

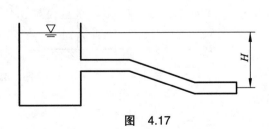

图　4.17

4.8　参见图 4.10 所示，由水塔沿长度 $L = 1.5$ m，直径 $d = 400$ mm 的铸铁管向某厂区供水，水塔地面高程 $z_塔 = 120$ m，厂区地面高程 $z' = 100$ m，若工厂需水量 $Q = 130$ L/s，需要自由水头 $H_自 = 25$ m，试确定水塔高度（地面至水塔水面的高差）。

4.9　用图 4.8 所示的枝状管网供水，已知供水点 5 较水塔地面高 2 m，其他供水点与水塔地面高程相同，各点要求的自由水头 $H_自 = 8$ m，管 $L_{A-1} = 400$ m，$L_{1-2} = 200$ m，$L_{2-3} = 350$ m，$L_{1-4} = 300$ m，$L_{4-5} = 200$ m，各分支流量分别为 $q_2 = 35$ L/s，$q_3 = 45$ L/s，$q_4 = 15$ L/s，$q_5 = 25$ L/s，管路采用铸铁管，试设计各段管径及水塔高度。

4.10　用虹吸管（钢管）自钻井输水至集水井，如图 4.18 所示。虹吸管长 $L = 60$ m，$d = 200$ mm，钻井与集水井间的恒定水位高差 $H = 1.5$ m，已知 $n = 0.012\ 5$，$\zeta_{进口} = 1.0$，$\zeta_弯 = 0.5$，$\zeta_{出口} = 1.0$，试求流经虹吸管的流量。

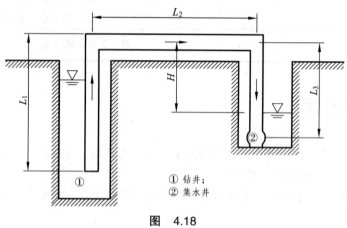

① 钻井；
② 集水井

图　4.18

4.11　如图 4.19 所示，已知虹吸管的允许真空值为 59 kPa（换算为惯用单位约 6 mH₂O），吸水管长度 $L = 4.5$ m，直径 $d = 100$ mm，$Q = 30$ m³/h，$\lambda = 0.02$，$\zeta_{滤网} = 7.0$，$\zeta_弯 = 0.5$，试求抽水机的最大装置高度。

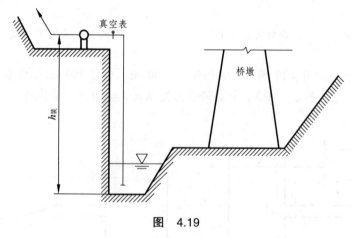

图　4.19

第五章 无压明渠流的水力计算

内容提要 本章主要讲述水在明渠稳定流中均匀流与非均匀流的水力特征、水力要素和其基本计算公式及其在工程上的应用。

第一节 概 述

在河川渠道中，具有自由表面的水流统称为明渠流。明渠水流的表面只受大气压强作用且其相对压强为零，因而又称无压明渠流。明渠水流运动是在重力作用下形成的，故也称重力流。明渠可分为天然和人工两种。天然明渠如江河、溪流等皆是；人工明渠有运河、路基工程排水沟以及无压涵洞等。

渠道种类不同，其水流运动的变化规律也各异。为了便于讨论，先对渠道的一些基本概念和术语做概括性介绍。

一、渠道的横断面

明渠断面形式有各式各样。人工明渠为便于施工，构造上要求简单而又要符合水流运动特点，一般都做成对称的规则断面，如梯形、矩形、圆形或半圆形，如图 5.1（a）、（b）、（c）所示。过水断面的几何参数有水深 h、底宽 b，对梯形断面还有边坡系数 $m = \cot a$ 和水面宽 B。由图 5.1（a）可得：

水面宽：

$$B = b + 2mh \tag{5.1}$$

过水断面面积：

$$\omega = (b + m \cdot h) \cdot h \tag{5.2}$$

湿周：

$$\chi = b + 2h\sqrt{1 + m^2} \tag{5.3}$$

水力半径：

$$R = \frac{\omega}{\chi} = \frac{(b + m \cdot h) \cdot h}{b + 2h\sqrt{1 + m^2}} \tag{5.4}$$

天然河道的断面是一种不规则断面，有些断面是单式断面，如图 5.1（d）所示，有些为复式断面，形成了河槽和滩地，如图 5.1（e）所示。

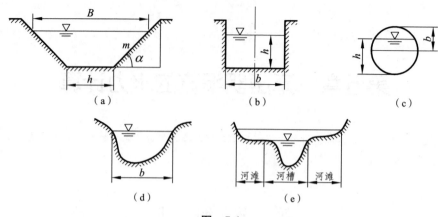

图　5.1

二、渠道的底坡

明渠渠底一般沿纵向向下游倾斜。渠底与明渠水流纵剖面的交线称为渠底线，渠底线与水平线的夹角 θ 的正弦，称为渠道的底坡，用 i 表示，如图 5.2 所示。则：

$$i = \sin\theta = \frac{Z_1 - Z_2}{L'}$$

但明渠的底坡一般不大，当 $\theta < 6°$ 时，可用两断面之间的水平距离 L' 来代替流程的斜距离。即：

$$i \approx \tan\theta = \frac{\Delta Z}{L}$$

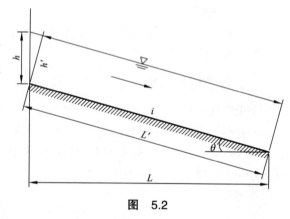

图　5.2

渠底沿流程下降时，$i > 0$，称为正坡或顺坡；
渠底高程沿流程不变时，$i = 0$，称为平坡；
渠底沿流程上升时，$i < 0$，称为负坡或逆坡。
为计算和测量方便，以后在没有特别说明时，都取铅垂方向的过水断面来代替垂直于流向的过水断面，以铅直方向的水深 h 代替垂直于流向的实际水深 h'。

三、渠道的水流形态

渠道的水流形态，可分为均匀流、非均匀流，这与水流的内部结构密切相关。以下将专门对这两种水流进行分析、计算。

第二节　明渠均匀流的水力计算

一、明渠均匀流的水力特征与水力要素

1. 均匀流形成的条件

在明渠水流中，根据力的平衡原理，只有在液体重力沿水流方向的分力（推力）和由渠壁

及液体黏滞性产生的摩擦力保持平衡时，才可能发生均匀流。因此产生均匀流必须具有一定的条件。它们是：① 渠底的底坡必须是正坡（$i > 0$），并且坡度保持沿程不变；② 渠道的糙率 n 保持沿程不变；③ 渠道过水断面的形状、大小以及渠道中流量也都保持沿程不变。

2. 水力要素与水力特征

因为均匀流中流量沿程不变，水流各过水断面的形状和大小沿程不变，故各过水断面上的平均流速 v 相等，水深 h 相等。这一水深用 h_0 表示，称为正常水深。正常水深 h_0 与断面平均流速 v 称为明渠均匀流水力要素。

在明渠均匀流中，如图 5.3 所示，根据能量方程式可知：明渠均匀流的总水头线、测管水头线（水面线）、渠底线是一组互相平行的直线，则水力坡度 J（摩擦坡度）、水面坡度 J_p（水面比降）和渠底坡度 i 三者必然相等。即：

$$J = J_p = i$$

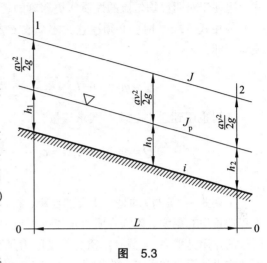

图 5.3

明渠均匀流的水力特征与水力要素，集中反映了各断面的平均流速 v 与正常水深 h_0，它们均为常数，尤以 h_0 在明渠的理论和计算中具有更重要的意义。

二、均匀流的水力计算

（一）基本计算公式 —— 谢才公式

明渠均匀流是明渠水流中最简单的形式，一切渠道的初步设计都是从明渠均匀流的规律开始的。

1. 基本公式

明渠均匀流的水力计算，主要是解决渠道的通过能力，亦即建立渠道的流速与流量的计算公式（$Q = v\omega$）。通常，只要测得渠道的断面与水位，ω 即可求得。于是便归结为求流速 v，而 v 主要与两断面间的河底高差有关，这属于能量转化问题，因此仍需要用能量方程式来解决。再看图 5.3 所示，取 1—1、2—2 两断面与基准面 0—0 列能量方程，得：

$$Z_1 = Z_2 + h_f$$
$$h_f = Z_1 - Z_2 = \Delta Z$$

或因为 $i = \dfrac{h_f}{L}$，所以

$$h_f = \Delta Z = iL$$

使两式相等，整理后得：

$$v = \sqrt{\frac{8g}{\lambda}}\sqrt{R\frac{h_f}{L}} = C\sqrt{RJ} = C\sqrt{RJ_p} = C\sqrt{Ri} \quad (5.5)$$

这就是用于明渠均匀流水力计算的谢才公式，它实质上是用流速表示的阻力公式，亦即式（3.19）。从而渠道过水能力的流量公式为：

$$Q = \omega v = \omega C\sqrt{RJ} = K\sqrt{i} \quad (5.6)$$

式中，K 为流量模数（或输水率），以 m^3/s 计，它综合反映了明渠断面形状、大小和糙率对过水

能力的影响。当断面形式和糙率情况一定时，流量模数 K 仅是断面水深 h 的函数，即 $K = f(h)$。

所以在均匀流中，各断面的 K 值也相等。但在非均匀流中各断面的 K 值不等。倘各断面的 K 值近似相等，也可近似地认为是均匀流。因此引入流量模数这一概念，既简化了流量计算公式，也便于对明渠均匀流的性质作更深刻的理解。

应用式（5.5）时，必须注意谢才系数 C 的确定方法。铁路工程中，常用谢才-满宁公式求流量，即：

$$Q = \omega v = \omega \frac{1}{n} R^{\frac{1}{6}} \sqrt{Ri} = \omega \frac{1}{n} R^{\frac{2}{3}} i^{\frac{1}{2}} \tag{5.7}$$

有时也用到谢才-巴金公式求流量，即：

$$Q = \omega v = \omega C \sqrt{Ri} = \omega \frac{87}{1 + \dfrac{\gamma}{\sqrt{R}}} \sqrt{Ri} \tag{5.8}$$

上两式中，n 与 γ 均是指明渠的糙率，它是明渠水力计算的重要因素之一，对于计算结果和工程造价很有影响。因为在明渠水流中，反映重力对明渠水流的作用是底坡 i，反映摩阻力对明渠的作用是糙率 n（或 γ），重力与摩阻力是否相互平衡，将决定水流是均匀流还是非均匀流。因此在设计渠道和水工建筑物时，选用正确的糙率是很重要的。

糙率随天然和人工渠道而不同，对于人工渠道的糙率可查表 5.1。天然河道的糙率则和很

表 5.1　人工渠道糙率

渠　道　特　征			糙率 n	
			灌溉渠道	退水渠道
土质渠道	（1）输水流量大于 25 m³/s 的渠道	（1）平整顺直、养护良好	0.020	0.022 5
		（2）平整顺直、养护一般	0.022 5	0.025
		（3）渠床多石、杂草丛生、养护较差	0.025	0.027 5
	（2）输水流量为 1~25 m³/s 的渠道	（1）平整顺直、养护良好	0.022 5	0.025
		（2）平整顺直、养护一般	0.025	0.027 5
		（3）渠床多石、杂草丛生、养护较差	0.275	0.030
	（3）输水流量小于 1 m³/s 的渠道		0.025	0.027 5
	（4）毛渠		0.030	
石质	（5）经过良好修整的表面		0.022 5	
	（6）经过中等修整，无凸出部分的表面		0.030	
	（7）经过中等修整，有凸出部分的表面		0.030 ~ 0.035	
	（8）未经修整，有凸出部分的表面		0.035 ~ 0.045	
有护面渠床	（9）抹光的水泥护面		0.012	
	（10）不抹光的水泥护面		0.014	
	（11）砌砖护面		0.013	
	（12）光滑的混凝土护面		0.015	
	（13）料石砌护		0.015	
	（14）粗糙的混凝土护面		0.017	
	（15）卵石铺砌		0.022 5	
	（16）浆砌块石护面		0.025	
	（17）干砌块石护面		0.033	

多因素有关，例如河底泥沙颗粒大小、断面形状、河身弯曲、河滩上的树木、植被及水位流量变化等，都对糙率有影响。在实际工程中，一般可根据河道的实测水文资料，如河床断面、流速、比降及流量等，利用谢才公式来确定糙率。即：

$$v = C\sqrt{Ri} = \frac{1}{n}R^{\frac{2}{3}}i^{\frac{1}{2}}$$

$$n = \frac{1}{v}R^{\frac{2}{3}}i^{\frac{1}{2}} \tag{5.9}$$

表 5.2 为天然河道洪水糙率系数。

表 5.2　天然河道洪水糙率系数

	平面及水流状态	河床组成及起伏情况	岸壁及植被情况	糙率系数 1/n
主槽部分	河段顺直或下游略有扩散，主槽部分断面宽敞、规则，水流通畅的河段	沙质或土质河床冲淤比较严重	平顺的土岸或人工堤防	55（45～65）
			略有坍塌的土岸或长稀疏杂草的平顺土岸	50（40～60）
		卵、砾石河床，河床较平顺	砂砾石河岸或平整的岩岸	45（36～54）
			不够平整的岩岸或长中密灌丛的河岸	40（32～48）
		卵石、块石河床，生长水生植物的河床	不平顺的砂砾河岸或风化剥蚀的岩岸	35（28～42）
			不平顺的岩岸或长中密灌丛的河岸	30（24～36）
	河段上、下游接弯道或下游有卡口、交流汇入等束水影响；洪水冲滩的复式断面河段；水流不够通畅的河段	砂砾石河床，边滩交错	有坍塌的土岸或砂砾河岸；风化岩岸	45（36～54）
			不平顺的岩岸或长中密灌丛的河岸	40（32～48）
		卵石、砾石河床，不够平顺，长中密水生植物的河床	岩岸或不平顺的卵、砾石河岸	35（28～42）
			不平顺的岩岸或长中密灌丛的河岸	30（24～36）
		卵石、块石、漫石河床，间有深坑石梁或生长水生植物的河床	参差不齐的卵、砾河岸或土岸；略有凹凸的岩岸	25（20～30）
			参差不齐的岩岸或灌木丛生的河岸	20（16～24）
	平面及水流状态	河床组成及起伏情况	岸壁及植被情况	糙率系数 1/n
	山区狭谷河段，急弯间的河段或弧形河段分滩并有阻塞的复式断面河段；水流曲折不畅，流向紊乱，洪水时水声很大的河段	砂砾石河床，边滩、沙洲犬牙交错	人工堤防强制弯曲者	35（28～42）
			有乱石滩冲或丁坝排流而蜿蜒者	30（24～36）
		卵砾石河床，起伏不平或长水生植物河床	参差不齐的卵、砾河岸或长中密灌丛的河岸	25（20～30）
			参差不齐的岩岸或灌木丛生的河岸	20（16～24）
		卵石、块石、大漂石河床，石梁、跌水、孤石交错或水生植物稠密，阻水严重河床	参差不齐的岩岸或灌木丛生的河岸	15（12～18）
			两岸时有岸嘴突出很不平顺，形成强烈斜流、嘴水、死水的河岸	12（10～14）
河滩部分	滩地植被情况	平面及水流状态		糙率系数 1/n
	基本无植物或仅生稀疏草丛的河滩	平面顺直、纵向平坦、水流通畅、没有串流且滩宽不大者		25（20～30）
		下游有束水影响，水流不够通畅，水流虽通畅但河滩甚宽者（滩宽在槽宽的三倍以上）		20（15～25）
	长有中等密度植物或垦为耕地的河滩	下游无束水影响，河滩甚宽或有束水影响，滩宽较窄		15（12～18）
		平面不够顺直，下游有束水影响，河滩甚宽		10～3
	长有稠密灌木丛或杂草丛生、阻水严重的河滩			7～10

2. 使用谢才-满宁公式时需注意的几个问题

（1）输水率 K 是检查水流是否为均匀流的重要标志，要求 $K_1 \approx K_2$。

（2）当河流水面较宽，即 B 较大，而水深 h 相对较小时，即 $B \gg 10h$，取：

$$R = \frac{\omega}{\chi} \approx \frac{\omega}{B} = \bar{H}$$

则：
$$Q = \omega \frac{1}{n} \bar{H}^{\frac{2}{3}} i^{\frac{1}{2}} \qquad (5.10)$$

式中 H —— 平均水深。

（3）对天然河道，河槽与河滩糙率 n 不同，要分别计算河槽、河滩的流量，然后叠加：

$$Q = Q_{河槽} + Q_{河滩}$$

（二）计算的基本问题

1. 过水能力计算

人工渠道直接使用公式 $Q = \omega \frac{1}{n} R^{\frac{2}{3}} i^{\frac{1}{2}}$。天然渠道一般要取两个断面，按上述注意事项求流量 Q，即：

$$Q = \bar{K} i^{\frac{1}{2}} = \left(\frac{K_1 + K_2}{2} \right) i^{\frac{1}{2}} \qquad (5.11)$$

例 5.1　如图 5.4 所示的各过水断面的面积均为 $\omega = 2$ m^2，且坡度与糙率均匀一致，$i = 1‰$，$n = 0.04$（$1/n = 25$），试求各过水断面的流量。

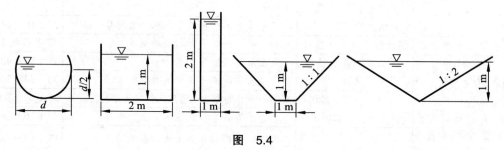

图 5.4

解： 分别按谢才公式计算，并列入表 5.3 中。

表 5.3

断面形状	ω（m^2）	χ（m）	R（m）	$R^{2/3}$	$1/n$	$i^{1/2}$	v（m/s）	Q（m^3/s）	流量大小顺序
半圆形	2	3.55	0.56	0.68	25	0.032	0.54	1.08	1
矮矩形	2	4	0.5	0.63	25	0.032	0.50	1.01	3
高矩形	2	5	0.4	0.54	25	0.032	0.43	0.86	5
梯形	2	3.83	0.52	0.65	25	0.032	0.52	1.04	2
三角形	2	4.47	0.45	0.59	25	0.032	0.47	0.93	4

计算结果表明：在面积相等而形状各异的渠道中，当它们的 i 与 n 相等时，水力半径越大

的渠道，通过能力越大，这是因为断面上的湿周χ小，即阻力小所致。

在工程实践中，需解决如何使相同面积的断面通过的流量最大或具有相同的输水能力而占用的面积最小。

例5.2 有一复式断面排洪渠，其各部分尺寸如图5.5所示。河滩部分糙率$n_2 = n_3 = 0.025$，各部分边坡系数为$m = 1.5$，渠道底坡$i = 0.000\ 3$，试求此渠道最大的排洪量及此时的断面平均流速。

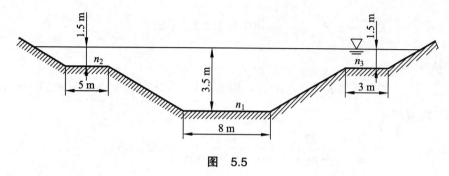

图 5.5

解：水面宽为：
$$B = 8 + 5 + 3 + 2 \times 2 \times 1.5 + 2 \times 1.5 \times 1.5 = 26.5 \ (\text{m})$$

$$\frac{h}{B} = \frac{3.5}{26.5} = \frac{1}{7.57} > \frac{1}{10}$$

故均需计算湿周。

（1）主槽部分（自上而下为矩形+梯形）：
$$\omega_1 = (8 + 1.5 \times 2 \times 2) \times 1.5 + \frac{1}{2} \times (8 + 8 + 1.5 \times 2 \times 2) \times 2 = 43 \ (\text{m}^2)$$

湿周：
$$\chi_1 = 8 + 2 \times 2\sqrt{1 + 1.5^2} = 15.21 \ (\text{m}^2)$$

水力半径：
$$R_1 = \frac{\omega_1}{\chi_1} = \frac{43}{15.21} = 2.83$$

流量模数：
$$K_1 = \omega_1 C_1 R_1^{\frac{1}{2}} = \frac{1}{n_1} \omega_1 R_1^{\frac{2}{3}} = \frac{43}{0.02} \times 2.83^{\frac{2}{3}} = 4\ 301.6 \ (\text{m}^3/\text{s})$$

（2）左边滩部分（梯形）：
$$\omega_2 = \frac{(5 + 5 + 1.5 \times 1.5)}{2} \times 1.5 = 9.19 \ (\text{m}^2)$$

$$\chi_2 = 3 + 1.5 \times \sqrt{1 + 1.5^2} = 7.7 \ (\text{m})$$

$$R_2 = \frac{\omega_2}{\chi_2} = \frac{9.19}{7.7} = 1.194 \ (\text{m})$$

$$K_2 = \frac{1}{n_2} \omega_2 R_2^{\frac{2}{3}} = \frac{9.19}{0.02} \times 1.194^{\frac{2}{3}} = 413.7 \ (\text{m}^3/\text{s})$$

（3）右边滩部分（梯形）：

$$\omega_3 = \frac{(3+3+1.5\times1.5)}{2}\times1.5 = 6.19\ (\text{m}^2)$$

$$\chi_3 = 3+1.5\times\sqrt{1+1.5^2} = 5.7\ (\text{m})$$

$$R_3 = \frac{\omega_3}{\chi_3} = \frac{6.19}{5.7} = 1.09\ (\text{m})$$

$$K_3 = \frac{1}{n_3}\omega_3 R_3^{\frac{2}{3}} = \frac{6.19}{0.02}\times1.09^{\frac{2}{3}} = 262.2\ (\text{m}^3/\text{s})$$

断面总流量：

$$Q = (K_1+K_2+K_3)\sqrt{i} = (4\,301.6+413.7+262.2)\sqrt{0.000\ 3} = 86.21\ (\text{m}^3/\text{s})$$

断面平均流速：

$$v = \frac{Q}{\omega} = \frac{Q}{\omega_1+\omega_2+\omega_3} = \frac{86.21}{43+9.16+6.19} = 1.48\ (\text{m/s})$$

2. 正常水深计算

例 5.3　欲在某车站设一排水沟，断面采用梯形，如图 5.6（a）所示。根据地形情况，底坡为 10‰，用浆砌块石衬砌。已知设计流量 $Q_p = 17.7\ \text{m}^3/\text{s}$，试计算该水沟通过设计流量 Q_p 时的正常水深 h_0。

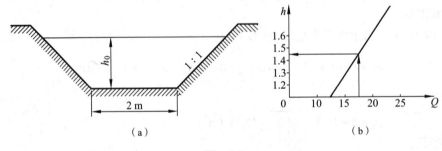

图　5.6

解：水沟糙率由壁面材料查表 5.1 得：$n = 0.025$，由式（5.2）、（5.4）得：

$$Q = (b+mh)h\frac{1}{n}\left[\frac{(b+mh)h}{b+2h\sqrt{1+m^2}}\right]^{\frac{2}{3}}i^{\frac{1}{2}}$$

此式为 h 的高次方程，直接求解有困难，一般采用试算法和图解法。假设一系列 h 值，代入上式，得出一系列 Q 值，将计算结果列入表 5.4 中。

表　5.4

h_0（m）	ω（m²）	χ（m）	R（m）	C（m$^{1/2}$/s）	v（m/s）	Q（m³/s）
1.2	3.84	5.4	0.71	37.8	3.18	12.2
1.4	4.76	5.96	0.80	38.5	3.43	16.3
1.6	5.76	6.53	0.88	39.2	3.69	21.2
检算 1.46	5.06	6.13	0.82	38.74	3.2	17.7

据表 5.4 绘制 $Q = f(h_0)$ 关系曲线，如图 5.6（b）所示。从曲线上反求，当 $Q_p = 17.7$ m^3/s 时，$h_0 = 1.46$ m，其结果须通过检算予以校核。

在工程中有很多的情况都是求解高次方程，一般采用图解法、试算法和迭代法等，其过程繁琐，费时费力，计算精度也不高，而采用 Matlab 的符号工具箱就很容易求解，涉及的语句只有两个——syms 和 solve，速度快、精度高，如下所示：

启动 Matlab，在提示符后输入：

```
>> syms h x
>>solve(17.7 – (h + 2)*h/0.025*((h + 2)*h/(2*h + 2)/sqrt(2))^(2/3)*sqrt(0.01))
ans = 1.5209995928031547481069749144303
```

很明显，$h_0 = 1.52$ m 这个解是比较精确的。

3. 渠道断面设计

铁路工程上的排水沟以及桥涵设计中可能遇到的河道截弯取直等，都需要设计出一条合适的渠道及其断面。这里主要介绍渠道断面设计的基本原理和方法。

（1）允许流速法。

一条设计合理的渠道，水流流速既不能太大也不能太小，以防冲刷和淤积。因此，为保证渠道的过水能力，设计渠道的流速 v 应该是既不冲刷也不淤积的流速，即：

$$v' \leqslant v \leqslant v_p$$

式中　v_p——土壤不受冲刷的允许流速，根据土质和使用要求由经验决定，表 5.5 可供参考。

　　　v'——土壤不淤积的允许流速，根据水流含沙量确定，一般取 0.5 m/s 左右。

渠道断面面积 $\omega = \dfrac{Q}{v_p}$，由此确定 b、h，一般情况是根据地形假定 b 来求 h。

表 5.5　不冲刷允许流速 v_p 值

渠床土质或加固类型		不冲刷允许流速 v_p（m/s）		
		平均水深（m）		
		0.4	1.0	2.0
含黏土的中砂、掺杂有粗砂的中砂（粒径 0.25～1.00 mm）		0.35～0.50	0.45～0.60	0.55～0.70
掺杂有砂和小砾石的中砾石（粒径 5.00～10.00 mm）		0.80～0.90	0.85～1.05	1.00～1.15
掺杂有砾石和中卵石的小卵石（粒径 25.00～40.00 mm）		1.25～1.50	1.45～1.85	1.65～2.10
不大密实的黏土（土骨架重度为 12 kN/m³）		0.35	0.40	0.45
中等密实的黏土（土骨架重度为 12～16.6 kN/m³）		0.70	0.85	0.95
密实的黏土（土骨架重度为 16.6～20.4 kN/m³）		1.00	1.20	1.40
多孔的石灰岩、紧密的砾岩、石灰质砂岩		3.00	−3.50	4.00
碎石反滤层上的 25 cm 厚干砌片石（片石尺寸≥15 cm）		3.5	4.0	
碎石反滤层上的 35 cm 厚干砌片石（片石尺寸≥15 cm）		4.0	4.5	
碎石层上 35 cm 厚 50 号水泥砂浆砌片石（片石尺寸≥15 cm）		5.0	6.0	
底面粗糙的 150 号混凝土沟槽			8.0	
混凝土护面加固	200 号混凝土	6.5	8.0	9.0
	150 号混凝土	6.0	7.0	8.0
	100 号混凝土	5.0	6.0	7.0

例 5.4　某排水沟道通过流量为 2.5 m³/s，设计断面采用矩形，由土质可知 $n = 0.025$，要求沟中流速 $v_p \leq 1.2$ m/s，试确定排水沟断面面积及沟底坡度。

解：首先根据流速确定排水沟面积：

$$\omega = \frac{Q}{v_p} = \frac{2.5}{1.2} = 2.08 \ (\text{m}^2)$$

根据地形情况假定 $b = 1.2$ m，则：

$$\omega = b \cdot h_0$$

$$h_0 = \frac{\omega}{b} = \frac{2.08}{1.2} = 1.74 \ (\text{m})$$

如图 5.7 所示，图中 Δ 可根据有关规定确定，求底坡 i：

$$R = \frac{\omega}{\chi} = \frac{b \cdot h_0}{b + 2h_0} = \frac{1.2 \times 1.74}{1.2 + 2 \times 1.74} = 0.45 \ (\text{m})$$

由 $v = \frac{1}{n} R^{\frac{2}{3}} i^{\frac{1}{2}}$ 得：

$$i = \left(\frac{nv}{R^{\frac{2}{3}}} \right)^{\frac{1}{2}} = \sqrt{\frac{nv}{R^{\frac{2}{3}}}} = \sqrt{\frac{0.025 \times 1.2}{0.45^{\frac{2}{3}}}} = 0.002\ 5$$

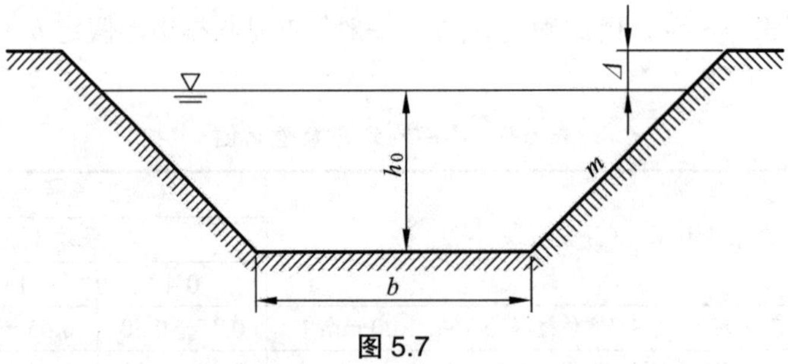

图 5.7

（2）水力最佳断面法。

由例 5.1 可知，相同的断面面积采用不同的断面形式，其输水能力不同。要设计出输水性能最佳断面，以增大输水能力，即找到水力最佳断面。水力最佳断面是指在坡度、糙率和流量一定时，所需的过水断面面积最小；或当过水断面面积、糙率和坡度一定时，通过的流量最大。从例 5.1 中的几种断面比较，显然是半圆形断面为水力最佳断面。由于从表 5.3 中可看出是因为在面积相等的各个几何图形中，圆面积具有最小的湿周 χ，水力半径最大，所以在有压流（管流、涵洞）中多采用圆形。但在明渠水流中，采用圆形断面（实际为半圆形断面）施工和养护比较困难，一般均采用梯形断面的渠道。在梯形断面中，边坡系数 $m = \cot \alpha = \cot 60° = 0.577$ 时为水力最佳断面，如图 5.8（a）所示。但每种土壤都有各自的内摩擦角，多数土壤的内摩擦角在 60° 时是不稳定的，这就必须考虑梯形渠道边坡的稳定性问题，故在工程上又根据不同土壤规定了不同的 m 值，如表 5.6 所示。从该表中可以看出 m 决定于土壤的性质，对于较松散的砂土其稳定性差，故 a 较小，所以 m 较大；若在岩石中开渠，或有较好的河床加固，则采用的 m 可较小，甚至可取 $m=0$，即成为矩形渠道。所以在设计梯形渠道的水力最佳断面时，首先要根据地质情况选择合适的边坡系数 m。

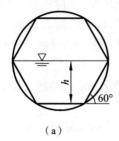
（a）

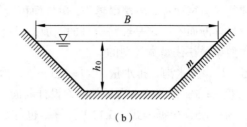
（b）

图 5.8

表 5.6　梯形过水断面的边坡系数 m 值

土壤种类	m	土壤种类	m
细砂粒土	3.0～3.5	重黏土壤、密实黄土、普通黏土	1.0～1.5
砂壤土、松散土壤	2.0～2.5		
密实砂壤土	1.5～2.0	密实重黏土	1.0
砾石、砂砾石土	1.5	各种不同硬度的岩石	0.5～1.0

梯形断面边坡系数 m 确定后，不同宽深比 b/h 决定着不同的湿周 χ 和不同的过水能力 Q。根据水力最佳断面定义，当过水断面面积为常数，湿周 χ 最小时，通过流量 Q 最大，将 ω 和 χ 分别对 h 取导数，并令其导数为零求极值，可得梯形断面水力最佳条件：

$$\frac{\mathrm{d}\omega}{\mathrm{d}h} = \frac{\mathrm{d}}{\mathrm{d}h}\big[(b+mh)h\big] = (b+mh) + h\left(\frac{\mathrm{d}b}{\mathrm{d}h}+m\right) = 0$$

$$\frac{\mathrm{d}\chi}{\mathrm{d}h} = \frac{\mathrm{d}}{\mathrm{d}h}(b+2h\sqrt{1+m^2}) = \frac{\mathrm{d}b}{\mathrm{d}h} + 2\sqrt{1+m^2} = 0$$

整理上式得梯形水力最佳断面的宽深比条件：

$$\beta_{\mathrm{m}} = \frac{b}{h} = 2(\sqrt{1+m^2}-m) \tag{5.12}$$

由式（5.12）可知，梯形水力最佳断面的宽深比 β_{m}，只与边坡系数 m 有关。不同的边坡系数 m 有不同的 β_{m} 值，从而决定了过水断面的宽深比，如表 5.7 所示。

表 5.7　β_{m} 值

m	0	0.5	1.0	1.5	2.0	3.0
β_{m}	2.00	1.24	0.83	0.61	0.47	0.32

将水力最佳断面宽深比 β_{m} 分别代入 ω 和 χ 的表达式，可得相应的水力半径：

$$R = \frac{\omega}{\chi} = \frac{(b+mh)h}{b+2h\sqrt{1+m^2}} = \frac{(2\sqrt{1+m^2}-m)h^2}{2(2\sqrt{1+m^2}-m)h} = \frac{h}{2} \tag{5.13}$$

由此可知，在任何边坡系数 m 情况下，梯形水力最佳断面的水力半径 R 均等于水深 h 的一半。

矩形断面边坡系数 $m=0$，代入式（5.12）得 $b=2h$。即矩形水力最佳断面的底宽 b 等于水深 h 的 2 倍。

应该指出：以上讨论的水力最佳断面，是从纯水力学的观点出发，但当渠道较大时，水力最佳断面往往显得窄而深，沟挖得越深，单位面积造价越高，同时也会给施工和养护带来困难。所以，水力最佳断面不一定是经济合理的断面，只有在小型渠道，水力最佳断面才接近于经济断面，而大型渠道往往是宽浅型的。

例 5.5　某一排水沟，排水量为 $Q=3.5$ m³/s，取浆砌片石护面，$n=0.025$，梯形断面 $m=1.5$，渠底坡度 $i=5‰$，试按水力最佳断面设计断面。

解：由 $m=1.5$，根据公式（5.12）计算，也可查表 5.7 得 $\beta_m=b/h=0.61$，而：

$$\omega=(\beta_m+m)h^2=(0.61+1.5)h^2=2.11h^2$$

按水力最佳条件 $R=\dfrac{h}{2}$，求得谢才系数为：

$$C=\frac{1}{n}R^{\frac{1}{6}}=\frac{1}{0.025}\left(\frac{1}{2}h\right)^{\frac{1}{6}}=35.64h^{\frac{1}{6}}$$

又 $Q=\omega C\sqrt{Ri}=K\sqrt{i}=3.5$ m³/s，故可求得：

$$K=\frac{Q}{\sqrt{i}}=\frac{3.5}{\sqrt{0.005}}=49.5\ (\text{m}^3/\text{s})$$

而

$$K=\omega C\sqrt{R}=2.11h^2\times35.64h^{\frac{1}{6}}\left(\frac{h}{2}\right)^{\frac{1}{2}}=53.2h^{\frac{8}{3}}=49.5\ (\text{m}^3/\text{s})$$

这样可得到含有未知量 h 的方程：$53.2h^{\frac{8}{3}}=49.5$，可求得 h：

$$h=\left(\frac{49.5}{53.2}\right)^{\frac{3}{8}}=0.93^{\frac{3}{8}}=0.973\ (\text{m})$$

又因为 $\beta_m=\dfrac{b}{h}$，所以

$$b=\beta_m h=0.61\times0.973=0.594\ (\text{m})\approx0.6\ (\text{m})$$

还需指出，在选择断面后，仍需用谢才公式计算 v 值，或由 $v=\dfrac{Q}{\omega}$ 检算，并用允许流速以确定加固类型。倘 v 值太大，加固工程费用昂贵，则需重新确定一个断面进行检算核对。

第三节　明渠非均匀流

一、明渠非均匀流的水力特征

明渠中，断面形状、渠底坡度、糙率的沿程变化，都会改变水流的均匀流状态，再加上由

于泄水建筑物的修建，也会改变原来渠道的均匀流状态。例如，桥涵位置通常是选在较为顺直的河段，一般建桥前河道水流状态为均匀流，如图 5.9（a）所示；建桥后，由于渠道水流受到路基挤压和墩台的阻水，原来均匀流时的正常水深 h_0 便在桥涵附近发生变化，从而使水深和流速沿程变化，水面流线也由直线转化为曲线，水流为非均匀流，如图 5.9（b）所示。陡坡上的涵洞，其水流也是非均匀流，如图 5.10 所示。

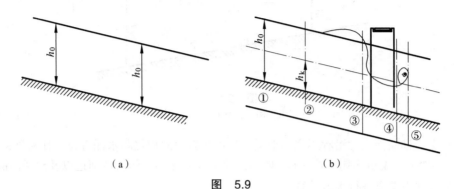

（a）　　　　　　　　　　　　　　　（b）

图　5.9

①—均匀流；②—非均匀渐变流（壅水曲线）；③—非均匀渐变流（降水曲线）；④—非均匀急变流（水跃）；⑤—均匀流

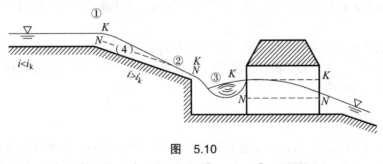

图　5.10

①—水跃；②—降水曲线；③—水跃；④—急流槽

　　根据流线的形状，非均匀流又可分为渐变流与急变流。渐变流的水深可能沿程逐渐增大而形成壅水曲线，也可能逐渐减少而形成降水曲线；急变流水深可以在局部急剧增大而形成水跃，也可在局部突然降低而形成水跌，见图 5.9（b）及图 5.10 所示。从实用观点看，壅水、降水、水跃及水跌是明渠非均匀流最重要的四种基本水流现象，这些水流现象与水流的形态是急流还是缓流有密切关系。

　　在非均匀流中，重力与摩擦力是不平衡的，这是因为有了惯性力的影响（在工程实践中一般忽略渐变流的惯性力）。我们取桥前一段非均匀渐变流段来分析，如图 5.11 所示，可以看出：非均匀流的水力特征是水深 h 与流速 v 的沿程变化，其总水头线、测管水头线与渠底线互不平行，亦即水力坡度、水面坡度与渠底坡度彼此不同。即：

$$J \neq J_p \neq i$$

　　在非均匀流中，根据渠道断面形状与水深是否沿程改变，可分为棱柱形渠道与非棱柱形渠道。

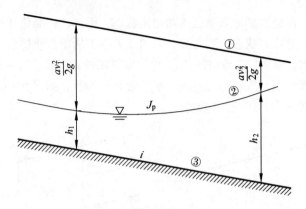

图　5.11

①— 总水头线；②— 测管水头线；③— 渠底线

棱柱形渠道即断面尺寸沿程不变的渠道。其过水断面面积仅与水深有关，其函数关系为：$\omega = f(h)$。一般人工渠道多属于这一种，断面尺寸沿程变化不大的天然河道以及桥涵内的水流，都可近似地按这类渠道进行水力计算。

非棱柱形渠道是断面尺寸沿程改变的渠道。其过水断面尺寸不仅与水深有关，还随流程长度而变化，其函数关系为：$\omega = f(h, l)$。一般天然河道、人工渠道中连接矩形与梯形断面的过渡段均属此类。

工程上的明渠水流大多为非均匀流，所以研究非均匀流的规律就具有更重要的意义。非均匀流比均匀流要复杂得多，而非棱柱形渠道则更复杂。因此本书主要讨论棱柱形渠道中的稳定非均匀流，即 $\omega = f(h)$ 的渠道。

二、非均匀流的基本方程式

明渠中稳定非均匀流的水深与流速是沿程变化的，因而也形成各种不同的水面曲线。水力计算的核心就是求出这些变化着的水深 h 与流速 v。为了便于分析这种能量转化对实际工程的影响，同时也需要确定各种水面曲线的形状及其位置，这就要用非均匀流的基本方程式来表达。

图 5.12 所示为一非均匀渐变流段，取两个相距为 ΔL 的断面 1—1、2—2 和基准面 0—0，列能量方程，得：

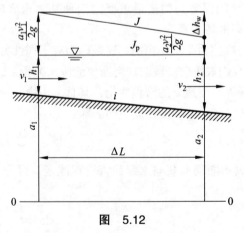

图　5.12

$$z_1 + \frac{p_1}{\gamma} + \frac{a_1 v_1^2}{2g} = z_2 + \frac{p_2}{\gamma} + \frac{a_2 v_2^2}{2g} + \Delta h_w$$

$$(a_1 + h_1) + 0 + \frac{a_1 v_1^2}{2g} = (a_2 + h_2) + 0 + \frac{a_2 v_2^2}{2g} + \Delta h_w$$

整理得：

$$\left(h_2 + \frac{a_2 v_2^2}{2g} \right) - \left(h_1 + \frac{a_1 v_1^2}{2g} \right) = (a_1 - a_2) - \Delta h_w$$

令 $\theta = h + \dfrac{av^2}{2g}$，$\theta$ 称断面比能。得：

$$a_1 - a_2 = i \cdot \Delta L$$

$$\Delta h_w = J \cdot \Delta L$$

则：

$$\theta_2 - \theta_1 = i \cdot \Delta L - J \cdot \Delta L = (i - J) \cdot \Delta L$$

整理并写成微分形式：

$$\frac{\mathrm{d}\theta}{\mathrm{d}L} = i - J \tag{5.14}$$

式（5.14）就是明渠稳定非均匀流的基本方程式，它表示断面比能在沿程长度上的变化率为渠底坡与摩擦坡的差。此式不但可以用来计算水面曲线，而且还可说明水流不均匀的程度。例如：$\dfrac{\mathrm{d}\theta}{\mathrm{d}L} = 0$ 时，$i = J$，为均匀流；$\dfrac{\mathrm{d}\theta}{\mathrm{d}L} \neq 0$ 时，$i \neq J$，为非均匀流。$\dfrac{\mathrm{d}\theta}{\mathrm{d}L}$ 偏离零值越大，说明水流越不均匀。由此可知，断面比能沿程变化表明了明渠水流的不均匀程度，它的规律能够直接反映出非均匀流的情况。因此需要对 θ 及其有关的一些概念进行研究，以揭示非均匀流的规律。

三、非均匀流水力要素与形态特征

为了揭示非均匀流的 h 与 v 的变化规律，就要首先确定非均匀流的一些水力要素和形态特征值。

（一）断面比能与断面总能

如图 5.13 所示，对于明渠中任一渐变流过水断面，其对任一个基准面 0—0 的单位重量水体所具有的总能量 E 为：

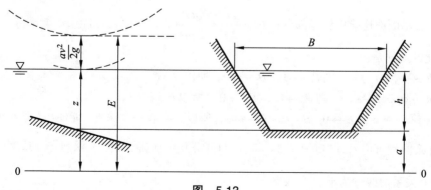

图　5.13

$$E = z + \frac{p}{\gamma} + \frac{av^2}{2g} = a + h + \frac{av^2}{2g}$$

式中　　a——断面最低点到断面基准面的距离；

　　　　h——水流断面的最大水深。

如果取过水断面最低点的水平面为基准面，则断面水流的单位重力水流能量为：

$$\theta = h + \frac{av^2}{2g} = h + \frac{aQ^2}{2g\omega^2} \qquad (5.15)$$

式中　　θ——断面比能；

　　　　Q——通过该断面的流量。

断面比能是指某一水流断面对于通过该断面最低点的水平面 0′—0′ 而言的能量，它是该断面中势能与动能之和。它与总能量 E 是不同的，总能量 E 沿流程总是减少的，而断面比能沿程变化是不定的。如前节所述，$\frac{\mathrm{d}\theta}{\mathrm{d}L} = i - J$，$\frac{\mathrm{d}\theta}{\mathrm{d}L} = 0$，$i = J$ 时，为均匀流，θ 沿程不变；$\frac{\mathrm{d}\theta}{\mathrm{d}L} \neq 0$，$i \neq J$ 时，为非均匀流，其中，当 $i > J$ 时，θ 沿程增大，当 $i < J$ 时，θ 沿程减小。

由于非均匀流的水力特征就是水深与流速的沿程变化，而 θ 却完全包含了 h 和 v 的沿程变化规律，所以 θ 是非均匀流的重要水力要素。由于流量是定值，而 $\omega = f(h)$，所以，$\theta = h + \frac{aQ^2}{2g\omega^2} = f(h)$，因此断面比能 θ 是研究非均匀流的重要工具。又由于把基准面放在断面的最低点，从而就可研究断面本身的能量变化规律与转化关系。

（二）临界水深、临界流、急流与缓流

前面已经谈到，在非均匀流中要出现壅水、降水、水跌、水跃等几种水面现象。这些基本现象的共同特点就是水深与流速的沿程变化，而这些变化又和水深特征值以及水流形态是急流还是缓流密切相关，为此就要对断面比能进行剖析，从而找出 θ 与水深特征值以及水流形态的内在联系。

1. 从比能曲线上确定临界水深

对于一定断面的棱柱形河槽，当流量 Q 为已知时，断面比能仅为水深的函数。即：

$$\theta = h + \frac{av^2}{2g} = h + \frac{aQ^2}{2g\omega^2} = \theta_1 + \theta_2 = f(h)$$

令 $\theta_1 = h_1$，表示断面比能中势能部分；$\theta_2 = \frac{av^2}{2g} = \frac{aQ^2}{2g\omega^2}$，表示断面比能中动能部分。断面比能随水深变化的规律是：

（1）$h \to 0$，$\omega \to 0$，则 $\theta_1 \to 0$，$\theta_2 \to \infty$，所以 $\theta = \theta_1 + \theta_2 \to \infty$；

（2）$h \to \infty$，$\omega \to \infty$，则 $\theta_1 \to \infty$，$\theta_2 \to 0$，所以 $\theta = \theta_1 + \theta_2 \to \infty$。

因为无论 $h \to \infty$ 或 $h \to 0$，$\theta = \theta_1 + \theta_2 \to \infty$，所以，必有一水深 h，能使 θ 为最小值。

θ-h 关系曲线可由 $\theta_1 = h$ 和 $\theta_2 = h + \frac{aQ^2}{2g\omega^2}$ 两部分相加而得，如图 5.14 所示，从图中可看出，在 h_k 这点上关系曲线分为上、下两支。

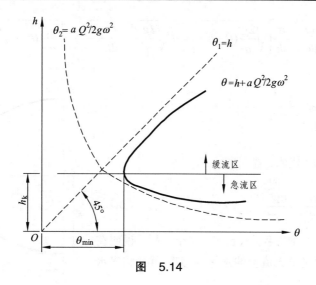

图　5.14

在上支：θ 随 h 的增大而增大，其斜率 $\dfrac{\mathrm{d}\theta}{\mathrm{d}h} > 0$，水流势能是主要的，动能相对较小，称缓流区；

在下支：θ 随 h 的增大而减小，其斜率 $\dfrac{\mathrm{d}\theta}{\mathrm{d}h} < 0$，水流动能是主要的，势能较小，称急流区。

该曲线的变化规律是：对于任一可能的 θ，将有两个交替水深 h_1 和 h_2 与它对应；当 $\theta = \theta_{\min}$ 时，h_1 和 h_2 合二为一，这一水深特征值称为临界水深，用 h_k 表示。

2. 临界水深的推求与意义

由以上分析可知，当 $\theta = \theta_{\min}$ 时，h_k 为临界水深，此时 $\dfrac{\mathrm{d}\theta}{\mathrm{d}h} = 0$。

当流量一定时，有：

$$\frac{\mathrm{d}\theta}{\mathrm{d}h} = \frac{\mathrm{d}}{\mathrm{d}h}\left(h + \frac{aQ^2}{2g\omega^2}\right) = 1 - \frac{aQ^2}{g\omega^3}\cdot\frac{\mathrm{d}\omega}{\mathrm{d}h}$$

过水断面面积 ω 是水深 h 的函数。在水深为 h、水面宽为 B 的明渠水流中，当水深增加 $\mathrm{d}h$ 时，面积相应增加 $\mathrm{d}\omega$，则 $\dfrac{\mathrm{d}\omega}{\mathrm{d}h} = B$。代入上式并令其等于 0，此时水深 $h = h_k$，即：

$$\frac{\mathrm{d}\theta}{\mathrm{d}h} = 1 - \frac{aQ^2}{g\omega_k^3}\cdot B_k = 0$$

整理得：

$$\frac{\omega_k^3}{B_k} = \frac{aQ^2}{g} \tag{5.16}$$

上式即为 Q 一定时推出的临界水深基本方程式。

现讨论当 θ 一定时 Q 与水深 h' 的变化关系。由

$$Q = \omega'\sqrt{\frac{2g}{a}(\theta - h')} = f(h') \tag{5.17}$$

绘制 $Q\text{-}h'$ 关系曲线，如图 5.15 所示，由图可知，$Q = Q_{\max}$ 时对应有一个水深 h'，此时：

$$\frac{\mathrm{d}Q}{\mathrm{d}h'} = \frac{\mathrm{d}}{\mathrm{d}h'}\left(\sqrt{\frac{2g}{a}}(\theta - h')\right) = \omega'\sqrt{\frac{2g}{a}}\frac{\mathrm{d}(\sqrt{\theta - h'})}{\mathrm{d}h'} + \sqrt{\frac{2g}{a}(\theta - h')}\frac{\mathrm{d}\omega'}{\mathrm{d}h'} = 0$$

整理得:

$$\frac{\omega'}{2B'} = \theta - h'$$

又将 $Q = \omega'\sqrt{\dfrac{2g}{a}(\theta - h')}$ 代入,整理得:

$$\frac{\omega_k'^3}{B_k'} = \frac{aQ^2}{g} \qquad\qquad (5.18)$$

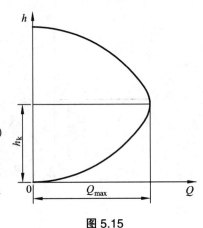

图 5.15

此式与临界水深基本方程式（5.16）完全一样,说明在断面比能一定时,通过最大流量的水深 h' 实际就是临界水深 h_k。

由此可知,当明渠水流水深为临界水深时,流量 Q 一定,断面比能 θ 最小;断面比能 θ 一定,则流量 Q 最大。

临界水深仅与断面形式和通过的流量有关。当已知流量和断面形状时,解式（5.16）即可求得临界水深的大小。

对于宽为 b 的矩形河槽, $\omega_k = b_k h_k$,代入式（5.16）得:

$$h_k = \sqrt[3]{\frac{aQ^2}{b^2 g}} \qquad\qquad (5.19)$$

由于

$$v_k h_k = Q_k, \quad h_k = \frac{a v_k^2}{g} \qquad\qquad (5.20)$$

则对于边坡系数为 m 的三角形河槽,此时 $B_k = 2mh_k$, $\omega_k = mh_k^2$,代入式（5.16）得:

$$h_k = \sqrt[5]{\frac{2aQ^2}{gm^2}} \qquad\qquad (5.21)$$

对于梯形河槽,因计算较繁,其临界水深可用图解法求解。一般是假设几个水深值 h （最少有三个）,求出相应的各 h 的 ω 、 B 和 $\dfrac{\omega^3}{B}$ 值,绘制 $\dfrac{\omega^3}{B} = f(h)$ 曲线,如图 5.16 所示。然后在横坐标上量取 $\dfrac{\omega^3}{B}$ 等于 $\dfrac{aQ^2}{g}$,即可得到相应的临界水深 h_k。

另外,临界水深也可运用 Matlab 来求解。

对于圆形河槽（如无压圆涵）,其计算更为麻烦,通常利用桥涵水文计算的图表查用。

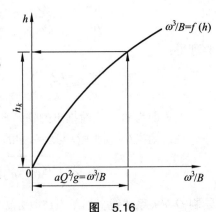

图 5.16

3. 明渠的水流形态（临界流、急流、缓流）与判定

从比能曲线上可以看出，当断面比能最小时（$\theta_{\min}$），渠道出现临界水深，对于给定流量的渠道，其相应的流速为临界流速，以 v_k 表示，水流为临界流。从曲线上可以得出三种水流形态，并给以判别。即：

（1）水流为临界流时，$v = v_k$，$h = h_k$，此时，水流处在曲线 $\theta = f(h)$ 的 $\theta_{\min}$ 点上，而此点上 $\dfrac{\mathrm{d}\theta}{\mathrm{d}h} = 0$，说明函数 θ 的变化在此处分界。

（2）当水流处在缓流区时，实际水深 $h_1 > h_k$，$v_1 < v_k$，此时，水流处在曲线 $\theta = f(h)$ 的上支，$\dfrac{\mathrm{d}\theta}{\mathrm{d}h} > 0$，说明 θ 对水深 h 的导数为正值，θ 为增函数，水流缓慢为缓流。

（3）当水流处在急流区时，实际水深 $h_2 < h_k$，$v_1 > v_k$，此时，水流处在曲线 $\theta = f(h)$ 的下支，$\dfrac{\mathrm{d}\theta}{\mathrm{d}h} < 0$，说明 θ 对水深的导数为负值，θ 为减函数，水流湍急为急流。

临界流、缓流与急流的判别，在非均匀流的计算上具有重要意义。另外，在非均匀流计算中，还可用更为简便的判别准则——佛汝得数来判别：

$$\frac{\mathrm{d}\theta}{\mathrm{d}h} = 1 - \frac{aQ^2}{g\omega^3} \cdot B = 1 - \frac{av^2}{g\omega} \cdot B = 1 - \frac{av^2}{g\overline{h}} \tag{5.22}$$

式中，$\overline{h} = \dfrac{\omega}{B}$ 为平均水深。若设 $F_r = \dfrac{av^2}{g\overline{h}}$ 为佛汝得数（为无量纲数），则当 $\dfrac{\mathrm{d}\theta}{\mathrm{d}h} = 0$，$F_r = 1$ 时，相应的水深为临界水深，相应的水流为临界流；当 $\dfrac{\mathrm{d}\theta}{\mathrm{d}h} < 0$，$F_r > 1$ 时，相应于 $\theta = f(h)$ 曲线下半支，相应的水流为急流；当 $\dfrac{\mathrm{d}\theta}{\mathrm{d}h} > 0$，$F_r < 1$ 时，相应于 $\theta = f(h)$ 曲线上半支，相应的水流为缓流。

佛汝得数反映出了液体的惯性力作用（av^2——断面上的动能）与液体的重力作用（$g\overline{h}$——断面上的势能）之比。当水流的惯性力占优势时，则水流是急流；反之重力作用占优势时，则水流是缓流。当二者达到某种平衡状态时，水流为临界流。所以佛汝得数 F_r 反映了过水断面上动能与势能的消长关系以及水流运动的急缓程度。

还需指出：上述三种水流状态不仅在非均匀流中出现，在长直的均匀流的渠道中也同样会出现，且仍可用 v_k、h_k、F_r 作为判别流态的标准。

另外还可从实地踏勘中来判别明渠水流的急与缓。例如在明渠中投下一块巨石（或渠中修建泄水建筑物），就可明显地观察到明渠水流的急缓现象。如图 5.17（a）、（b）所示，由于石块（或建筑物）的扰动，必然会有一种扰动波向四周传播，设扰动波速度以 v_m 表示（可由理论计算确定，这里从略。），渠中水流速度以 v 表示。则：

（1）如果 $v_m > v$ 时，说明渠中流速较小，石块前出现的扰动波速使水位壅高且能逆流上传到较远的地方，这时渠中的水流即为缓流，可见缓流主要是势能（水深）的改变，如图 5.17（a）所示。

（2）如果 $v_m < v$ 时，说明渠中流速较大，扰动波不能向上游传播，水面仅在石块（或建筑物）附近隆起，且一涌而过，扰动波也就只能向下游传播，此时渠中水流便为急流，可见急流主要是动能的改变，如图 5.17（b）所示。

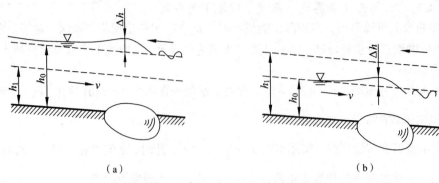

图　5.17

由此可以看出，在缓流上设计桥涵时，对桥涵孔径可以有较多地压缩，而在急流上设计桥涵，孔径一般不予压缩。同样在既有桥涵的检算中，由于水流状态不同，缓流与急流的检算方法也会各异。因此，掌握水流状态的缓与急，不论对设计还是检算都是至关重要的。

例 5.6　一条长直的矩形渠道，底宽为 3 m，通过的流量为 25 m³/s，此时渠中水深为 2.1 m，试分别用临界水深、佛汝得数判别水流的流态。

解：由矩形临界水深公式得：

$$h_k = \sqrt[3]{\frac{aQ^2}{b^2 g}} = \sqrt[3]{\frac{25^2}{3^2 \times 9.8}} = 1.92 \ (\text{m})$$

矩形断面 $\overline{h} = h_k = 1.92$ m，则：

$$h_k = \sqrt[3]{\frac{aQ^2}{b^2 g}} = \sqrt[3]{\frac{25^2}{3^2 \times 9.8}} = 1.92 \ (\text{m})$$

$$v = \frac{Q}{\omega} = \frac{25}{3 \times 2.1} = 3.97 \ (\text{m/s})$$

$$F_r = \frac{av^2}{g\overline{h}} = \frac{3.97^2}{9.8 \times 1.92} = 0.84$$

$F_r < 1$，$h > h_k$，故此水流为缓流。

（三）临界坡度、急坡与缓坡

上面谈到的急流、缓流与临界流，它们不仅在非均匀流中出现，在均匀流中也同样会出现，且与坡度有密切关系。

从均匀流的计算公式 $Q = \omega C \sqrt{Ri}$ 中可以看出，对于正坡的棱柱形渠道，在流量和糙率一定的情况下，均匀流水深 h_0 将因底坡 i 的变化而变化，即 $i = f(h_0)$，并可绘制关系曲线，如图 5.18 所示。由一定的流量 Q 可计算出临界水深 h_k 值。

如令 h_k 等于正常水深 h_0，即 $h_k = h_0$，渠道均匀流水深等于临界水深，此时所求的底坡称为临界坡（见图 5.18），并用 i_k 表示，i_k 可由谢才公式和临界水深基本方程联立求解 i_k，即：

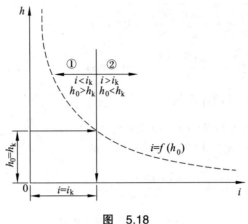

图　5.18

①— 缓流区；②— 急流区

$$\begin{cases} Q = \omega_k C_k \sqrt{R_k i_k} = K_k \sqrt{i_k} \\ \dfrac{aQ^2}{g} = \dfrac{\omega_k^3}{B_k} \end{cases}$$

$$i_k = \frac{Q^2}{C_k^2 \omega_k^2 R_k} = \frac{Q^2}{K_k^2} = \frac{v_k^2}{C_k^2 R_k} = \frac{g\chi_k}{aC_k^2 B_k} \tag{5.23}$$

式中　C_k——临界水深的谢才系数；

　　　ω_k——临界水深的断面面积；

　　　R_k——临界水深的水力半径；

　　　v_k——临界水深的流速。

必须指出，由于 i_k 是根据 Q 算出的，再由已知的糙率 n 便可算出 C_k、ω_k、R_k、v_k，从而算得 i_k，所以 i_k 是一个均匀流的假想底坡，实际坡度 i 的大小对它并无影响。这样，把实际坡度 i 和计算得到的临界坡度 i_k 相比较，就可能出现三种情况：

当 $h_0 > h_k$，$i < i_k$ 时，称实际底坡 i 为缓坡，相应水流为缓流。

当 $h_0 < h_k$，$i > i_k$ 时，称实际底坡 i 为陡（急）坡，相应水流为急流。

当 $h_0 = h_k$，$i = i_k$ 时，称实际底坡 i 为临界坡，相应水流为临界流。

还应指出的是，这种划分是就某一流量和糙率而言。倘若流量和糙率改变就可算出另一个 i_k 值，那时底坡 i 和 i_k 就可能是另一种关系。也就是说，同一底坡 i，在不同的 Q（或 n）值时，可能有时是缓坡，有时则是陡坡。对于一定的 Q 和 n 值来说，i 属于哪种坡度则是确定的。

在非均匀流中，水深 h 无论对急坡或缓坡，都可以有 $h > h_k$ 或 $h < h_k$ 的情况。这将在下几节中介绍。

明渠水流的各种流态与渠底坡度是紧密相连的，而临界坡度与临界水深一样，也可作为判别水流状态的标准。同时，要使水流在某一区段上为临界流，通常要给以临界坡度来保证。

例 5.7　某 1 孔 2 m 的钢筋混凝土盖板箱涵（矩形涵洞），已知 $Q = 18.78$ m³/s，$n = 0.017$，试问如何保证洞内产生临界均匀流？此时洞内底坡应为多少？

解: 将涵洞底坡设置在临界坡时，洞内可产生临界流。因涵洞断面为矩形，故用式（5.18）、（5.19）计算 h_k。取 $a = 1.0$，则：

$$h_k = \sqrt[3]{\frac{aQ^2}{b^2 g}} = \sqrt[3]{\frac{1 \times 18.78^2}{2^2 \times 9.8}} = 2.08 \ \text{(m)}$$

$$v_k = \sqrt{\frac{h_k g}{a}} = \sqrt{\frac{2.08 \times 9.8}{1.0}} = 4.51 \ \text{(m/s)}$$

分别计算断面水力要素及谢才系数：

$$\omega_k = bh_k = 2 \times 2.08 = 4.16 \ \text{(m}^2\text{)}$$

$$\chi_k = b + 2h_k = 2 + 2 \times 2.08 = 6.16 \ \text{(m)}$$

$$R_k = \frac{\omega_k}{\chi_k} = \frac{4.16}{6.16} = 0.674 \ \text{(m)}$$

$$C_k = \frac{1}{n} R_k^{\frac{1}{6}} = \frac{1}{0.017} \times 0.674^{\frac{1}{6}} = 55.10 \ \text{(m}^{\frac{1}{2}}\text{/s)}$$

将以上数据代入式（5.23），得：

$$i_k = \frac{Q^2}{C_k^2 \omega_k^2 R_k} = \frac{18.78^2}{55.10^2 \times 4.16^2 \times 0.674} = 0.009\,96$$

此时洞内底坡应为 9.96‰。

综上所述，只要掌握了 θ、h_k、h_0、i_k、急坡、缓坡、急流、缓流、临界流等这些重要的水流特征与水力要素，就能够对非均匀流的运动规律进行定性分析与定量计算。所以它们是对非均匀流进行分析研究、判别水流状态和绘制各种水面曲线的重要工具。在铁路工程上，小桥涵的水力计算多是以临界流作为计算的基础。铁路路基下的无压涵洞，其纵坡多数是按临界流来布置的，这样会使涵洞产生临界均匀流，保证洞内水流为稳定均匀流动，所以可以用简单的谢才公式计算，且当断面比能一定时，通过的流量达到最大值，而当通过的流量 Q 一定时，其泄洪的断面比能最小，可以减少水流对河床和建筑物的冲刷，从而更安全、经济，所以按临界流设计小桥涵孔径是经济合理的。

第四节　非均匀流四种水面现象的初步分析

一、水跌与水跃

水跌与水跃是不同流态的明渠水流在相互衔接的过程中所发生的水深与流速急剧变化的水力现象。下面对这两种水力现象的特点及有关问题加以叙述。

（一）水　跌

当明渠水流从缓流过渡到急流，即水深从大于临界水深变化到小于临界水深时，水面有连续的急剧的降落，这种现象称为水跌。

如图 5.19 所示，缓坡渠道上游的水流处于缓流状态，由于 D 处有一跌坎，过坎后的水流为自由跌流，因为阻力小、重力作用显著，引起在跌坎上游附近水面急剧下降，又因渠道底坡突然变陡（$i > i_k$），下游渠道水流为急流，由缓流转变为急流，并以临界流状态通过跌坎 D 断面处，形成水跌现象。由实验可知，跌坎处水深大致等于 h_k。

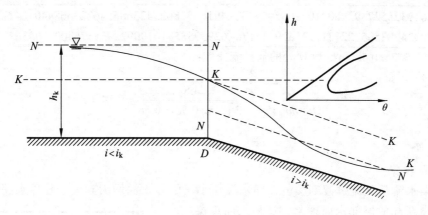

图　5.19

　　临界水深产生的位置约在跌坎断面偏上游处。这是因为跌坎断面处的水流为急变流，因此作用在跌坎断面处的水压力小于按直线分布的压力所致，因而跌坎处实际流速较大，其水深较临界水深小。在实际工程应用时，认为水流条件突然改变的跌坎断面就是临界水深断面，故：

$h_k = h_D$。

　　例 5.8　如图 5.10 所示，陡坡涵洞上游修一段急流槽与天然河沟衔接，试计算跌坎处的水深与流速。已知：下泄流量为 4.8 m³/s，设计急流槽断面为梯形，底宽 $b = 3$ m，边坡系数 $m = 1.5$，天然河沟边坡为 1.3‰，急流槽坡度为 30‰。

　　解：因为天然河沟与人工陡槽衔接，水深由缓流到急流，跌坎处水深为临界水深。

　　梯形断面水力要素：

$$\omega_k = (b + mh_k)h_k = (3 + 1.5h_k)h_k$$
$$B_k = b + 2mh_k = 3 + 2mh_k = 3 + 2 \times 1.5h_k = 3 + 3h_k$$

将其代入临界流的基本方程式：

$$\frac{aQ^2}{g} = \frac{\omega_k^3}{B_k}$$

$$\frac{\omega_k^3}{B_k} = \frac{\left[(3+1.5h_k)h_k\right]^3}{2+3h_k} = \frac{aQ^2}{g} = \frac{4.8^2}{9.8}$$

$$\frac{\left[(3+1.5h_k)h_k\right]^3}{2+3h_k} = \frac{4.8^2}{9.8}$$

用 Matlab 解高次方程

```
>>syms  h  x
>> solve（（（ 3 + 1.5*h）*h）^3/（ 3 + 3*h）– 4.8^2/9.8）
ans =

                    .57742811155014200829028152820052
  -.27509342835957221311931679447176+.62939585816190922935376402116836*i
  -2.3461732552739298021092057959882+.49168058023423686586229668440184*i
                    -1.3348947442831361703719829772805
```

-2.3461732552739298021092057959882-.491680580234236865862296684401 84*i
-.27509342835957221311931679447176-.629395858161909229353764021 16836*i

得 $h_k = 0.577 \approx 0.58$ m ，跌坎处的临界流速为：

$$v_k = \frac{Q}{\omega_k} = \frac{Q}{(b+mh_k)h_k} = \frac{4.8}{(3+1.5\times0.58)\times0.58} = 2.14 \ \text{(m/s)}$$

（二）水　跃

1. 水跃现象

当明渠水流从急流过渡到缓流，即水深从小于临界水深增大到大于临界水深时，水面有突然增高跃起的局部水面现象，这种水面现象称为水跃。在实验室的玻璃水槽中，可观察到这种现象，如图 5.20 所示。水从实用堰上溢下产生急流，如图 5.20（a）所示；然后把闸门关小，调节下游水深形成缓流，这样在急流与缓流衔接处发生水跃，如图 5.20（b）所示；水跃的水流可分为两部分，上部为表面漩滚区，下部为主流区，如图 5.20（c）所示。上部漩滚区属于回流形式，不通过流量，水顶点在漩滚区内无规则地旋转和紊动。下部的主流区流速很大，水流急剧扩散，水深从跃前水深（ $h'<h_k$ ）增大到跃后水深（ $h''<h_k$ ），图 5.20（c）所示中 $K—K$ 线即表示临界水深线。水跃上部水滚区的水流质点，一方面进行复杂的旋转运动，另一方面又不断被主流带走，同时又从主流中得到补充。水漩滚区与主流区不是截然分开的，相反两者的交界面上流速变化很大，紊

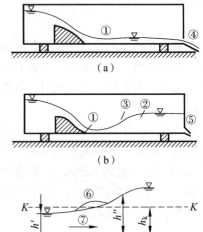

图　5.20

①—急流；②—缓流；③—水跃；④—尾门全开；
⑤—尾门落下；⑥—表面水滚区；⑦—主流区

动掺混极为强烈，两者之间有着频繁的动量交换，这就大大加剧了水跃内部的摩擦作用，产生较大的黏滞力，因而损失了大量的机械能。根据实验资料，跃前断面的单位机械能经过水跃后要损失 45% ~ 60%。

所以水跃不仅是水流的一种衔接形式，也成为工程上一种有效的消能措施。

2. 水跃的水力计算

由图 5.20 所示，跃前水深 h' 与跃后水深 h'' 存在着一一对应关系，被称为共轭水深。二者之差称为水跃高度，跃前、跃后两断面间的水平距离称为水跃长度，水跃计算的主要问题是求共轭水深和水跃长度。

（1）水跃方程——共轭水深计算。

以平底棱柱体河槽中发生的自由水跃为例求推求水跃方程式，如图 5.21 所示。由于水跃区的水流极为紊乱，无法用能量方程式计算水跃中的能量损失。水跃前、后水深的变化是与流速的变化紧密相连的，跃后水深与跃前水深形成的压力差，促使水流的动量减小，从而流速减小，因此可用动量定律和连续性方程来建立它们之间的关系。

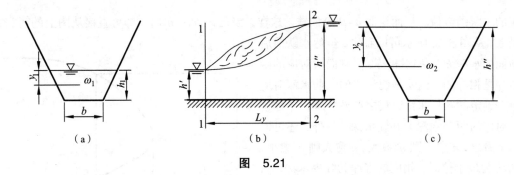

图　5.21

为便于分析，并结合水跃的实际现象作如下假设：① 水跃长度不大，水流与边壁之间的摩阻力较小，可忽略不计；② 跃前和跃后两过水断面之间为渐变流，断面上的动水压强可以按静水压强分布规律来计算；③ 两断面的动量修正系数近似相等，一般取 $\beta \approx 1.0 \sim 1.05$；④ 底坡 $i = 0$。

如图 5.21 所示，取断面 1—1 和断面 2—2 之间的水体为隔离体，其断面面积分别为 ω_1 和 ω_2，y_1 和 y_2 分别为 ω_1 和 ω_2 的形心点处的淹没深度。

作用于隔离体上的外力有：① 断面 1—1 和断面 2—2 的动水压力 P_1 和 P_2，② 水体的重力 G。这样沿流动方向取坐标轴，则各力在 x 轴上的投影之和为：

$$\sum F_x = P_1 - P = p_1 \omega_1 - p_2 \omega_2$$
$$= \gamma y_1 \omega_1 - \gamma y_2 \omega_2 = \gamma (y_1 \omega_1 - y_2 \omega_2)$$

设水流的流量为 Q，断面 1—1 和断面 2—2 的平均流速分别为 v_1 和 v_2，则单位时间内水体动量在 x 方向上的增量为：

$$\beta \rho Q (v_{2x} - v_{1x}) = \beta \rho Q (v_2 - v_1) = \beta \frac{\gamma}{g} Q^2 \left(\frac{1}{\omega_2} - \frac{1}{\omega_1} \right)$$

根据动量方程知：

$$\gamma (y_1 \omega_1 - y_2 \omega_2) = \beta \frac{\gamma}{g} Q^2 \left(\frac{1}{\omega_2} - \frac{1}{\omega_1} \right)$$

整理得：

$$\frac{\beta Q^2}{g \omega_1} + y_1 \omega_1 = \frac{\beta Q^2}{g \omega_2} + y_2 \omega_2 \tag{5.24}$$

上式为水跃前、后两断面的水力要素之间的关系式，称为水跃的基本方程式。式中 Q 是已知的，y_1、ω_1 及 y_2、ω_2 分别为水深 h' 和 h'' 的函数。对于一定形状和尺寸的断面，等式两边的 $\dfrac{\beta Q^2}{g \omega} + y \omega$ 均为水深的函数，称为水跃函数，以 $\theta(h)$ 表示。这样式（5.24）可简写为：

$$\theta(h') = \theta(h'') \tag{5.25}$$

利用这一关系便可以绘制水跃函数曲线，如图 5.22 所示。假定一系列 h 值，即可算出与其相应的水跃函数值，从而绘制 h-$\theta(h)$ 曲线。这样，当已知 h' 求 h'' 时，即可直接从图上的箭头方向量取。从图 5.22 所示可以看出，虽然水跃前后两断面的水深 h' 与 h'' 不相等，但它们所对应的函数值却是相等的，也就是说一定的跃前水深对应着一个确定的跃后水深，反之亦然，所以才称这一一对应的两个水深为共轭水深。另外，还可以从图上看出，h' 愈小则 h'' 愈大，h' 愈大则 h'' 愈小，当 $\theta(h)$ 为最小值时，相应的水深为临界水深，曲线的上部 $h''>h_k$，属缓流；曲线的下部 $h'<h_k$，属急流。

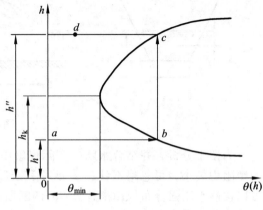

图　5.22

对于任意形状断面的河渠，其共轭水深 h'（或 h''）可用式（5.24）试算求得，也可以绘制 $\theta(h)$-h 曲线，从曲线上量取 h'（或 h''）。

对于矩形断面河渠，$\omega = bh$，$\dfrac{Q}{b}=q$（q 为单宽流量），$y=\dfrac{h'}{2}$、$y_2=\dfrac{h''}{2}$ 代入式（5.24）得：

$$\frac{\beta q^2}{gh'}+\frac{h'^2}{2}=\frac{\beta q^2}{gh''}+\frac{h''^2}{2}$$

因矩形断面的临界水深为：

$$h_k=\sqrt[3]{\frac{aQ^2}{b^2 g}}=\sqrt[3]{\frac{aq^2}{g}}$$

则 $h_k^3=\dfrac{aq^2}{g}$，令 $a\approx 1$，$\beta\approx 1$，则有：

$$\frac{h_k^3}{h'}+\frac{h'^2}{2}=\frac{h_k^3}{h''}+\frac{h''^2}{2}$$

分别以 h' 和 h'' 为未知数求解以上高次方程，得：

$$h'=\frac{h''}{2}\left(\sqrt{1+\frac{8h_k^3}{h''^3}}-1\right)=\frac{h''}{2}\left(\sqrt{1+\frac{8q^2}{gh''^3}}-1\right) \tag{5.26}$$

$$h''=\frac{h'}{2}\left(\sqrt{1+\frac{8h_k^3}{h'^3}}-1\right)=\frac{h'}{2}\left(\sqrt{1+\frac{8q^2}{gh'^3}}-1\right) \tag{5.27}$$

因为矩形断面河渠的佛汝得数为：

$$F_r=\frac{v^2}{gh}=\frac{q^2}{h^2}\cdot\frac{1}{gh}=\frac{q^2}{gh^3}$$

将其代入以上两式，则：

$$h'=\frac{h''}{2}\left(\sqrt{1+8F_{r2}}-1\right) \tag{5.28}$$

$$h'' = \frac{h'}{2}\left(\sqrt{1+8F_{r1}} - 1\right) \qquad (5.29)$$

式中，F_{r1}、F_{r2} 为跃前和跃后过水断面的佛汝得数。

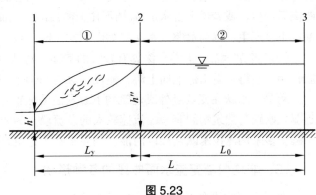

图 5.23

① — 水跃段；② — 跃后段

用以上各式计算共轭水深是繁杂的，为此有的水力计算手册上专门绘制了求共轭水深的图表可资利用，这就使计算工作大为简化。

（2）水跃长度的计算。

实验表明，由水跃造成的绝大部分能量损失集中在水跃区域，如图 5.23 所示的断面 1—2 间的水跃段 L_y，有极小部分的能量损失完全发生在跃后段内，只是在计算长度时才把它们一并考虑。即：

$$L = L_y + L_0 \qquad (5.30)$$

这是因为水跃长度决定着有关河段应加固的长短，具有重要的实际意义。由于水跃运动复杂，目前只能用经验公式来求得，即：

$$L_y = 4.5h'' \qquad (5.31)$$

$$L_0 = (2 \sim 3)L_y \qquad (5.32)$$

3. 水跃发生的位置与类型

在实际工程中，如坝址和跌坎下直到桥涵出口处的水流，或急坡到缓坡的水流，一般均为急流，而下游处的水流又多为缓流，水流必然以水跃的形式连接，再如不同坡度渠道的水流连接也会以水跃的形式连接，这就有一个水跃的定位和类型问题。

现以陡坡渠道与缓坡渠道在交界断面 A—A 相接时，来讨论水跃发生的位置与类型，如图 5.24 所示。

以 A—A 为跃前断面，假定水深为 $h_A = h'$，算出其共轭水深 h''。设下游水深为 h_0，以 h'' 与 h_0 比较，共有以下三种水跃的形式：

（1）当 $h_0 = h''$，水跃就在交界断面 A—A 处发生，这种水跃叫临界水跃，如图 5.24（a）所示。

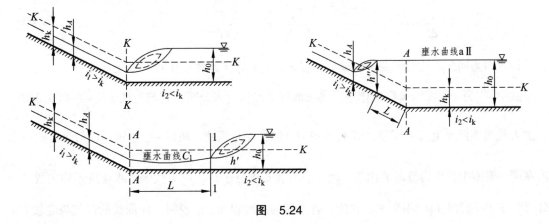

图 5.24

（2）当 $h'' > h_0$，说明 h'' 与共轭的上游水深 h' 很小，上游急流段的能量很大，除抵消水跃本身能量外，还有剩余，这部分剩余能量又出现一段急流段来平衡损失，从而使水跃在较远一段距离后产生，或者说下游水深 h_0 挡不住上游段的急流而被冲向下游，这种水跃在远离 $A—A$ 断面的下游产生，称为远驱式水跃，如图 5.24（b）所示。

（3）当 $h'' < h_0$，下游水深具有较大的势能，对从 $A—A$ 断面冲过来的急流段具有较大的遏制作用，使得下游水流涌向上游，淹没了 $A—A$ 断面，故称为淹没水跃，如图 5.24（c）所示。

可见，水跃在变坡点处或建筑物下游发生的位置有远驱、临界和淹没水跃三种形式。由于远驱式水跃与建筑物间有一段流速较大的急流段，为防止冲刷，在急流段处要做防冲铺砌，故工程上多采用淹没水跃连接以消能。临界水跃不稳定，随流量变化就会转变为其他两种水跃。

二、非均匀渐变流水面曲线的各种形状

明渠水面曲线在不同流态、底坡和边界条件下，有着不同的形态。分析水面曲线的性质，主要是为了了解水面曲线的总趋势是壅水还是降水，水面曲线两端变化如何，以及了解水面曲线发生的场合等问题。

（一）水面曲线的渐变流微分方程

绘制和计算水面曲线，主要是依据非均匀流的基本方程式，即：

$$\frac{\mathrm{d}\theta}{\mathrm{d}L} = i - J$$

由于

$$\frac{\mathrm{d}\theta}{\mathrm{d}h} = i - \frac{av^2}{gh} = 1 - F_r$$

则

$$\frac{\mathrm{d}h}{\mathrm{d}L} = \frac{\dfrac{\mathrm{d}\theta}{\mathrm{d}L}}{\dfrac{\mathrm{d}\theta}{\mathrm{d}h}} = \frac{i - J}{1 - F_r}$$

同时

$$Q = \omega C \sqrt{RJ} = K\sqrt{J}, \quad J = \frac{Q^2}{K^2}$$

$$\frac{\mathrm{d}h}{\mathrm{d}L} = \frac{i - J}{1 - F_r} = \frac{i - \dfrac{Q^2}{K^2}}{1 - F_r} = \frac{i - \dfrac{K_0^{\,2}i}{K^2}}{1 - F_r} = i \cdot \frac{1 - \left(\dfrac{K_0}{K}\right)^2}{1 - F_r} \tag{5.33}$$

该式即为明渠非均匀渐变流的微分方程式，它表示了水深沿流程的变化规律。

式中 $\dfrac{\mathrm{d}h}{\mathrm{d}L}$ 表示水深沿流程变化率，水面曲线类型依此来分析，它与底坡 i 及 $\dfrac{K_0^{\,2}}{K^2}$ 和 F_r 有关。

式中 K 代表实际水流流量模数，K_0 表示均匀流时的流量模数，所以 $\dfrac{K_0^{\,2}}{K^2}$ 表示非均匀流与同一水流在同一渠道中作均匀流时的比较。因此，方程式中分子 $1 - \left(\dfrac{K_0}{K}\right)^2$ 代表着水流的不均匀程度；分母 $1 - F_r$ 中包含着佛汝得数 F_r，它代表着水流的急缓程度。这说明水面曲线的形式与底坡 i 有

关，也与实际水深 h、正常水深 h_0、临界水深 h_k 的大小及三者间的对比关系有关。因此，水面曲线就要根据不同的底坡和这些底坡上的 h_k、h_0 的相互关系来分类的。

（二）水面曲线分类及基本形态

为了便于区分水面曲线沿程变化的情况，对水面曲线进行定性分析，必须根据不同底坡以及不同底坡上正常水深与临界水深间的相互关系来讨论水面曲线的分类问题。

明渠底坡有正坡、平坡与逆坡，而在正坡中又有缓坡、急坡与临界坡，即实际共有五种可能的底坡。在流量、断面形式及尺寸一定的渠道中，各种底坡的正常水深与临界水深之间的关系如表 5.8 所示。

表 5.8　各种底坡的正常水深与临界水深关系表

正坡（$i>0$）的分类	平坡（$i=0$）	逆坡（$i<0$）
缓坡 $0<i<i_k$，$h_0>h_k$		
急坡 $i>i_k$，$h_0<h_k$	不会产生均匀流，但有临界水深	不会产生均匀流，也有临界水深
临界坡 $i=i_k$，$h_0=h_k$		

为了便于区分水面曲线沿程变化的情况，要在五种底坡的纵断面图上做两根或一根平行于渠底的直线，如图 5.25 所示。其中一根距渠底为 h_0，称正常水深线 $N—N$，而另一根距渠底为 h_k，称临界水深线 $K—K$，其相对位置在不同坡度的渠道中是不同的。如在缓坡时 $h_0>h_k$，$N—N$ 线在 $K—K$ 线之上；急坡时 $h_0<h_k$，$N—N$ 线在 $K—K$ 之下；当在临界坡时，由于 $h_0=h_k$，所以 $N—N$ 线与 $K—K$ 线重合。

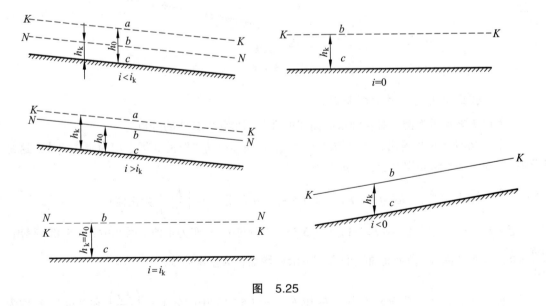

图　5.25

而在平坡与逆坡时，因不可能发生均匀流，所以只有 $K—K$ 线。这样便可根据 $N—N$ 线与 $K—K$ 线把水流分成不同的区域。

　　通常规定：在 N—N 与 K—K 之上的叫 a 区，在两线之间的叫 b 区，在两线之下的叫 c 区。每个区内只相应有一条水面曲线，如 a 区范围内的叫 a 型水面曲线，在 b 区范围内的叫 b 型水面曲线，在 c 区范围内的叫 c 型水面曲线。

　　为了加以区别，特规定：发生在缓坡中的水面曲线，统一加下角码"Ⅰ"，急坡上的水面曲线加下角码"Ⅱ"，临界坡上的水面曲线加下角码"Ⅲ"，平坡与逆坡上的水面曲线分别加下角码"0"与上角码"'"。这样，正坡棱柱体渠道中水面曲线有八种，即 a_I、b_I、c_I（合称缓坡曲线或 M 曲线），a_{II}、b_{II}、c_{II} 合称急坡曲线或 S 曲线及 a_{III}、b_{III}（合称临界坡曲线或 C 曲线）。平坡两种，分别为 b_0、c_0；逆坡两种，分别为 b'、c'，共计 12 种水面曲线，如图 5.26 所示。其中与桥涵工程有关的多为前 8 种。

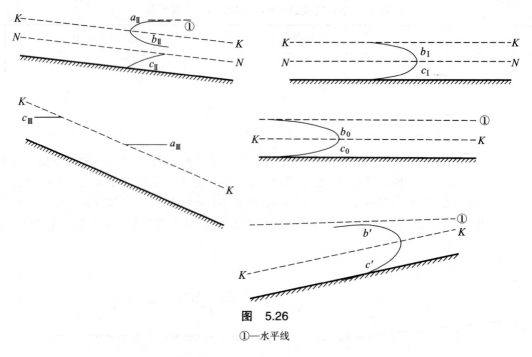

图　5.26

①—水平线

（三）水面曲线的定性分析概述

　　下面以正坡渠道为例，对各种水面曲线的性质和形状作具体的分析。

　　从图 5.26 所示可以看出，三种坡度（$i > i_k$，$i = i_k$，$i < i_k$）时的 a 区，均为壅水曲线。这是因为该区的实际水深 h 均大于 h_0、h_k。

　　当 $h > h_0$ 时，则 $K = \omega C\sqrt{R} > K_0$，式（5.33）中的分子 $1 - \left(\dfrac{K_0}{K}\right)^2$ 为正值；

　　当 $h > h_k$ 时，为缓流，则 $F_r < 1$，式（5.33）中分母 $1 - F_r$ 亦为正值。因此由式（5.33）得出：$\dfrac{\mathrm{d}h}{\mathrm{d}L} > 0$，这就是说，$a$ 型水面曲线的水深也沿程增加，为壅水曲线。

　　三种坡度的 c 区，其 h 又均小于 h_0 和 h_k，式（5.33）中的分子 $1 - \left(\dfrac{K_0}{K}\right)^2$ 和分母 $1 - F_r$ 均为负值，因此得：

$$\frac{\mathrm{d}h}{\mathrm{d}L} > 0$$

这就是说 c 型水面曲线，亦为壅水曲线。

b 区中的水面曲线，只在（$i < i_k, i > i_k$）时才有可能，此时 h 介于 h_0 与 h_k 之间，引用式（5.33）同理可证得：

$$\frac{\mathrm{d}h}{\mathrm{d}L} < 0$$

这就是说，b 型曲线的水深沿程减小，故均为降水曲线。

水面曲线两端的边界条件有如下规律：

（1）水面曲线与正常水深线 N—N 渐近相切。这是因为，当 $h \to h_k$ 时，则 $K \to K_0$，式（5.33）中的分子 $1 - \left(\dfrac{K_0}{K}\right)^2 \to 0$，得：

$$\frac{\mathrm{d}h}{\mathrm{d}L} \to 0$$

这说明水深沿程不变，水深趋近于均匀流。

（2）水面曲线与临界水深线 K—K 呈正交。这是因为，当 $h \to h_k$ 时，$F_r \to 1$，式（5.33）的分母 $1 - F_r \to \infty$，得：

$$\frac{\mathrm{d}h}{\mathrm{d}L} \to \pm\infty$$

这说明在非均匀流动中，当 $h \to h_k$ 时，水面曲线将与 K—K 线垂直，即渐变流水面曲线的连续性在此中断，从而形成急变流的水跌或水跃。

（3）水面曲线在向上、下游无限加深时渐趋于水平直线。这是因为，当 $h \to \infty$ 时，$K \to \infty$，式（5.33）的分子 $1 - \left(\dfrac{K_0}{K}\right)^2 \to 0$；

又当 $h \to \infty$ 时，$\omega = f(h) \to \infty$，$F_r = \dfrac{av^2}{gh} \to 0$，式（5.33）的分母 $1 - F_r \to 0$，便得：

$$\frac{\mathrm{d}h}{\mathrm{d}L} \to i$$

从图 5.26 所示直接看出，这一关系只有当水面曲线趋近于水平直线时才适合，因为这时

$$\mathrm{d}h = h_2 - h_1 = i\mathrm{d}L$$

故：
$$\frac{\mathrm{d}h}{\mathrm{d}L} = i$$

以上用微分方程分析了正坡的八种水面曲线，平坡与逆坡的水面曲线与其类似，故不再一一列举。

（四）水面曲线的定量计算 ——分段求和法

在工程实践中，还要对水面曲线进行定量计算。计算的主要内容是在天然河道上修建了水工建筑物（堰、坝、桥、涵等），从而改变了水流的天然状态，引起因水流水面曲线的变化对周

围环境的影响及应采取的措施。如在天然顺直河道上修建一座小桥，引起的上游壅高及下游跃落的水面变化，可定量分析其上游壅高范围对周围环境影响及下游的冲刷范围，用冲刷范围确定铺砌长度，计算时可直接对非均匀流的基本方程式进行积分。因计算较繁杂，通常用有限差式来代替非均匀流的基本方程式。即：

$$\frac{\Delta \theta}{\Delta L} = i - \overline{J}$$

或

$$\Delta L = \frac{\Delta \theta}{i - \overline{J}} = \frac{\theta_1 - \theta_2}{i - \overline{J}} = \frac{\left(\frac{v_2^2}{2g} + h_2\right) - \left(\frac{v_1^2}{2g} + h_1\right)}{i - \overline{J}}$$

式中，$\overline{J} = \frac{\overline{v}^2}{\overline{C}^2 \overline{R}}$，$\overline{v} = \frac{1}{2}(v_1 + v_2)$，$\overline{C} = \frac{1}{2}(C_1 + C_2)$，$\overline{R} = \frac{1}{2}(R_1 + R_2)$，$v_1$、$v_2$、$C_1$、$C_2$、$R_1$、$R_2$ 分别为某渠段上、下游断面的流速、谢才系数和水力半径。

若渠道断面 ω、底坡 i、糙率 n 及流量 Q 均为已知，上游过水断面 1—1（或下游过水断面 2—2）的水深已知，则可按下列步骤绘制水面曲线：

（1）假定水深，计算 ω_2、v_2、θ_2（或假定 h_1，计算 ω_1、v_1、θ_1）；

（2）根据已知 ω_1、v_1、h_1 及 h_2、ω_2、v_2，计算 $\overline{v}$、$\overline{C}$、$\overline{R}$、$\overline{J}$；

（3）代入式（5.34）计算 ΔL，将各断面水深的水面高程连接起来，即为整个渠道上水流的水面曲线，各段长度之和就是水面曲线之总长，这种方法称分段求和法。

在用分段求和法计算水面曲线时，应注意以下几个问题：

（1）在进行计算之前，应先作水面曲线的定性分析，判别水深是沿流程增加还是沿流程减少，使假设的 h_1 或 h_2 与实际变化一致而不是相反。

（2）从边界条件出发，确定控制断面和控制水深。开始计算水面曲线的已知断面称为控制断面，由于急流时下游水流条件对水流不起作用，所以计算急流时控制断面在上游，自上游向下游逐段计算；而缓流受下游水流条件控制，所以计算缓流时控制断面应选在下游，自下游向上游逐段计算。

例 5.8 有一梯形土渠，某段路径地形为陡峻区段，因是人工渠道，故渠道中的水流为陡坡上急流，且是均匀流，铺砌长度很大，流速超过土渠允许流速，为此设置一跌坎（$P = 2\,\text{m}$）通过。如图 5.27 所示，改缓后的渠道为缓坡，但由于设置了跌坎，故在跌坎上、下游出现非均匀流。

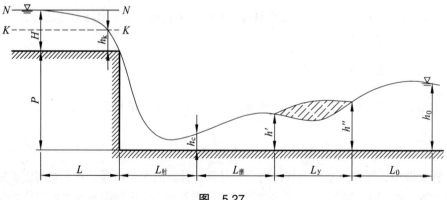

图　5.27

已知：流量 $Q = 3.5$ m³/s，$n = 0.025$，梯形断面 $b = 1.2$ m，$m = 1.5$。试进行跌坎上游部分计算：

（1）从允许流速出发计算正常水深 h_0（N—N 线），并决定底坡 i；

（2）计算临界水深 h_k（K—K 线），并决定临界坡底 i；

（3）判别水面曲线形状，计算起始断面与末端跌坎上水深，绘制水面曲线；

（4）校核渠中非均匀流段流速是否超过 $v_允$；

（5）若发生冲刷，求上游渠道防冲刷铺砌长度为多少？

解：（1）计算正常水深 h_0，标出 N—N 线，决定 i，因为 $v_允 = 1.2$ m/s，有：

$$\omega = \frac{Q}{v_允} = \frac{3.5}{1.2} = 2.92 \ (\text{m}^2)$$

根据公式 $\omega = (b + mh_0)h_0 = (1.2 + 1.5h_0)h_0 = 2.92 \ (\text{m}^2)$ 得：

$$1.5h_0^2 + 1.2h_0 - 2.92 = 0$$

解方程得 $h_0 = 1.05$ m，有：

$$R = \frac{\omega}{\chi} = \frac{\omega}{b + 2h_0\sqrt{1+m^2}} = \frac{2.92}{1.2 + 2 \times 1.05\sqrt{1+1.5^2}} = 0.585$$

$$i = \frac{v^2}{C^2 R} = \frac{v^2}{\left(\frac{1}{n}R^{\frac{1}{6}}\right)^2 R} = \frac{n^2 v_允^2}{R^{\frac{3}{4}}} = \frac{0.025^2 \times 1.2^2}{0.585^{\frac{3}{4}}} = 0.001\ 84 = 1.84‰$$

（2）计算 h_k，标出 K—K 线，决定 i_k。临界水深基本公式为：

$$\frac{aQ^2}{g} = \frac{\omega_k^3}{B_k}$$

$$\frac{aQ^2}{g} = \frac{1 \times 3.5^2}{9.8} = 1.25$$

$$\frac{\omega_k^3}{B_k} = \frac{[(b+mh_k)h_k]_k^3}{b+2mh_k} = \frac{[(1.2+1.5h_k)h_k]^3}{1.2+2\times1.5h_k} = 1.25$$

用试算法解以上高次方程，如表 5.9 所示。

表　5.9

h_k（m）	1.00	0.7	0.75	0.71
ω_k^3/B_k（m）	4.66	1.19	1.54	1.25

当 $\dfrac{aQ^2}{g} = \dfrac{\omega_k^3}{B_k}$ 时，得 $h_k = 0.71$ m。

或用 Matlab 求解高次方程

```
>> syms h x
>>solve ((( 1.2 + 1.5*h ) *h ) ^3/ ( 1.2 + 3*h ) – 1.25 )
ans =

                                .71016240952357906618420531406518
   -.4985073807215593485773730849530 5e-1+.878617639156483897404895681537 64*i
    -1.303387736065292097706935004131 7+.5504380351472649369741061227790 6*i
                                -.4036854612486830010548606888111 8
    -1.303387736065292097706935004131 7-.5504380351472649369741061227790 6*i
   -.4985073807215593485773730849530 5e-1-.878617639156483897404895681537 64*i
```

得 $h_k = 0.71$ m。又根据公式：

$$i_k = \frac{Q^2}{C_k^2 \omega_k^2 R_k}$$

$$\omega_k = (b + m h_k)h_k = (1.2 + 1.5 \times 0.71) \times 0.71 = 1.61 \ (\text{m}^2)$$

$$R_k = \frac{\omega_k}{\chi_k} = \frac{\omega_k}{b + 2h\sqrt{1+m^2}} = \frac{1.61}{1.2 + 2 \times 0.75\sqrt{1+1.5^2}} = 0.43$$

$$C_k = \frac{1}{n} R^{\frac{1}{6}} = \frac{1}{0.025} \times 0.43^{\frac{1}{6}} = 34.75$$

$$i_k = \frac{Q^2}{C_k^2 \omega_k^2 R_k} = \frac{3.5^2}{34.75^2 \times 1.61^2 \times 0.43} = 0.0091$$

通过以上计算得知：$i_k = 9.1‰$，$i = 1.81‰$，$i_k > i$，为缓坡渠道；$h_0 = 1.05$，$h_k = 0.71$，$h_0 > i_k$，为缓坡上的缓流。并以此标出 N—N 线，K—K 线。

（3）判别并绘制曲线形状，计算两端水深。

① 实际水深介于正常水深与临界水深之间，即：

$$h_k < h < h_0$$

由式 $\dfrac{\mathrm{d}h}{\mathrm{d}L} = i \cdot \dfrac{1 - \left(\dfrac{K_0}{K}\right)^2}{1 - F_r}$，并由图 5.26 可知，当 $i < i_k$ 时，水面曲线为 b_1 型降水曲线。曲线上端与 N—N 线渐近相切，曲线下端即水跌处，为临界水深 h_k。

② 按分段求和法计算曲线各断面水深与流速。

从起始断面（$h_1 = h_k = 0.71$ m）出发进行计算：

$$v_1 = \frac{Q}{\omega_1} = \frac{3.5}{1.61} = 2.17 \ (\text{m/s})$$

则流速水头为：

$$\frac{av_1^2}{2g} = \frac{2.17^2}{2 \times 9.8} = 0.24 \ (\text{m/s})$$

水力半径为：

$$R_1 = \frac{\omega_1}{\chi_1} = \frac{\omega_1}{b + 2h\sqrt{1+m^2}} = \frac{1.61}{1.2 + 2 \times 0.71 \times \sqrt{1+1.5^2}} = 0.43 \ (\text{m})$$

谢才系数为：

$$C_1 = \frac{1}{n} R_1^{\frac{1}{6}} = \frac{1}{0.025} \times 0.43^{\frac{1}{6}} = 34.75 \ (\text{m}^{\frac{1}{2}}/\text{s})$$

设第二个断面的水深为 $h_2 = 0.84$ m（因为是 b_1 型曲线，控制断面在下游，逐渐往上流推，深度逐渐增大，但不能大于 $h_0 = 1.05$ m）。

同理算得：

$$\omega_2 = (b + mh_2)h_2 = (1.2 + 1.5 \times 0.84) \times 0.84 = 2.07 \ (\text{m}^2)$$

$$v_2 = \frac{Q}{\omega_2} = \frac{3.5}{2.07} = 1.69 \ (\text{m/s})$$

$$\frac{av_2^2}{2g} = \frac{1.69^2}{2 \times 9.8} = 0.15 \ (\text{m/s})$$

$$R_2 = \frac{\omega_2}{\chi_2} = \frac{\omega_2}{b + 2h\sqrt{1+m^2}} = \frac{2.07}{1.2 + 2 \times 0.84 \times \sqrt{1+1.5^2}} = 0.49 \ (\text{m})$$

$$C_2 = \frac{1}{n} R_2^{\frac{1}{6}} = \frac{1}{0.025} \times 0.49^{\frac{1}{6}} = 35.52 \ (\text{m}^{\frac{1}{2}}/\text{s})$$

同理，断面间水力要素的平均值为：

$$\bar{v} = \frac{1}{2}(v_1 + v_2) = \frac{1}{2}(2.17 + 1.69) = 1.93 \ (\text{m/s})$$

$$\bar{C} = \frac{1}{2}(C_1 + C_2) = \frac{1}{2}(34.75 + 35.52) = 35.14 \ (\text{m}^{\frac{1}{2}}/\text{s})$$

$$\bar{R} = \frac{1}{2}(R_1 + R_2) = \frac{1}{2}(0.43 + 0.49) = 0.46 \ (\text{m})$$

$$\bar{J} = \frac{\bar{v}^2}{\bar{C}^2 \bar{R}} = \frac{1.93^2}{35.14^2 \times 0.46} = 0.006 \ 5$$

$$\Delta L = \frac{\Delta \theta}{i - \bar{J}} = \frac{\theta_2 - \theta_1}{i - \bar{J}} = \frac{(0.84 + 0.15) - (0.71 + 0.24)}{0.001 \ 84 - 0.006 \ 5} = -8.58 \ (\text{m})$$

由于控制断面选在下游，逆着曲线方向，故 ΔL 为负值，然后继续按式（5.31）进行分段计算，其计算结果列于表 5.10 中，从表中计算结果可见，最大水深接近正常水深 h_0，可根据各断面间距离及相应水深绘出水面曲线。

表 5.10　水面曲线计算

断面	1	2	3	4	5
$h(\text{m})$	0.71	0.84	0.91	0.98	1.03
$\omega(\text{m}^2)$	1.61	2.07	2.33	2.62	2.83
$v(\text{m/s})$	2.18	1.69	1.50	1.34	1.24
$\bar{v}(\text{m/s})$	1.93		1.595	1.42	1.29
$av^2/2g(\text{m})$	0.24	0.15	0.11	0.09	0.08
$\theta = h + av^2/2g(\text{m})$	0.95	0.99	1.02	1.07	1.11
$\Delta\theta(\text{m})$	0.04	0.03	0.05	0.04	
$\chi(\text{m})$	3.7	4.23	4.48	4.73	4.91
$R(\text{m})$	0.43	0.49	0.52	0.55	0.58
$\bar{R}(\text{m})$	0.46		0.51	0.54	0.57
$C(\text{m}^{1/2}/\text{s})$	34.75	35.52	35.87	36.21	36.53
$\bar{C}(\text{m}^{1/2}/\text{s})$	35.14		35.695	36.04	36.37
$J = \bar{v}^2/\bar{C}^2\bar{R}$	0.006 59		0.003 94	0.002 87	0.002 21
$i - J$	-0.004 75		-0.002 10	0.001 03	0.000 37
$\Delta L = \Delta\theta/(i - J)$	8.47		14.29	48.55	108.11
$L = \sum\Delta L(\text{m})$	8.47		22.76	77.31	158.42

（4）计算渠中降水曲线各过水断面的流速 v。

因为是 b_1 型降水曲线，故跌坎处的水深最小（h_k），而流速最大，此时 $v_k = 2.17$ m/s，$v_{允k} = 1.2$ m/s，$v_k > v_允$。

由此可见，远超过允许流速，但越往上游流速逐渐减少，直至 h_0 时，流速为 $v_允 = 1.2$ m/s，超过 $v_允$，就需要对渠底进行铺砌，为此需要求出上游铺砌长度。

（5）铺砌长度计算。

为计算 ΔL，就要求得起始断面水深 v_1、h_1，现决定在 $v = 1.5$ m/s 处开始铺砌（$v_允 = 1.2$ m/s 稍大，相应减少铺砌长度）。查表 5.8 可知 $v = 1.5$ m/s，$h = 0.91$ m，$\Delta L = \Delta L_1 + \Delta L_2 = 8.47 + 12.91 = 21.28$ (m)。

小　　结

本章的重点是寻求明渠流中水深与流速的变化规律，分析均匀流与非均匀流的内在实质及推求水力计算的基本公式，并掌握这些公式的实际应用。现归纳如下：

1. 明渠均匀流与非均匀流的比较（见表 5.11）

表 5.11　匀流与非均匀流的比较

比较项目		均匀流	非均匀流
形态特征	类别与出现场合	人工渠道，如排水沟、运河和顺直的天然河流	天然河流和顺直河流中修建建筑物后的水流
	平断面形状与函数关系	规则形断面，如矩形、梯形等平面上顺直，棱柱形河槽 $\omega = f(h)$	不规则断面有单式和复式，平面上弯曲，除有棱柱形河槽外，还有非棱柱形河槽 $\omega = f(h,s)$
	形成条件	$i > 0$，断面与糙率沿程不变	$i > 0$，$i < 0$ 断面与糙率沿程变化
水流特征	力学特征	重力分力与阻力分力平衡	重力分力与阻力分力不平衡
	水流要素 h、v	h、v 沿流程各断面均为常数，沿程不变的水深称正常水深 h_0	h、v 沿程变化，用 $\theta = h + av^2/2g$ 表示其变化规律
	水力特征	总水头线、测管水头线（水面线）、渠底线平行 $J = J_p = i$	总水头线、测管水头线（水面线）、渠底线不平行 $j \neq J_p \neq i$
	流线形状	流线顺直平行	渐变流流线接近顺直平行，出现壅水曲线、降水曲线；急变流流线急剧变化出现水跌、水跃

2. 均匀流水力计算的基本公式与工程应用

（1）用谢才-满宁公式求流速。

（2）用流量公式求渠道的过水能力（包括单式断面、复式与断面）。

（3）用流量公式以试算法求正常水深 h_0。

（4）用允许流速法与水力最佳断面法设计渠道断面。

3. 非均匀流水力计算的基本公式与工程应用

（1）用临界水流的基本方程式推求各种断面的临界水深，重点是矩形断面的临界水深。

（2）用 $\dfrac{aQ^2}{g} = \dfrac{\omega_k^3}{B_k}$ 和 $v_k = C_k\sqrt{R_k i_k}$ 联解求临界坡度 i_k，使小桥与无压涵洞按临界流设计。

（3）用断面比能曲线 $\theta = f(h)$，佛汝得数、临界水深 h_k、临界坡度 i_k 等五种情况，判断急流与缓流，确定水力计算方法。

（4）用渐变流微分方程 $\dfrac{\mathrm{d}h}{\mathrm{d}L} = i \cdot \dfrac{1 - \left(\dfrac{K_0}{K}\right)^2}{1 - F_r}$ 分析水面曲线。

（5）用水跃基本方程式，推求共轭水深 h'、h''，确定水跃类型。

（6）用分段求和法绘制水面曲线并计算铺砌长度。

思考与练习题

5.1　如何确定明渠底坡的大小和正负？为什么有时取铅直方向水深作明渠过水断面水深？

5.2　试确定梯形断面明渠的水力要素。

5.3 试述明渠均匀流的形成条件?

5.4 明渠均匀流的基本公式是什么?如何推导?它在工程实践中有何重要意义?

5.5 什么是正常水深?它同哪些因素有关?如果梯形渠道的边坡系数 m 一定,通过的流量 Q 和相应的过水断面 n 一定,试分析在(1)底宽 b 和底坡 i 一定,糙率 n 变化;(2)i 和 n 一定,b 变化;(3)b 和 n 一定,i 变化的条件下,正常水深如何变化?为什么?

5.6 何谓水力最优断面?对于梯形断面和矩形断面渠道,水力最优断面有何特点?水力最优断面是否是最经济断面?

5.7 明渠均匀流与非均匀流的水力特征主要表现在哪些方面?发生非均匀流的几种水面现象的原因是什么?

5.8 什么是断面比能?为什么断面比能是分析非均匀流的重要工具?它与哪些因素有关?它与总能量 E 在实质和数量上有何异同?

5.9 什么是临界水深?它与哪些因素有关?与正常水深有何不同?如何求临界水深?为什么小桥与无压涵洞要以临界水深作为设计基础?

5.10 什么是临界坡?急坡与缓坡是如何区别的?

5.11 什么是急流?什么是缓流?其水流现象有何特性?如何判别?

5.12 临界流必为均匀流?急流、缓流可以是均匀流亦可以是非均匀流?试用断面比能曲线来说明其理由?

5.13 什么是非均匀流基本方程式?其物理意义是什么?

5.14 试述水跌和水跃的特征及其产生的条件。

5.15 何为共轭水深?

5.16 如何根据河道断面要素资料和调查的洪水位,推求洪水的洪峰流量?

5.17 如何分析水面曲线?试述公式中各符号的物理意义?

5.18 有一断面呈梯形的输水渠,底宽 $b=10$ m,边坡系数 $m=1.5$,$n=0.025$,底坡 0.3‰,流量 $Q=40$ m³/s,求正常水深 h_0。(图解法)。

5.19 在铁路路基设计中,路基排水沟的设计一般为梯形,尺寸为底宽 $b=0.4$ m,水深 $h=0.6$ m,沟底坡度为 2‰,现有一排水沟在土层内开挖,取 $n=0.025$,$m=1$,试问:(1)此断面是否为最佳断面?(2)能通过多少流量?

5.20 现有一路基排水沟,需要通过的流量为 $Q=10$ m³/s,沟底坡度 $i=4$‰,水沟断面采用梯形,采用小片石干砌护面,$n=0.02$,边坡系数 $m=1$,不发生冲刷的允许流速 $v_允=2.5$ m³/s。试按水力最佳断面决定排水沟的尺寸。

5.21 某一矩形断面的渠道底宽 $b=5$ m,流量 $Q=10$ m³/s,试绘制 $\theta=f(h)$ 关系曲线,并用临界水深公式验证 $\theta=f(h)$ 关系曲线处临界点(极点)的水深值。一梯形断面土渠,底宽 $b=6.0$ m,边坡系数 $m=1$,糙率 $n=0.022\ 5$,底坡 $i=0.25\%$,通过流量为 10.0 m³/s。试用迭代法求正常水深 h_0。

5.22 如图 5.28 所示为某复式断面渠道,主槽用干砌片石护面,上部为黏土,已知 $m_1=1.0$,$m_2=1.5$,底坡 $i=0.2$‰,$h_0=2.5$ m。试求通过的流量为多少?

5.23 有一浆砌块石矩形断面渠道,已知 $Q=10.0$ m³/s,底宽 $b=5.0$ m,糙率 $n=0.017$,底坡 $i=0.3$‰。试分别用水深法、佛汝得数法、断面比能法及底坡判别渠中水流是急流还是缓流?渠底坡度是急坡还是缓坡?

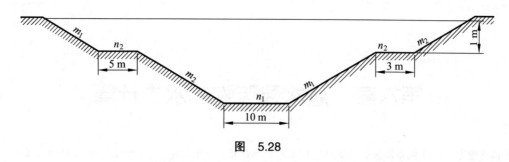

图　5.28

5.24　有 1×2 m 的钢筋混凝土盖板箱涵，能通过设计流量 Q_p = 17.86 m/s，洞内为浆砌片石，n = 0.017，为保证洞内按无压临界流设计，试求洞内水深、流速、坡度各为多少？

5.25　有一矩形断面渠道，底宽 b = 8.0 m，n = 0.025，底坡 i = 0.75‰，通过流量为 5 000 m³/s，渠道末端水深 h_2 = 5.50 m，渠道水深 h_1 = 4.20 m。试判别渠中水面曲线形式，并求渠道长度。

5.26　有一梯形渠道，已知下列数据：Q = 15 m³/s，n = 0.025，i = 1‰，b = 10 m，m = 1.5，试判断渠底坡度是缓坡还是急坡？渠中水流是急流还是缓流？

5.27　有一矩形断面的平底渠道，渠宽为 5.0 m，流量为 Q = 48.75 m³/s，当渠中发生水跃时试求：

（1）跃前水深 h' = 0.4 m，求跃后水深 h'' 及水跃长度？

（2）跃前水深 h' = 0.8 m，求跃后水深 h'' 及水跃长度？

5.28　有一矩形断面的土渠，某段因路径地形陡峻，需设置跌坎通过，如图 5.29 所示。跌坎前的计算数据为：Q = 3.5 m³/s，n = 0.025，b = 1.5 m，$v_允$ = 1.2 m/s。试确定：

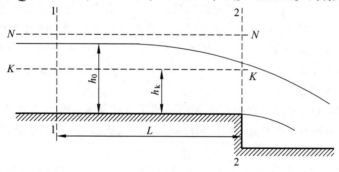

图　5.29

（1）从允许流速出发，计算正常水深 h_0（以标出 N—N 线），并决定渠道底坡。

（2）计算临界水深 h_k（以标出 K—K 线），并决定临界坡度 i_k。

（3）判别跌坎上流水面的曲线形状。

（4）校核渠中流速是否超过 $v_允$。

（5）若发生冲刷，问渠道的防冲铺砌长度 ΔL 应为多长？（假定从 v_1 = 1.5 m/s 开始铺砌）

第六章　泄水建筑物的水力计算

内容提要　本章主要讲述水工建筑物泄水能力的计算，推出流速 v、流量 Q、积水 H 的计算公式，以及下泄水流的衔接形式与消能计算。

第一节　概　述

泄水建筑物是放泄水流的水工建筑物，通过它将水流泄入下游河道中去。在天然河道或人工河道上修建的各种水工建筑物，如泄水闸孔、溢流堰、桥梁及涵洞等皆是泄水建筑物。其水力计算是明渠流水力计算、管流水力计算的继续深入和发展，因此本章属工程水力学范畴。泄水建筑物一般均建在缓坡且较为顺直的渠道上，因此建筑物修建前该渠道为缓流（ $i < i_k$、$h > h_k$ ），有均匀流的条件，渠道水深即为正常水深 h_0。由于泄水建筑物的宽度 b 远小于原渠道宽 B[见图 6.1（a）]，或因挡水[见图 6.1（b）]和设置跌坎（见图 5.27），因此水流在进出泄水建筑物时，四种基本水面现象 —— 壅水曲线、降水曲线、水跌、水跃都会出现。由于泄水建筑物对水流的挤压、阻挡，上游水位被抬高，上下游形成明显的水位落差，且泄出的水流多为急流（ $h < h_k$ ），这样上游在与下游连接时，必然要通过水跃，因此水跃是泄水建筑物上下游水流衔接的重要水面现象。由于水跃形式不同，其 v、Q、H 的计算公式各异。特别是不同形式的下泄水流对下游有冲刷，产生巨大的破坏性。或不能使流量正常宣泄，因此对泄水建筑物应满足以下水力要求：

（1）具有足够的过水能力，能在任何可能的情况下宣泄所需宣泄的流量。

（2）具有最好的外形，使水流平顺地流经建筑物而损失最小。因泄水建筑物的长度都很短，一般仅计算局部水头损失。

（3）能解决因单宽流量集中以及较大的水位差转化为较大动能时对下游河道的冲刷，即消能问题。

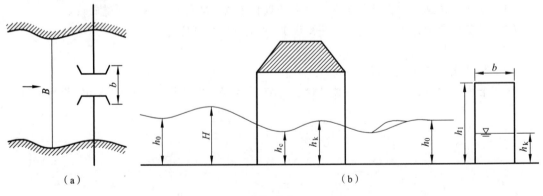

（a）　　　　　　　　　　　　　　　（b）

图　6.1

第二节　上下游水位衔接

一、水位衔接的基本形式

现以图 6.2 所示的闸孔出流为例，来分析水位衔接的形式。在作用水头 H 的作用下，水从闸孔流出一小段距离后，必然产生流线平行的收缩断面 $C—C$，其水深为 h_c，在与下游的缓流相衔接时，也必然出现水跃。设以 h_c 作为跃前水深，h''_c 为其共轭水深（即跃后水深，可通过水跃方程求出），下游缓流的正常水深 h_0 的大小直接影响着建筑物的宣泄，因此急流与缓流衔接时，必然有一个水跃定位问题，故将 h''_c 与 h_0 相比较，以确定上、下游的衔接方式。即有以下三种水跃的衔接形式。

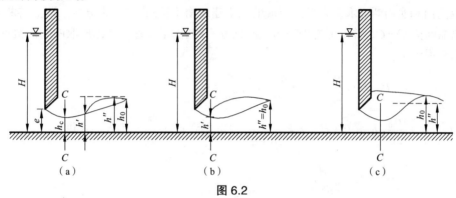

图 6.2

1. 远驱水跃的水流衔接 $h'' = h_0 < h_k$，$h' > h_c$

如图 6.2（a）所示，若跃后水深 h''_c 大于下游河流水深 h_0，即 h_0 所具有的势能不能遏制住收缩断面上的急流，无法使水跃发生在 $C—C$ 处，此时水跃被推向下游，直到这一曲线的水深增至与 h_0 要求的跃前水深 h' 相等时，才在该处发生水跃。这时跃前水深为 h' 而不是 h_c，跃后水深为 $h'' = h_0 < h_k$，这种水跃称为远驱式水跃。可见产生远驱式水跃时，下游水位将不影响闸孔出流和其有效水头，称这样的水流出流为自由出流。这一出流的急流段会引起冲刷，危及建筑物的安全，故应采取消能措施，缩短或消除这一急流段，或对急流段进行防冲铺砌。

2. 临界水跃的水流衔接 $h'' = h_0 = h_k$，$h' = h_c$

若跃后水深 h'' 等于 h_0，则下游水深 h_0 刚好与收缩断面上的急流水深 h_c 相共轭，水跃正好在收缩断面处形成，即下游所具有的势能与上游的动能相等，动能转化成势能，消失在水跃中，这种水跃称为临界式水跃。此时，跃前水深为 $h_c = h'$，跃后水深为 $h'' = h_0$，如图 6.2（b）所示。这种水跃的水流出流其过水能力不受下游水位的影响，也称为自由出流。这一形式的水流衔接对建筑物的危害较小，出流形式较好，但不稳定，条件稍有变化，就会转变成远驱式水跃衔接。

3. 淹没水跃的水流衔接 $h' = h'' = h_0$

跃后水深 h'' 小于下游水深 h_0，下游水深所具有的势能对从收缩断面冲过来的急流具有很大的遏制作用，并将使水跃就发生在闸后，水跃淹盖住收缩断面，从理论上讲，此时跃前水深为 h' 而不是 h_c，且 $h_c > h'$，相应的跃后水深 $h_0 > h''$，而不是 $h'' = h_c$，而且 $h_0 > h_c$。也就是说，跃后水深较大，要求与之共轭的跃前水深 h' 必须比 h_c 小，但这是不可能的。因为 h_c 是闸后最小水深，所以水跃被推至收缩断面之前发生，淹没了收缩断面，所以相应的跃后水深 $h' = h'' = h_0$，这种水跃称为淹没水跃，如图 6.2（c）所示。因此当产生淹没水跃时，影响了闸孔泄流的有效水头和过水能力，称为淹没出流。

综上所述，在分析水流衔接时，需要计算出共轭水深 h'、h'' 以及下游水深 h_0，h_0 可由明渠均匀流的谢才公式用试算法求出，h' 可由 h'' 利用水跃方程求出，h_c 将在下节中阐述，由 h'' 与 h_0 进行比较来判别上下游衔接方式及水流出流形式。其最后的结论是：当 $h'' \geqslant h_0$ 时为自由出流；当 $h'' < h_0$ 时为淹没出流。

二、收缩断面水深 h_c 的计算

下游水位衔接的计算需先从决定收缩断面水深 h_c 开始，水流从高处落下，势能转化成动能，跌落的射流产生收缩断面，收缩断面处流线顺直平行，水浅流急。

现以闸门和实用断面堰复合形式组成的挡水建筑物（见图 6.3）来分析。取上游断面 1—1 及下游收缩断面 C—C，并以下游渠底为基准面 0—0 列能量方程（考虑所取两断面很近，可只计局部水头损失）：

$$P_1 + H + \frac{\alpha v_0^2}{2g} = h_c + \frac{\alpha v_c^2}{2g} + \zeta_j \frac{v_c^2}{2g}$$

令 $H_0 = H + \dfrac{\alpha v_0^2}{2g}$，$E_0 = P_1 + H_0$，$\phi = \dfrac{1}{\sqrt{1+\zeta_j}}$ 并考虑到 $v_c = \dfrac{Q}{\omega_c}$，代入上式得：

$$E_0 = h_c + \frac{Q^2}{2g\phi^2 \omega_c^2} \tag{6.1}$$

式（6.1）即为求 h_c 的一般公式。

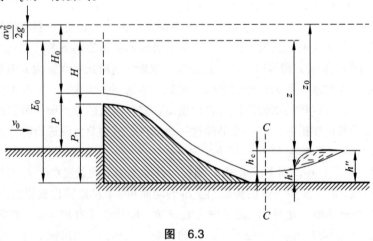

图　6.3

对于矩形河槽，因 $\omega_c = bh$，$q = \dfrac{Q}{b}$，故上式可写成如下形式：

$$E_0 = h_c + \frac{q^2}{2g\phi^2 h_c^2} \tag{6.2}$$

由式（6.1）、（6.2）可以看出，只要知道断面形状及 E_0、Q、ϕ 值，即可求得 h_c（因 h_c 要解高次方程，多用试算法），然后根据水跃方程算出 h''，将 h'' 与 h_0 比较，即可对水跃定位并确定水流衔接形式。

例6.1 在渠道上建一跌水，跌坎高 $P = 2$ m，如图5.27所示。试就下列数据判定射流与下游水流的连接形式，并计算下游铺砌长度，已知：泄流流量 $Q = 3.5$ m³/s，上游作用水头 $H = 0.8$ m，$v_H = 1.80$ m/s，$\phi = 1.0$，收缩断面处仍为梯形断面 $b = 1.2$ m，$m = 1.5$，水流底坡 $i = 1.84‰$，下游正常水深为 $h_0 = 1.05$ m。

解：（1）利用式（6.1）计算 h_c，判定上下游连接形式：

$$E_0 = P_1 + H_0 = 2 + 0.8 + \frac{1.8^2}{2 \times 9.8} = 2.97 （m）$$

代入 $E_0 = h_c + \dfrac{Q^2}{2g\phi^2\omega_c^2}$，则：

$$2.97 = h_c + \frac{3.5^2}{2 \times 9.8 \times 1^2(1.2 + 1.5h_c)h_c}$$

经解高次方程，试算得：$h_c = 0.294$。由 h_c 求共轭水深 h_c''，由 h_c'' 与 h_0 比较判别水跃类型。

由共轭水深列基本方程：

$$\frac{\beta Q^2}{g\omega_1} + y_1\omega_1 = \frac{\beta Q^2}{g\omega_2} + y_2\omega_2$$

其中 $\beta = 1.0$， $h_c = 0.294$ m， $y_1 \approx \dfrac{h_c}{2} = \dfrac{0.294}{2} = 0.15$ （m）

$$\omega_1 = (1.2 + mh_c)h_c = (1.2 + 1.5 \times 0.294) \times 0.294 = 0.48 （m^2）$$

代入基本方程：

$$\frac{3.5^2}{9.8 \times 0.48} + 0.15 \times 0.48 = \frac{3.5^2}{9.8 \times (1.2 + 1.5h'')h''} + \frac{h''^2}{2}$$

经试算得 $h'' = 1.24$ m $> h_0 = 1.05$ m，属远驱式水跃衔接。

（2）计算下游铺砌长度。

设水跃的位置发生在下游正常水深附近（见图5.27），跃后水深 $h'' = h_0$，h' 与 h'' 互为共轭水深，h_c 与 h' 为一段壅水曲线，$h'' = h_0 = 1.05$ m，由共轭水深基本方程式知：

$$\frac{\beta Q^2}{g\omega_1} + y_1\omega_1 = \frac{\beta Q^2}{g\omega_2} + y_2\omega_2$$

其中 $\omega_1 = (1.2 + 1.5h')h'$，$y \approx \dfrac{h'}{2}$，$\omega_2 = (1.2 + 1.5h'')h''$，$y_2 \approx \dfrac{h''}{2}$，代入上式 ——共轭水深基本方程式，已知 $h'' = 1.05$ m 用试算法或 Matlab 计算得 $h' = 0.385$ m。由此可根据连续性方程 v'、v_c 及有关公式计算 $\bar{J} = \dfrac{\bar{v}^2}{\bar{c}^2\bar{R}}$，$\bar{v} = \dfrac{1}{2}(v_1 + v_2)$，$\bar{c} = \dfrac{1}{2}(c_1 + c_2)$，$\bar{R} = \dfrac{1}{2}(R_1 + R_2)$ 代入下式 —— 非均匀流基本方程的简化公式 —— 有限差式：

$$\Delta L = \frac{\Delta\theta}{i - J} = \frac{(h' + v'^2/2g) - (h_c + v_c^2/2g)}{i - \bar{v}^2/\bar{C}^2\bar{R}}$$

其中 $h' = 0.385$ m ，$h_c = 0.294$ m ，$i = 0.001\,84$ ，代入上式得 $\Delta L = 7.95$ m ，射流长度由经验公式求得：

$$L_{射} = vH\sqrt{\frac{2(P + h/2)}{g}} = 1.80\sqrt{\frac{2(2 + 0.8/2)}{9.8}} = 1.25 \ (\text{m})$$

水跃及跃后段长度为：

$$L_y = 4.5h'' = 4.5 \times 1.05 = 4.73 \ (\text{m})$$
$$L_0 = 2.5L_y = 2.5 \times 4.73 = 11.83 \ (\text{m})$$

则铺砌长度为：

$$L_{总} = L_{射} + L_{壅} + L_y + L_0 = 25.76 \ (\text{m})$$

可采用铺砌长度总长为 26 m。

第三节　闸孔出流的水力计算

一、水力特征

水流经过闸门下孔口射出的水力现象称为闸孔出流，它实质上是一种大孔口出流。小桥桥前积水没梁底及铁路路堤下的半压涵洞形似这种出流。在闸孔断面流线弯曲属急变流，出闸之后，由于水流已受到闸门的约束以及水流的惯性作用，水股流向不能在闸孔处急剧改变其流向，所以在距闸门 e（e 为闸孔高度）的地方出现流线顺直平行而水深又最小的收缩断面 ω_c[见图6.2（a）]，收缩断面处多为急流，而下游水深常为缓流，故水流衔接有三种形式，共分两种情况，即 $h'' \geqslant h_0$ 为自由出流；$h'' < h_0$ 时，为淹没出流。

若闸门处断面为矩形，过水宽度为 b ，则 $\omega = be$ ，闸孔断面与收缩断面的关系可用垂直收缩系数 ε' 来表示，故有：

$$\varepsilon' = \frac{\omega_c}{\omega} = \frac{h_c}{e} \tag{6.3}$$

则 $h_c = \varepsilon' e$。ε' 与闸门相对开启度 e/H 有关（H 为闸前水头），可由表 6.1 得到。

表 6.1　垂直收缩系数 ε'

ε/H	0.01	0.20	0.30	0.40	0.50	0.60	0.70
ε	0.615	0.620	0.625	0.630	0.645	0.660	0.690

二、水力计算

闸孔出流水力计算的目的，在于确定过闸孔的泄水能力，即闸孔出流的流速、流量公式。

1. $h_c'' \geqslant h_0$ ，自由出流

如图 6.2 所示，取闸孔前水深 H 处为第一断面，收缩断面 h_0 处为第二断面，以地面为基准面列能量方程：

$$H + \frac{av_0^2}{2g} = h_c + \frac{av_c^2}{2g} + h_j$$

取 $H_0 = H + \frac{av_0^2}{2g}$，$h_j = \zeta_j \frac{v_c^2}{2g}$，$a = 1.0$，代入得：

$$H_0 = h_c + (1+\zeta_j)\frac{v_c^2}{2g}$$

$$v_c = \frac{1}{\sqrt{1+\zeta_j}}\sqrt{2g(H_0-h_c)} = \phi\sqrt{2g(H_0-h_c)} \qquad (6.4)$$

$$Q = \omega_c v_c = \varepsilon'\omega\phi\sqrt{2g(H_0-h_c)} \qquad (6.5)$$

其中 $\phi = \frac{1}{\sqrt{1+\zeta_j}}$ 依阀门的形式而异，可查表或实测决定。

2. $h_c'' < h_0$，淹没出流

如图 6.2（c）所示，同理写能量方程得：

$$v_c = \frac{1}{\sqrt{1+\zeta_j}}\sqrt{2g(H_0-h_0)} = \phi\sqrt{2g(H_0-h_0)} \qquad (6.6)$$

$$Q = \omega_c v_c = \varepsilon'\omega\phi\sqrt{2g(H_0-h_0)} \qquad (6.7)$$

上两式中 $h_0 > h_c$，说明淹没出流时的流速与流量均较自由出流时为小，这就是下游水位对上游闸孔泄流能力影响的结果。

第四节　堰流的水力计算

一、堰的类型及水力特征

无压缓流经障碍物（建筑物）溢流时，上游水位被抬高发生壅水，而后水面降落，这种水流现象称为堰流。上述障碍物（或建筑物）称为堰。如图 6.4 所示，堰流现象只有在缓流中才有可能。

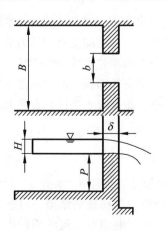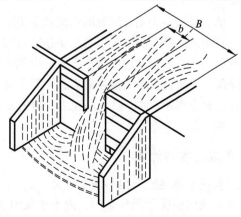

图　6.4

在水力学中，分析堰流的水流现象，主要是研究其过水能力，亦即建立流量的计算公式。如图 6.5 所示，表示堰流现象的因素有：堰宽 b，堰顶水头 H，堰顶厚度 δ 和它的形状，堰高 P。通过堰顶的水流形态随堰顶厚度和堰上水头的比值而变化的分类如下：

1. 薄壁堰（$\delta/H < 0.67$）

堰顶厚度不影响水流形状，水面呈单一的降落曲线，自由下降形成水舌。常将堰顶做成锐缘，水舌下缘与堰顶仅在一条线上接触，水流稳定，测量精度高，常可在明渠和水力实验室内作为量水工具。薄壁堰如图 6.5（a）所示。

2. 实用断面堰（$0.67 < \delta/H < 2.5$）

这时堰顶厚度加大，对水流有约束和顶托作用，但作用不大。水流通过堰顶仍主要受重力作用，水流过堰顶时还是单一的跌落，此种堰常在水利工程及消能中使用。实用断面堰如图 6.5（b）所示。

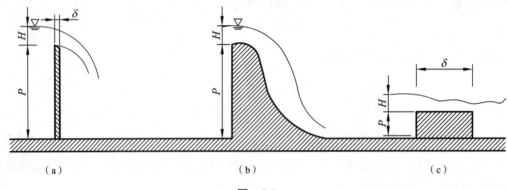

图   6.5

3. 宽顶堰（$2.5 < \delta/H < 10$）

此时堰顶已有相当的厚度，对水流有约束和顶托作用。水流进入堰顶后，开始有一个降落，这是因为水流受到堰的约束产生了局部能量损失，同时堰顶流速增加，因而堰顶上的水流势能减小并转化为动能。又由于堰顶厚度较大对水流的约束和顶托作用，使堰顶水流有一个水平段，而后流出与下游连接，根据下游水位的高低存在不同的出流形式（自由出流和淹没出流），这种堰顶水流称宽顶堰。小桥与无压涵洞的水力现象与宽顶堰相似。宽顶堰如图 6.5（c）所示。

通过上述的实验观察表明，堰流的水流状态决定于重力水头 H 和堰顶厚度 δ 对水流的顶托这两种作用。如图 6.5 所示的水流形态都是在较短的距离内发生急剧的变化。从力学观点看，它们的共同特点是：当水流经过堰顶下泄时，由建筑物抬高上游水位形成的势能转化为动能，因此水面有降落，泄流过程中的能量损失，主要是局部能量损失，而很小的沿程能量损失往往可以忽略不计，只有当 $\delta/H > 10$ 时，沿程水头损失才不忽略，而这时水流已具有明渠的性质，按明渠流的计算考虑。

二、宽顶堰的水力计算

流经宽顶堰的水流性质与很多因素有关，如堰的进口形式、堰厚 δ、水头 H 与堰的粗糙程度等。堰顶溢流的情况是很复杂的，尚不能仅由理论分析得出精确的结果，目前通用的流量公式一般是根据近似的简化理论分析确定其基本形式。由于堰顶对水流的顶托作用，使堰顶水流有一个水平段，出口根据下游水位的不同而有不同的水面现象。通常，堰下游水位较低，不影响通过堰顶的流量，称为自由出流。若堰下游水位相当高，影响通过堰顶的流量，称为淹没出流。

由此可以看出，上游水头 H 与下游水深 h_0' 直接影响宽顶堰的过水能力。H 越大，进口跌落时的势能转变为动能也越多，因而越不能产生淹没而形成自由出流；反之，下游水位 h_0' 越高，超过堰顶 $K—K$ 线，势能越大，下游水流回涌而形成淹没出流。由实验得到下面两种淹没标准，并依此推出计算公式：$\dfrac{h_0'}{H} \leqslant 0.8$，自由出流；$\dfrac{h_0'}{H} > 0.8$，淹没出流。

1. 自由出流

以图 6.6（a）所示的水流为例，推导宽顶堰自由出流的流速、流量及积水公式。取堰前、堰顶两断面，并取堰顶平面 0—0 为基准面列能量方程式，则：

$$H + \frac{p_1}{\gamma} + \frac{av_0^2}{2g} = h + \frac{p_2}{\gamma} + \frac{av^2}{2g} + h_j$$

令 $H_0 = H + \dfrac{av_0^2}{2g}$，$h_j = \zeta_j \dfrac{v^2}{2g}$，$a = 1.0$，代入上式整理得：

$$H_0 = h + (1 + \zeta_j)\frac{v^2}{2g} = h + \frac{v^2}{2g\phi^2}$$

$$v = \frac{1}{\sqrt{1 + \zeta_j}}\sqrt{2g(H_0 - h)} = \phi\sqrt{2g(H_0 - h)} \tag{6.8}$$

式中　ϕ——流速系数，随着堰的进口形式而不同，可从有关手册中查用。

$$Q = \omega v = \omega\phi\sqrt{2g(H_0 - h)} \tag{6.9}$$

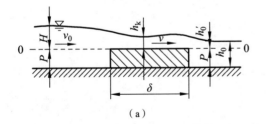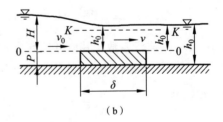

图　6.6

若堰的进口为矩形 $\omega = bh$，并考虑有效宽度减少形成的侧收缩系数，则宽顶堰的流量公式可写成：

$$Q = \varepsilon bh\phi\sqrt{2g(H_0 - h)} \tag{6.10}$$

上式中 b、h 常是给定的，ϕ、ε 分别为流速系数与收缩系数，可从有关经验公式或专业手册中查到，只有 H_0 是未知变量。因此，欲求流速与流量，必须知道 H_0 值。一般认为：堰在相同 H_0 的条件下要能通过最大流量，或 H_0 使堰上水流具有最小的比能，这些假定都是等价的。

因此为满足上述要求，堰顶上必须是临界水深，故将 h_k 代入上两式中，得：

$$Q = \varepsilon b h \phi \sqrt{2g(H_0 - h_k)}$$

第五章已指出对于矩形断面 $h_k = \dfrac{v_k^2}{2g}$，将其代入积水公式得：

$$H_0 = h_k + \frac{v_k^2}{2g\phi^2} = \frac{v_k^2}{g} + \frac{v_k^2}{g}\frac{1}{2\phi^2} = h_k\left(\frac{1+2\phi^2}{2\phi^2}\right) = \frac{h_k}{k}$$

令 $k = \dfrac{2\phi^2}{1+2\phi^2}$，代入上式得 $h_k = kH_0$。再代入流量公式：

$$\begin{aligned}Q &= \varepsilon b h \phi \sqrt{2g(H_0 - h_k)} = \varepsilon \phi b k H_0 \sqrt{2g(H_0 - kH_0)} \\ &= \varepsilon \phi k b \sqrt{1-k}\sqrt{2g}H_0^{3/2} = \varepsilon m b \sqrt{2g}H_0^{3/2} = \varepsilon M b H_0^{3/2}\end{aligned} \tag{6.11}$$

式中　m —— 第一流量系数，$m = \phi k \sqrt{1-k}$；

　　　M —— 第二流量系数，$M = m\sqrt{2g}$。

式（6.11）为宽顶堰自由出流的流量基本公式。

2. 淹没出流

如图 6.6（b）所示，当 $\dfrac{h_0'}{H} > 0.8$ 时，过堰水流为淹没出流，这时堰坝水流为缓流，下游水位 h_0' 升高，对下泄水流有顶托作用，这时通过同样的流量时，淹没出流要求有更大的水头；或者堰前水头相同时，过水能力将减小，即流量将比自由出流时流量小，此时可在自由出流的公式上乘上一个反映淹没影响的系数 σ。其公式为：

$$Q = \sigma \varepsilon M b H_0^{3/2} \tag{6.12}$$

式中　σ —— 淹没系数，其值可见有关手册。

对于淹没出流，也可利用图 6.6（b）建立能量方程式直接推导。此时 $h_0' > h_k$，堰顶水深 $h = h_0'$，则：

$$v = \phi\sqrt{2g(H_0 - h)} = \phi\sqrt{2g(H_0 - h_0')} = \phi\sqrt{2gz_0} \tag{6.13}$$

受侧收缩影响的矩形堰流量公式为：

$$Q = \varepsilon b h_0' \phi \sqrt{2g(H_0 - h_0')} = \varepsilon b h_0' \phi \sqrt{2gz_0} \tag{6.14}$$

以上只分析了矩形断面的情况，如为其他形式的断面，以 ω 代入重新推算。

例 6.2　某一进水闸宽顶堰如图 6.7 所示，测得底坎高 $P = 0.5\text{ m}$，共三孔，每孔宽 5 m，调查堰上游洪水痕迹在底坎上 2 m，即 $H = 2.0\text{ m}$，测得下游的水深为 2.0 m，经推算得行近流速 $v_0 = 0.6\text{ m/s}$。又知该堰闸为多孔，查有关手册或经验公式，其收缩系数 $\varepsilon = 0.96$。堰的进口只计水头局部损失，因进口为半圆形，查得有关手册得第一流量系数 $m = 0.38$。试计算过堰洪水流量为多少？

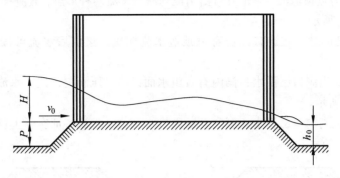

图 6.7

解：在解这类题时，先进行流态判别，后选用不同的堰流公式计算。

$$\frac{h_0'}{H} = \frac{2.0 - 0.5}{2.0} = 0.75 < 0.8 \quad 为自由出流$$

$$H_0 = H + \frac{v_0^2}{2g} = 2.0 + \frac{0.6^2}{2 \times 9.8} = 2.02 \ (\text{m})$$

又 $$Q = \varepsilon m b \sqrt{2g} H_0^{3/2} = 0.96 \times 0.38 \times 3 \times 5\sqrt{2 \times 9.8} \times 2.02^{3/2} = 69.49 \ (\text{m}^3/\text{s})$$

第五节 桥涵的水力计算

水文计算的内容主要是建立流速、流量与积水的计算公式。

一、桥涵过水分析

在缓流中修建桥涵工程时，因桥涵的过水孔径远比天然河流宽度要小，加之又有墩台阻水，因此桥涵的过水形似堰、闸孔出流，并有其共性的水流特征。现分述如下：

（1）对于一般的桥梁，特别是小桥都具有宽顶堰的水流性质，其桥前的积水是由于路基和墩台对水流的侧面约束而产生。故常称小桥为堰高 $P = 0$ 时的宽顶堰，只是通过试验发现，其淹没标准与宽顶堰略有不同。如图 6.8 所示，是根据实验确定的淹没标准。即：$1.3h_k(h'') \geqslant h_0$ 时为自由出流，此时桥下水深 $h_{桥下} = h_k$；$1.3h_k(h'') < h_0$ 时为淹没出流，此时桥下水深 $h_{桥下} = h_0$。

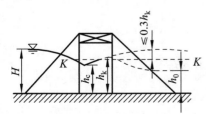
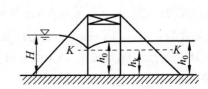

图 6.8

（2）对于涵洞，当洪水通过涵洞时有以下三种情况，如图6.9所示。即：

① 无压涵洞：当洞口不没水，进洞后又有自由水面时称为无压涵洞，这一水流特征与小桥过水完全一样，为宽顶堰流。它也有自由出流与淹没出流两种形态，其淹没标准与小桥相同，如图6.9（a）、（b）所示。

当涵洞长度很长时，在进口段仍有宽顶堰水流性质，进洞后水流可按明渠流进行水力计算。

② 半压涵洞：当洞口已没水，洞内有自由水面，称半压涵洞，这一水流特征形似闸孔出流，如图6.9（c）所示。

③ 有压涵洞：当洞口已没水，洞内全断面排水，这一水流特征实际上就是管流（短管出流），如图6.9（d）所示。

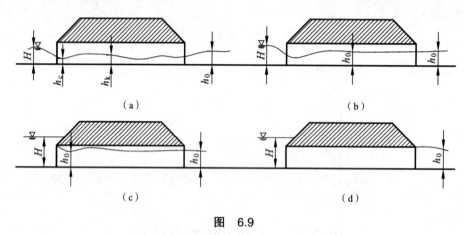

（a）　　　　　　　　　　　　　　　　（b）

（c）　　　　　　　　　　　　　　　　（d）

图　6.9

二、小桥与无压涵洞的水力计算

1. 自由出流

自由出流时，$h_{桥下} = h_k$，如图6.8、图6.9（a）所示。

积水公式 $H_0 = h_k + \dfrac{v_k^2}{2g\phi^2}$ 或 $H_0 = h_k + \dfrac{v_k^2}{2g\phi^2} - \dfrac{v_0^2}{2g}$ 　　　　　　　　（6.15）

当 $v_0 \leqslant 1.0$ m/s 时，$\dfrac{v_0^2}{2g}$ 可忽略不计。

流速公式为：　　　　$v = \phi\sqrt{2g(H_0 - h_k)}$ 　　　　　　　　　　（6.16）

流量公式为：　　　　$Q = \omega\phi\sqrt{2g(H_0 - h_k)}$ 　　　　　　　　　（6.17）

对于矩形断面 $\omega_k = \varepsilon b_k h_k$，可由下式决定各值：

积水公式为：　　　　$H_0 = \dfrac{h_k}{k}$ 　　　　　　　　　　　　　　（6.18）

流速公式为：　　　　$v = \sqrt{h_k g} = \sqrt{k H_0 g} = M_1' H_0^{1/2}$ 　　　　　（6.19）

流量公式为：　　　　$Q = \varepsilon b h_k v_k = \varepsilon b k H_0 \sqrt{k H_0 g} = M_1 b H_0^{3/2}$ 　　　（6.20）

式中 M_1、M_1' 均可在水文表13.1中查得。

2. 淹没出流

此时 $h_{桥下} = h_0$，如图6.8、图6.9（b）所示。

积水公式为：
$$H_0 = h_0 + \frac{v^2}{2g} \qquad (6.21)$$

流速公式为：
$$v = \phi\sqrt{2g(H_0 - h_k)} \qquad (6.22)$$

流量公式为：
$$Q = \omega\phi\sqrt{2g(H_0 - h_k)} \qquad (6.23)$$

对于矩形断面，其

积水公式为：
$$H_0 = h_0 + \frac{v_{桥下}^2}{2g\phi^2} \qquad (6.24)$$

流速公式为：
$$v = \phi\sqrt{2g(H_0 - h_0)} = M_2'\sqrt{H_0 - h_0} \qquad (6.25)$$

流量公式为：
$$Q = \omega\phi\sqrt{2g(H_0 - h_0)} = \varepsilon b h_0 \phi\sqrt{2g(H_0 - h_0)} = M_2 b h_0\sqrt{H_0 - h_0} \qquad (6.26)$$

上式中 M'、M_2 均可在水文表 13.1 中查得。

例 6.3　某工务段管区一座 1×8 m 的钢筋混凝土梁桥，1996 年一场特大洪水将该桥锥体护坡、桥下与下游铺砌冲毁，经测得该桥孔径为 7.02 m，桥前积水为 1.85 m（忽略行近流速），取 $\varepsilon = 0.9$，$\phi = 0.9$，测得下游水深 $h_0 = 1.1$ m。试计算流量及速度为多少？

解： 判别流态：

$$k = \frac{2\phi^2}{1 + 2\phi^2} = \frac{2 \times 0.9^2}{2 \times 0.9^2 + 1} = 0.62$$

$$h_k = kH_0 = 0.62 \times 1.85 = 1.15 \ (\text{m})$$

$$1.3h_k = 1.3 \times 1.15 = 1.50 \ (\text{m}) > h_0 = 1.1 \ (\text{m})$$

故为自由出流。

$$v_k = \sqrt{h_k g} = \sqrt{1.15 \times 9.8} = 3.36 \ (\text{m/s})$$

$$Q = \varepsilon b h_k v_k = 0.9 \times 7.02 \times 1.15 \times 3.36 = 24.41 \ (\text{m}^3/\text{s})$$

亦可利用宽顶堰基本流量公式计算。

三、半压涵洞

半压涵洞的水流特点是积水淹没洞口，洞内有自由表面，且洞内收缩断面不被淹没，收缩断面以后的水流与临界流情况相同，如图 6.9（c）所示。当涵管 $1.5 < H/d < 1.1 \sim 1.2$ 时，其水流现象与闸孔出流相似，其水力计算见本章第二节。

四、有压涵洞

水力计算详见第四章短管出流。

第六节　泄水建筑物的消能

一、常见的消能方式

在坡度很大的排水渠（或陡槽）的末端，溢流坝坝址和桥涵下游等都可能要发生水跃衔接。水跃本身固然能消能，但如果发生远驱式水跃，上游势能转化成动能，水跃前的急流段就相当长，这必然危及建筑物的安全。为减轻水流对河床的冲刷，必须减小下泄水流的动能，而设法增加下游水流的势能。从工程观点看，应尽可能使下游水流的巨大动能在较短时间、距离内消耗掉，以保护建筑物安全及降低工程费用，减轻和防止下游河床的冲刷。目前常用的消能方法有以下几种：

（1）在水位衔接处做消力池（消力坎）。用消力池（或消力坎）可以使水流位置逆流上移，增大跃后水深，产生淹没式水跃，既达到消能的目的，又能减少急流段的长度。常见的消力池有如图 6.10 所示的三种形式。图 6.10（a）所示是降低建筑物下游护坦（护坦系指河底加固工程而形成的消力池）；图 6.10（b）所示是在护坦上修建垂直于水流方向的消力坎，亦在护坦上做消力坎而形成消力池；图 6.10（c）所示是降低护坦又修建消力坎的综合消力池。

（2）增加渠底或陡槽的粗糙程度。在河渠和陡槽的远驱式水跃区内，其能量的消耗多为沿程能量损失，故可在这一区段内增大粗糙度，增大沿程损失，减少加固段长度。其具体措施是做人工粗糙，其种类繁多，如图 6.11 所示。

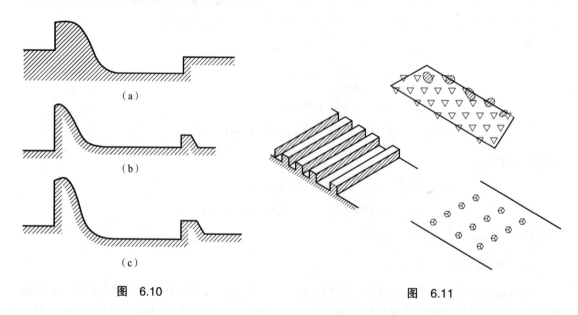

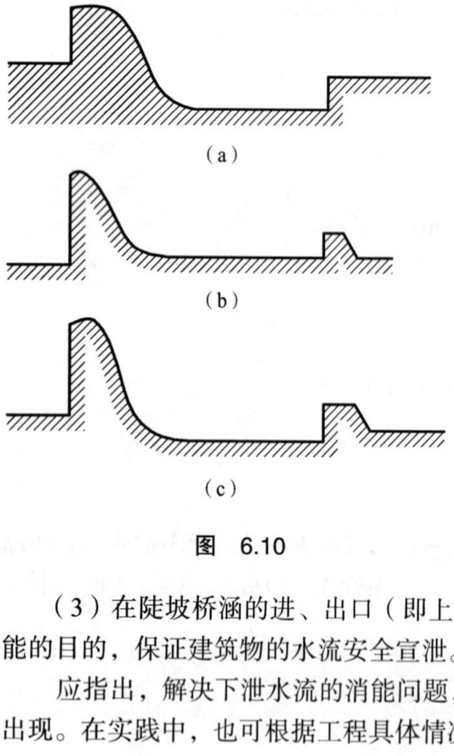

（a）

（b）

（c）

图　6.10

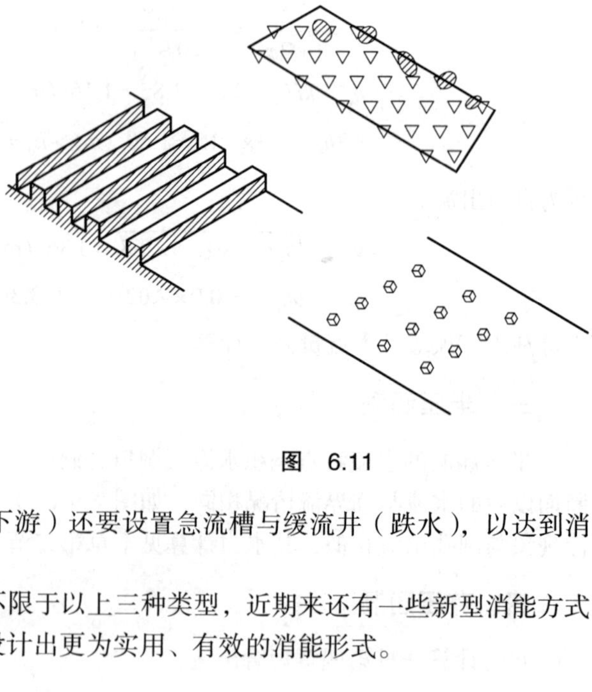

图　6.11

（3）在陡坡桥涵的进、出口（即上、下游）还要设置急流槽与缓流井（跌水），以达到消能的目的，保证建筑物的水流安全宣泄。

应指出，解决下泄水流的消能问题，不限于以上三种类型，近期来还有一些新型消能方式出现。在实践中，也可根据工程具体情况设计出更为实用、有效的消能形式。

二、消力池（坎）的水力计算

消力池（坎）的水力计算，主要是确定池深 d（或坎高）和消力池长度 L。

（一）消力池深 d 的计算

1. 消力池深 d 的计算

消力池的作用是使下游产生淹没式水跃衔接，使急流段长度减至为零。因此，消力池深度应满足：

$$h_c'' < h_0 + d + \Delta z$$

如图 6.12 所示。

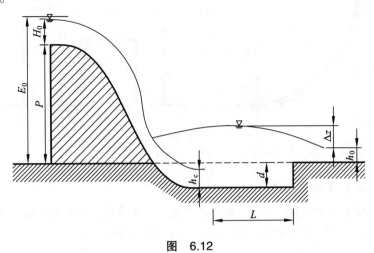

图　6.12

考虑一定的安全系数，可将不等式写为 $\sigma h_c'' = h_0 + d + \Delta z$，于是得：

$$d = \sigma h_c'' - (h_0 + \Delta z) \tag{6.27}$$

式中　σ——保证产生水跃淹没的安全系数，采用 1.05 ~ 1.10；

　　　h''——降低护坦后收缩断面 h_c 的共轭水深；

　　　Δz——水流从消力池形成的落差，可根据淹没式宽顶堰求得。即：

$$\Delta z_0 = \frac{Q^2}{2g\phi^2\omega^2}$$

一般取 $\phi = 0.95$，而 $\Delta z = \Delta z_0 - \dfrac{av_0^2}{2g}$，$v_0$ 为消力池末端流速。近似计算时，可忽略 v_0 的影响。

2. 计算过程

从图 6.12 中可知，h_c、v_0 都与 d 有关，故式（6.27）为一高次方程，不易解，采用试算法。

（1）用经验公式 $d = 1.25(h_c'' - h_0)$ 确定护坦深 d，其中 h_c'' 为未降低护坦时的 h_c 的共轭水深。

（2）用式（6.27）校核安全系数 σ 在 1.05 ~ 1.10，若 $\sigma > 1.10$，可减小 d 再核算，若 $\sigma < 1.05$，可增大 d 再进行核算。

3. 消力坎 C 的计算公式

如图 6.13 所示，为保证坎内发生淹没水跃，则：

$$\sigma h_c'' = C + H_1 \tag{6.28}$$

式中　C——坎高；

　　　H_1——坎前水头。如消力坎为曲线形实用断面堰，可近似用公式 $q \approx m\sqrt{2g}H_1^{3/2}$ 算得，一般情况下取流量系数 $m = 0.42$。

应指出，建筑消力坎（墙）后，在坎后下游收缩断面处仍有可能发生淹没式水跃或远驱式水跃，所以还需进行下游的衔接计算。若坎后仍出现远驱式水跃，则需要建第二、三道消力坎，或采取其他消能措施。

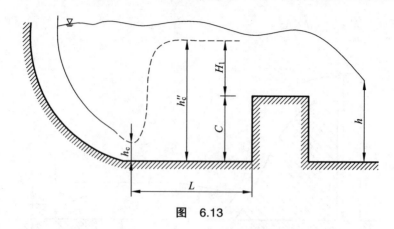

图 6.13

（二）消力池长度计算

消力池的长度 L 需大于水跃长度，由于消力池末端垂直壁面对水流的反作用力，使此种水跃（称为壅高水跃）的长度比完整水跃的长度 L_y 小 20% ~ 30%，则：

$$L = (0.7 \sim 0.8)L_y \qquad\qquad (6.29)$$

例 6.4　由例 6.1 中计算得总铺砌长度为 26 m，为了缩短下游铺砌长度，需修建一消力池（或消力坎），试计算消力池深度及长度。已知数据为：$Q = 3.5\ \mathrm{m^3/s}$，$b = 3.5\ \mathrm{m}$，$m = 1.5$，$H = 0.80\ \mathrm{m}$，$v_H = 1.80\ \mathrm{m/s}$，$P = 2\ \mathrm{m}$，$\phi = 1.0$，$h_c'' = 1.24\ \mathrm{m}$。

解：（1）假定

$$d = 1.25(h_c'' - h_0) = 1.25(1.24 - 1.05) = 0.24\ \mathrm{(m)}$$

将 d 代入式（6.1）$E_0 = h_c + \dfrac{Q^2}{2g\phi^2\omega_2^2}$ 中计算降低护坦后的 h_c：

式中

$$E_0 = P + H + \frac{av_H^2}{2g} + d = 2 + 0.80 + \frac{1.80^2}{2 \times 9.8} + 0.24 = 3.22\ \mathrm{(m)}$$

经试算得 $h_c = 0.28\ \mathrm{(m)}$。利用共轭水深方程计算：

$$\frac{\beta Q^2}{g\omega_c} + y_c\omega_c = \frac{\beta Q^2}{g\omega_c''} + y_c''\omega_c''$$

式中 $y \approx \dfrac{h}{2}$，$\omega = (b + 1.5h)h$，代入经试算得 $h_c'' = 1.28$ m。

又

$$\Delta z = \Delta z_0 = \frac{3.5^2}{2 \times 9.8 \times 1^2 \times [(1.2 + 1.5 \times 1.05)1.05]^2} = 0.074\ \mathrm{(m)}$$

代入式（6.27）得：$\sigma = \dfrac{h_0 + d + \Delta z}{h_c''} = \dfrac{1.05 + 0.24 + 0.074}{1.28} = 1.07$

则 $1.05 < \sigma < 1.1$，故取 $d = 0.24$ m。

消力池长度为：

$$L = 0.8L_y = 0.8 \times 4.5h_c'' = 4.61\ \mathrm{(m)}$$

三、跌水、陡槽的水力计算

在工程实践中，当渠道的底坡与过于陡急的地面不相适应时，为了有效地克服过大的地面高差，并尽量减少土方数量，常利用地形做一些把高差集中起来的过水建筑物，如跌水和陡槽等，以排除铁路或公路路基四周的地面水。在排洪工程中，也常采用这些建筑物。这些建筑物的水力计算原理是明渠非均匀流、堰流及水流消能等原理的综合应用。

（一）跌　水

为了克服地面高差，可以集高差于一处或几处设置消能建筑物，前者称为单级跌水，后者称为多级跌水，如图 6.14 所示。所以跌水主要用于大坡度的地段上，其目的在于在较短的距离内降低流速，通过产生淹没水跃消减水的能量。

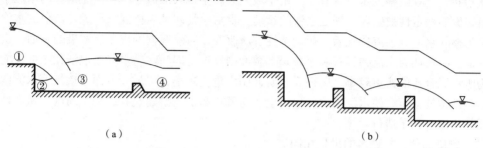

（a）　　　　　　　　　　　　　　　（b）

图　6.14

①—进口部分；②—跌水墙；③—消力部分；④—出口部分

单级跌水的水力计算包括以下几部分：

（1）进口部分：它的作用是使水流顺利流入，在选择进口形式与尺寸时，要保证不致因跌水使上游渠道的水位降落、流速增大而冲刷上游渠道，进口部分的水流现象为宽顶堰或实用断面堰流。为了保证跌坎上游渠道的水位不致降落，限制了堰的水头 H，由堰的流量公式计算出堰宽，这就决定了进口的尺寸。

（2）跌水墙与消力池：跌水墙可由地形或工程要求而定；消力池的尺寸已如前述。

（3）出口部分：它使水流与下游平顺连接。若消力池的出口采用消力坎，则采用实用堰理论计算；若出口直接与下游渠道连接，则用宽顶堰理论计算。

如图 6.14（b）所示，多级跌水是由一系列单级跌水组成，在地面高差过大时采用。多级跌水的水力计算是决定消力坎高及台阶长度。

（二）陡槽（急流槽）

陡槽是底坡大于临界坡度、水流不脱离槽身的急流沟槽，故也称急流槽。它是水流沿一个坡度较大的渠道与上、下游连接，而不是突然跌落。设置陡槽的目的是在很短的距离内，在水面落差很大的情况下，将水引至桥涵的进口或下游路基远处。陡槽是由进口、陡坡、消力池和出口等四部分组成，如图 6.15 所示。陡坡是陡槽

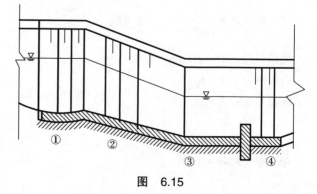

图　6.15

①—进口部分；②—陡槽（急流槽）；③—消力部分；④—出口部分

的主体，因布置简单、用料经济，故常被采用。陡槽的水力计算，包括以下几部分：

（1）进口部分：与跌水的进口相同。

（2）陡坡段与消力部分（衔接区段），它的坡度大于临界坡度，故常采用 1∶4～1∶100。它可能是棱柱形（等截面）渠道，也可能是非棱柱形（变截面）渠道。非棱柱形渠道连接两个宽度不同的区段，其长度及扩散角通常限制在 20 倍临界水深及 6°～9°比较合适。陡槽断面宽一般做得较天然河沟窄，使起点水深等于或大于陡槽的临界水深。

在棱柱形渠道中，视 $h_c > h_0$ 或 $h_c < h_0$，分别形成降水曲线或壅水曲线。根据曲线长度决定终点断面水深，进而判明与下游的连接形式，以便计算消力池或消力坎的尺寸。

为了加速在陡坡段中的消能，可在渠道底部按图 6.11 所示的要求做成各种人工粗糙渠底。

最后指出，在陡槽的水力计算中，由于坡陡会产生很大的流速。在流速很大的水流中，水流自由表面的稳定性被破坏，加之水流的紊动，水与空气即发生掺混，形成乳白色的水汽混合流，称为掺气水流。水流掺气后，运动特性有所改变，对建筑物的作用有积极的一面，也有消极的一面。一般认为水流掺气有利于减轻下游冲刷，这是因为水与空气掺混消耗了部分能量，也因为水汽混合流的比重较小，因而对下游冲刷力量就减小；但另一方面，掺气使水流深度增加，强烈的掺气甚至会使水深增加一倍以上，这就提高了下游建筑物的积水高度，从而使泄水建筑物的边墙增加了造价。

（3）出口部分：与跌水的出口相同。

小　　结

1. 本章研究的主要问题

（1）泄水建筑物上、下游水位衔接形式。

（2）宽顶堰及闸孔出流的水力现象、过水能力，影响过水能力的因素及水力计算。

（3）小桥与无压涵洞的水力计算。

（4）泄水建筑物的消能。

2. 基本公式

（1）收缩断面水深。

（2）宽顶堰流速公式：

$$E_0 = h_c + \frac{Q^2}{2g\phi^2\omega_2^2} \qquad v = \phi\sqrt{2g(H_0 - h)}$$

流量公式：$Q = \omega\phi\sqrt{2g(H_0 - h)}$

自由出流：$h = h_k$

淹没出流：$h = h_0$

思考与练习题

6.1　什么是泄水建筑物？有什么特点？

6.2　为什么要讨论泄水建筑物上、下游水位衔接问题？有几种衔接方式？各有什么特点？

6.3　试述收缩断面的特点及作用。

6.4　何谓堰？有几种类型？各有什么特点和作用？

6.5　开挖隧道时，有较大的涌水量进入坑道，如何用堰测定涌入的水量？

6.6　宽顶堰的水力特征是什么？为什么说小桥和无压涵洞是堰高等于零的宽顶堰？

6.7　为什么要讨论泄水建筑物的消能问题？有几种消能方式？消能原理是什么？

6.8　如图 6.16 所示的宽顶堰，试问：（1）当上游水位不变，下游水位在 $K—K$ 线以下，随着堰厚的增加，堰上水流情况将有哪些变化？（2）当堰坎厚度及上游水位不变，下游水位由低于 $K—K$ 线逐渐增加到高于 $K—K$ 线时，水流情况又将有什么变化？并说明其对过水能力的影响。

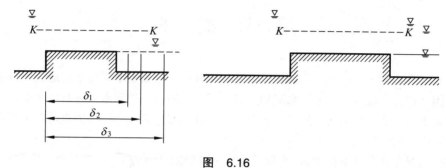

图　6.16

6.9　已知动能修正系数 $a=1.0$，不计水力损失，试证明若堰顶水头 $H_0=$ 常数，当通过最大流量时，堰上水深 $h=h_k$。

6.10　一实用断面堰（见图6.12）的堰与渠道同宽，均为矩形。已知堰前水头 $H=2.96$ m，堰高 $P=10$ m，取流量系数 $m=0.49$，下游正常水深为 4 m，流速系数 $\phi=0.95$。试计算：

（1）判明堰下游水流衔接形式。

（2）若采用消力池消能，消力池护坦降深 d 及池长 L 各为多少？

6.11　一矩形陡坡水渠，利用单级水跃连接，试计算上、下游连接方式及水面曲线类型。已知跃坎高 $P=1.0$ m，$Q=6.0$ m³/s，水渠均用混凝土护面，底宽为 2 m，上游渠道底坡为 0.003，下游渠道底坡为 0.004，下游 $h_0=1.2$ m。

6.12　某工务段管区有一座 2×8 m 钢筋混凝土小桥，一场洪水过后测得桥前积水为 1.85 m，下游正常水深 $h_0=1.9$ m，取收缩系数 0.8、流速系数 0.85。试计算过桥流量与流速各为多少？

6.13　某一级线路上有一座 1×2 m 的矩形涵洞，洞口高为 2.5 m，洞口为八字翼墙，一场洪水后留下洪痕为 2.0 m，下游正常水深为 0.9 m，取收缩系数 $\varepsilon=0.95$、流速系数 $\phi=0.85$。试计算通过涵洞流量及流速各为多少？

6.14　设在一混凝土矩形断面直角进口溢洪道上进行水文测验。溢洪道进口当作一宽顶堰，测得溢洪道上游渠底高程 $z_0=0$，溢洪道底高程 $z_1=0.4$ m，堰上游水面高程 $z_2=0.6$ m，堰下游水面高程 $z_3=0.5$ m。试计算通过溢洪道的单宽流量 $q=Q/b$ 为多少？

6.15　河道中修建一座 2×8 m 的钢筋混凝土小桥，河道中流量为 $Q=64.3$ m³/s，原河道中水深 $h_0=1.6$ m，取压缩系数 $\varepsilon=0.80$、流速系数 $\varphi=0.85$。试计算修桥后上游水面的壅高值。

第七章　渗流的水力计算

内容提要　本章主要阐述水在土壤空隙中的流动，结合工程实例说明基本原理与方法。

第一节　概　述

液体在多孔介质中的流动称为渗流。在铁道工程中，渗流主要是指水在地表面以下的土壤中流动，因此这种渗流也称为地下水流动。我们所讨论的这一地下水具有自由水面，上面没有不透水层覆盖，水面上仍为大气压强，为无压流，即仍属重力流。因重力流是在土壤空隙中流动，流速不大，故为层流。

铁路经过地下水位较高的地区，为保持路基干燥稳固并防止冻害，常需设置渗沟以排泄地下水；开挖基坑时常需进行基坑涌水量计算；在地下水丰富的松散地层中修建桥隧等建筑物常用井点降水法及深井抽水降水。本章将从各种情况的渗流运动出发，建立流量、流速及水深计算公式，从而掌握渗流运动规律。从这些规律与公式中，可绘制地下水位降落后的浸润曲线，即降水曲线，它实际为非均匀渐变流，如图 7.1 所示。

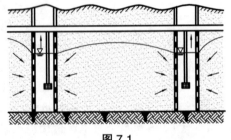

图 7.1

第二节　达西定律

达西通过大量试验研究，总结得出渗流能量损失与渗流速度之间的关系，成为渗流计算中最基本的公式，后人称之为达西定律。

设置溢水管 b，筒壁边缘装有测压管，分别设在相距为 L 的两个断面上，筒底以上一定距离处安有滤板 D，渗流流量可由容器 C 量取（见图 7.2）。当土的上部水面保持稳定后，通过筒中砂土的渗流测定也是稳定的，测压管的水面也是稳定的。由于渗流的流速极为微小，所以流速水头可以忽略不计。因此相距为 L 的两个断面的测压管水面之差 ΔH，即为在 L 流程上渗流的水头损失 h_w。即：

$$z_1 + \frac{p_1}{\gamma} + 0 = h_w$$

亦可写成
$$\left(z_1 + \frac{p_1}{\gamma}\right) - \left(z_2 + \frac{p_2}{\gamma}\right) = h_w = \Delta H$$

达西的实验也可用图 7.3 表示，这样更为直观。

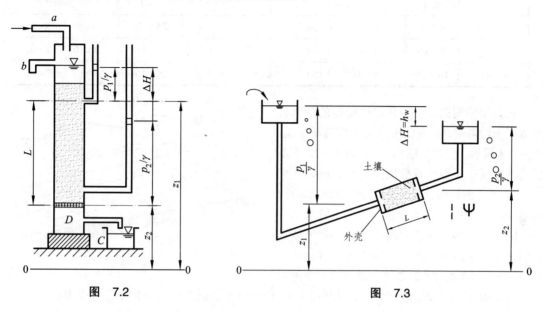

图 7.2　　　　　　　　　　　　　　图 7.3

达西发现，渗流的流量 Q 与渗流的过水断面面积 ω 和水头损失 h_w 成正比，与渗流通过的长度 L 成反比，并且与土壤的透水性质有关，即：$Q \propto \omega \dfrac{h_w}{L}$。

因 $\dfrac{h_w}{L} = J$，故上式又写成：

$$Q = kJ\omega \tag{7.1}$$

式中　K——渗流系数，又称渗透系数，是反映孔隙介质透水性能的一个综合系数，与流速的单位相同。

在过水断面 1 上的平均渗流流速 v 为：

$$v = \frac{Q}{\omega} = kJ \tag{7.2}$$

式（7.2）称为达西公式，它表明匀质土壤中渗流流速与水力坡度的一次方成正比，并与土壤的性质有关。

由于渗流的流速很小，流速水头可以忽略不计，因此渗流的总水头可用测管水头代替，水头损失 h_w 可用测管水头差 ΔH 表示，而水力坡度 J 也可用测管水头坡度表示。

达西定律的渗流流水损失和流速的一次方成正比，即水头损失与流速成线性关系，一般称为线性渗流，适用范围是层流。在铁道工程中，大多数渗流属于线性渗流，达西定律可以使用。

渗流系数 k 值可通过取样在试验室内或在工地现场进行实测，一般计算时可从手册中查用，表 7.1 列出了土壤渗流系数参考值。

表 7.1　土壤渗流系数参考值

土壤	渗流系数 k		土壤	渗流系数 k	
	m/d	cm/s		m/d	cm/s
砂土壤	$1 \sim 5$	$1 \times 10^{-3} \sim 6 \times 10^{-3}$	粗砂	$25 \sim 75$	$3 \times 10^{-2} \sim 8 \times 10^{-2}$
细 砂	$5 \sim 10$	$6 \times 10^{-3} \sim 1 \times 10^{-2}$	粗砂夹卵石	$50 \sim 100$	$6 \times 10^{-2} \sim 1 \times 10^{-1}$
中 砂	$10 \sim 25$	$1 \times 10^{-2} \sim 3 \times 10^{-2}$	夹砂的卵石层	$75 \sim 150$	$8 \times 10^{-2} \sim 2 \times 10^{-1}$

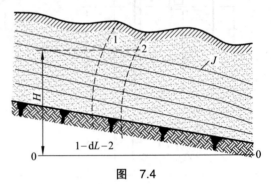

图　7.4

　　还需要说明的是，达西定律给出的计算公式适用于均匀流，但多数渗流是非均匀渐变流。如图 7.4 所示，任取两断面 1—1 和 2—2，在渐变流的断面中压强也是静压强分布，所以断面 1—1 上各点的测压管水头皆为 H，沿底部流线相距 dL 的断面 2—2 上各点的测压管水头为 $H + \mathrm{d}H$，由于渐变流流线间的夹角小和流线本身曲率小，流线几乎为平行的直线，可以认为断面 1—1 与断面 2—2 之间，沿一切流线的距离均近似为 dL，当 dL 趋于零，则得断面 1—1 任一过水断面上各点的测压管坡度为：

$$J = -\frac{\mathrm{d}H}{\mathrm{d}L} = 常数 \tag{7.3}$$

　　根据达西定律，即过水断面上的各点渗流流速 u 都相等，此时断面平均流速 v 也就与渗流流速 u 相等。即：

$$v = u = kJ \tag{7.4}$$

此式称为 A·J·迪皮幼（Dupuit）公式。

　　公式表明，渐变渗流中，同一过水断面各点渗流流速相等并等于该断面的平均流速，流速分布为矩形，不同过水断面上流速大小不同，迪皮幼公式的形式同达西定律公式一样，但是含义已有不同，达西定律公式是表示均匀渗流的断面平均流速及渗流区内任意点上的渗流流速与水力坡度的关系，迪皮幼公式表示的是渐变渗流过水断面上渗流流速与水力坡度的关系，也就是说，迪皮幼公式是达西定律普遍表达式的特殊情况。

第三节　管井的涌水量计算（井的渗流）

　　井是一种汲取地下水或做排水用的集水建筑物，一般分为潜水井与承压井。潜水井也称普通井，位于地表下潜水含水层中，用以汲取具有自由水面的无压地下水（亦称潜水）。其井底直达不透水层下含水层层面的压强大于大气压强，则这种地下水称为承压地下水，而汲取承压地下水的井称承压井或自流井。当承压水自动从井中流出称为自流井，未流出地表面的才称为承压井。承压井也分为完全井与非完全井。

一、完全普通井（单井）

如图 7.5 所示，井身位于水平不透水层之上，其含水层厚度为 H，不从井中取水时，井中水面与原有天然水面齐平，当从井中抽水，汲取流量为 Q 时，井中水位下降，四周地下水向井集流形成漏斗形的浸润表面，其浸润曲线形似降落漏斗。（即非均匀渐变流降水曲线）以不透水层表面为基准，设距井轴 r 处的浸润线高度为 z，则该处过水断面为圆柱面，其面积为 $2\pi rz$，在断面上的水力坡度 J 为 dz/dr。

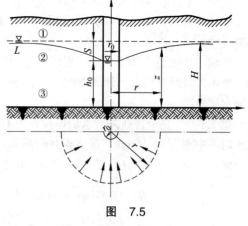

图　7.5

①—天然水面；②—浸润曲线；③—不透水层

由式（7.1）得：

$$Q = k\omega J = 2\pi krz\frac{dz}{dr} \tag{7.5}$$

分离变量得：

$$zdz = \frac{Q}{2\pi r}\frac{dr}{r}$$

在井壁处，$r = r_0$，$z = h_0$，对式（7.5）两端在相应的变量范围内定积分：

$$\int_{h_0}^{z} zdr = \frac{Q}{2\pi k}\int_{r_0}^{r}\frac{dr}{r}$$

积分后得：

$$z^2 - h_0^2 = \frac{Q}{\pi k}\ln\frac{r}{r_0}$$

或将上式中的自然对数转换为常用对数，则

$$z^2 - h_0^2 = \frac{0.735Q}{k}\lg\frac{r}{r_0} \tag{7.6}$$

式中　r_0—— 井的半径；

　　　h_0—— 井中水深。

当 k、r_0、k_0、Q 为已知值时，根据式（7.6）可绘制出沿井的径向剖面的浸润曲线。

若井的影响半径为 R，当 $r = R$ 时，抽水对地下水位线不再影响，即 $z = H$，井的稳定最大流量为：

$$Q = 1.36\frac{k(H^2 - k_0^2)}{\lg\left(\dfrac{R}{r_0}\right)} \tag{7.7}$$

井的影响半径 R 可用经验公式计算：

$$R = 3\,000S\sqrt{k}$$

或　　　　　　　$$R = 575S\sqrt{Hk} \tag{7.8}$$

式中，S 为水位降深，即 $S = H - h_0$，S、R 均以 m 为单位，k 为渗透系数，以 m/s 为单位。

初步计算时，影响半径 R 可采用：细粒土壤，$100 \sim 200$ m；中粒土壤，$250 \sim 700$ m；粗粒土壤，$700 \sim 1\ 000$ m。

影响半径理论上为无穷大，实用上是一有限数值，其值虽不易精确确定，但供水能力 Q 随 $\lg R$ 变化，因而对抽水量计算影响不大，不会产生很大误差。求影响半径的最好办法是在现场做抽水试验。

例7.1　一完全普通井含水层厚度 H 为 10 m，渗透系数 k 为 0.0015 m/s，井的半径 r_0 为 0.5 m，抽水时井中水深 h_0 为 6 m，试估算井的涌水量。

解：

$$S = H - h_0 = 10 - 6 = 4 \ (\text{m})$$

$$R = 3\ 000 S \sqrt{k} = 3\ 000 \times 4 \times \sqrt{0.001\ 5} = 465 \ (\text{m})$$

$$Q = \frac{1.36 k (H^2 - h_0^2)}{\lg\left(\dfrac{R}{r_0}\right)} = \frac{1.36 \times 0.001\ 5 \times (10^2 - 6^2)}{\lg\left(\dfrac{4.65}{0.5}\right)} = 0.044 \ (\text{m}^3/\text{s})$$

二、井群（多井）

多井在相距不远的同一地区内同时抽水，井与井之间地下水流互有影响，这种多个井的组合称为井群，如图 7.6 所示。在铁道工程中，设置井群多用于降低地下水位，以开挖基坑或修建隧道建筑物的方法，常称为井点降水或井点排水。

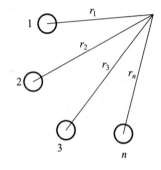

图　7.6

多井同时工作，水流相互影响，水流运动及浸润面均较为复杂。为简化计算，假定各井尺寸相同，且均为完全普通井，各井的抽水量亦相等。

井群的总涌水量 1 及井群的水头线方程各为：

$$Q_0 = \frac{1.36 k (H^2 - z^2)}{\lg R - \dfrac{1}{n} \lg(r_1 \cdot r_2 \ \cdots \cdot r_n)} \tag{7.9}$$

$$z^2 = H^2 - 0.735 \frac{Q_0}{k}\left[\lg R - \frac{1}{n}\lg(r_1 \cdot r_2 \ \cdots \cdot r_n)\right] \tag{7.10}$$

式中　n——井群的井数，每一井的涌水量为 Q，则 $Q_0 = nQ$；

z——井群抽水时，含水层浸润面上 A 点高度；

R——井群的影响半径，可按单井的影响半径计算，见式（7.8）；

H——含水层厚度；

k——渗流系数；

r_1，r_2，$\cdots$，r_n——各井到 A 点的距离。

式（7.10）称为井群的水头线方程。

例 7.2　用井点法降低一矩形基坑的地下水位，其布置如图 7.7 所示。井群总涌水量 Q 为 80 L/s，地下水含水层厚度 H 为 10 m，井群的影响半径 R 为 500 m，渗流系数 k 为 0.001 m/s，求井群（或基坑）中心点 0 的地下水位降深值。

解： 已知各井到基坑中心 0 的距离：

$$r_1 = r_5 = 30 \text{ m}; \quad r_3 = r_7 = 20 \text{ m}; \quad r_2 = r_4 = r_6; \quad r_8 = \sqrt{30^2 + 20^2} = 36 \text{ (m)}$$

井群总涌水量：

$$Q_0 = 80\text{L/s} = 0.08 \text{ (m}^3\text{/s)}$$

由

$$z^2 = H^2 - 0.735\frac{Q_0}{k}\left[\lg R - \frac{1}{n}\lg(r_1 \cdot r_2 \cdots r_n)\right]$$

$$= 10^2 - 0.735 \times \frac{0.08}{0.001}\left[\lg 500 - \frac{1}{8}\lg(36^4 \times 30^2 \times 20^2)\right] = 27.89$$

得 $z = \sqrt{27.89} = 5.28 \text{ (m)}$。

基坑中心点 0 处地下水位降深值：$S = H - z = 10 - 5.28 = 4.72$ (m)。

例 7.3　用井点法降低一圆形基坑地下水位，布置如图 7.7 所示。若 $r = 25$ m，每井抽水量 Q 为 15 L/s，井群影响半径 R 为 500 m，含水层厚度 H 为 10 m，$k = 0.001$ m/s，求基坑中心点 0 的水位降深。

解： 井群沿半径为 r 的圆周布置，对于圆心处，由于 $r_1 = r_2 = r_3 = r \cdots r_n = r$，故式（7.10）简化为：

$$z_0^2 = H^2 - 0.735\frac{Q_0}{k}\lg\frac{R}{r}$$

z_0 为井群圆心处的浸润面高度。

图 7.8 所示中共有六个井，故：

$$Q_0 = 6 \times 15 = 90(\text{L/s}) = 0.09 \text{ (m}^3\text{/s)}$$

$$z_0^2 = 10^2 - 0.735 \times \frac{0.09}{0.001} \times \lg\frac{500}{25} = 13.94$$

$$z_0 = \sqrt{13.94} = 3.73 \text{ (m)}$$

基坑中心 0 点水位降深 $S = 10 - 3.73 = 6.27$ (m)。

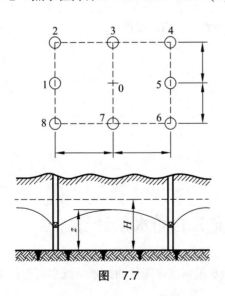

图 7.7

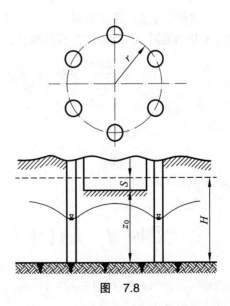

图 7.8

三、承压井（自流井）

由于地质构造常常是分层的，所以地下水常常也是分层的。在两个不透水层之间的含水层的水质一般都比潜水水质要洁净，水压较高，大于大气压，有时还会冒出地面形成泉水，这种含水层称为自流层，取用自流层的水井称为承压井（自流井），如图 7.9 所示。

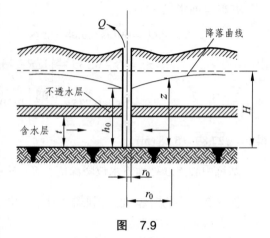

图　7.9

讨论承压井仍采用讨论潜水井时的一些假定，所不同的只是假定含水层的厚度 t 不变。与潜水井相同，承压井也根据井底是否到达下面的不透水层而分为完全井和不完全井。由于不完全井的数学表达式相当复杂，一般采用经验或半经验公式。下面讨论完全井。

假定未抽水前含水层的地下水是静止的，测压管水头面高于上层不透水层的底面，凿井穿过覆盖在含水层上的不透水层时，地下水位将上升到高度 H，如图 7.9 所示，若从井中抽水，则井中水深由 H 降至 h_0，在井外的测压管水头线下降，形成一个以井轴为中心的轴对称漏斗形降落曲线。

以半径为 r 的圆柱形过水断面，它的面积为 $\omega = 2\pi r t$，断面平均流速为 $v = k\dfrac{\mathrm{d}z}{\mathrm{d}r}$，则以流量表示的微分方程为：

$$Q = \omega v = 2\pi r t \cdot k\frac{\mathrm{d}z}{\mathrm{d}r}$$

经分离变量，从 (z,r) 断面到井壁积分并整理得：

$$z - h_0 = 0.366\frac{Q}{kt}\lg\frac{r}{r_0} \tag{7.11}$$

此即承压井测压管水头线曲线方程。

与潜水井相类同，采用影响半径的概念，令 $r = R$，$z = H$，可得：

$$Q = \frac{2.73kt(H - h_0)}{\lg\dfrac{R}{r_0}} = \frac{2.73ktS}{\lg\dfrac{R}{r_0}} \tag{7.12}$$

或

$$S = \frac{Q\lg\dfrac{R}{r_0}}{2.73kt} \tag{7.13}$$

式中，S 为水位降深。

第四节　大口井（基坑）的涌水量计算

开挖基坑时，如直接从基坑中抽水排出，其涌水量与水位降落的关系可按水利工程中大口井涌水量计算的方法进行计算。

　　大口井是给水工程中集取地下水的一种建筑物，适用于地下水位埋藏较浅且含水层较薄而不宜用深井的情况，井径一般为 4～8 m，不宜超过 10 m

　　如图 7.10 所示，关于大口井的渗流有两种简易的图式假定，一种是假定过水断面为圆球形，另一种假设过水断面为椭圆形。前者适用于含水层很厚的情况，含水层厚度为 $(8～10)r_0$，后者适用于含水层厚度较小的情况。设大口井半径为 r_0，抽水后水位下降为 S，井的影响半径为 R，渗流系数为 k，平底大口井的渗流过水断面为椭球面，则：

$$Q = 4kr_0S \qquad\qquad (7.14)$$

　　若为圆球过断面，则：

$$Q = 2\pi kr_0S \qquad\qquad (7.15)$$

　　由式（7.14）、（7.15）可以看出，Q 与 S 成正比，基坑排水井，可进行现场试验，先测定 $S = 1\ \text{m}$，$S = 2\ \text{m}$ 的抽水量，即可推算出达到要求的地下水位降落值时应排走的流量。

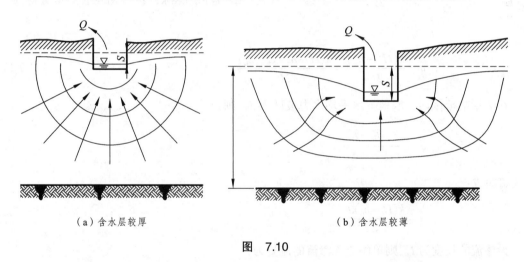

　　　　（a）含水层较厚　　　　　　　　　　　　　　　　　（b）含水层较薄

图　7.10

　　例 7.4　如将例 7.2 中的基坑由矩形改为圆形，其底面积为 240 m^2 及抽水量为 80L 均不变，渗流系数也不变，但直接从基坑中抽水，其地下水位降落应为多少？

　　解：由 $\pi r_0^2 = 240$ 知 $r_0 = 8.74\ \text{m}$，而

$$S = \frac{Q}{4kr_0} = \frac{8 \times 10^{-2}}{4 \times 0.001 \times 8.74} = 2.29\ (\text{m})$$

即地下水位降落 2.29 m，仅为例 7.2 井点降水法降落值的 48.5%。

第五节　集水廊道的流量计算（渗沟排水）

　　在铁道工程中，为降低路基下的地下水位，有时在路基侧边的不透水层上设置地下沟，以排泄地下水。在给水工程中，为采集地下水，也常设此种渗沟，称为集水廊道。

如图 7.11 所示，取渗沟单位长度（1 m），单测流入的地下水量为 q，则 $q = k\omega J = kz\dfrac{\mathrm{d}z}{\mathrm{d}x}$，分离变量并积分：

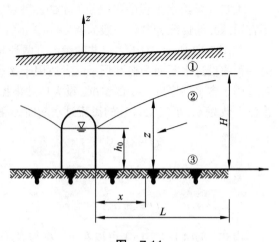

$$\frac{q}{k}\int_0^x \mathrm{d}x = \int_{k_0}^z z\mathrm{d}z \qquad (7.16)$$

$$z^2 - k_0^2 = \frac{2q}{k}x$$

式（7.16）为渗沟两侧地下水面降落曲线方程。设 L 为渗沟的影响范围，即 $x = L$，$z = H$，于是：

$$q = \frac{k(z^2 - h_0^2)}{2x}$$

图 7.11

①—地下水天然水；②—浸润曲线；③—不透水层面

或

$$q = \frac{k(H^2 - h_0^2)}{2L} = \frac{k(H + h_0)(H - h_0)}{2L} \qquad (7.17)$$

在 L 影响范围内，取地下水平均水力坡度为 J，则：

$$J = \frac{H - h_0}{L}$$

上式可写成：

$$q = \frac{k(H + h_0)J}{2}$$

设渗流的长度为 l，则单侧流入渗流的流量为：

$$Q = ql = \frac{k(H + h_0)}{2}J \cdot l \qquad (7.18)$$

双侧流入渗沟的流量为：

$$Q = 2ql = k(H + h_0)J \cdot l \qquad (7.19)$$

地下水降落曲线的平均水力坡度 J 值在砂壤中为 0.02 ~ 0.05，在砂中为 0.006 ~ 0.02；在粗砂及卵石中约为 0.003 ~ 0.006。

例 7.5 为降低地下水，在铁路路堑山侧埋设渗沟，经钻探含水层厚度 $H = 3$ m，渗沟中水深 $h_0 = 0.3$ m。设渗流系数 $k = 0.002$ cm/s，平均水力坡度 J 为 0.02，求渗沟长度为 1 000 m 的流量。

解： 铁路路堑设置渗沟，一般为单侧排除地下水，由式（7.18）知：

$$Q = \frac{k(H + h_0)}{2}J \cdot l = \frac{0.002 \times 10^{-2}(3 + 0.3)}{2} \times 0.02 \times 1\,000$$

$$= 8.25 \times 10^{-4} \ (\mathrm{m^3/s}) = 0.825 \ (\mathrm{L/s})$$

小　结

（1）了解达西定律与迪皮尔公式、渗流模型的概念，渗透系数的意义和确定的方法。

（2）通过涌水量 Q 的计算公式建立 Q、H、z、S、R、r 的关系，并依次推算所需之值。

思考与练习题

7.1　为实测土层的渗流系数，在该地区打一半径为 0.15 m 的井，并在距井中心 50 m 处水深为 2.0 m，钻孔处水深为 2.55 m，求土层中的渗流系数。

7.2　试求例 7.3 中两相邻井中点处的地下水高度（见图 7.8）。

7.3　在河滩上开挖一直径为 10 m 的基坑，深度为 6 m。测得地下水在地面下 2 m 处渗透系数为 0.001 m/s，求应从基坑抽水的流量。

7.4　一工厂区为降水地下水位，在水平不透水层上设置一条长度为 100 m 的集水廊道，然后经排水沟排走。经实测，在距廊道边缘 80 m 处地下水位开始下降，该处地下水水深为 5 m，廊道中水深为 3 m，由廊道排出总量为 0.8 m³/s，试求土层的渗流系数。

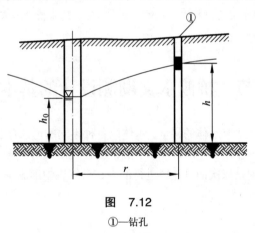

图　7.12

①—钻孔

第二篇

桥涵水文

第八章　桥渡水文与河流概述

内容提要　本章对桥渡水文的内容作了总体介绍，对河流的水情、河床的演变与河段的分类也进行了简要的叙述。

第一节　桥渡水文勘测设计的基本内容

从广义上讲，水文学是研究水体的科学。水体以各种不同的形式存在于自然界中，地球上的水因受太阳辐射和地力吸引的作用而不断运动着，它们的表现形式为：蒸发、降水、径流与渗流。这种运动现象称为水象，水象是依次而且连续进行的，在自然界中形成一个循环，如图 8.1 所示。

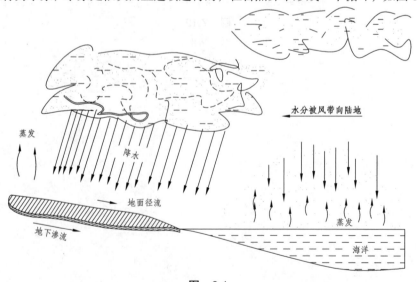

图　8.1

　　所以水文是指自然界中各种水象的发生和运动规律。水文学就是研究水象循环中水体存在及其运动规律的一门科学。水文学的研究是很广泛的，按水体在空间上的相对位置不同，水文学可以分为：水文气象学、地下水文学、陆地水文学、海洋水文学。本书只涉及陆地水文学部分中的地面与江河的径流与汇合。

　　降落在地面上的水量，经过截流、土壤下渗以及洼地蓄水等损失后，在重力作用下沿着地面上的一定方向和路径流动的水流叫径流。由于径流对地面的长期侵蚀，将其冲成水沟，集成水溪，最后汇成河流，这些脉络相通的大、小河流所构成的系统，称为水系或河系。图 8.2 所

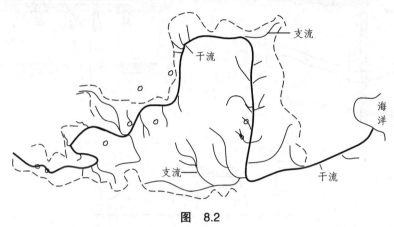

图　8.2

示是某大河水系的略图，水系中直接流入海洋、湖泊或其他大河的河流称为干流，而流入干流的河流称为支流。这些汇集水流的区域称为某河的流域或汇水区，如长江流域、黄河流域、海河流域等。流域分水线所包围的平面面积，称为流域面积或汇水面积，单位为 km^2。对于局部地区，也就是铁路跨越的某些支流（见图 8.3），称为小流域的汇水面积。

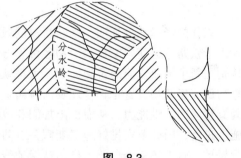

图　8.3

　　铁路在必须跨越这些干流、支流和山涧小溪（或相应的汇水区）时，就要建造水工建筑物。这些建筑物按使用性质而有所不同。通常使水流通过路堤的方法有桥梁和涵洞，当水量不大时，也可用明渠或透水路堤。而当水流通过路堑时，则常用倒虹吸管与高架水槽。若当铁路通过较宽的江河、湖泊和海洋时，根据技术、经济和国防的要求，可以修建河底隧道、轮渡和水中筑堤，在极为寒冷的地区，甚至可用冰渡的跨越方式等。其中桥梁与涵洞是铁路上最常用的过水建筑物。本书主要是讨论与桥涵有关的水文分析与计算，特称之为桥渡水文。

　　桥渡是指跨越河流的桥涵建筑物和为了引导水流顺畅地通过桥涵而修建的导治建筑物以及与桥涵连在一起受水流冲击影响的河滩路堤，如图 8.4 所示。桥渡与水系的关系极为密切，它们互相制约与影响。因此，桥渡的布设应根据不同河段的特点，结合地形、地质等自然条件进行。这就要求桥渡能舒畅地排泄设计洪水，还要与城镇、站场的排水设施相配合，同时也要与农田水利、水陆交通和周围环境保护相配合，组成一个完整的排水系统，因此桥渡是宣泄设计洪水的极为重要的过水建筑物。所以在铁路勘测中，就要研究所跨越河流的水文情况，如河

段的类别、河床的演变、洪水的设计流量与水位等，将所获取的各项资料并结合其他自然条件，选择桥涵的位置、确定桥涵的类型、计算桥涵的孔径，给桥渡以总体布设，以利洪水宣泄，保证桥渡安全，这就是桥渡水文的主要任务与内容。所以学习桥渡水文的目的，就是根据河流的习性来选择桥涵的类型与位置，计算出桥涵建筑物可能通过的最大流量及其轮廓尺寸（如孔径、桥高和基础埋深等），为桥涵的技术设计当好先行，也就是说桥渡水文是勘测设计的第一步，是整个桥涵设计的重要组成部分。

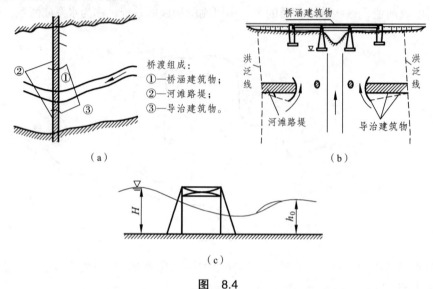

图　8.4

以往的经验充分证明，铁路桥渡的毁坏大多是水害所致，它不仅冲毁了桥涵、路基，而且由于铁路停运使国家在政治和经济等方面所受到的损失更是惊人。因此对既有铁路桥涵，特别是新中国成立前的桥涵，由于大都缺乏水文资料，其孔径和基底埋深是否恰当，桥涵布置与调节建筑物设置是否合理及河滩路堤是否安全等，都需要进行水文检算，以确定和判别既有桥涵的抗洪能力，从而提出加固和改建的设计方案。在施工期间，洪水也会威胁、干扰施工进度，因此要安排好施工期限并有防洪、抗洪的有力措施和施工方案。所以，不论是进行设计、施工还是养护的人员，从保证线路安全畅通的需要出发，对桥渡水文的重要性应有足够的认识。

新中国成立后，水文工作受到了党和政府的高度重视，我国的水文事业得到了极大发展，在桥渡勘测和计算方面，学习了发达国家的先进技术，并结合我国的经验和地区特点，制定了适合我国国情的计算公式，对已建成的桥涵工程进行了长期的水文观测研究，采取了有效的防护措施，积累了丰富资料和实践经验。同时在全国各大河流上普遍建立了水文观测站，并在中小流域也建立了径流试验站，还成立了庞大的水文科学研究机构，以便通过观测和分析，建立一整套符合我国实际情况的水文科学。

为了提高桥渡勘测设计质量，符合我国的技术经济政策，铁道部组织了有关单位，根据我国各类河流的自然特点，结合对桥渡勘测与设计计算的最新研究成果，已编制出《铁路水文勘测规范》（1999 年，该标准将归并《铁路水文勘测规范》中，以后简称《桥渡水文勘规》）及包括水文检算方面内容的《铁路桥梁检定规范》（以后简称《桥梁检规》），铁道部第三设计院又重新整编了《桥渡水文》技术手册，这些都是我们进行技术工作的依据。

第二节 河道洪水的补给与水情

我国幅员辽阔,由于河流经过地区的地理和气候条件相差悬殊,河流洪水的补给和水情,在各地区内的分布是多样的。其可概括地分为三类:雨源类——洪水由降雨形成;雨雪源类——夏秋季洪水由降雨形成,春汛则主要由冬季的积雪融化形成;冰雪水和雨水混合源类——洪水由高山上的冰雪和降雨混合而形成。

河流中的水位每年总的涨落情况叫水情。由于洪水补给不一样,它们的水情也不一样,如图 8.5 所示为我国各地雨源类、雨雪混合类的水情图,图内纵坐标为水位或流量,横坐标为月份,曲线最高点为全年洪水的最高点或最大流量,称为洪峰。从水情图上可以看出河流当年洪峰的大小,发生的月、日以及洪峰涨落的速度和持续时间的曲线。该曲线称为年流量过程线,在洪水期间的一段也叫洪峰过程线。

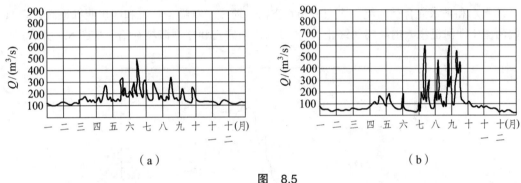

图 8.5

对雨源类,年流量过程线呈现多峰状。如图 8.6,其特点是一年内的径流变化完全与降雨变化相一致,一般夏秋洪水汛期持续时间较长,覆盖面大,水量丰沛,降水总量大,在流域内往往形成组合型的暴雨洪水,常可造成大面积的严重灾害。我国秦岭、淮河以南直至台湾、海南岛、云南广大地区的河流都属于这一类。西部和北部地区的河流以秋汛为主,东部沿海地区常因台风影响而发生大洪水,多出现夏汛(伏汛)。

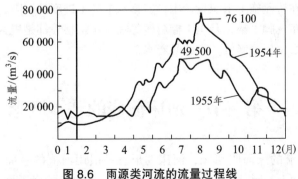

图 8.6 雨源类河流的流量过程线

雨雪源类的河流,主要分布在我国的华北、东北地区,每年有两次汛期,年流量过程线呈双峰型。如图 8.7,四五月间由于融雪形成春汛,水量虽不大,但在下游常出现水塞,对沿海桥梁和水工建筑物影响很大，春汛以后有一段枯水期，在六至九月间形成夏汛和秋汛。一般来讲春汛比夏汛要小得多，因此在统计每年洪水流量时，决不应将春汛和夏汛混合统计。

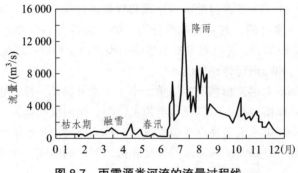

图 8.7　雨雪源类河流的流量过程线

冰雪水和雨水混合类河流，主要分布在青海、西藏、新疆、甘肃和四川西部地区，它们多属内河流（即河流注入内陆湖而终止），水量由高山融雪和冰坝溃坝补给。如图 8.8 所示。

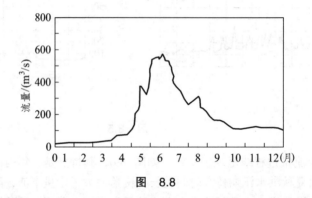

图　8.8

上述水情的变化直接反映了河道中的水流情况，它在水文统计计算中有重要价值，通常要取每年的水情图中的一个最大流量值作为统计值的基本数据，依此推求设计洪水。同时从这些水情图中也可以看到河滩在一年之中平均被淹没的时间长短及淹没深度，这对于在河滩设置路堤是否合适，以及在桥涵施工组织设计中，安排水上施工进度的期限，修建施工便桥以及两岸场地是否可在河滩布置脚手架，乃至工棚料栈等临时建筑物等都是极为重要的依据。所以桥梁建设上有个口号：心中想着修桥，眼睛盯着水情。

第三节　河床演变的基本概念

河流中承受水流的床面叫河床，河床的形态一般用河流的平面、纵断面和横断面来表示，如图 8.9（a）、（b）所示。垂直于流向的断面称为河床的横断面，一般情况下河床的横断面由河槽和河滩两部分组成。河槽部分每年都受洪水淹没，而且伴随着泥沙运动，植物不易生长，河槽中较高的可移动的泥沙堆称为边滩，其余的部分称为主槽，主槽均在常水位以下。河滩部分被洪水淹没的次数较少，洪水时河滩无泥沙运动，常年长杂物、灌木丛或农作物。将各横断面上的最深点沿水流方向连成一线，便可在平面上得到河流的深泓线，沿河流深泓线的断面称为河流的纵断面，它可以表示河流沿程变化的情况，深泓线上水流单位长度内的落差称为比降，并以 i（‰）表示。

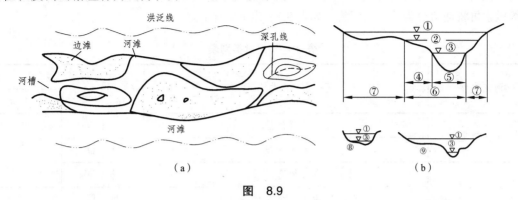

图　8.9

河床形态（平面、纵、横断面）的不断变化称为河床的演变，它是河道水流和河床泥沙长时间的相互作用，又加之人类活动（修建水工建筑物等）的干扰，以致出现输沙不平衡和河流变弯的结果。因此河床演变是与河床土质、流量的大小和变化、流域的流沙条件、人类活动的干扰以及水面比降的陡缓密切相关的。河床演变的过程称为造床过程，也就是通过泥沙运动塑造河床形态的过程。

河床泥沙的来源是流域中和河道本身的土壤，它包括小颗粒的泥和砂、砾石、卵石、大漂石等。各类河流的产沙条件不同，如黄河中游通过黄土高原，使下游河水中含有大量的泥沙，年平均输沙量为长江的 3 倍多。同时，水在流动时所具有的夹沙能力也不尽相同，其运动方式可分为悬移质（又称悬沙）和推移质（又称底沙）两类。悬移质的颗粒较细，一般在 0.05 mm 之下，它借助水流的动力悬浮在水中向下游运动，时而被水流推走，时而停止，它是造成河床演变的重要因素，具体表现为河床的某些部分受冲刷而其他部分发生淤积。

河床演变从平面发展趋势来看，它可分为纵向变形与横向变形两种。河床的纵向变形是河床沿流程平均高程的变化，它是由于纵向输沙不平衡所引起的。它可能是由挟沙量的因时变化和沿程变化、河流比降与河谷宽度的沿程变化等自然因素所引起的，也可能是由水工建筑物的修建所引起。河流的横向变形是由于横向输沙不平衡所导致的，它包括：河湾发展、河槽拓宽、塌岸、分汊等。

总之，河床演变是一个极为复杂的造床过程。即使河床变形后，这种输沙不平衡也只是暂时的，在新的河床和水流条件下，输沙不平衡现象仍然存在，因而引起河床的不断变形，也就是说河床断面不断处于冲淤交替之中，而且在天然河道中，纵向变形与横向变形也往往是交织在一起的。尤其是建造桥渡建筑物后，桥渡上、下游的河床演变还在继续和发展，这对桥渡的水利水文计算都有很大的影响。

第四节　河段分类

一条河流，开始有表面水流的地方称为河源，它可能是溪涧、泉水、冰川、湖泊或沼泽。河流流入海洋、湖泊或其他大河的地方称为河口。对于较大的河流，从河源到河口，可按河床的地形、形态和水文特征，将河流全长分为上游、中游和下游三段。上游是河流的上段，紧接河源，多源于深山峡谷中，中游两岸多为丘陵地区，下游是河流的最下段，一般处于平原区。

在桥涵设计中，不论选择桥址、桥跨布设、确定桥高和基础埋深，以及布置导治建筑物等，均与桥涵所在的河段类型有关。《桥涵水文勘测》根据河段发育成长特征，按河谷比降及地质构造等因素可将河流分为若干类河流，如表 8.1、表 8.2 所示。

表 8.1 河段类别表

河流类型	河段类型		稳定程度	
			序号	分类
山区河流	峡谷河段		I	稳定
	开阔河段		II、III	
平原河流	顺直微弯河段		II、III	次稳定
	分汊河段（主要指分两汊）		III、IV	
	弯曲河段	强制弯曲	III	
		自由弯曲（蜿蜒）	IV	
山前河段	游荡河段（包括游荡弯曲）		V	不稳定
	山前变迁河段		V	
	山麓冲积扇		VI	
河口	三角港河口		V	
	三角洲河口		VI	

表 8.2 各类河段特征指标

河流范围 指标	山区河流		平原河流				山前河流		河口
	峡谷段	开阔段	顺直段	分汊段	弯曲段	游荡段	变迁段	冲击段	河口段
	I	II、III	II、III	III、IV	III、IV	V	V	VI	V、VI
$i‰$	2~4		0.15~0.73	0.2~1.7	0.2~1.7	1.2~2.3	1~3		
$\bar{d}_c$	30~200	5~200	0.09~2.0	0.1~2.50	0.1~2.50	0.1~2.0	3~100	25~200	
$\bar{d}_c/I$	14~900	4.9~55	0.37~2.2		0.25~19.2	0.17~1.3	1~24.4		
$\sqrt{B_d}/\bar{H}$	2~4	3~5	3~4	6	6~17	20~40	5~12	15~32	

一、山区河流

按河段特点分为峡谷段及开阔段。

1. 峡谷段

在该段河流内，一般河谷深窄无滩，岸壁稳定，河岸多为岩石，河床断面呈 V 形或 U 形，河床坡陡，水位变幅大，流速可达 4~7 m/s。

2. 开阔段

河流多微弯，断面呈梯形，有一定宽度的河滩，并有不甚发达的边滩。此类河段岸线稳定，河岸为岩石或沙夹卵石，流速为 3～6 m/s。

二、平原河段

平原河流流经地势平坦的平原地区，由于水流携带物的沉积作用，河谷很宽广，常形成深厚的冲积层，这类河流河谷发育完全，谷坡平缓或不明显，河滩宽广。

平原河流积水面积大，降雨分布不均匀，支流汇入时间有先有后，河流纵坡平缓，在万分率内变化，流速较小，一般在 1～2 m/s 以下，河滩流速则更小，汇流时间长，流量变化与水位变幅都较小，无猛涨猛落现象。平原河流一般可分为以下四段：

1. 顺直微弯河段

当河岸土质比较坚固密实，不易被冲刷，河岸不易发展时，就会形成顺直微弯河段。此类河段泥沙基本平衡，天然冲淤不大，河滩流量较小，流向稳定，河槽形态、位置皆较稳定。

2. 分汊河段

在较大的河流中常有江心洲存在，将河道分成两段，形成分汊河段。这类河流的形成主要是由于在较大河段中宽窄不同，水流从窄段流出，突然放宽，泥沙就很容易淤积，因此河身比较宽广，有条件使边滩充分发育。

3. 弯曲河段

在河谷宽广，水流有回旋余地的地段，如水流含沙量较少，挟沙能力大于含沙量时，就要发生冲刷。当河床土质颗粒较大，抗冲能力较强，而遇河床较低其土质易被冲刷时，就会侵蚀河岸，造成弯曲，比降因此逐渐变缓，流速与挟沙能力也逐渐变小，达到平衡，弯曲河段也就此形成。这类河段的比降及河床粒径与分汊河段相似。由于水流经弯曲河段时，会促使河床处于不停地变动之中，因此它是平原河流的次稳定河段。

4. 游荡河段

当河床极易冲刷，河床比降、流速及底沙量较大时，天然冲淤比较严重，沙滩众多，河床形式多变，主槽位置经常摆动，容易形成游荡河段，这是一种不稳定河段。

三、山前河段

山前河段是指出山区谷口，迅速扩散进入平原和盆地处在过渡河段的河流。这类河流的特点是岸线不稳、多变，主槽形态、位置不稳定，发洪水时淤此冲彼，最大深泓线变迁迅速，河槽有拓宽甚至改道的可能。

1. 变迁河段

我国华北山前平原地区，有些河流出山口进入广阔平原之后，由于水流流速渐缓，泥沙沿程沉积，河岸逐渐消失，河槽更为平线。这类河流的特征是河道不稳定，一经泥沙阻塞或受人类活动的影响，洪水即在平原上任意奔流夺道，泛滥成灾，河道改移后，旧河道则逐渐淤高，不起流水作用。

2. 冲积扇

冲积扇是河流出山口处的扇形堆积体。当河流流出谷口时，摆脱了侧向约束，其携带物质便铺散沉积下来。冲积扇平面上呈扇形，扇顶伸向谷口，立体上大致呈半埋藏的锥形，多种气候条件下都可形成。这类河流一般属山前冲击锥宽漫河流和山区宽谷溪流，这是山区河流向内陆湖泊或沼泽盆地的过渡性河段。这类河流的特点是：上游狭窄，河槽较稳定，中游扩散河段，水流成喇叭状散开，河床变成宽浅并稳定，洪水时水流紊乱湍急，挟带大量推移质泥沙，整个河段上具有河床淤积抬高的趋势。

四、河　口

河口是河流的终点，也是河流流入海洋、湖泊或其他大河的处所。比降一般小于 0.1‰，流速也小，因而河口处泥沙淤积严重，是一种不稳定的河段。入海河流的河段水情还受潮汐的影响，流速呈周期性正负变化，泥沙颗粒极细，多为悬移质。

小　　结

桥渡由桥涵本身、河滩路堤和导治建筑物三部分组成。

桥渡水文的内容是根据河段的特征选择桥涵的位置，按照地形条件和技术要求确定桥涵的类型，搜集勘测资料计算桥涵可能通过的最大流量及轮廓尺寸（即桥梁的孔径、桥高、基础和埋深等）因此桥涵水文是桥涵技术设计的先行官。

河流中的水位每年的涨落情况叫水情，要掌握水情的变化规律，才更便于施工和防洪。

河床形态的不断变化称为河床的演变，它包括平面和纵、横断面的变形，这对于桥涵的设计和冲刷计算是十分重要的。

河段是按照河段发展成长特征，以及比降、地质构造等的影响分类的，现行规范制定了分类表。

思考与练习题

8.1　桥涵水文的主要内容是什么？为什么设计、施工和养护需要桥涵水文的基本知识？

8.2　什么是河床演变？影响河床演变的因素是什么？河床演变会给桥涵带来什么危害？

8.3　为什么要对河段分类？如何分类？分段后的河段各有什么特征？它对桥涵的设计、施工和养护有何主要影响？

第九章　桥涵勘测与桥址选择

内容提要　本章主要介绍桥渡设计时所需勘测资料的内容，重点是水文测量和洪水形态调查的方法。

第一节　桥涵勘测的任务

一、桥涵勘测的主要任务

新建、改建铁路和增建第二线等建设项目，一般按三阶段设计，即初步设计、技术设计和施工图设计。其中工程简单、技术不复杂，有条件的可按两阶段设计，即扩大初步设计和施工图设计；工程简单、原则明确，有条件的可按一阶段设计，即施工图设计。桥涵水文勘测的任务，要能满足各设计阶段的要求。

在一般情况下，勘测设计人员在编制方案研究报告前，应对控制线路的桥涵进行纸上研究或利用航空摄像进行水文判释，并去现场重点调查和核对。对线路可能通过地区的水文、大型水利设施、地形和地质特征等进行了解。

初测期间应为桥涵初步设计提供必要的资料，对特大桥和控制线路的桥涵以及水文，地质复杂地区的桥涵，应通过桥位和桥式方案比选提出推荐方案，对一般大中桥必要时也应适当进行桥位比选和桥式概略比选工作，通过现场水文勘测确定特大桥、大中桥设计流量，小流域暴雨径流计算方法。当水文因素特别复杂时，除汛期内必须进行实地水文观测外，必要时还应进行水工模型试验。

定测期间应根据初步设计和鉴定意见进行勘测和调查，对初测资料应进行核对和补充，对初测后发生过较大的洪水应进行补测。对有关单位提出的合理要求，应通过协商加以解决。

二、勘测资料的搜集与测绘

（一）搜集内容

为了完成桥涵勘测任务，必须搜集相应的资料。其内容有：

1. 地形资料

桥址附近的地形图（包括军用图），航测像片，水准点的位置、高程及高程系统和三角点、导线点的坐标和方位角等资料。

2. 水文资料

水文资料包括桥涵所在地区河流的流域面积、流域水系图、流域内有关水文测站历年实测的最大流量及相应的水位、流速、糙率、水面比降、测流断面、水位流量关系曲线等资料。除此之外，还要调查历史文献、地方志等资料，搜集其他有关部门的洪水调查和观测资料。

3. 气象资料

桥址附近气象台每年汛期各月的最大风速和风向，每年最大 24h 的降雨量、最大三日降雨量、年径流深度等资料。

4. 其　他

河流流冰、流木情况，包括漂浮物的类型、大小尺寸等资料；河流通航情况，包括河流等级、通航净空、船型尺寸等；既有桥涵情况，包括水害、泄洪能力、冲淤情况、涵前积水等上及下游沿线农田水利、城市规划等方面的资料。

（二）测绘要求

勘测的不同阶段，大中桥与小桥涵有不同要求，桥涵勘测各阶段也有其侧重。

1. 大中桥

在初测阶段，设计者面临的主要问题是桥址和孔径。这些问题所涉及的面较为广泛，一般应包括：测绘桥位方案平面图、桥址平面图、桥址纵断面图，地质复杂时应加绘必要的地质资料，同时还要进行洪水调查及成果分析。如果在勘测阶段赶上一个汛期，也要进行实地水文观测。总之，初测阶段应为桥涵初步设计提供必要的资料。对特大桥和控制线路方案的桥涵以及水文、地质复杂地区的桥涵，应通过桥位和桥式方案比选提出推荐方案，对一般大中桥必要时也应进行方案比选，不遗漏有价值的方案。

在定测阶段，因所研究的桥位业已明确而具体，这时应对初步设计确定的设计原则和鉴定意见进行必要的补充及测绘、调查、核对和落实工作。诸如对桥涵总平面图、桥址平面图、桥址纵断面图进行核对、补充、修正并加绘线路中心线，同时应测绘桥址辅助断面图，从而对一些局部方案进行比较，可使各种结构的形式和尺寸得以经济合理的确定。对初测后发生过的大洪水进行补测，对有关单位提出的合理要求应通过协商达成协议，为桥涵施工设计提供完整无误的资料。

2. 小桥涵

初测时应利用既有地形图和航测相片，沿线路连续勾绘汇水面积，定测时成图。在定测时还要测绘桥（涵）址平面图、桥址纵断面图、桥址辅助断面图、涵洞轴向断面图等。

第二节　实地水文观测

实地水文观测包括：水位、水深、流速、流向、比降、含沙量等的测量。现分述如下：

一、水位测量

河流某一断面上某时刻的水位，系指在该时刻该断面上的水面对于某一基准零点而言的高程，为适应四化建设的需要，我国统一采用黄海基准面作为基准零点。

常用的水位观测设备有普通水尺和自记水位计两种。普通水尺是测站进行水位观测的基本设施，按形式分主要有直立式水尺和矮桩式水尺两种，如图 9.1、9.2 所示。前者直接把水尺固定在桩上，后者则需视水位变幅大小随时将水尺放在桩顶上观测，因此对每个桩顶高程都要经常用水准仪抄平，并与附近的水准点联系，这样就可将水位的大小读出。即：

$$水位 = 桩顶高程 + 水尺读数$$

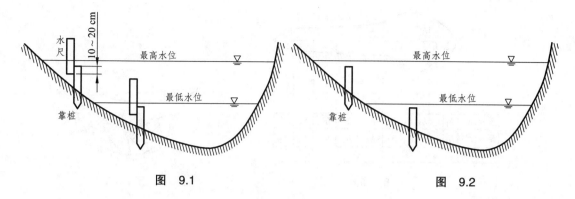

图　9.1　　　　　　　　　　　　　图　9.2

水尺观测水位的次数，视水位涨落变化情况而定，水位平稳时，每日八时观测一次，水位变化时要增加观测次数，以便及时观测到洪峰水位和洪峰水位变化过程。

在潮水河流或海港上，以采用自记水位计为宜。这种仪器是应用感应系统通过机械的传动作用自动记载水位涨落情况，并直接绘出水位过程线。

二、水深与断面测量

进行水深测量的目的是要得出河床的横断面，同时水深测量也是测量垂线流速所必需的数据。河底高程就是水位高程减去该点水深，在确定该点水深时，还要决定该点所在的平面位置。

水深测量的工具有多种形式。其中最简单的是用测深杆与测深锤；当水较深，流速亦急的情况下，可用铅鱼测深器；当在更大的河流上可采用超声波测深仪，目前我国重庆水工仪器厂已生产出 SB-lA 型超声波测深仪。

为了获得过水断面，需要在过水断面内布置测深点。测深点的数目决定于河宽和河底的地形，当水面宽小于 50 m 时，最大间距为 3 ~ 5 m；水面宽超过 50 m 时，最大间距为 5 ~ 10 m。其施测方法视河宽的大小，可用断面索法与经纬仪法。

当河宽在 100 m 以下而定，流速小于 1.5 m/s 的河道上，可在河道上拉一断面索来决定测深点的位置，如图 9.3 所示。当河宽较大或设置断面索有困难时，横断面上测点的位置可在岸上用经纬仪或平板仪以交汇法来确定（见图 9.3）。测量时有人站在岸边横断面上，指挥船只沿横断面行驶，岸上仪器的视线应随船

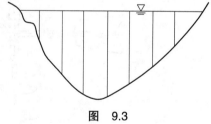

图　9.3

移动，当船只进入测点位置时，岸上、船上要呼应并挥动不同颜色的小旗。岸上的仪器即用交会法把该点的位置测定，同时在船上测量该点水深。为了不致弄错记录，岸上和船上每测一点应同时记录出点的号数、旗色，并分别记录水深及水平角。水深与位置距离的精度可至分米。

河床横断面两侧水上部分的测量，可利用皮尺丈量距离，用水平仪抄平各测点高程。其施测范围可测至高出洪水位 0.5 ~ 1.0 m 处；在漫滩较远的河流，可测至洪水边界；有堤防的河流可测至堤防背河一侧的地面；若形态断面与桥梁中线断面合在一起时，其施测范围要满足设计桥梁孔跨、导治建筑物和桥头引线的要求，并将断面各测点处标明线路的里程。

根据所测各点的高程便可绘制河床横断面。由横断面图可以求出过水断面 A、河道水流宽度 B、湿周 χ 和平均水深 $\bar{H}$（或水力半径 R）值。如为复式断面，应同时将河滩、河槽分开，以确定河滩、河槽的糙率 n，如图 9.4 所示。

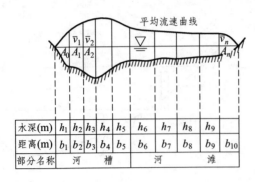

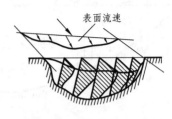

图　9.4　　　　　　　　　　　　　　　　图　9.5

三、流速测量

流速测量的目的是为了求得河道中各处的水流速度，从而计算断面流量。由水力学知，河流中的流速分布，在每个过水断面上是沿着水流的宽度和深度而改变的。流速可用流速仪或浮标来测定，流速仪能测得断面中各点的流速，而浮标则仅能测得断面上各点的表面流速，但浮标可同时测出水流运动的方向，如图 9.5 所示。

用流速仪测流速是最常用的方法，精度也高。这类仪器的种类很多，按照旋转部分的形式可以分为两类：一为旋杯式流速仪，一为旋桨式流速仪。前者旋转部分系装置在垂直轴上的一组旋杯，而后者的旋转部分则是装置在水平转轴上的一张或多张的叶瓣。LS68 型和 LS69 型旋杯式流速仪适用于含沙量少的河流；LS25 型和 LS10 型旋桨式流速仪适用于含沙量多的河流。流速仪的主要构造有旋转器（旋杯或旋桨）及其转轴、计数接触机械和计数器、尾翼和铅鱼等。水流愈快则旋转器旋转愈快，旋转的次数与所需时间均有电子装置记录（见图 9.6）。

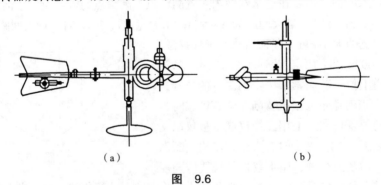

（a）　　　　　　　　　　　　　　　　（b）

图　9.6

实践证明，在一定流速的条件下，某点水流速度 u 与每秒钟内旋转器的旋转次数 n 呈直线关系，并用下式表示：

$$u = Kn + C \tag{9.1}$$

式中　K ——水力螺距；

　　　C ——流速仪的起转流速，与仪器的摩擦力大小有关。

公式中的 K 与 C，系流速仪在出厂前由专门的检定水槽内检定，通常标明在仪器盒内。仪器使用了一个相当时期后，还需要重新测定 K、C 值。

用流速仪测定流速时，考虑到水流速度的脉动现象，施测时间要求不少于 100 s。另外流速仪的灵敏度要求较高，使用时要注意养护。

　　用流速仪测量流速是在断面内的垂线上进行的，垂线的数目要根据河宽与水深确定，一般情况下最少测速的垂线数目如表9.1所列。施测时，仍用断面索法或经纬仪法决定垂线的位置。

表9.1　最少测速垂线数目

水面宽度（m）	<100	100～300	300～600	600～1 000	>1 000
测速垂线数（根）	5	7	9	11	13

　　在垂线上还要拟定流速测点的数目，当流速仪用钢丝索悬吊施测时，水深大于10 m时，可用五点法——水面、0.2、0.6、0.8倍水深处和河底；当水深在3～10 m时，可用三点法——0.2、0.6、0.8倍水深处；当水深在1.5～3m时，可用二点法——0.2、0.8倍水深处；水深小于1.5 m时，可用一点法——0.6倍水深处。所测各点的流速，可用下式计算每一垂线上的平均流速。

　　$h > 10\ m$时，用五点法：

$$v = \frac{u_{0.0} + 3u_{0.2h} + 3u_{0.6h} + 2u_{0.8h} + u_h}{10} \tag{9.2}$$

　　$10\ m > h > 3\ m$时，用三点法：

$$\overline{v} = \frac{u_{0.2h} + 2u_{0.6h} + u_{0.8h}}{4}$$

　　$3\ m > h > 1.5\ m$时，用二点法：

$$\overline{v} = \frac{u_{0.2h} + u_{0.8h}}{2}$$

　　$h < 1.5\ m$时，用一点法：

$$\overline{v} = u_{0.6h}$$

　　浮标测流是一种简单可行的方法，尤其在洪峰期间更便于检测洪峰流速。它是由木料或金属制成的能漂在水面上的简单工具，与表面水流一道流动，因而所测流速为表面流速u，为了保证精度，要求浮标的吃水深度不宜很大，且在风的作用下能够稳定。用浮标测流可以就地取材，而且设备和操作均很简单，同时也比较容易地用图9.7所示的方法一并测出水流运动的方向。

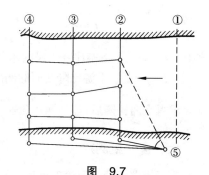

图　9.7

①—起始断面；②—上游断面；③—水文断面；
④—下游断面；⑤—经纬仪

　　用浮标所测的表面流速，若乘以系数便可得到相应于该点垂线的平均流速，即：

$$\overline{v} = ku_{0.0} \tag{9.3}$$

式中　K——浮标系数，根据河床性质而定，一般可取为0.85。

四、流量计算

　　根据流速仪或浮标所测算的各垂线平均流速，便可绘出断面上的流速分布曲线（见图9.4）。再根据所测绘断面上的各部分面积，便可按下式计算断面的总流量：

$$Q = \frac{2}{3}v_1 A_0 + \left(\frac{v_1 + v_2}{2}\right) A_1 + \left(\frac{v_2 + v_3}{2}\right) A_2 + \cdots + \left(\frac{v_{n-1} + v_n}{2}\right) A_{n-1} + \frac{2}{3}v_n A_n \qquad (9.4)$$

如水边流速大于零，则上式的第一项和最后一项应改按下式计算：

$$Q = \left(\frac{v_0 + v_1}{2}\right) A_0 + \left(\frac{v_1 + v_2}{2}\right) A_1 + \cdots + \left(\frac{v_n + v_{n+1}}{2}\right) A_n \qquad (9.5)$$

式中　v_1，v_2，$\cdots$，v_n——垂线平均流速；

　　　A_0——河岸（或死水地边缘）和第一根流速垂线间的水道断面面积（m^2）；

　　　A_1——第一根垂线与第二根垂线之间的水道过水面积（m^2），其余均依此类推；

　　　A_n——最后一根垂线与河道之间的水道断面面积（m^2）。

求得了总流量以后，全断面的平均流速便可按下式求得：

$$v = \frac{Q}{A} \qquad (9.6)$$

式中　A——各部分面积的总和（m^2）。

五、实测水面比降

水面比降（水面坡度）是研究河道水位与流量关系的重要资料，也是计算流速与河床糙率的依据。

测量水面比降的方法是在桥址上、下游设置比降水尺，其施测方法与水位尺的施测方法相同。水位尺也可兼作比降水尺，上、下游比降尺的观测要求由两人同时观测。

当测得上、下游比降断面在同一时间的水位差后，水面比降 i 按下式计算：

$$i = \frac{z}{L} \ (\text{‰}) \qquad (9.7)$$

式中　z——上、下游比降水尺的水位差（m）；

　　　L——上、下游比降断面的间距（m）。

求得水面比降后，如还测得流速 v 与断面 ω，便可用谢才-满宁公式计算河床糙率 $n = \frac{1}{v}R^{\frac{2}{3}}i^{\frac{1}{2}}$。

六、含沙量测定

为了探求泥沙运行的现象和数量，必须进行含沙量测定，为计算墩台基础的冲刷提供基本资料。

含沙量测定工作常与流速测量工作一起进行，它是用泥沙采样器从垂线上取得水样的。由于河流中的泥沙按其运动形式分为悬移质与推移质两种，故选用采样器时也要注意采用不同的类型，且对于推移质要紧贴河床采样。

将采样器取得的水样，经过处理算出其含沙量率，即：

$$\rho = \frac{W_s}{V} \ (\text{kg/m}^3) \qquad (9.8)$$

式中　W_s——干沙质量（kg）；

　　　V——水样体积（m^3）。

七、绘制各种水位关系曲线

将以上实测资料进行整理，要将主要基线（或桥轴断面）上的水位与流量过程曲线 $\omega = f_1(H)$、水位与面积关系曲线 $\omega = f_1(H)$、水位与流速关系曲线 $v = f_2(H)$ 绘出，如图 9.8 所示。其比例尺的选择，宜使绘成的水位流量关系曲线大致和横轴成 45°角，而水位面积和水位流速关系曲线大致和横轴成 60°角，以便外延供推算设计流量与水位之用。

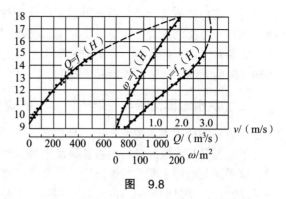

图　9.8

第三节　洪水形态调查与计算

洪水调查是获得桥涵设计所需水文资料的基本方法。其主要内容是在桥涵上、下游调查历史上较大的洪水位和相应的年代，并在调查的洪水位点附近测设水文断面。根据水位、横断面、水面纵坡和河床糙率等资料，用谢才-满宁公式计算历史洪水流量，以作为推算设计流量的依据。

一、洪水调查河段与水文断面选择

洪水调查的河段宜选在桥涵附近或居民集中的老居民点，且河道较顺直，断面较规整，河床较稳定，控制断面较好，没有较大的支流汇入，河段内无壅水、回水和分流等现象，河床土质组成与岸边植物被覆情况比较一致处，并尽量避开有受人工建筑物影响的地点。在这样的河段上选择水文断面可大大提高计算精度。水文断面的位置与数量，可根据河段特征、水文情况和洪水位的分布密度确定。通常每个桥涵在其上、下游选 2、3 个水文断面，一处作为主要断面，该断面最好能与桥涵轴线合在一起，另一处或两处则为辅助断面，它位于桥轴水文断面的上游或下游。

在确定水文断面后，要进行施测。施测时应测至最高洪水位 0.5 m 以上，漫滩较宽的河流可测到洪水边界。河槽与河滩的划分，应在现场确定。

二、历史洪水调查

要在桥址上、下游一定范围内，沿河两岸调查各次历史洪水发生的年份、大小和洪水时的雨情与水情，调查洪水来源、涨落幅度、洪水时的主流方向，有无漫流、分流、死水以及流域自然条件有无变化和人类活动的影响等。

调查历史洪水痕迹的方法是：查阅历史文献，搜集桥涵附近水文站的历史洪水资料，访问老居民及调查洪水所遗留的痕迹。

在调查各次较大洪水的洪痕水位时，对同一次洪水至少要调查三个以上的洪水痕点。对老居民指定的洪痕应认真辨析，尤其应注意洪痕标志物是否明显、固定、可靠和具有代表性，有无受到波浪冲高、漂浮物冲积和决堤等的影响。标志物若有变动，要调查清楚变动的上下幅度及移动的距离，故一般宜采取可靠程度较高的洪痕。对于近年发生的较大洪水，除向当地居民调查外，还可以在现场找到洪水所留下的痕迹，如滞留在树干上的漂浮物，沉积在岩石缝里的泥沙及河岸上的冲刷痕迹等。

除了实地调查访问历史洪水外，还应广泛搜集有关地方历史文献的档案，水利河道专著、碑文和石刻等文物资料，历史水文记录以及报刊和散落的诗文、手稿等。根据记述的雨情、水情、灾情和河道变迁情况，分析考证历史上曾发生过大洪水的年份、量级和次数，以便确定调查和实测的大洪水排位、次序和重现期。

三、洪水水面比降与各历史洪水位的确定

调查到的历史洪水位点一般不会就在桥址或正好就在水文断面上，故应该对各个洪水位点进行平面测量与水准测量，并将各该洪水位点绘在形态勘测平面关系图上，如图 9.9 所示。再根据该平面关系图上所绘的洪泛线与等高线，将洪水河床的中泓线勾出，从洪水位点对中泓线作垂线，设该垂足的水位与洪水位点相同，于是就可以用展直洪水主流的中泓线作为横坐标，以水位为纵坐标，将各洪水位一一点绘在图上，将同一年月的洪水位用同一符号标出，并将它们连接起来，即得该历史洪水位时的水面纵坡图（即水面比降）。在该图上水面纵坡所通过的水文断面的交点，即为其相应的某年洪水水位高程。

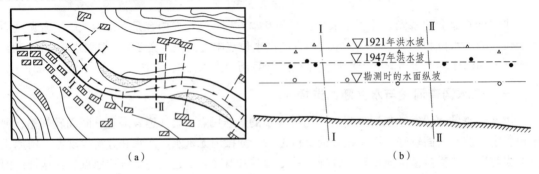

（a）　　　　　　　　　　　（b）

图　9.9

四、河床糙率的选择

河床糙率直接关系到洪水流量的计算精度，因此河床糙率最好采用洪水期该河段的实测断面、流速和比降等数值用谢才-满宁公式推算，或根据附近水文站提供的资料选用。如果没有上述资料可利用时，可根据河床特征，用形态调查资料在本书第五章表 5.2 中选用断面各部分的糙率。

五、历史洪水流量的计算

（一）按均匀流情况计算

当河道底坡均一，河段顺直，断面在较长河段内比较规整，其水面线为直线，且与河底线、总水头线基本上平行时，便可近似地认定为均匀流，并按谢才公式计算其流量。即：

$$Q = \frac{\omega}{n}R^{\frac{2}{3}}i^{\frac{1}{2}} = K\sqrt{\frac{\Delta H}{L}} \tag{9.9}$$

式中　　$K = \frac{\omega}{n}R^{\frac{2}{3}}$——流量模数；

H——相邻两断面的水面落差；

L——相邻两断面间的距离。

采用上式公式计算流量时，如果是采取相邻两断面，则分别计算 K_1、K_2 值，且 K_1、K_2 接近相等时才算满足了均匀流的条件。为消除误差，在实际计算时，应使 $\overline{K} = K_1 + K_2$。用式（9.9）求流量的方法称为比降法。

在应用式（9.9）求流量时，还要注意到天然河道的断面形式。对于有滩的复式断面，因河槽与河滩的糙率不同、流速不同，故应分别计算，然后再累加起来。即：

$$Q = Q_槽 + Q_{左滩} + Q_{右滩} \tag{9.10}$$

如渠道甚宽，水深 A 与水面宽 B 的比值很小，一般 $H/B \leqslant 1/10$ 时，可以认为湿周与水面宽近似相等，即 $\chi = B$，水力半径 R 便近似地等于平均水深 $\overline{H}$。即：

$$R = \frac{\omega}{\chi} = \frac{\omega}{B} = \overline{H} \tag{9.11}$$

例 9.1　某河段为单式断面，河段上相邻两断面的间距为 920 m，调查到其同年洪水位分别为 69.7 m 与 68.15 m，其相应面积与水面宽分别为 $A_1 = 3\,350$ m²，$B_1 = 352$ m；$A_2 = 3\,430$ m²，$B_2 = 397$ m。选定糙率 $n = 0.035$，试计算该历史洪水流量。

解：经计算两断面的 K 值很接近，因此可按均匀流计算，计算列于表 9.2 中。

表 9.2　流量模数与流量计算

断面号	1960年洪水位 H（m）	断面间距 L（m）	水位差 ΔH（m）	比降 i（‰）	断面积 ω（m²）	水面宽（m）	水力半径 R（m）	糙率	流量模数 K	$\overline{K}$	$i^{\frac{1}{2}}$	流量 Q（m³/s）
1	69.70				3 350	352	9.52	0.035	430 000			
		920	1.55	1.69						421 000	0.041	17 260
2	68.15				3 430	297	8.64	0.035	413 000			

例 9.2　某河段为复式断面，根据 1、2 两断面调查到的 H、A、B、$n_主$、$n_滩$、L 等列于表中，试计算该历史洪水流量。

解：如经滩槽分别计算所得 K 值很接近，因此可按均匀流计算，计算步骤不再赘述，将计算结果列于表 9.3 中。

表 9.3

断面号	1935年 H（m）	L（m）	H（m）	I（‰）	部分名称	A（m²）	B（m）	R（m）	n	K	K	$i^{\frac{1}{2}}$	Q（m³/s）
1	99.11				主槽	165.5	74.6	2.22	0.035	8 047			
					左滩	45.0	95.5	0.47	0.060	453			
		444	2.19	4.93	合计	210.5				8 500	8 358	0.070 2	587
2	96.92				主槽	160.3	70.0	2.28	0.035	7 934			
					左滩	21.7	31.4	0.69	0.060	282			
					合计	182.0				8216			

（二）按非均匀流情况计算

一般说来，天然河道的特点是水流要素沿程变化，因而绝大多数为非均匀流。下面分几种情况来说明洪水流量的计算方法。

1. 比降法

采用此法的条件与上述情况相近，只是河段内各断面的形状与面积相差较大。

2. 水面曲线法

当调查河段较长，可靠洪痕点较少，或调查洪痕点虽多，但按点群趋势，水面线出现明显转折，可采用水面曲线法推算流量。使用该法时，仍需用式（9.12）进行计算。即先假定一个流量值，根据选定的各河段糙率，自下游一个已知（或估定）的洪水位向上游逐段推算水面线；经试算使推算的水面线与调查的洪水痕迹多数符合为止，则假定的流量即为所推求的流量。

3. 控制断面法

当调查河段内，具有天然或人工的控制断面，在该断面的上游侧有洪水痕迹，在控制断面与洪痕间，无其他控制断面存在，也无支流汇入，在断面下游也无束窄断面产生壅水。在这种情况下，可用控制断面法推算洪峰流量。所谓控制断面即水流在该断面处受到控制。例如在河段内的急滩、卡口、堰坝等处，都会形成控制断面，水流在断面处发生剧烈的变化，但其上游在一定范围内，却能保持稳定的状态，则流量可根据不同类型的控制断面（如跌坎处的跌水、堰坝处的堰流）来推算，并求出相应的水位，然后用水面曲线法逐步向上游推算，直至洪水痕迹处为止。若求得的洪水高程与调查痕迹相符，则估算流量即为所求，否则需重新假定，重复计算，直至相符为止。

急滩上的跌水和堰坝处的洪水流量，均可利用临界流与堰流的水力学公式推算。

第四节　桥址的选择

选定一个经济合理的桥址，包含的因素很多。它不仅要考虑线路的走向、河段水文、地质和地形等的自然特征，还要考虑到施工、养护上的要求。通常，大桥桥位常成为线路的控制点，而小桥涵的桥址则服从于线路的方向。因此，对大桥桥址除考虑上述因素外，还要从工农业生产、国防、航行等方面全面地进行综合比较、择优选取。同时应尽量避免先定线路，桥址仅能局部考虑的做法，而应使桥涵在较大范围内，将互有影响的几个桥址和其他有关工程结合起来一并考虑选择。根据上述原则，桥址选择要注意以下几个方面的要求。

1. 地形、地貌方面的要求

（1）应尽量利用山咀、高地等不易冲刷的稳定河岸，作为桥头的依托。

（2）应避开选在其上、下游有山咀、石梁等阻水地形处。

2. 地质方面的要求

（1）应选在基本岩层或坚实土层或者其埋藏较浅处，地质条件简单、稳定处。

（2）不宜选在地质不良地段，如断层、滑坡、溶洞、盐渍土和沼泽地段。特大桥引桥很长时，还需注意引桥范围内的地质条件，据以确定引桥的方向。

3. 水文方面的要求

（1）桥址应尽量选在河道顺直、主流稳定、河槽通过流量较集中的河段上，不宜选在不稳定的河汊、泥沙冲淤严重、水流汇合口、急弯、卡口、老河道和具有滞洪作用的河段上，必须注意河道的自然演变和修桥后对天然河道演变的影响。

（2）桥梁轴线应尽可能与中、高水位时的洪水流向正交，如不能正交，则在孔径与墩台基础设计中考虑其影响。

4. 在各类河段上的要求

（1）对山区河流：在水深流急的山区峡谷河段，桥址宜选在一孔跨越的地点，不宜选在靠近急弯、卡口的下游和水流急剧扩散的河段上。

（2）对山前区河流：在冲积扇上选择桥址，应尽量选在上游狭窄河段，或下游收缩河段，避免跨越中游扩散河段；在变迁河段上，宜选在洪水时主流傍岸且河岸抗冲能力较强的地点，也可在分流设桥和一河一桥等诸多方案中，根据实际情况进行比较选优。

（3）对平原区河流：在顺直微弯河段上宜选在深槽地段，桥址中线尽可能与河槽两岸垂直，在蜿蜒河段上，应考虑河弯可能下移所造成的影响；在分汊河段上，应了解沙洲消长范围，桥址宜选在上游深泓线分汊点以上处或者在下游深泓线汇合点以下处；在游荡河段上，宜选在一岸或两岸有天然或人工依托的束窄段上。

5. 其　　他

（1）桥址选择要考虑施工场地，材料运输和施工架梁等方面的要求。

（2）在城市范围内的桥址选择，应与城市规划相配合。

（3）对通航河流桥位处应有足够的通航水深，还要远离滩险、弯道和汇流等处，以满足通航要求，在冬季结冰的河流上桥址应避开容易发生冰塞的河段上。

（4）在泥石流地区、岩溶地区、潮汐河段、水库地区以及水利工程地区的桥址选择，还应要满足其特殊的要求，这里不再赘述，可参阅有关勘测细则。

小　　结

（1）桥渡勘测的目的是为确定设计流量而搜集必需的基本外业资料。因为设计要求的不同，初测和定测都有各自的标准，这在设计部门的勘测细则中都做了具体的规定和说明，待全部水文课程学完后，再回味这一章，就会有更深的体会。需要说明的是勘测工作既具体又艰巨，而且花费的时间也最多，其资料的准确程度直接影响到设计流量的精度，所以必须给予足够的重视。

（2）实地水文测量，就是对过河洪峰流量进行实测，所用公式为 $Q=\omega v$，归根到底就是要对水位、水深、断面及流速进行实地测量。

（3）洪水形态调查的核心是通过外业勘测所搜集和实测的洪水位、水文断面和糙率等资料，用明渠流、堰流等公式计算历史洪水流量，同时也应确定历史洪水所发生的年代，借以推算其重现期，为推算设计流量提供准确、可靠的基本数据资料。

思考与练习题

9.1　桥涵勘测分几阶段进行？各包括哪些内容？

9.2　水文测量包括哪些内容？垂线流速与断面流速如何区别？怎样测定与计算？

9.3　如何在水文断面上确定洪水位高程及相应坡度？桥址断面上的水位高程如何确定？

9.4　某山前区河流，在桥址上游壅水区外选取 1、2 两水文断面，如图 9.10 所示调查到 1950 年洪水位，现将有关测量、计算数据列入表 9.4 内，试求该洪水流量？又桥址断面与 2 断面相距 285 m，试求桥址处的洪水位？

表 9.4

断面号	1950 年洪水位	断面间距（m）	部分名称	糙率系数（1/n）	断面面积（m²）	水面宽（m）
1	176.63	358	左滩	15	55.33	50.86
			河槽	20	60.58	49.29
			右滩	15	21.26	44.48
2	168.91		左滩	15	25.89	57.63
			河槽	20	86.91	82.88
			右滩	15	19.05	45.76

9.5　测得某河桥址断面如图 9.11 所示（河槽 1/n=20，河滩 1/n=15），据形态基线推至桥址断面上的某年历史洪水位为 73.0 m，洪水坡为 3.6‰，试用谢才公式推算该历史洪水流量。

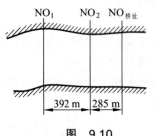

图 9.10

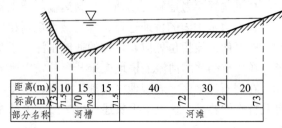

距离(m)	5	10	15	15	40	30	20
标高(m)	73 71.5	70	70.5	71.5	72	72	73
部分名称	河槽			河滩			

图 9.11

第十章　大中桥设计流量计算

内容提要　本章依据桥渡勘测设计规范的要求讲述推求设计流量的基本原理与方法，并通过实例来加以说明。

第一节　用数理统计法求设计流量的基本原理

一、设计流量与设计水位

为保证铁路在桥涵宣泄洪水时能够正常安全运营，故桥涵的孔径、桥高、基础埋深、导治建筑物等的尺寸就应该根据可能发生的某一洪水流量来进行计算。在设计桥涵各主要尺寸时所采用的洪水流量称为设计流量，其相应的水位称为设计水位。

究竟用多大的洪水流量作为设计流量才合适，这是一个设计标准问题。一般说来，采用的设计流量大，相应的水位也高，桥的孔径、高度、基础埋深等都较大，其所需要的工料、投资也较多，但它能经受较大洪水的考验，安全度大。相反，采用较小的设计流量，就会不安全，较易遭受水害，从而影响运输，耗费修复和改建的费用，但它的桥孔可以缩小，节省基建投资。过去曾用最大历史洪水流量作为设计的依据，由于调查的历史洪水资料有机遇性，有的地区可能是常遇的较小洪水（例如相当于 20 年一遇），有的地区则可能是历史罕见的特大洪水（例如相当于 100 年一遇），这就会使同一等级的铁路不能按同一标准进行设计，不符合等强度设计原则，因而会出现对某些桥的设计流量偏小，而对另一些桥的设计流量偏大。前者在通过洪水时将不够安全，而后者则在经济方面又浪费。

为了克服这种缺点，可引用数理统计法推算具有一定频率的洪水流量作为设计的依据。它是利用概率论的原理，对实测水文资料进行统计分析，推求水文资料的变化规律，从而预测今后可能出现的具有一定频率的洪水。《桥涵勘规》对设计洪水频率作了如下规定，如表 10.1 所示。

表 10.1　桥涵洪水频率标准

铁路等级	检算洪水频率		检算洪水频率
	桥梁	涵洞	技术复杂，修复困难或重要的特大桥、大桥
Ⅰ 、Ⅱ	1/100	1/50	1/300
Ⅲ	1/50	1/50	1/100

二、概率、频率、累积频率与重现期

用概率论原理对水文资料进行分析，是因为水文现象和其他自然现象一样，既有必然性的一面又有偶然性的一面，前者起主要决定性的作用，后者起从属作用，二者同时存在于整个演变过程中。河流的洪水流量，每年汛期都会有一个是最大值，年年如此，循环不已，这就是一种必然性的现象，而每年最大洪峰流量出现的数值年年又各不相同，这又是一种偶然现象。它们的出现都称之为随机事件，其具体值便称为随机变量，数理统计法就是研究随机变量出现规律的一种方法。

为了便于分析，先从简单的概念谈起。例如在掷钱币的试验中，出现正面和反面的机会也称为随机事件，若掷了 10 次，共出现正面值 3 次，我们把随机事件 A 在 10（n）次试验中所发生的 3（m）次，其比值 3/10（m/n）称为随机事件 A 的频率。用公式表示为：

$$P = m/n \tag{10.1}$$

上述试验的频率便为 3%。从这里可以看出：任何随机事件的频率总是介于 0 和 1 之间的一个数。

实践说明，对于次数不多的试验，事件的频率有着明显的偶然性。以扔钱币为例，当试验重复多次（例如上千次）则事件的频率便呈现一定的稳定性，也就是说在某一数值上摆动；如试验数万次，这个确定的数就是 50%。因此，随机事件 A 在试验中发生可能性程度的常数就称为随机事件 A 的几率，也写成 P = m/n 的形式。这就告诉我们：频率是实测值（例如 30%），几率是理论值（例如 50%），当实测次数达到无限多时，频率将等于几率。数理统计学中将几率称为概率或或然率。

再如有红白两球放在口袋内，抓出红球的几率显然是 1/2。又如投掷骰子，出现 6 点的几率就是 1/6。水文现象中的降雨与洪峰流量是极为复杂的随机事件，无法知道它的几率，只能凭借过去已经观察到的实测资料计算其频率，作为几率的近似估算值。所以本书对频率与几率这两个名词不严格区分，为了统一起见，在水文计算中统一用频率的概念来说明降雨、流量这些随机变量。

工程实践中常把某河在无限多年中，平均出现大于和等于该级流量的机会称为某级洪水流量的累积频率，它实际上是频率的累积值，仍用 P = m/n 来表示，只是式中的 m 系指某河大于和等于该级流量出现的次数。例如有千年的流量资料，若每隔 100 m³/s 为一级，并按大小顺序排列，分别按 P = m/n 算出其频率与累积频率，并列入表 10.2 中，从中可以看出频率与累积频率的关系。《桥涵勘规》中所规定的频率即为累积频率，亦为年频率。为简便计把累积频率也称频率。累积频率的倒数即重现期，亦称周期，用 T 表示，单位为年，即：

$$T = 1/P \tag{10.2}$$

表 10.2　频率与累积频率

流量（m³/s）	出现次数	频率 P=m/n(%)	累积出现次数	累积频率 P=m/n（%）	重现期（周期）（年）
2 000～1 901	1	0.1	1	0.1	1 000
1 900～1 801	1	0.1	2	0.2	500
1 800～1 701	1	0.1	3	0.3	333
1 700～1 601	1	0.1	4	0.4	250
1 500～1 401	1	0.1	5	0.5	200
1 400～1 301	5	0.5	10	1	100
1 300～1 201	10	1	20	2	50
1 200～1 101	30	3	50	5	20
1 100～1 001	50	5	100	10	10
1 100～1 001	100	10	200	20	5
1 000～901	200	20	400	40	2.5
900～801	300	30	700	70	1.4
800～701	200	20	900	90	1.11
700～604	50	5	950	95	1.05
600～501	45	1.5	995	99.5	1.005
500～401	5	0.5	1 000	1 000	1

重现期就是多少年出现一次或多少年一遇，如表 10.1 所指频率为 1%的洪水即百年一遇的洪水。由于自然气候的周期是以年为单位，故洪水重现期也以年为单位。必须指出：百年一遇的洪水绝不是说每百年必定出现一次，或只出现一次，而是说在无限多的年代中，平均每百年发生一次。其实际情况是，可能在某一百年中出现多次，而在另一历史过程中，几百年不出现一次，这就是平均情况的含义。

从上例可以看出，洪水频率越小（或 T 越大），表示出现的洪水流量就越大，反之亦然。

三、总体与样本

在数理统计中，把包括整个资料的系列称之为"总体"。水文现象的总体是无限系列，而人们所掌握的则是较少年份的实测资料，所以水文计算中所依据的资料仅仅是总体的一部分，称为总体的"样本"。样本是在总体中抽取的，这种情况称为抽样，利用样本推测总体的规律性，自然存在着抽样误差，此误差的大小与设计频率、系列长度、总体分布及其统计参数、频率计算方法等因素有关。根据单站短期资料推求稀遇的设计洪水，抽样误差比较大，这是频率分析法存在的主要问题。为此要求样本系列具有一定的长度，才能使抽样误差限制在一定的范围内，从我国当前资料条件出发，采用频率计算时，要求实测洪水年数不少于 20 年。即使如此，频率计算的成果仍然可能有相当大的误差，因此应进行历史洪水的调查和考证工作，使外延设计洪水受到一定的控制，达到提高精度的目的。总之，在水文分析计算中，考虑抽样误差，把样本作为总体来研究，仍可以解决实际问题。

四、经验频率曲线与几率格纸

引用数理统计法的目的，就是按《桥涵勘规》的要求，推求具有一定频率的设计洪水流量。若用式（10.1）求所需流量的频率，必须具有相当长期的水文观测资料（即值很大时）才是正确的。而实际上人们掌握的观测资料很少，这就给求 1%的洪水流量带来困难。例如取 10 年的观测资料来分析式（10.1）的实用性，当 $m = 1$ 时，频率为 10%（1/10），当 $m = 10$ 时，频率为 100%（10/10），显然第一号大流量的频率才只有 10%是不确切的，而第十号流量又成为该河在很多年代中的最小流量，这一点尤其和事实不符。因此为了弥补式（10.1）的不足，就必须寻求更为合适的经验频率公式。现介绍如下：

数学期望公式（均值公式）：

$$P = \frac{m}{n+1} \tag{10.3}$$

戚氏公式（中值公式）：

$$P = \frac{m - 0.3}{n + 0.4} \tag{10.4}$$

海森公式：

$$P = \frac{m - 0.5}{n} \tag{10.5}$$

上述经验公式是根据有限的实测资料估算出来的，其可靠性取决于样本是否能代替总体的情况，并且计算的频率愈靠近头尾几项，误差越大，使用时应予充分注意。其中数学期望公式计算结果偏于安全，而且形式简单、意义明显，又有一定的理论根据，故是我国最常用的经验频率计算公式。

新中国成立后对各大河流都设置了水文观测站，可选取每条河流中每年其中的一个最大洪水流量作为推求设计流量的依据。例如现有 35 年的流量观测资料，若每隔 100 m³/s 为一级，按大小顺序排列，列入表 10.3 中。如果按 $P = m/(n+1)$ 算出累积频率也一并列入表内。由实测资料绘出流量与频率的关系曲线，称为经验频率曲线（ Q、P 曲线），如图 10.1 所示。为了求得规定的 2%、1%、0.33%设计频率的流量，就必须外延这一经验频率曲线（如图中的虚线），然后从外延的曲线上求得所需频率的流量值。

表 10.3　流量分级统计

流量（m³/s）	出现次数	累积出现次数	累积频率 $P = m/(n+1)$（%）	重现期（周期）（年）
800 ~ 701	1	1	2.8	36
700 ~ 601	2	3	8.3	12
600 ~ 501	5	8	22	4.5
500 ~ 401	7	15	42	2.4
400 ~ 301	10	25	69	1.5
300 ~ 201	6	31	86	1.2
200 ~ 101	3	34	94	1.1
100 ~ 1	1	35	97	1.03

经验频率曲线的外延是以目估的方法描绘的，往往因人而异，任意性较大，这就会使推求的设计流量产生很大误差。海森于 1913 年提出了一种横坐标为特殊分格的坐标纸，称为海森几率格纸（除此还有皮尔逊Ⅲ型几率格纸等），如图 10.2 所示。用这种几率格纸绘制的经验频率曲线接近于直线，其曲线两头则平顺得多，这就能减少曲线外延的困难，在一定程度上提高了计算精度。由于水文资料多为短系列观测数据，往往需将频率曲线的头部外延很远，即使用几率格纸曲线外延，仍有较大的个体差异性并产生较大误差，如图 10.2 所示的虚线部分。因此，人们便设想能否找到与频率曲线相适应的数学方程式，利用数学方程式去推求所需各种频率的流量。

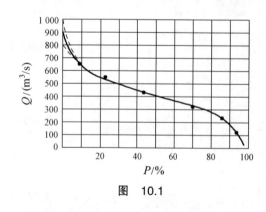

图　10.1

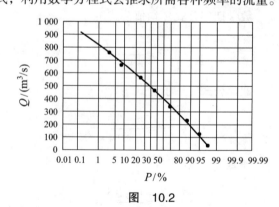

图　10.2

五、理论频率曲线与统计参数

用数学方程式表示设计流量与频率关系的线型称为理论频率曲线。因为它是根据实测资料建立的理论方程式，这就避免了单凭经验频率曲线主观外延的毛病。目前我国多用皮尔逊Ⅲ型曲线的理论方程式作为推求设计流量的依据。下面通过一个实例来说明其意义和应用。

某水文站有 75 年最大洪水流量的实测资料，若每隔 100 m³/s 为一级，按大小顺序排列，列入表 10.4 中。按流量级别的出现次数，用经验频率公式 $P = m/(n+1)$ 分别算出其频率与累

表 10.4　流量分级统计表

流量（m³/s）	出现次数	频率 $P = m/(n+1)$（%）	累积出现次数	累积频率 $P = m/(n+1)$（%）
1 400~1 301	1	1.3	1	1.3
1 300~1 201	1	1.3	2	2.6
1 200~1 101	2	2.6	4	5.3
1 100~1 001	3	3.9	7	9.2
1 000~901	5	6.6	12	15.8
900~801	8	10.5	20	26.3
800~701	14	18.4	34	44.7
700~604	20	26.3	54	71.0
600~501	11	14.5	65	85.8
500~401	6	7.9	71	93.4
400~301	3	3.9	74	97.4
300~201	1	1.3	75	98.7

积频率，也一并列入表中。这样便可分别绘出流量与频率，流量与累积频率的关系曲线，如图 10.3、10.4 所示。图 10.3 所示是一端有限一端无限的偏态铃形曲线，该曲线与皮尔逊Ⅲ型曲线是一致的，称之为频率曲线；图 10.4 所示是一个 S 形曲线，称之为累积频率曲线。图 10.5 所表示的即为这一累积频率曲线。从这些曲线上可以看出，特大和特小的流量出现的次数都很少，接近于平均值的流量出现次数多。实践证明，绝大多数的水文资料都具有这样的规律性。

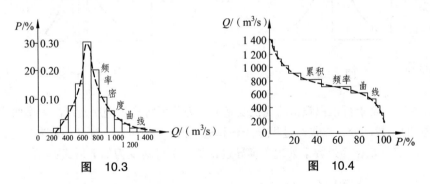

图　10.3　　　　　　　　图　10.4

频率曲线与累积频率曲线的关系如图 10.5 所示。在数学关系上，累积频率曲线上的每一横坐标各等于频率曲线同一横坐标之上被频率曲线和纵坐标所围住的面积，也就是说图 10.5 所示中阴影部分面积 P 就是 Q_P 所对应的累积频率。所以累积频率曲线是由频率曲线积分而得，为此需先了解频率曲线的一些基本特征。

频率曲线的横坐标，以 Q 表示，也可以表示水位和雨量值，故统用 x 表示，频率曲线中有

三个特征值决定着该曲线的位置，它们是均值、中值和众值，如图 10.6 所示。

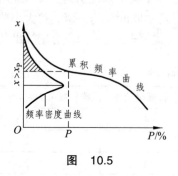
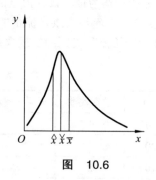

图　10.5　　　　　　　　　　　　　　　图　10.6

（1）均值 X_3，指系列内所有随机变量（即指流量 Q、水位 H 等）的算术平均值；

（2）中值 X_2，把系列中各个数值按大小次序排列，位置居中的随机变量值，也即累积频率为 50% 的随机变量值；

（3）众值 X_1，是系列中出现次数最多的随机变量值，亦即频率为最大值时的随机变量值。

三个特征值与频率曲线的位置关系是：当系列的分布对称于均值（峰居中）时，称为正态分布，三者的位置重合，即 $X_1 = X_2 = X_3$，如图 10.8 所示；若曲线为不对称时（峰偏离中心），表示其频率分布偏离均值，称为偏态分布。峰偏左时称为正偏态图（见图 10.6），峰偏右时称为负偏态图（见图 10.7）。1895 年英国生物学家皮尔逊根据某些实际资料建立了一种概括性的曲线族，该曲线按参数的不同分成 13 种线型，其中Ⅲ型曲线即为一端有限、一端无限的正偏态曲线，这一曲线基本上符合水文现象的变化规律。

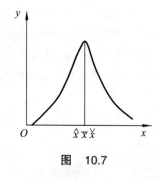
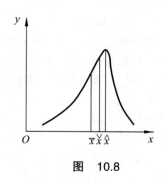

图　10.7　　　　　　　　　　　　　　　图　10.8

水文计算目的是求得累积频率的随机变量值，为此可将皮尔逊所建议的频率曲线（亦称几率分布曲线）的一般微分方程式经过积分演算和适当换算，并用 3 个统计参数来表达，它们是 $\bar{X}$（即 $\bar{Q}$ 或 $\bar{H}$）、C_v、C_s，经过数学处理（推导过程从略）可转变为如下形式：

$$x_P = \bar{x}(1 + C_v \phi_P) = K_P \bar{x} \tag{10.6}$$

式中　x_P —— 累积频率（以后统称为频率）为 P 的随机变量，它可以是流量（Q_P）或水位、降雨量（H_P）等；

　　　　$\bar{x}$ —— 观测系列的算术平均值；

　　　　C_v —— 变差系数（或称变异系数）；

C_s——偏差系数；

ϕ_P——随频率 P 与偏差系数 C_s 而定的皮尔逊Ⅲ型曲线的离均系数，如表 10.6 所示；

K_P——皮尔逊Ⅲ型曲线的模比系数，随 C_s 与 C_v 的不同比值，亦可查表求得，表 10.6 所示仅列出了 $C_s = 3.5C_v$ 时的 K_P 值。

表 10.5　流量系列的 C_v、C_s 值比较

组系列	甲系列					乙系列				
Q_i（$\mathrm{m^3/s}$）	120	110	100	90	80	240	100	80	60	20
$\bar{Q}$（$\mathrm{m^3/s}$）	100					100				
$\Delta = Q_i - \bar{Q}$	20	10	0	−10	−20	140	0	−20	−40	−80
$K = Q_i/\bar{Q}$	1.2	1.1	1	0.9	0.8	2.4	1	0.8	0.60	0.20
$\Delta/\bar{Q} = (K-1)$	0.2	0.1	0	−0.1	−0.2	1.4	0	−0.2	−0.4	−0.8
$(K-1)^2$	0.04	0.01	0	0.01	0.04	1.96	0	0.04	0.16	0.64
$\sum(K-1)^2$	0.1					2.8				
C_v	0.158					0.837				
$(K-1)^3$	0.008	0.001	0	−0.001	−0.008	2.744	0	−0.008	−0.064	−0.152
$\sum(K-1)^3$	0					2.16				
C_s	0					1.84				

从式（10.6）可以看出，只要设法求得 3 个统计参数 $\bar{X}$（$\bar{Q}$ 或 $\bar{H}$）、C_v、C_s，就可以求得任一频率下的随机变量值。式（10.6）就是用 3 个统计参数值所描述的理论频率曲线的数学方程式。由于该式推导甚为麻烦，故只对 3 个统计参数的数学和物理意义说明如下。

1. 均值 $\bar{X}$（$\bar{Q}$ 或 $\bar{H}$）

均值即算术平均值，如有一系列实测资料 x_1, x_2, $\cdots$, x_n，把它们的总和除以总项数，就得均值 x，即：

$$\bar{x} = \frac{x_1 + x_2 + \cdots + x_n}{n} = \frac{\sum\limits_{i=1}^{n} x_i}{n} \qquad (10.7)$$

若 $\bar{x}$ 以 $\bar{Q}$ 表示，则上式可写成：

$$\bar{Q} = \frac{Q_1 + Q_2 + \cdots + Q_n}{n} = \frac{\sum\limits_{i=1}^{n} Q_i}{n} \qquad (10.8)$$

均值是全部系列中各个变数的共同代表，它反映了水平。例如我们常用年平均降雨量、24 h 的降雨量来代替某地某年的降雨情况，用多流量与平均水位代替该河洪水的大小，所有这些都是指均值。就流量而言，大河的 $\bar{Q}$ 比小河的 $\bar{Q}$ 大；同一条河流，下游的 $\bar{Q}$ 比上游的 $\bar{Q}$ 大；$\bar{Q}$ 较大的河流的 Q，也可能较大。

2. 变异（差）系数 C_v

C_v 值表征系列各分量 x 相对于 X 的变化差异程度即特征值，其值为均方差（又叫标准差）与均值 X 之比，若 x 以 Q 表示，则标准差：

$$\sigma = \sqrt{\frac{\sum\limits_{i=1}^{n}(Q_i - \bar{Q})^2}{n-1}}, \quad C_v = \frac{\sigma}{\bar{Q}}$$

若引用模比系数 $K_i = Q_i / \bar{Q}$，则上式可写成：

$$C_v = \sqrt{\frac{\sum\limits_{i=1}^{n}(K_i - 1)^2}{n-1}} \tag{10.9}$$

C_v 在统计学上的意义是表示 Q_i 与 $\bar{Q}$ 差额的相对大小，$(K_i - 1)$ 所表示的就是这一相对差额，因 $(K_i - 1)$ 有正、有负，其代数和为零，因此不能用 $(K_i - 1)$ 的代数和，而改用 $(K_i - 1)^2$ 的代数和。采用它的平方根，是为了将因次恢复到 K 这样一个比值，除以 $n-1$ 是为了得其平均样本的平均值。

C_v 值反映了一条河流洪水流量变化幅度的大小。为了说明 C_v 的物理意义，现取甲、乙两组流量系列分析，如表 10.5 所示。流量系列的 C_v、C_s 值比较见表 10.5。

通过以上两系列 C_v 值的对比，可以清楚地看出 C_v 值是表征资料系列对于其均值相对变化程度（即离散度）的一个统计特征值。C_v 值大表明各分量偏离均值的程度大，系列的流量数值比较散乱，所以 C_v 值大的河流，流量变化幅度大。一般地说，山区河流暴涨暴落，年洪峰流量变化大，平原河流年洪峰流量变化小，故山区河流的 C_v 值大于平原区河流，与此相仿，流域面积小的河流较流域面积大的河流的 C_v 值为大，狭长流域比扇形流域 C_v 值大，同一条河流上游比下游的 C_v 值大，由于地区气候条件不同，我国北方的河流比南方河流的 C_v 值大。我国河流 C_v 值的取值范围大多在 0.2～1.5。

3. 偏差系数 C_s

偏差系数 C_s 是表示系列偏斜程度的参数值，它反映系列中各均值呈对称和不对称的情况。根据统计学的研究，C_s 的计算公式为：

$$C_s = \frac{\sum\limits_{i=1}^{n}(K_i - 1)^2}{(n-3)C_v^3} \tag{10.10}$$

今仍以甲、乙两系列为例计算 C_s，列入表 10.5 中，由表中计算得甲系列 $C_s = 0$，乙系列 $C_s = 1.84$。这说明：在甲系列中大于和小于 $\bar{Q}$ 的值各出现了两次，且 $C_s = 0$ 系列为对称分布，而乙系列大于 $\bar{Q}$ 的只出现 1 次，小于 $\bar{Q}$ 的出现了 3 次，且 $C_s > 0$，系列为正偏态分布。由此可以看出，C_s 反映了洪峰流量偏离均值的不平衡程度。再从式（10.9）中所表示的还是 Q_i 与 $\bar{Q}$ 的相对差额，若短系列资料中离均差有误差，而 3 次方后误差更大，所以 C_s 在 n 的数值不大时很不稳定，一般认为没有百年以上的资料，C_s 不易算得合理的结果。因此，为解决 C_s 值，常采用经验频率曲线与理论频率曲线（均系指累积频率曲线）相配合的适线法。

适线法常用的有两种，即求矩适线法和三点适线法。

所谓求矩适线法就是选定统计参数的一种方法，也是绘制理论频率曲线的一种方法。其具体方法是：根据 C_v 和 C_s 在洪峰流量上所表现出的经验关系，由 C_v 求 C_s。即假定 C_s 为 C_v 的某一倍数，根据我国的实践经验一般可取 $C_s =$（2～5）C_v。这样求得了 $\bar{Q}$、C_v、C_s，（例如 $C_s = 2C_v$）就可利用式（10.6）算出各不同频率时的流量，并将各该值决定的理论频率曲线绘在几率格纸上，然后再按 $P = m/(n+1)$ 算出的各已知洪水流量的经验频率，也绘在同一几率格纸上。如果理论频率曲线恰好和大多数经验频率点相配合，所取的 C_s 就是正确的，否则需重新假定 C_s（例如 $C_s = 3C_v$），直至配合时为止，这种选择参数的方法称为求矩适线法。

采用求矩适线法，能够选配一条与经验频率点群配合得最好的理论频率曲线，它提供了确定 C_s 值的一种方法，改善了累积频率曲线的绘制和外延。综上所述，统计参数 $\bar{Q}$、C_v、C_s 既反映了频率分布的不同特点，也决定着频率曲线（铃形曲线）的形状，如图 10.9、10.10、10.11 所示。

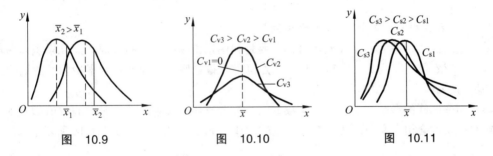

图　10.9   图　10.10   图　10.11

所谓三点适线法，就是在经验频率曲线上任意选取 3 个点，利用该 3 点处所对应的流量值和相应的频率，推求 3 个统计参数的初试值，再通过适线确定 3 个统计参数的采用值的一种方法。与求矩适线法比较，三点适线法推算统计参数的计算量较小，适用于 C_v 值较小的情况。

其基本原理是利用已知的 3 个流量和相应的频率，列出 3 个方程式，求解 3 个统计参数 C_v 和 C_s。若 3 个流量值 Q_1、Q_2、Q_3 相应的离均系数为 ϕ_1、ϕ_2、ϕ_3，则可列出下面 3 个方程式：

$$Q_1 = (\phi_1 C_v + 1)\bar{Q}$$
$$Q_2 = (\phi_2 C_v + 1)\bar{Q}$$
$$Q_3 = (\phi_3 C_v + 1)\bar{Q}$$

联立求解得：

$$S = \frac{\phi_1 + \phi_3 - 2\phi_2}{\phi_1 - \phi_3} = \frac{Q_1 + Q_3 - 2Q_2}{Q_1 - Q_3}$$

$$\bar{Q} = \frac{Q_3\phi_1 - Q_1\phi_3}{\phi_1 - \phi_3}$$

$$C_v = \frac{Q_1 - Q_3}{Q_3 \phi_1 - Q_1 \phi_3}$$

式中　S——偏度系数，可根据已知的 Q_1、Q_2、Q_3 算出。

　　由 S 与 ϕ 的关系可知，S 也是频率 P 和偏差系数 C_s 的函数，若已知 S 和 P，则可求出 C_s 值，而 $\bar{Q}$ 和 C_v 值也可按上述公式求出。所得的 $\bar{Q}$、C_v 和 C_s 值，即可作为 3 个统计参数的初试值进行适线。

　　前已指出，水文统计中常用到的是正偏态分布图，而且多用均值 X 反映系列的特征。这一特征反映出铃形曲线位置的变化，若 C_v 及 C_s 值不变，则曲线的形状基本不变，但曲线的位置将随 X 的变化而沿 x 轴移动。C_v 值反映铃形曲线高矮的情况图（见图 10.10）。若 x 及 C_s 值不变，C_v 值愈大，表明系列中各变量间的变化幅度大，比较分散，曲线平坦显得矮而胖；C_v 值愈小，表示频率分布愈集中，曲线就愈显得高而瘦；$C_v = 0$ 时，将成为一条垂直线（横坐标 $X = \bar{X}$，而且 C_v 无负值）。C_s 值反映铃形曲线的偏斜程度（见图 10.10）。若 $\bar{X}$ 及 C_v 值不变，当 $C_s = 0$ 时，表明各分量出现大于平均值与小于平均值的机会相等，曲线是对称的，即正态分布；若 $C_s > 0$，曲线的峰偏左为正偏态分布，C_s 值愈大愈向左偏；当 $C_s < 0$ 时，曲线的峰偏右为负偏态分布。对于年最大流量系列，C_s 一般不出现负值，频率曲线多为正偏态。图 10.10 中也只给出了正偏态的情况。正偏态的分布说明，小于平均值的流量出现次数较多，而大于平均值的流量出现次数少。

　　4. 统计参数的变动对累积频率曲线的影响

　　采用适线法确定桥涵的设计流量时，主要是利用累积频率曲线的头部，推求累积频率较小的流量，故应着重使曲线的上段与经验频率点群配合得最好，这样就要对累积频率曲线的形状有进一步的了解。

　　累积频率曲线的形状与 3 个统计参数的大小有着密切的关系，统计参数的数值如有变动，累积频率曲线也会相应变动，其间存在一定的规律，如图 10.12、10.13、10.14 所示。

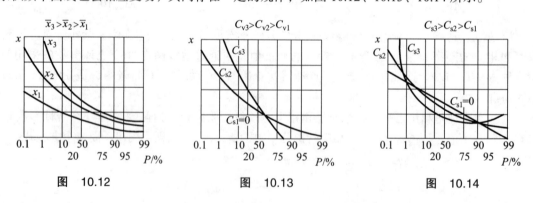

图　10.12　　　　　　　　图　10.13　　　　　　　　图　10.14

　　均值 $\bar{X}(\bar{Q})$ 反映累积频率曲线位置的高低（见图 10.12），若 C_v 与 C_s 值不变，则 x 值愈大曲线愈高。变差系数 C_v 反映累积频率曲线的陡坦程度（见图 10.13），若 $\bar{Q}$ 及 C_s 值不变，则 C_v 值愈大曲线愈陡，$C_v = 0$ 时，将成为一条水平线（纵坐标 $X = \bar{X}$），而且 C_v 无负值，曲线总是左高右低。偏差系数 C_s 反映累积频率曲线曲率的大小（见图 10.14），若 $\bar{Q}$ 及 C_v 值不变，随 C_s 值的增大则曲线上端（指小频率一端）增陡，下端变缓而趋平，$C_s = 0$ 时，其曲线在几率格纸上将成为一条直线。

知道了统计参数对累积频率曲线有上述的影响，因而在适线过程中，如单纯调整 C_s 仍不能得到满意的结果，这时可对 C_v 作相应的修正。如当理论频率曲线整个偏高或偏低时，可适当减小或加大平均值。当理论频率曲线上端偏高、下端偏低时，可适当减小 C_v；相反，当上端偏低、下端偏高时，可适当加大 C_v，通常调整 C_v 的情况居多，这样便可在 C_v 的基础上调整，其近似公式为：

$$\sigma_{cv} = \frac{C_v}{\sqrt{2n}}\sqrt{1+2C_v^2+\frac{3}{4}C_s^2-2C_vC_s} \qquad (10.11)$$

于是调整后的

$$C_v = C_v \pm \sigma_{cv} \qquad (10.12)$$

若曲线上端偏左而下端偏低，可适当增大 C_s 值。调整时如果不能使整个曲线较好配合时，右半部可不过于严格要求，而左半部应较好地配合。适线法的详细步骤，将通过下节的实例来说明。

第二节　设计流量的推求方法

一、用观测资料推求设计流量

倘已给有若干年水文站的流量观测资料时，便可用下式求规定频率的设计流量。即：

$$Q_P = \overline{Q}(1+C_v\phi_P) = \overline{Q}K_P \qquad (10.13)$$

通常，如能有 30 年的观测资料，计算公式中的 $\overline{Q}$、C_v 都能得到较为满意的结果，唯有 C_s 还不够稳定，故一般不用式（10.10）求算而是用适线法决定 C_s。

例 10.1　某桥位附近有水文站，搜集到 1936—1970 年的年最大流量观测资料，列入表 10.7 所示的 1、2 栏内，试用适线法求 $Q_{1\%}$。

解：（1）将流量观测资料按递减次序排列，列入表 10.7 所示的 3~5 栏。
（2）计算平均流量 $\overline{Q}$。

表 10.7　统计特征值 Q、C_v 及经验频率计算

年份	Q（m³/s）	递减排列序号 m	年份	Q_i（m³/s）	K_i	K_i-1	$(k_i-1)^2$	P（%）$P=m/(1+n)\times100\%$
1	2	3	4	5	6	7	8	9
1936	8 500	1	1954	18 500	2.09	1.09	1.188 1	2.8
1937	4 240	2	1962	17 700	2.00	1.00	1.000 0	5.6
1938	13 300	3	1964	13 900	1.57	0.57	0.324 9	8.3
1929	8 220	4	1938	13 300	1.50	0.50	0.250 0	11.1
1940	5 490	5	1946	12 800	1.44	0.44	0.193 6	13.9
1941	4 520	6	1952	12 100	1.37	0.37	0.136 9	16.7
1942	3 650	7	1943	12 000	1.35	0.35	0.122 5	19.4
1943	12 000	8	1968	11 500	1.30	0.30	0.090 0	22.2
1944	5 590	9	1958	11 200	1.26	0.26	0.067 6	25.0

续表 10.7

年份	Q (m³/s)	递减排列序号 m	年份	Q_i (m³/s)	K_i	$K_i - 1$	$(k_i - 1)^2$	P (%) $P = m/(1 + n) \times 100\%$
1	2	3	4	5	6	7	8	9
1945	3 220	10	1950	10 800	1.22	0.22	0.048 4	27.8
1946	12 800	11	1966	10 800	1.22	0.22	0.048 4	30.6
1947	5 100	12	1970	10 700	1.21	0.21	0.044 1	23.3
1948	10 600	13	1948	10 600	1.20	0.20	0.044 0	26.1
1949	5 950	14	1955	10 500	1.18	0.18	0.032 4	38.9
1950	10 800	15	1960	9 690	1.09	0.09	0.008 1	41.7
1951	8 150	16	1936	8 500	0.96	− 0.04	0.001 6	44.4
1952	12 100	17	1939	8 220	0.93	− 0.07	0.004 9	47.2
1953	3 540	18	1951	8 150	0.92	− 0.08	0.006 4	50.0
1954	18 500	19	1961	8 020	0.91	− 0.09	0.008 1	52.8
1955	10 500	20	1963	8 000	0.90	− 0.10	0.010 0	55.6
1956	7 450	21	1967	7 850	0.89	− 0.11	0.012 1	58.3
1957	7 290	22	1956	7 450	0.84	− 0.16	0.025 6	61.1
1958	11 200	23	1957	7 290	0.82	− 0.18	0.032 4	63.9
1959	5 220	24	1965	6 160	0.70	− 0.30	0.090 0	66.7
1960	9 690	25	1969	5 960	0.67	− 0.33	0.108 9	69.4
1961	8 020	26	1949	5 950	0.67	− 0.32	0.108 9	72.2
1962	17 700	27	1944	5 590	0.63	− 0.37	0.136 9	75.0
1963	8 000	28	1940	5 490	0.62	− 0.38	0.144 4	77.8
1964	13 900	29	1953	5 340	0.60	− 0.40	0.160 0	80.6
1965	6 160	30	1959	5 220	0.59	− 0.41	0.168 1	83.3
1966	10 809	31	1947	5 100	0.58	− 0.42	0.176 4	86.1
1967	7 850	32	1941	4 520	0.51	− 0.49	0.240 1	88.9
1968	11 500	33	1937	4 240	0.48	− 0.52	0.270 4	91.7
1969	5 960	34	1942	3 650	0.41	− 0.59	0.348 1	94.4
1970	10 700	35	1945	3 220	0.36	− 0.64	0.409 6	97.2

$$\bar{Q} = \frac{\sum_{i=1}^{n} Q_i}{n} = \frac{310\ 010}{35} = 8\ 860 \ (\text{m}^3/\text{s})$$

3. 计算变差系数 C_v

先计算模比系数 K_i、$Q_i/\bar{Q}$、$(K_i - 1)$、$(K_i - 1)^2$，分别列入表 10.7 中第 6、8 栏，于是得：

$$C_v = \sqrt{\frac{\sum_{i=1}^{n}(K_i - 1)^2}{n - 1}} = \sqrt{\frac{6.0619}{35 - 1}} = 0.42$$

4. 用适线法决定 C_s

（1）先求出经验频率点据，按 $P = m/（n+1）$ 计算各年流量值的经验频率，列入表10.7中第9栏，将该栏算出的频率，在海森几率格纸上点出各经验频率点据，如图10.15所示。

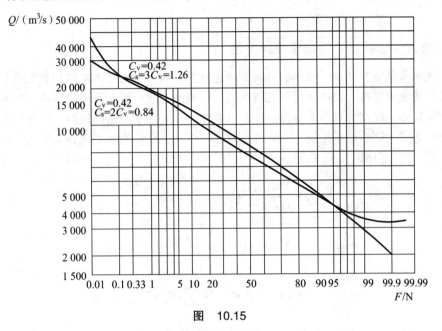

图　10.15

（2）再绘制理论频率曲线，分别假定 $C_s = 2C_v$，$C_s = 3C_v$，按式（10.13）算出各频率的流量列入表10.8中，并按表列的频率与流量绘出 $C_s = 2C_v$ 和 $C_s = 3C_v$ 的理论频率曲线，也绘在图10.15中的同一个几率格纸上，从而可以检查理论频率曲线与经验频率点的配合情况。从图10.15可以看出，以 $C_s = 3C_v = 3 \times 0.42 = 1.26$ 时配合得较好，因而确定用 $C_s = 1.26$。

表 10.8　理论频率曲线选配计算

P（%）	第一次适线　$C_v = 0.42$，$C_s = 2C_v = 0.84$			第二次适线　$C_v = 0.42$，$C_s = 3C_v = 1.26$		
	ϕ_P	K_P	Q_P	ϕ_P	K_P	Q_P
0.01	5.59	3.35	29 700	6.55	3.75	33 200
0.1	4.30	2.81	24 900	4.90	3.06	27 100
1	2.92	2.23	19 800	3.19	2.34	20 700
5	1.85	1.78	15 800	1.92	1.80	16 000
10	1.34	1.56	13 800	1.34	1.56	13 800
20	0.78	1.33	11 800	0.72	1.21	11 700
50	− 0.14	0.94	8 330	− 0.20	0.92	8 130
75	− 0.73	0.69	6 110	− 0.74	0.69	6 110
90	− 1.16	0.51	4 500	− 1.07	0.55	4 870
95	− 1.37	0.42	3 720	− 1.22	0.49	4 340
99	− 1.71	0.28	2 480	− 1.41	0.41	3 650
99.9	− 1.97	0.17	1 530	− 1.53	0.36	3 190

5. 求设计流量

根据选定的三个参数 $\bar{Q} = 8\,860\ \text{m}^3/\text{s}$，$C_v = 0.42$，$C_s = 1.26$ 和要求的 $P = 1\%$，即可根据 C_s 和 P 从表 10.6 中查出 $\phi_{1\%} = 3.19$，则得：

$$Q_{1\%} = \bar{Q}\,(1 + C_v\phi_{1\%}) = 8\,860 \times (1 + 0.42 \times 3.19) = 20730\ (\text{m}^3/\text{s})$$

二、通过洪水调查资料推求设计流量

当实测水文站资料较少，或所获资料为不连续系列时，可通过洪水调查和文献考证，以获得一些特大的洪水资料，这样就可以提高系列的代表性，起到延长系列的作用，亦可减少各参数值的抽样误差，提高计算结果的稳定性和可靠性。一般把水文站的观测年限称为实测期，把洪水调查和文献考证的最近年份至实际调查时的年限，分别称为调查期和考证期（均包括实测期在内，参见图 10.16、10.17 所示）：

$$\bar{Q} = \frac{1}{N}\left[\sum_{j=1}^{a} Q_j + \frac{N-a}{n_1-l}\sum_{i=l+1}^{n_1} Q_i\right] \tag{10.14}$$

$$C_v = \frac{1}{\bar{Q}}\sqrt{\frac{1}{N-1}\left[\sum_{j=1}^{a}(Q_j-\bar{Q})^2 + \frac{N-a}{n_1-l}\sum_{i=l+1}^{n_1}(Q_i-\bar{Q})^2\right]}$$

$$= \sqrt{\frac{1}{N-1}\left[\sum_{j=1}^{a}(K_j-1)^2 + \frac{N-a}{n_1-l}\sum_{i=l+1}^{n_1}(K_i-1)^2\right]} \tag{10.15}$$

式中　N —— 调查或考证的总年数，如图 10.16、10.17 所示；

a —— 在 N 年中连续顺位的特大洪水项数（包括发生在实测系列内的 1 项）；

n_1 —— 实测洪水系列项数；

l —— 实测洪水系列中抽出作特大值处理的洪水项数；

Q_j —— 特大洪水流量（m^3/s）（$j = 1, 2, \cdots, a$）；

Q_i —— 一般洪水流量（m^3/s）（$i = l+1, l+2, \cdots, n_1$）；

K_j，k_i —— 调查期和实测期的流量模数。

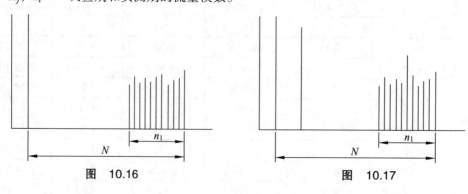

图　10.16　　　　　　　　　　　　　　　　图　10.17

C_s 的确定仍用适线法，只是求经验频率时要根据调查和实测的不连续资料按下述方法之一估算。

1. 实测值和特大值分别在各自系列中进行排位

其中实测系列的各项经验频率仍按式 $P = m/(n+1)$ 估算，而调查考证期 N 年中的前 a 项特大洪水序位为 M 的经验频率为：

$$P_M = \frac{M}{N+1} \qquad (10.16)$$

式中 M——历史特大洪水按递减次序排列的序位（$M = 1, 2, \cdots, a$）。

2. 将实测值和特大值共同组成一个不连续系列

将实测值和特大值共同组成一个不连续系列，不连续系列各项在调查期 N 年内统一排位，若 N 年中有特大洪水 a 项，其中有 M 项发生在 n_1 年实测系列之内，则 N 年中的 a 项特大洪水的经验频率仍用式 $P_M = M/(N+1)$ 估算，其余（$n_1 - 1$）项的经验频率按下列公式估算：

$$P_{m1} = \frac{a}{N+1} + \left(1 - \frac{a}{N+1}\right)\frac{m_1 - l}{n_1 - l + 1} \qquad (10.17)$$

式中 m_1——实测洪水的序位（m_1 依次取 $l+1, l+2, \cdots, n_1$）；

P_{m1}——实测系列第 m_1 项的经验频率。

其余符号意义同前。

例 10.2 某水文站自 1958—1974 年，有 17 年的实测洪峰流量资料（按递减次序排列，见表 10.9 所示中第 3 栏）。通过历史洪水调查与考证，在最近 200 年中历史洪水流量的第一位为 1904 年，第二位为 1921 年，此外还调查出 1956 年洪水流量为 50 年中的第一位，但在最近 200 年考证期中的序位未知（三个特大值的洪峰流量数值见计算表 10.10 所示中的 2 栏），试用适线法求 $Q_{0.33\%}$、$Q_{1\%}$、$Q_{2\%}$。

表 10.9 考虑特大洪水时 $\bar{Q}$、C_v 及经验频率计算

| 年份 | 洪峰流量（m³/s） | | K | $K-1$ | | $(K-1)^2$ | | | 经验频率 |
	特大值	一般值		+	−	特大值	较大值	一般值	P（%）
1	2	3	4	5	6	7	8	9	10
1904	12 600		2.31	1.31		1.716			0.498
1921	11 500		2.11	1.11		1.232			0.995
1956	10 500		1.92	0.92			0.846		2.94
1962		8 670	1.59	0.59				0.318	8.34
1969		7 340	1.34	0.34				0.116	13.8
1963		6 830	1.25	0.25				0.062	19.2
1970		6 430	1.18	0.18				0.032	24.5
1958		6 120	1.12	0.12				0.014	29.9
1971		5 920	1.08	0.08				0.006	35.3
1959		5 610	1.03	0.03				0.001	40.7
1961		5 300	0.97		0.03			0.001	46.2
1972		5 100	0.93		0.07			0.005	51.5
1960		4 900	0.90		0.10			0.010	56.9
1964		4 690	0.86		0.14			0.020	62.3
1968		4 540	0.83		0.17			0.029	67.7
1965		4 390	0.80		0.20			0.040	73.1
1966		4 230	0.77		0.23			0.053	78.5
1967		3 930	0.72		0.28			0.078	83.9
1973		3 720	0.68		0.32			0.102	89.3
1974		3 570	0.65		0.35			0.122	94.7
Σ	34 600	91 290				2.948	0.846	1 039	

解:（1）求平均流量:

$$\sum_{j=1}^{3} Q_j = 34\ 600\ \text{m}^3/\text{s},\quad \sum_{i=1}^{17} Q_i = 91\ 290\ (\text{m}^3/\text{s})$$

$$\bar{Q} = \frac{1}{N}\left[\sum_{j=1}^{a} Q_j + \frac{N-a}{n_1-l}\sum_{i=l+1}^{n_1} Q_i\right]$$

$$= \frac{1}{200}\times(34\ 600 + \frac{200-2-1}{17-0}\times 91\ 290) = 5\ 463\ (\text{m}^3/\text{s})$$

（2）求变差系数 C_v，将各流量与 $\bar{Q}$ 取比值，算出 K_i、K_i-1、$(K_i-1)^2$，列入表 10.9 中第 4、9 栏，于是得:

$$C_v = \sqrt{\frac{1}{N-1}\left[\sum_{j=1}^{a}(K_j-1)^2 + \frac{N-a}{n_1-l}\sum_{i=l+1}^{n_1}(K_i-1)^2\right]}$$

$$= \sqrt{\frac{1}{200-1}\left[2.948 + 0.846 + \frac{200-2-1}{17-0}\times 1.039\right]} = 0.28$$

式中　K_j——调查期的特大洪水流量。

3.用适线法决定 C_s

（1）先计算经验频率点据。由于观测年限较短，故按前述第二法估算经验频率:

$$P_{1904} = \frac{1}{N+1} = \frac{1}{200+1} = 0.498\%$$

$$P_{1921} = \frac{2}{200+1} = 0.995\%$$

$$P_{1956} = P_{1921} + (1-P_{1921})\left(\frac{1}{50+1}\right) = 2.94\%$$

实测一般洪水的经验频率估算:

$$P_m = P_{1956} + (1-P_{1956})\frac{m}{17+1} = 0.0294 + 0.0539\ (m)$$

当 $m=1$ 时，$P_{1962} = 8.33\%$；其 $m=2$ 时，$P_{1969} = 13.7\%$，其余以此类推。

各经验频率均写入表 10.10 中的 10 栏。为简便计，将用该栏的经验频率与模比系数 K 来点绘经验频率曲线的点据（即 K-P 曲线点据），如图 10.18 所示。

（2）再绘制理论频率曲线。根据 $C_v = 0.28$，$C_s = 3C_v$ 与 $C_s = 4C_v$ 算出各理论频率的流量模数 K 列入表 10.10 中，一并绘出 K-P 的理论频率曲线，也绘在图 10.18 上。很明显，两条曲线的坡度很平缓，曲线上部均在经验频率点以下，说明上述 C_v 值偏小，需要调整 C_v 值。为使点据能配合得更好，现再令 $C_s = 3.5C_v$，由式（10.11）得:

$$\sigma_{cv} = \frac{C_v}{\sqrt{2n}}\sqrt{1+2C_v^2 + \frac{3}{4}C_s^2 - 2C_vC_s} = 0.055$$

于是调整后的 $C_v = 0.28 + 0.055 = 0.34$，再按 $C_s = 3.5C_v = 3.5\times 0.34 = 1.19$ 进行第三次适线，算出各理论频率的流量值列入表 10.10 中，并继续绘出理论频率曲线于图 10.18 中。可以看出，这条理论频率曲线与经验频率点据配合得最好，于是可以确定 $\bar{Q} = 5\ 463\ \text{m}^3/\text{s}$，

$C_v = 0.34$，$C_s = 3.5C_v = 1.19$。

表 10.10　理论频率曲线选配计算表

频率 P（%）	第一次适线 $C_v = 0.28$　$C_s = 3C_v = 0.84$ K_P	第二次适线 $C_v = 0.28$　$C_s = 4C_v = 1.12$ K_P	第三次适线 $C_v = 0.34$　$C_s = 3.5C_v = 1.19$ K_P
0.33	2.01	2.09	2.34
0.5	1.94	2.01	2.24
1	1.82	1.87	3.07
2	1.69	1.73	1.89
5	1.52	1.59	1.65
10	1.37	1.38	1.46
20	1.22	1.21	1.25
50	0.95	0.95	0.94
75	0.80	0.75	0.75
90	0.68	0.69	0.63
95	0.62	0.65	0.58
99	0.52	0.58	0.51

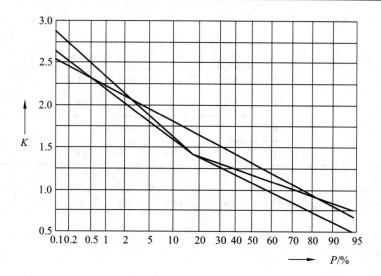

图　10.18

上述步骤可归纳为：

① $C_v = 0.28$，$C_v = 3C_v$ 时的理论频率曲线；

② $C_v = 0.28$，$C_v = 4C_v$ 时的理论频率曲线；

③ $C_v = 0.34$，$C_v = 3.5C_v$ 时的理论频率曲线；

④ 各经验频率点据。

4. 求 $Q_{0.33\%}$、$Q_{1\%}$、$Q_{2\%}$

从表 10.10 或图 10.18 所示的第 3 条 K_P-P 曲线上得 $K_{0.33\%} = 2.34$，$K_{1\%} = 2.07$，$K_{2\%} = 1.89$，故：

$$Q_{0.33\%} = K_{0.33\%}\overline{Q} = 2.34 \times 5463 = 12\ 783 \quad (\text{m}^3/\text{s})$$

$$Q_{1\%} = K_{1\%}\overline{Q} = 2.07 \times 5\ 463 = 11\ 308 \quad (\text{m}^3/\text{s})$$

$$Q_{2\%} = K_{2\%}\overline{Q} = 1.89 \times 5\ 463 = 10\ 325 \quad (\text{m}^3/\text{s})$$

三、用形态调查资料推求设计流量

当桥址及上、下游缺乏实测资料时，设计洪水的计算可利用调查历史洪水资料、形态调查及地区经验公式来推算。这里要解决的关键问题，仍然是决定 $\overline{Q}$、C_v、C_s 的具体值。

（一）根据形态调查和地区经验公式决定设计流量

（1）我国交通部科学研究院编制了全国各水文分区的 C_v 值、C_s/C_v 经验关系及多年平均流量计算公式和参数表，如表 10.11、表 10.12 和表 10.13 所示。从表中可根据地区特征查得 $\overline{Q}$、C_v、C_s，然后按式（10.13）求得设计流量。

表 10.11　全国各水文分区的 C_v 值

分区编号	分区名称	流域面积（km²）							
		100	250	500	1 000	5 000	10 000	25 000	51 000
1	三江平原	采用等值线							
2	大、小兴安岭地区	采用等值线							
3	嫩江流域区	采用等值线							
4	海拉尔河上游区	采用等值线							
5	图、牡、绥区	1.55	1.40	1.30	1.20	1.01	0.94	0.85	0.80
6	二松、拉区	1.31	1.22	1.17	1.11	0.99	0.94	0.88	0.83
7	鸭绿江区	1.08	1.05	1.02	1.00	0.95	0.92	0.90	0.87
8	东辽河区	1.25	1.22	1.20	1.19	1.14			
9	松嫩平原区	缺观测资料							
10	洮蛟山丘陵区	1.73	1.61	1.52	1.43	1.26	1.19	1.10	1.04
11	霍内上游区	缺观测资料							
12	西辽河下游区	缺观测资料							
13	辽东北部区	采用等值线							
14	辽东及沿海山丘区	采用等值线							
15	辽河平原区	采用等值线							
16	辽西丘陵区	采用等值线							
17	辽西山丘区	采用等值线							
18	辽西风沙区	采用等值线							
18′	辽河丘陵区		1.06	1.00	0.94	0.82			
19	辽河深山区	采用等值线							

续表10.11

分区编号	分区名称	流域面积（km²）							
		100	250	500	1 000	5 000	10 000	25 000	51 000
20	沿海丘陵区	采用等值线							
21	辽东浅山区	采用等值线							
22	北部高原区	采用等值线							
23		采用等值线							
24	太行山北部区	采用等值线							
25	坝下山区	采用等值线							
26	太行山南部区	采用等值线							
27	东北部草原丘陵区	1.30	1.26	1.24	1.20	1.12	1.10		
28	内陆河草原丘陵区	1.42	1.37	1.32	1.28	1.20	1.16		
29	大清山、蛮汗山、土石山丘陵区（北）	1.60	1.52	1.47	1.44	1.37	1.32		
30	大清山、蛮汗山、土石山丘陵区（南）	1.40	1.25	1.15	1.07	0.88	0.80		
31	黄河流域黄土丘陵沙丘区	1.40	1.30	1.20	1.13	0.95	0.90		
32	晋北（Ⅰ）（雁北地区）	1.40	1.40	1.40	1.35	1.14	1.04	0.92	
33	晋中（Ⅱ）	1.40	1.30	1.22	1.16	1.00	0.94	0.88	
34	晋东南（Ⅲ）	1.22	1.18	1.16	1.12	1.06	1.03	1.00	
35	晋东南（特）（Ⅲ）（浊漳河水系）	1.05	1.05	1.05	1.05	1.05	1.05	1.05	
36	同34区								
37	晋西南（Ⅳ）	1.32	1.22	1.17	1.12	1.00	0.96	0.90	
38	鲁山区	$C_v = 0.901\,8/F^{0.0062}$							
39	苏鲁丘陵区	采用等值线							
40									
41	苏西地区								
42	淮河平原区	采用等值线							
43	黄河流域区	采用等值线							
44	淮河山丘区	采用等值线							
45	长江流域区	采用等值线							
46	南、堵、蛮、沮漳、黄柏河	$F \leqslant 300$ $C_v = 1.02$		$F > 300$ $C_v = 3.84 \times F^{-0.64}$					
47	汉北区	$C_v = 1.7 \times F^{-0.115}$							
48	澴、举、巴、倒蘄、浠水	$F \leqslant 560$ $C_v = 1.12$		$F > 560$ $C_v = 5.68 \times F^{-0.29}$					

续表 10.11

分区编号	分区名称	流域面积（km²）							
		100	250	500	1 000	5 000	10 000	25 000	51 000
49	皖、浙、赣山丘区	$C_v = 2.9 \times F^{-0.2}$							
50	瓯江、椒江、奉化江、曹娥江水系	$C_v = 2.15 / F^{-0.08}$							
51	闽、浙沿海台风雨区	0.76	0.71	0.67	0.63	0.54			
52	福建沿海台风区	0.60	0.57	0.55	0.53	0.48	0.46	0.44	
53	福建内陆锋面雨区	0.60	0.54	0.51	0.48	0.40	0.37	0.34	（0.32）
54	赣江区	0.80	0.71	0.65	0.58	0.47	0.43	0.38	0.34
55	金、富、陆、修水区	$C_v = 0.94 F^{-0.06}$							
56	湖区								
57	清江三峡区	$C_v = 2.4 F^{-0.2}$							
58	澧水流域区		0.70	0.50	0.43	0.38	0.34	0.34	
59	沅水中下游区		0.70	0.64	0.60	0.56	0.54	0.51	0.35
60	沅水上游区		0.70	0.64	0.60	0.56	0.54	0.51	0.35
61	资水流域区				0.60	0.40	0.40	0.40	
62	湘江流域区		0.59	0.55	0.53	0.45	0.45	0.43	0.36
63	内陆区	0.72	0.64	0.58	0.53	0.44	0.40		
64	沿海区	0.72	0.64	0.58	0.53	0.44	0.40		
65	郁江、贺江区	0.80	0.71	0.64	0.58	0.46	0.42		
66	柳江、桂江区	0.80	0.71	0.64	0.58	0.46	0.42		
67	红河水区	0.80	0.71	0.64	0.58	0.46	0.42		
68	左右江区	0.85	0.78	0.71	0.66	0.52	0.47		
69	沿海区	0.85	0.78	0.71	0.66	0.52	0.47		
70	海南（西北区）	0.72	0.64	0.58	0.53	0.44	0.40		
	岛区（东区）	0.88	0.85	0.83	0.80	0.76	0.74		
71	台湾省								
72	阿尔泰区	采用等值线							
73	伊犁区	采用等值线							
74	天山北坡区	采用等值线							
75	天山南坡区	采用等值线							
76	昆仑山北坡区	采用等值线							
77	阿左旗荒漠区								
78	贺兰山、六盘山区	1.20	1.10	1.04	0.98	0.84	0.78		
79	吴中盐池区	1.20	1.10	1.04	0.98	0.84	0.78		
80	河西走廊北部荒漠区								

续表 10.11

分区编号	分区名称	流域面积（km²）							
		100	250	500	1 000	5 000	10 000	25 000	51 000
81	河西走廊西区	采用等值线							
82	河西走廊东区	采用等值线							
83	祁连山区	采用等值线							
84	中部干旱区	采用等值线							
85	黄河上游区	采用等值线							
86	陇东、泾、渭、汉区	采用等值线							
87	陇南白龙江区	采用等值线							
88 I	黄河上游区	$C_v = 3.51F^{-0.21}$							
88 II	湟水、大通河区	$C_v = 3.10F^{-0.21}$							
88 III	青海湖区	$C_v = 1.68F^{-0.14}$							
88 IV	柴达木地区								
88 V	玉树区	$C_v = 0.11F$							
88 VI	祁连山区								
89	陕北窟野河区	1.55	1.45	1.30	1.23	1.06	1.00	0.92	0.86
90	陕北大理河、延河区	1.55	1.45	1.30	1.23	1.06	1.00	0.92	0.86
91	渭河北岸泾、洛、渭区	1.52	1.42	1.31	1.24	1.09	1.03	0.97	0.92
92	渭河南岸秦岭北麓区	0.92	0.87	0.81	0.76	0.67	0.64	0.59	0.56
93	陕西山岭区	1.52	1.42	1.31	1.24	1.09	1.03	0.97	0.92
94	大巴山暴雨区		0.72	0.68	0.62	0.52	0.48		
95	东部盆地丘陵区	0.81	0.72	0.66	0.62	0.51	0.47		
96	长江南岸深丘区		0.70	0.63	0.57	0.45	0.41		
97	青衣江、鹿头山暴雨区		0.38~0.80	0.34~0.72	0.32~0.64	0.25~0.52	0.22~0.45		
98	安宁河区	0.75~1.85	0.56~1.20	0.46~0.88	0.36~0.64	0.25~0.30	0.18~0.22		
99	川西北高原干旱区		0.57	0.52	0.49	0.41	0.38	0.34	
100	金沙江及雅砻江下游区	0.69~1.50	0.52~1.10	0.42~0.92	0.34~0.76	0.21~0.47	0.18~0.38		
101	贵州东南部多雨区	采用等值线							
102	贵州中部过渡区	采用等值线							
103	贵州西部少雨区	采用等值线							
104	滇东区	采用等值线							
105	滇中区	采用等值线							
106	滇西北区	采用等值线							
107	滇南区	采用等值线							
108	滇西区	采用等值线							
109	西藏高区湖泊区	采用等值线							
110	西藏东部区	采用等值线							
111	雅鲁藏布江区	采用等值线							

表 10.12　全国水文分区 C_s/C_v 经验关系

分区	分 区 名 称	C_s/C_v 的经验关系	分 区	分 区 名 称	C_s/C_v 的经验关系
1	三江平原	2.5	34	晋东南Ⅲ区	3
2	大小兴安岭地区	2.5	35	晋东南特Ⅲ（浊漳河水系）	3
3	嫩江流域区	2.0	36	同 34 区	3
4	海拉尔河上游区	2.0	37	晋西南Ⅳ区	3
5	图、牡、绥区	2.5	38	鲁山区	2.5
6	二松、拉区	2.5	39	苏鲁丘陵区	2
7	鸭绿江区	2.5	40		
8	东辽河区	3.0	41	苏西地区	3
9	松嫩平原区	无观测资料	42	淮河平原区	2
10	洮、蛟山区	1.5	43	黄河流域区	2
11	霍内上游区		44	淮河山丘区	2.5
12	西辽河下游区		45	长江流域区	2.5
13	辽东北部山区	3	46	南、堵、蛮、沮；漳、黄柏河	3.5 2.5
14	辽东及沿海山丘区	3	47	汉北区	2.5
15	辽河平原区	2.5	48	澴、举、巴、倒蕲、浠水	3.5、2.0
16	辽西丘陵区	3	49	皖、浙、赣山丘区（1、2）	2.0~3.5
17	辽西山丘区	3	50	瓯江、椒江、奉化江、曹娥江水系	2.0~3.5
18	辽西风沙区	3	51	闽、浙沿海台风雨区	2.0~3.0
18′	辽河丘陵区	1.5	52	福建沿海台风区	3
19	辽河深山区	2.5	53	福建内陆锋面雨区	3.5
20	沿海丘陵区	2	54	赣江区	3
21	辽东浅山区	2.5	55	金、富、陆、修水区	2.5
22	北部高原区	3	56	湖　区	
23			57	清江三峡区	2.5、3.5
24	太行山北部区	2.5	58	澧水流域区	2.0
25	坝下山区	2.5	59	沅水中下游区	2.5
26	太行山南部区	2.5	60	沅水上游区	2.5
27	东北部草原丘陵区	3.5	61	资水流域区	2
28	内陆河草原丘陵区	2.5	62	湘江流域区	1
29	大清山、蛮汗山、土石山丘陵区（北）	2.5	63	内陆区	3
30	大清山、蛮汗山、土石山丘陵区（南）	2.5	64	沿海区	3
31	黄河流域黄土丘陵沙丘区	2.5	65	郁江、贺江区	3
32	晋北Ⅰ（雁北地区）	3	66	柳江、桂江区	3
33	晋中Ⅱ区	3	67	红河水区	3

表 10.13　全国水文分区流量计算参数

分区编号	分区名称	$\overline{Q}=CF^n$			$Q_{2\%}=KF^{n'}$				$\dfrac{Q_{1\%}}{Q_{2\%}}$	公式使用说明
		C	n_1	误差（%）	K	C	n_1		误差（%）	K
				平均	最大			平均	最大		
1	三江平原区	1.67	0.65			8.24	0.65	11	30.5	1.17	C=2.14 为三江口以上黑龙江流域各支流（我方一侧）及汤旺河流域；C=3.00 为拉河流域；其他流域 C=2.51 K=7.00 适用于三江口以上黑龙江流域各支流 K=10 适用于穆棱河、芬河、蚂蚁河、汤旺河及该区范围内松花江沿岸各支流 K=17.3 适用于拉林河、呼兰河水系
2	大、小兴安岭地区	2.14~3.00	0.65			7.0~17.3	0.65	21.5	59	1.17	K=1.09 适用于嫩江县以上各支流，K=1.47 适用于嫩江县以下各支流（讷谟尔、乌裕尔水系除外） K=2.60 适用于讷谟尔、乌裕尔水系
3	嫩江流域区	0.38	0.80			1.09~2.60	0.80	18.7	49.4	1.17	
4	海拉尔河上游区	0.71	0.65			2.13	0.65	16.5	32	1.10	
5	图、牡、绥区	0.33	0.88	36	145	2.00	0.86	39	187	1.09	
6	二松、拉区	0.46	0.88	40	166	8.00	0.74	33	108	1.10	
7	鸭绿江区	1.04	0.85	23	51	2.90	0.93	19	57	1.08	
8	东辽河区	5.64	0.45	34	71	48.00	0.45	46	83	1.12	
9	松嫩平原区										
10	洮蛟山丘陵区	2.50	0.49	40	136	47.00	0.40	25	67	1.08	
11	霍内上游区										缺观测资料
12	西辽河下游区										缺观测资料
13	辽东北部区	0.97	0.84	13.1	29.4	10.10	0.75	21.8	38.7	1.17~1.31	采用等值线
14	辽东及沿海山丘区	7.40	0.70	22.9	62.9	33.70	0.68	16.6	45.9	1.13~1.28	采用等值线

续表 10.13

分区编号	分区名称	$\overline{Q} = CF^n$				$Q_{2\%} = KF^{n'}$				$\dfrac{Q_{1\%}}{Q_{2\%}}$	公式使用说明
		C	n_1	误差（%）		K	C	n_1		误差（%）	K
				平均	最大			平均	最大		
15	辽河平原区	4.87	0.68	17.8	36.3	10.90	0.75	21.1	43.3	1.09～1.22	采用等值线
16	辽西丘陵区	6.80	0.65	17.1	55.0	16.5	0.72	15.7	37.5	1.16～1.30	采用等值线
17	辽西山丘区	3.40	0.65	16.1	39.7	52.00	0.50	28.3	59.5	1.09～1.33	采用等值线
18	辽西风沙区	0.16	0.84	13.3	34.8	4.10	0.61	91.2	46.2	1.12～1.27	采用等值线
18'	辽河丘陵区	5.88	0.61	8	12	4.50	0.91	3	5	1.09	
19	辽河深山区	9.60	0.60	19	54	57.00	0.60	30	74	1.22	
20	沿海丘陵区	3.10	0.85	16	70	15.00	0.85	23	77	1.21	
21	辽东浅山区	5.90	0.55	25	77	24.00	0.55	24	116	1.25	
22	北部高原区	0.30	0.60	45	75	1.00	0.60	55	128	1.23	
23											
24	太行山北部区	11.6	0.60	25	69	66.70	0.60	18	68	1.27	
25	坝下山区	3.26	0.60	15	33	13.80	0.60	9.2	15	1.20	
26	太行山南部区	10.90	0.55	27	92	66.70	0.55	27	108	1.26	
27	东北部草原丘陵区	0.184	0.50	16.4	21	1.00	0.50	21.2	28.3	1.24	
28	内陆河草原丘陵区	2.52	0.60	34.3	152	12.00	0.60	39.3	124	1.24	百灵庙站按本区之亚区考虑，$C = 0.95$，$K = 5.82$，$n_1 = 0.60$，$n_1' = 0.60$
29	大清山、蛮汗山、土石山丘陵区（北）	4.45	0.60	9.9	18.2	23.44	0.60	13.1	27.3	1.25	
30	大清山、蛮汗山、土石山丘陵区（南）	14.5	0.50	6.6	18.5	88.40	0.45	16.8	29.2	1.21	
31	黄河流域黄土丘陵沙丘区	5.76	0.75	16.1	30	37.64	0.70	6.8	15.6	1.22	
32	晋北（Ⅰ）（雁北地区）	8.33	0.50	13	25	60.94	0.45	14	23	1.23	系中线数值，上限为 C、K 乘 1.3，下限为 C、K 乘 0.7。上限一般在植被很差、光土石山区采用；下限一般在植被好、森林面积大、汇水面积大的平原区采用
33	晋中（Ⅱ）	5.59	0.60	21	41	16.18	0.66	16	49	1.23	
34	晋东南（Ⅲ）	8.12	0.50	20	34	38.57	0.50	19	42	1.26	

续表 10.13

分区编号	分区名称	$\bar{Q}=CF^{n}$: C	n_1	误差平均(%)	误差最大(%)	$Q_{2\%}=KF^{n'}$: K	C	n_1	误差平均(%)	误差最大(%)	$\dfrac{Q_{1\%}}{Q_{2\%}}$: K	公式使用说明
35	晋东南(特)(Ⅲ₁)(浊漳河水系)	53.22	0.35	5	8	111.50		0.43	14	27	1.16	
36	同34区											
37	晋西南(Ⅳ)	10.79	0.60	24	40	85.83		0.50	19	42	1.22	
38	鲁山区	19.00	0.60	15.6	46.1	66.83		0.60	17.6	52.9	1.18	$C_v=0.9018/F^{0.00062}$
39	苏鲁丘陵区	0.33	1.00	20.4	39.8	7.15		1.00	40	93.5	1.16	苏鲁丘陵区 $Q_{2\%}=1.09F$,精度差不采用
40												
41	苏西地区	4.04	0.71	14.2	27.4	11.14		0.75	12.2	24.5	1.20	
42	淮河平原区	0.47	0.80	15	39	7.65		0.63	17	51	1.15	包括洪、汝、沙、颍、沱、惠济、贾鲁河
43	黄河流域区	2.35	0.73	20	67	7.30		0.78	19	34	1.20	包括伊、洛、济、沁、济河
44	淮河山丘区	51.00	0.45	19	46	145.00		0.48	28	99	1.18	包括淮河、竹竿、潢、狮、史、史灌、白露河及洪汝、沙、颍河上游
45	长江流域区	8.85	0.65	23	36	58.00		0.57	20	56	1.19	包括丹江、唐、白河水系
46	南、堵、蛮、沮漳、黄柏河	1.35	0.86	18.9	34.1	19.07		0.69	15.1	31.7		
47	汉北区	24.00	0.51	14.8	35	111.00		0.46	13.3	20.8		
48	溇、举、巴、倒蕲、浠水	17.50	0.59	16	34.2	141.70		0.48	10.3	29.9		
49	皖、浙、赣山丘区	$0.26H_{24}^{1.5}\times10^{-2}$	0.85	15	45	$0.88H_{24}^{2}\times10^{-3}$		0.85	18.7	52	1.08~1.23	(1) 本区分 $F<3000\ \mathrm{km^2}$ 及 $F>3000\ \mathrm{km^2}$ 统计,调节参数 H_{24} 指数相同,F 指数不同;(2) $F<3000\ \mathrm{km^2}$ 时,$\bar{Q}$ 中 C 值变幅分中上限 0.29~0.37,安徽省大别山区用上限,其他地区使用中限;(3) $F>3000\ \mathrm{km^2}$ 时,$Q_{2\%}$ 中 K 值变幅为 0.62~1.10,安徽大别山区用 1.1,其他地区用 0.85
		$0.3H_{24}^{1.5}\times10^{-1}$	0.54	18	39	$6.8H_{24}^{2}\times10^{-3}$		0.52	23.5	44.4	1.06~1.14	
50	瓯江、椒江、奉化江、曹娥江水系	$6.52H_{24}\times10^{-2}$	0.76	10.1	33	$0.35H_{24}$		0.66	12.5	32.2	1.15	(1) 本区分 $F<3000\ \mathrm{km^2}$ 及 $F>3000\ \mathrm{km^2}$ 统计,调节参数 H 指数相同,F 指数不同;(2) $F<3000\ \mathrm{km^2}$ 时,$\bar{Q}$ 中 C 值为 6.52,$Q_{2\%}$ 中 K 值为 0.35,用于沿海台风区及风陆海雨区;(3) $F>3000\ \mathrm{km^2}$ 时,$\bar{Q}$ 中 C 值为 13.9,$Q_{2\%}$ 中 K 值为 1.56,用于过渡区
		$13.9H_{24}\times10^{-2}$	0.68			$1.56H_{24}$		0.50				

续表 10.13

分区编号	分区名称	$\bar{Q}=CF^{n}$　C	n₁	误差(%) 平均	误差(%) 最大	$Q_{2\%}=KF^{n'}$　K	C	n₁	误差(%) 平均	误差(%) 最大	$\frac{Q_{1\%}}{Q_{2\%}}$ 误差(%)	公式使用说明　K
51	闽、浙沿海台风雨区	$1.15\sim1.33\times10^{-2}H_{24}^{1.4}$	0.75	7.6	14.4	$3.47\times10^{-2}H_{24}^{1.4}$		0.75	10.2	25.1	1.15	浙江省水系： $C=1.15\times10^{-2}H_{24}^{1.4}$ 福建省水系： $C=1.35\times10^{-2}H_{24}^{1.4}$
52	福建沿海台风区	$6.7\times10^{-3}H_{24}^{1.4}$	0.65	12.5	28.7	$17.2\times10^{-3}H_{24}^{1.4}$		0.65	15.5	42.3 23	1.14 1.23	九江水系： $C=6.6\times10^{-3}H_{24}^{1.4}$ $K=6.0\times10^{-2}H_{24}^{1.4}$ 其余水系： $C=7.62\times10^{-3}H_{24}^{1.4}$ $K=5.5\times10^{-2}H_{24}^{1.4}$
53	福建内陆锋面雨区	$2.7\times10^{-3}H_{24}^{1.6}$	0.75	8.8	26.9	$6.22\times10^{-3}H_{24}^{1.3}$		0.75	13.0	40.6	1.14	建溪水系： $C=3.1\times10^{-3}H_{24}^{1.6}$ $K=6.0\times10^{-2}H_{24}^{1.3}$ 沙溪水系： $C=2.6\times10^{-3}H_{24}^{1.6}$ $K=5.2\times10^{-2}H_{24}^{1.3}$ 其余水系： $C=2.7\times10^{-3}H_{24}^{1.6}$ $K=5.5\times10^{-2}H_{24}^{1.3}$
54	赣江区	5.4	0.70	9.4	23.1	25.3		0.61	16.7	28.4	1.12	
55	金、富、陆、修水区	4.85	0.77	10.3	36.2	19.0		0.72	9.6	20.2		
56	湖区											
57	清江三峡区	4.30	0.77	13.6	26.8	24.50		0.66	14.0	33.9		
58	澧水流域区	11.44	0.71	13.2	43.0	45.20		0.63	11.5	28.2	1.10	除63区外，包括沅水干支流地区洪江、黔城等以上地段的沅水支流及渠水、巫水上游地区
59	沅水中下游区	6.76	0.72	14.1	35	23.09		0.68	15.9	36.6	1.20	
60	沅水上游区	2.47	0.78	12.1	30.2	7.91		0.75	13.1	31.7	1.14	
61	资水流域区	11.95	0.62	8.2	22.1	31.59		0.59	12.6	24.9	1.10	
62	湘江流域区	2.77	0.78	13.2	32.4	7.23		0.75	16.9	48.2	1.10	
63	内陆区	$0.0046H_{24}^{1.6}$	0.65	6.5	-18	$0.024H_{24}^{1.6}$		0.55	9.5	-27	1.13	
64	沿海区	$0.0033H_{24}^{1.6}$	0.65	10.5	26	$0.0166H_{24}^{1.6}$		0.55	12.3	29	1.13	
65	郁江、贺江区	7.92	0.70	14.8	57	55		0.55	12.7	57	1.12	
66	柳江、桂江区	22.50	0.60	16.4	54	52.8		0.60	24.3	66	1.13	
67	红河水区	8.20	0.60	18.2	39	45.00		0.50	21.6	49	1.14	
68	左右江区	3.30	0.70	14.4	27	12.00		0.64	10.6	17	1.15	
69	沿海区	13.51	0.60	20.9	40	78.00		0.50	19.1	28	1.15	防域河流域 C 值采用 58.1, K 值采用 284
70	海南（西北区）岛区（东区）	$0.0059H_{24}^{1.6}$	0.65	11.4	-36	149.00		0.55	18.6	41	1.17	
71	台湾省											

续表 10.13

分区编号	分区名称	$\overline{Q}=CF^n$				$Q_{2\%}=KF^{n'}$				$\dfrac{Q_{1\%}}{Q_{2\%}}$	公式使用说明
		C	n_1	误差（%）		K	C	n_1	误差（%）	误差（%）	K
				平均	最大				平均	最大	
72	阿尔泰区	0.39~0.73	0.80	22	44	1.16~2.14	0.75		14	33	1.11	额尔齐期主流 $C=0.18$，$K=0.69$
73	伊犁区	0.31~0.58	0.75	28	75	0.54~1.00	0.75		20	58	1.09	
74	天山北坡区	0.27~0.50	0.80	45	129	0.82~1.52	0.80		39	78	1.17	
75	天山南坡区	1.66~2.84	0.60	20	63	7.13~13.25	0.53		30	88	1.13	开都河水系 $C=1.0$，$K=4.23\sim7.13$
76	昆仑山北坡区	0.28~0.52	0.80	20	58	2.97、1.60	0.80		25	53	1.15	和田地区 $C=1.12\sim2.08$ 喀什地区 $K=2.08\sim3.86$
77	阿左旗荒漠区											缺资料
78	贺兰山、六盘山区	5.20 上限 8.00 下限 3.60	0.60	25.4	77.5	23.00 上限 34.00 下限 16.00	0.60		25.9	104	1.25	固原东部茹河水系、贺兰山北段用上限，西吉、泾源、香山地区用下限
79	吴中盐池区	2.20	0.60	21.6	61.8	5.5	0.60		33.4	119	1.20	红柳沟上游、苦水河上游用上限，苦水河下游盐池内陆河用下限
80	河西走廊北部荒漠区											无资料地区
81	河西走廊西区	1.010 1.014 0.0018	0.90	24	52	1.042 1.060 0.078	0.90		25	75	1.23	
82	河西走廊东区	1.049 1.070 0.091	0.90	15	33	1.90 1.555 0.720	0.85		21	50	1.26	荒漠边缘区：$C=0.03$ $n_1=0.90$ $K=0.19$ $n_1'=0.85$
83	祁连山区	0.810 1.15 1.49	0.67	22	56	14.29 20.49 26.62	0.45		18	43	1.23	
84	中部干旱区	0.485 0.690 0.890	0.75	26	138	10.94~15.49	0.55		21	97	1.21	
85	黄河上游区	0.060 0.850 0.110	0.90	15	32	1.29 1.84 2.38	0.71		20	99	1.18	大峪沟、冶木河、广通河：$C=0.24$ $n_1=0.90$ $K=2.38$ $0.24n_1=0.71$
86	陇东、泾、渭、汉区	2.89 4.10 5.30	0.64	26	67	22.26~44.65	0.55		28	72	1.23	
87	陇南白龙江区	0.210 0.300 0.390	0.82	24	116	0.94~1.55	0.77		19	45	1.14	
88 I	黄水上游区	0.07	0.88			0.51	0.76				1.11	
88 II	湟河、大通河区	1.43	0.62			11.76	0.49				1.14	
88 III	青海湖区	4.54	0.48			17.25	0.42				1.22	
88 IV	柴达木地区	0.25	0.69			0.77	0.68				1.16	

续表 10.13

分区编号	分区名称	$\overline{Q}=CF^n$				$Q_{2\%}=KF^{n'}$				$\dfrac{Q_{1\%}}{Q_{2\%}}$	公式使用说明
		C	n_1	误差（%）		K	C	n_1	误差（%）	误差（%）	K
				平均	最大				平均	最大	
88 V	玉树区	0.50	0.70			0.79	0.74			1.13	
88 VI	祁连山区	0.59	0.74			4.91	0.63			1.19	
89	陕北窟野河区	48.5	0.48	19.8	53.7	320.00	0.45	14.4	42.0	1.20	
90	陕北大理河、延河区	6.10	0.65	23.3	42.1	13.80	0.72	17.3	40.5	1.18	
91	渭河北岸泾、洛、渭区	2.80	0.64	14.4	26.7	31.20	0.53	12.0	34.0	1.30	
92	渭河南岸秦岭北麓区	1.90	0.83	17.3	51.6	3.69	0.92	13.9	47.1	1.10	
93	陕南秦岭区	3.50	0.76	13.9	45.0	15.90	0.70	12.0	47.0	1.10	
94	大巴山暴雨区	5.77	0.80	22.9	44.4	25.40	0.73	18.5	41.6		
95	东部盆地丘陵区	4.80	0.73	19.0	53.4	11.22	0.73	14.1	36.7		
96	长江南岸深丘区	5.32	0.73	14.9	38.4	10.70	0.74	20.7	49.9		
97	青衣江、鹿头山暴雨区	17.20	0.64	22.9	61.6	23.62	0.69	19.8	54.6		
98	安宁河区	3.92	0.68	17.4	45.4	9.10	0.66	23.7	40.8		
99	川西北高原干旱区	54.00	0.32	14.1	38.0	74.00	0.38	25.1	42.8		
100	金沙江及雅砻江下游区	1.55	0.69	18.4	41.0	6.60	0.59	19.7	50.1		
101	贵州东南部多雨区	高 8.00 中 6.43 低 5.23	0.70	17.14	26.5	55.70 42.80 33.80	0.60	13.3	22.0	1.20	黔东北锦江、松桃江，黔东南都柳江、樟江可用高值；清水河各支流及干流下游段可用中值；清水河中游及六洞河可用低值；雷公山、梵净山地区用高值
102	贵州中部过渡区	高 6.12 中 4.61 低 3.65	0.70	13.33	27.2	39.80 29.10 21.10	0.60	18.2	45.1	1.20	乌江支流、青永江中下游、石阡河西江水系的六洞河可用高值；乌江中下游干支流，西江水系的平扩河，濛河以及赤水河下游、沅阳河上游采用中值；赤水河中上游以及沅阳河中下游采用低值
103	贵州西部少雨区	高 3.88 中 3.01 低 2.38	0.70	14.48	29.8	21.10 17.30 13.10	0.60	13.6	62.3	1.20	北盘江下游用高值；北盘江中上游六冲河、乌江鸭池河至乌江渡干河北各支流用中值；三岔河上游、南盘江贵州境内干支流及威宁、华节、赫章等地区用低值
104	滇东区	3.60	0.60	21.8	109	1.80	0.80	32.1	117	1.14	C=2.9~4.5，K=1.45~2.5 按云南省增划的副区使用，以利提高精度（资料另详）

续表 10.13

分区编号	分区名称	$\overline{Q}=CF^n$				$Q_{2\%}=KF^{n'}$				$\dfrac{Q_{1\%}}{Q_{2\%}}$	公式使用说明
		C	n_1	误差（%）		K	C	n_1		误差（%）	K
				平均	最大			平均	最大		
105	滇中区	1.20	0.70	25.5	52	3.00	0.65	44.9	135	1.12	C=0.95~1.54，K=2.55~4.5 按云南省增划的副区使用，以利提高精度（资料另详）
106	滇西北区	0.80	0.80	23.6	89	7.50	0.65	27.5	83	1.17	C=0.6~1.04，K=5.6~11.2 按云南省增划的副区使用，以利提高精度（资料另详）
107	滇南区	1.23	0.83	19.3	40	6.40	0.75	24.2	58	1.13	C=1.0~1.6，K=4.8~8.45 按云南省增划的副区使用，以利提高精度（资料另详）
108	滇西区	3.30	0.70	20.6	50	6.90	0.70	31.7	67	1.10	C=2.64~4.2，K=5.2~9.6 按云南省增划的副区使用，以利提高精度（资料另详）
109	西藏高区湖泊区										无资料
110	西藏东部区	0.09	0.95	7.4	19.8	0.50	0.85	7.0	14.6	1.08	参见有关资料
111	雅鲁藏布江区	0.77	0.75	15.1	37.4	1.40	0.75	9.6	28.3	1.09	参见有关资料

（2）在荒无人烟地区，可根据地貌特征调查多年的平均洪水位。如可站在河流的对岸或远处，观察河岸受水流多年冲刷及日光暴晒所留下的条带痕迹，条带下缘相当于平均洪水位。

在较为平坦的河道上，浅滩部分的河岸受洪水冲刷，形成了 1∶5~1∶10 的坡度，而河岸部分受洪水冲刷的机会较少，保持原来的 1∶1~1∶2 的自然坡度，因此两者的分界线可以认为是平均洪水位。平坦河滩的植被分界线或水草颜色分界线，也可认为是平均洪水位。

有了平均洪水位，可用谢才公式计算平均流量 $\overline{Q}$，然后再参照地区经验关系确定 C_v、C_s，最后按式（10.13）推求设计流量。

（二）根据调查的历史洪水资料求设计流量

（1）若能调查到几个历史洪水位，用谢才公式算出其相应的流量，用 $P=m/(n+1)$ 算出各历史洪水位按递减次序排列序位的经验频率，然后采用几率格纸点绘成经验频率曲线，将曲线外延求设计流量。

（2）若调查的历史洪水流量不多，只要确定了它们的经验频率，就可按下法决定设计流量。

设调查到两个不同频率的流量 Q_{N_1}、Q_{N_2}，分别列出公式：

$$Q_{N_1}=\overline{Q}(1+C_v\phi_{N_1})=\overline{Q}K_{N_1} \tag{10.18}$$

$$Q_{N_2}=\overline{Q}(1+C_v\phi_{N_2})=\overline{Q}K_{N_2} \tag{10.19}$$

将二式相除，其比值为：

$$\frac{Q_{N_1}}{Q_{N_2}}=\frac{K_{N_1}}{K_{N_2}}=x(N_1/N_2) \tag{10.20}$$

参照各地区 C_v、C_s 的经验资料，或根据河段特性选取相应的 C_v、C_s，再根据已知的 Q_{N1}、Q_{N2} 所相应的频率 P_{N1}、P_{N2}，从 ϕ 值表中查出 ϕ_{N1}、ϕ_{N2}，再代入式（10.20），便可得到新的比值为

$$\frac{1+C_v\phi_{N_1}}{1+C_v\phi_{N_2}} = \frac{K'_{N_1}}{K'_{N_2}} = X'(N_1/N_2) \qquad (10.21)$$

倘比值 $x'(N_1/N_2)$ 恰好与 $x(N_1/N_2)$ 相等，说明选取的 C_v、C_s 合适；倘不相等，需另选定 C_v、C_s 值，重复计算直至相等时为止。于是设计流量便可按下式求得：

$$Q_P = \frac{1+C_v\phi_P}{1+C_v\phi_{N_1}}Q_{N_1} = \frac{K_P}{K_{N_1}}Q_{N_1} \qquad (10.22)$$

$$Q_P = \frac{1+C_v\phi_P}{1+C_v\phi_{N_2}}Q_{N_2} = \frac{K_P}{K_{N_2}}Q_{N_2} \qquad (10.23)$$

例 10.3 于 1984 年 10 月已知某地区的 $C_v = 1.4$，在该地区的某河调查到 3 个历史洪水位，相应的流量为 $Q_{1936} = 420 \text{ m}^3/\text{s}$、$Q_{1958} = 300 \text{ m}^3/\text{s}$、$Q_{1972} = 250 \text{ m}^3/\text{s}$，试推求设计流量 $Q_{1\%}$，并估算 1936 年洪水流量的重现期。

解： 自 1936 年至 1984 年共 49 年间（$N = 84 - 36 + 1$）发生了 3 次洪水，其相应的经验频率分别为：

$$P_{1936} = \frac{M_1}{N+1} = \frac{1}{49+1} = \frac{1}{50} = 2\%$$

$$P_{1958} = \frac{M_2}{N+1} = \frac{2}{49+1} = \frac{2}{50} = 4\%$$

$$P_{1972} = \frac{M_3}{N+1} = \frac{3}{49+1} = \frac{3}{50} = 6\%$$

比较 3 个流量的频率，自然是频率较大（周期较小）的误差相对较小，故应以它们作为设计的依据，取后两个流量的比值：

$$\frac{Q_{1958}}{Q_{1972}} = \frac{300}{250} = 1.2$$

根据河流所在地区与流域面积查有关地区资料得 $C_v = 1.4$，现按 $C_v = 1.4$、$C_s = 4.0$ 试算，查得 ϕ 值为：

$$K_{1958} = 1 + C_v\phi_{1958} = 1 + 1.4 \times 2.24 = 4.136$$
$$K_{1972} = 1 + C_v\phi_{1972} = 1 + 1.4 \times 1.74 = 3.436$$

其比值为 $x' = 4.136/3.436 = 1.2$，与假定相符，便可确定 $C_v = 1.4$，$C_s = 4.0$，再从表 10.6 中查得 $\phi_{1\%} = 4.37$，按式（10.13）确定设计流量：

$$Q_{1\%} = \frac{K_{1\%}}{K_{1958}}Q_{1958} = \frac{K_{1\%}}{K_{4\%}}Q_{1958} = 516.3 \text{ (m}^3/\text{s)}$$

$$Q_{1\%} = \frac{K_{1\%}}{K_{1972}}Q_{1972} = \frac{K_{1\%}}{K_{6\%}}Q_{1958} = 517.9 \text{ (m}^3/\text{s)}$$

为求得 1936 年的洪水频率，可由下列关系求得 ϕ_{1936}，即由 $Q_{1936}/Q_{1\%} = 1 + C_{\mathrm{v}}\phi_{1936}/(1 + C_{\mathrm{v}}\phi_{1\%})$ 求得。将数值代入得

$$\phi_{1936} = \frac{\dfrac{Q_{1936}}{Q_{1\%}}(1 + C_{\mathrm{v}}\phi_{1\%}) - 1}{C_{\mathrm{v}}} = \frac{\dfrac{420}{518}(1 + 1.4 \times 4.37) - 1}{1.4} = 3.41$$

根据 $C_{\mathrm{v}} = 1.4$、$C_{\mathrm{s}} = 4.0$ 及 $\phi_{1936} = 3.41$，查表 10.6 反求得 1936 年的频率为 $P = 1.8\%$，其重现期约为 55 年。

应该指出，用上述几种方法所获得的设计流量，一般都比较粗略。这是因为影响设计洪水的因素很多，如流域的地理位置、气候条件、植被、湖泊调节、河道演变及人类活动的影响，使得计算中的不准确性也随之增加，加上水文分析和计算还是一门发展中的科学，虽然已经有了一定的理论基础并积累了一些经验，但是分析方法还不够完善，计算公式还有相当的局限性，这就使计算成果不能完全适应自然界复杂水文现象的变化规律。因此，水文计算应根据资料条件及地区特点，注重现场调查研究，采用多种方法进行计算核对，论证其合理性、可靠性，最后选用比较合适的数值。

以上几节均系根据流量资料和调查的历史洪水来推求设计流量。有些地区亦可根据雨量资料，通过成因分析，绘制出流域出口断面形成的流量过程线（称为单位过程线），依此推算设计流量。这种方法多用于小流域径流计算中，在此不再赘述。

四、桥址断面处设计流量与设计水位的推求

前面所求的设计流量，均系根据水文站测流断面或桥址附近的水文断面计算而得。因此，需要换算到桥址断面的设计流量与其相应的设计水位。

当水文站测流断面或形态调查时的水文断面离桥址断面较近，流域面积相差不超过 5%时，推算的设计流量可以不必换算，而直接作为桥址断面的设计流量。否则要结合实际情况按照有关规定进行必要的换算，或从多方面分析比较后确定。

桥址断面的设计流量确定后，还需要求算桥址断面的设计水位、流速和过水面积等水文要素，以作为桥涵设计的重要数据。桥址处的设计水位可按下列办法确定：

（1）桥址附近有水文站或有形态调查的水文基线时，若河段顺直，可利用水文站测流断面或水文断面推算桥址处设计水位，即用比降法或相关法采用可靠程度较高的大洪水年代的水面坡度，将水位推移至桥址处；当桥址处河底坡度及横断面变化较大时，例如桥址上下游有卡口、人工建筑物等对水位有影响时，可利用水面曲线法推求桥址处设计水位。

（2）在桥址处绘制水位流量关系曲线，利用已知桥址设计流量，反推桥址处的设计水位。

（3）桥址附近河床断面规则并有多年历史洪水位资料时，亦可按 $H_P = \bar{H}(1 + C_{\mathrm{v}}\phi_P)$ 直接推算设计水位。

由于设计流量常是通过频率曲线外延求得的，在河道中往往还没有出现过，因此设计水位及相应的流速与面积，也需要用外延的方法求得，下面通过一实例来说明。

例 10.4　推算出某桥址断面处的设计流量为 $Q_P = 1\,200\ \mathrm{m^3/s}$，又实测了桥址断面图、水面比降和糙率等资料，试推求设计水位和相应的流速及面积。

解：根据所给资料，在桥址断面图上假定几个水位、计算相应的断面和水力半径，并按谢

才公式用已测得的 i 及 n 计算出流速及相应的流量，列入表 10.14 中。

表 10.14　流速与流量计算

H（m）	A（m²）	$v_主$（m/s）	Q（m³/s）
133.52	138	3.52	270
134.52	273	4.96	1 050
135.00	338.5	5.57	1 478

根据上表计算成果，绘制水位面积曲线 $A=f_1(H)$、河槽的水位流速曲线 $v_主=f_2(H)$ 以及水位流量关系曲线 $Q=f(H)$，如图 10.19 所示。

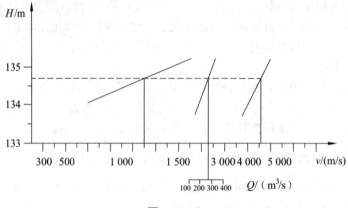

图　10.19

从图 10.19 所示的 $Q=f(H)$ 曲线上，当 $Q_P=1\,200\ \text{m}^3/\text{s}$ 时的水位便为 $H_P=134.7\ \text{m}$，相应的过水面积为 $A=295\ \text{m}^2$，河槽的平均流速为 $v_主=5.2\ \text{m/s}$。在确定了上述水文要素后，即可进行桥涵孔径的计算。

最后还需指出：有些河流桥址处的设计流量与设计水位，还受大河倒灌、水库壅水、冰塞等的影响。这就需要根据实际调查，参考有关专业手册和规范分析确定。

小　　结

（1）根据国家的经济条件和工程的安全要求，国家统一制定了铁路工程洪水频率标准，如 Ⅰ、Ⅱ 级铁路的桥梁为 $P=1\%$，涵洞为 $P=2\%$，路基为 $P=1\%$。必须强调说明的是，所指洪水频率均系累积频率，也就是说等于和大于该级流量的洪水在每百年中出现的次数。更要强调的是，百年一遇的洪水绝不是每百年出现一次，而是说在无限多的年代中，平均每百年发生一次，它可能在一百年中出现多次，而在另一历史过程中，几百年不出现一次。

（2）型曲线是一端有限一端无限的铃形曲线，它与水文现象极为相近，对该曲线积分即得我们所需的累积频率曲线，特称"理论频率曲线"。

（3）设计流量 Q_P 的计算方法有以下几种：

① 有水文站连续流量资料（$n \geqslant 30$ 年），求 Q_P；

② 水文站资料较少，又调查了历史洪水，求 Q_P；

③ 用洪水形态调查资料求 Q_P；

④ 由雨量资料用间接法求 Q_P。

（4）要将水文站或水文断面求得的设计流量推算到桥址断面处的设计流量与相应的设计水位，作为以后桥孔设计的依据。

（5）用数理统计法推求 $P=1\%$ 的设计流量，对于一座桥来讲，在每一年可遇到等于或大于 $Q_{1\%}$ 的流量的可能性为 1%，但若某一线路上有 1 000 座桥（或涵洞），则在每一年中遇险的桥的数目将是 $1\,000 \times 1\% = 10$ 座（而涵洞则为 $1\,000 \times 2\% = 20$ 座），这就可以说明为什么年年都要防汛。因此，从这个意义上讲，既要保证桥涵有足够的抗洪能力，每年还要有充分的抗洪抢险的准备，我国 1998 年全国性的抗洪图，就足以说明这一点。

思考与练习题

10.1　什么是经验频率？有几种公式表示？如何在经验频率曲线上求 $Q_{2\%}$、$Q_{1\%}$？为什么要用几率格纸绘制和延长经验频率曲线？

10.2　频率曲线与累积频率曲线的关系是什么？皮尔逊Ⅲ型曲线中三个统计参数 Q、C_v、C_s 的物理意义是什么？

10.3　什么是适线法？如何适线？具体要求是什么？

10.4　用谢才公式计算结果知，两断面的 K 值近似相等，符合均匀流情况，经整理知桥址断面处各水位流量关系为：$H_{1948} = 162.6$ m，$Q_{1948} = 1\,200$ m³/s；$H_{1981} = 161.7$ m，$Q_{1961} = 1\,020$ m³/s；$H_{1978} = 161.0$ m，$Q_{1978} = 880$ m³/s。试确定 $Q_{1\%}$、$H_{1\%}$，推算 Q_{1948} 的频率应为多少？（为求 $H_{1\%}$，应绘制并延长 $Q = f(H)$ 曲线，现假定 $H_{高} = 165.2$ m，$Q_{高} = 1\,900$ m³/s）

10.5　今有连续 24 年流量观测资料（见表 10.15），试按适线法求 $Q_{2\%}$、$Q_{1\%}$。

表 10.15

年份	1955	1956	1957	1958	1959	1960	1961	1962
流量（m³/s）	1 565	3 020	750	1 295	1 510	860	2 275	2 820
年份	1963	1964	1965	1965	1967	1968	1969	1970
流量（m³/s）	1 275	1 655	620	850	1 730	745	1 010	1 655
年份	1971	1972	1973	1974	1975	1976	1977	1978
流量（m³/s）	370	745	1 775	2 565	1 510	1 835	735	2 845

10.6　用 9.5 题资料。经调查核实，该历史洪水位 $H = 73.0$ m 的频率 $P = 2\%$，又从该地区的水文图集上查到 $C_v = 1.4$，$C_s = 3.5C_v$。试求 $Q_{1\%}$、$H_{1\%}$。

第十一章　大中桥孔径计算

内容提要　大中桥孔径计算主要是根据设计流量推求设计水位下两个桥台之间的桥梁最小净孔长度（即孔径）。与此同时，还要确定梁底高程、基底高程，从而选择经济合理的桥渡方案。

大中桥孔径计算，主要是根据设计流量推求设计水位下两个桥台之间的桥孔最小长度。与此同时，还要确定梁底高程、基底高程，从而选择经济合理的桥涵方案。

桥孔设计多数情况是由设计流量及设计水位控制，因而可以利用水力学公式分析计算。除此之外，但还必须结合实际情况，全面考虑桥涵河段的各种影响因素，甚至辅以桥涵水力模型实验，并参照过去的经验，探求合理的桥涵设计方案。另外有些桥梁跨越很深的河谷，流量不大水位也不高，孔径大小不是由水流控制，而是由桥梁造价和路堤造价决定。

第一节　桥涵水流分析

桥涵的设计与修建，往往因孔径压缩挤压了河道的过水面积，加之墩台阻水的影响，从而改变了水流和泥沙的天然状态，其情况十分复杂，因此目前只能作些理论分析，辅以基本假定和实验数据，制订半理论半经验公式。

当桥头压缩河流断面不多时，桥头锥体护坡就可起导流作用，但当桥头路基伸入河床很多时，相当一部分河道水流为路堤所挡，水流情况将受到严重挤压。设置导流堤可以改善水流状态，但却增加了投资，也增加了养护与维修的困难。图 11.1 所示为在平原区河流上有、无导流堤时桥涵水流情况略图。

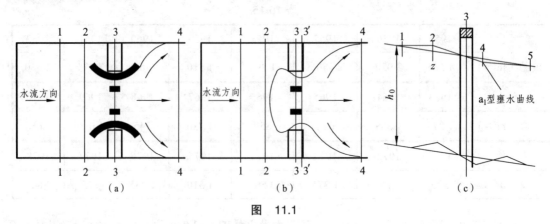

图　11.1

从图上看水流大体可分为三个区段：

1. 水面壅高区段（①—②段）

河流在①断面前具有天然水面宽度 B，此时正常水深为 h_0，由于桥轴处压缩水流，在桥的上游①断面处开始产生壅水，呈现 a_1 型壅水曲线，直到②断面处达到最大壅水高度 Δz。此断面内的水深增加，水面坡度变缓，流速减小，泥沙发生淤积。

2. 水漏斗区段（②—③④段）

在此区段，水流在宽度和水深方向都急剧收缩，上游靠近桥梁处的水面呈漏斗形，直到桥梁轴线或下游处水流出现"颈口"断面。在有导流堤时[见图 11.1（a）]，颈口断面一般发生在桥轴，无导流堤时[见图 11.（b）]，颈口断面将发生在桥轴下游。

在水漏斗区段，水面纵坡呈凸形下倾曲线，流速相应提高，夹沙能力增加，河床发生冲刷且逐渐向桥孔增大，尤以无导流堤时更甚，因此有导流堤时孔径可定得小些。

3. 扩散区段（③—⑤段）

水流在此区段开始散开，水流有效宽度逐渐放大，水面纵坡和流速减小，于是泥沙发生淤积，到断面④又恢复到天然状态。

综上所述，如取桥前和桥下两个过水断面，可以得出如下结论：根据连续性方程，桥前断面积加大，则流速小；桥下断面积小，则流速大。根据能量方程，桥前断面产生壅高，实际是势能做功，它使梁底高程和路肩高程加高，桥下断面减小，使流速加大动能做功，造成桥下河底冲刷，则必须加大基础的埋置深度。上述对桥涵水流的粗略分析，反映了建桥后水流和泥沙运动的变化，并表现了桥孔长度、桥前壅水和桥下冲刷三者之间的关系，可作为桥孔计算的分析依据。

第二节　桥下面积与桥孔长度计算

一、桥下允许流速的确定

桥下所需面积是根据设计流量 Q_P，用水力学的公式 $\omega = Q_P/v_P$ 求得的，为使桥下面积能充分发挥作用而又最小，就要根据河流的具体情况，来选择桥下设计流速 v_P。

桥下设计流速是根据 1875 年 H·A·别列柳伯斯基的假说制定的。其基本点是：当桥孔压缩，桥下流速增大，桥下河槽开始被冲刷，随着冲刷后水深的加大，桥下过水面积增大到使桥下流速等于天然河槽流速时，桥下冲刷即停止。基于这一原则，对于冲积河流，在一般河滩较小、压缩不多的河段，计算桥孔长度时，采用河槽（包括边滩）的天然平均流速作为设计流速；河滩很大时，可按经验确定。其他情况的允许流速可根据渠道与土质情况，查阅有关专业手册。

设计流速可从外延的 $v_{主} = f(H)$ 曲线上量取设计水位下的河槽流速，也可以按谢才公式计算设计水位下河槽的平均流速。

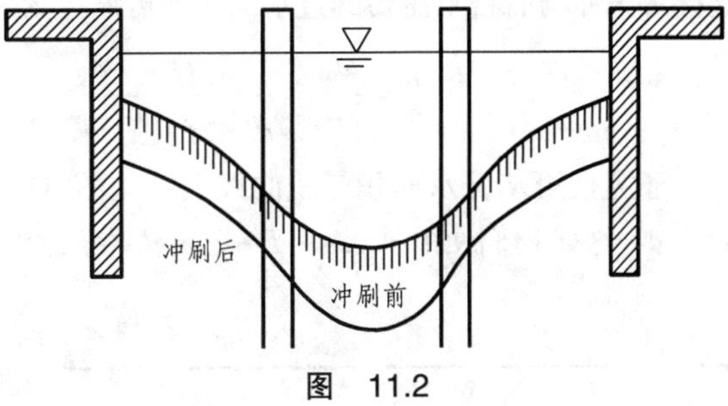

冲刷后

冲刷前

图　11.2

二、桥下所需面积与桥孔长度计算

大中桥一般均属多孔桥，中间有桥墩，如图 11.2 所示。当桥孔与水流正交，且有良好的导治建筑物时，则包括桥墩面积在内的桥下所需面积为：

$$\omega_{需} = \omega_{有效} + \omega_{涡流} + \omega_{墩} = \frac{Q_P}{\mu v_P} + \lambda \omega_{需} \qquad (11.1a)$$

式中　μ——水流挤压系数，因墩台侧面涡流阻水而引入的面积折减系数，查表 11.1。桥愈长，μ 值的影响愈小，有时亦可忽略不计。

　　$\omega_{墩}$——桥墩所占阻水面积，可用下式表示：

$$\lambda = \frac{\omega_{墩}}{\omega_{需}} \approx \frac{b_{墩}}{l_{跨}}$$

　　λ——考虑桥墩所占水流面积的影响而引用的系数，它可以近似地用一个墩宽 $b_{墩}$ 与一个梁的跨径 $l_{跨}$ 之比表示。

表 11.1　水流压缩系数 μ 值

顺序号	设计流速 v_P（m/s）	桥梁孔跨（m）													
		≤10	12	16	20	24	32	40	48	56	64	80	96	128	160
1	<1	1	1	1	1	1	1	1	1	1	1	1	1	1	1
2	1	0.96	0.97	0.98	0.99	0.99	0.99	1	1	1	1	1	1	1	1
3	1.5	0.94	0.96	0.97	0.97	0.98	0.99	0.99	0.99	0.99	0.99	0.99	1	1	1
4	2.0	0.93	0.94	0.95	0.97	0.97	0.98	0.99	0.99	0.99	0.99	0.99	0.99	0.99	1
5	2.5	0.90	0.92	0.94	0.96	0.96	0.97	0.98	0.98	0.93	0.99	0.99	0.99	0.99	1
6	3.0	0.89	0.91	0.93	0.95	0.96	0.96	0.97	0.98	0.99	0.99	0.99	0.99	0.99	0.99
7	3.6	0.87	0.90	0.92	0.94	0.95	0.96	0.97	0.97	0.98	0.98	0.98	0.99	0.99	0.99
8	≥4.0	0.85	0.88	0.91	0.93	0.94	0.95	0.96	0.97	0.97	0.98	0.98	0.98	0.99	0.99

注：水流压缩系数 μ 是指墩台侧面因漩涡形成滞流区而减小过水断面的折减系数。$\mu = 1 - 0.375 v_P / l_0$，$l_0$ 为单孔净跨径。

对于不等跨的桥孔可采用各孔跨 μ 值的加权平均值。将（11.1a）式整理后得：

$$\omega_{需} = \frac{Q_P}{\mu(1-\lambda)v_P} \tag{11.1}$$

当河床土壤有被冲刷的可能，且允许受有限度的冲刷时，为了达到缩小孔径的目的，可把河槽的流速加大 P 倍（P 为冲刷系数，它表示桥下设计需要过水断面面积与桥下实有供给过水断面面积之比，其值 $P \geqslant 1$），《桥涵勘规》规定了各类河流的允许冲刷系数值[P]，如表 11.2 所示。这样考虑冲刷后桥下需要的过水面积便可缩小为 $\omega'_{需}$，即：

$$\omega'_{需} = \frac{\omega_{需}}{[P]} = \frac{Q_P}{\mu(1-\lambda)[P]v_P} \tag{11.2}$$

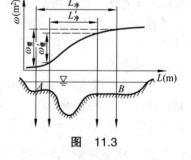

图　11.3

于是便可从流水面积累积曲线上（见图 11.3）决定 $\omega'_{需}$ 时的 $L'_{净}$。这样我们便可从 $L'_{净} \sim L_{净}$ 选定桥梁孔径的长度。

表 11.2　允许冲刷系数

河　段　类　别	冲　刷　系　数
山区峡谷段	≤1.2
山前区变迁段	按地区经验确定
其他各类河流	≤1.4

注：平原区宽滩河流平均水深小于等于 1.0 m 时，容许冲刷系数可大于表列数值。

三、关于决定桥长的几点补充说明

（1）当桥孔压缩较大，或无导流堤或导流堤尺寸不足时，桥下颈口断面将不在桥轴而在桥的下游。为了保证桥下有足够的过水面积，桥轴处供给的孔径所需的过水面积要改按下式来求：

$$\omega_{需} = \frac{\omega_{颈}}{\varepsilon} = \frac{Q_P}{\varepsilon v_P} \tag{11.3}$$

式中　ε——水流颈口横断面面积与桥下过水面积之比。即 $\varepsilon = \omega_{颈}/\varepsilon_{需}$，此时 $\varepsilon < \mu(1-\lambda)$，$\varepsilon$ 亦可查表11.3。

表 11.3

$\dfrac{\sum Q - Q_1}{Q_T}$	\multicolumn{11}{c}{$\dfrac{Q_2}{\sum Q}$ 时之 ε 值}	附注
	0	0.1	0.2	0.3	0.4	0.5	0.6	0.7	0.8	0.9	1.0	
0	1	1	1	1	1	1	1	1	1	1	1	
0.1	0.76	0.78	0.80	0.82	0.84	0.86	0.89	0.91	0.94	0.97	1	$\sum Q$—水流的全部计算流量（m³/s）
0.2	0.69	0.71	0.72	0.76	0.79	0.82	0.85	0.88	0.92	0.96	1	
0.3	0.65	0.67	0.70	0.73	0.75	0.79	0.82	0.86	0.90	0.95	1	Q_1—自然条件下桥孔宽度范围内所通过的流量（m³/s）
0.4	0.61	0.83	0.66	0.70	0.72	0.76	0.80	0.84	0.88	0.94	1	
0.5	0.58	0.61	0.63	0.67	0.70	0.73	0.78	0.82	0.87	0.93	1	Q_T—自然条件下河滩所通过的流量（m³/s）
0.6	0.56	0.59	0.61	0.64	0.68	0.71	0.76	0.80	0.86	0.92	1	
0.7	0.54	0.57	0.59	0.62	0.66	0.70	0.74	0.79	0.85	0.92	1	Q_2—自然条件下河槽所通过的流量
0.8	0.52	0.55	0.58	0.61	0.64	0.69	0.73	0.78	0.84	0.92	1	
0.9	0.51	0.54	0.57	0.60	0.63	0.68	0.72	0.77	0.83	0.91	1	
1.0	0.50	0.53	0.56	0.59	0.62	0.67	0.71	0.77	9.83	0.91	1	

该式多适用于单孔或桥墩较少的中小桥孔径计算，也适用于滩流压缩较大的既有桥梁孔检算，但新线勘测中少用。

（2）当桥孔与水流斜交，即桥梁轴线的法线与水流方向具有夹角时，桥下面积要加大，可按下式计算：

$$\omega_{需} = \frac{Q_P}{\mu(1-\lambda)v_P \cos\alpha} \tag{11.4}$$

（3）为缩小桥孔，如确有技术经济依据和能改善桥下水流工作状态时，可以采用开挖河床的办法增大桥下过水面积，但应充分估计到由此产生的河流水力条件变化的影响。通常，天然河道不应轻易改移和开挖，因采用这种方法也不能降低桥下水位，故少用。

第三节　桥式拟定与冲刷系数检算

桥梁总长度要在 $L'_{净} \sim L_{净}$ 的范围内拟定。通常要拟定几个方案进行比选，方案比选的内容应包括桥式、材料、跨度等，可查表 11.4。

表 11.4　几种梁、墩、台标准图的主要尺寸

桥跨类型	计算跨度 L_P（m）	梁全长 L（m）	桥墩宽度 b'（m）	横向宽度 B（m）	轨底至梁底高度 C（m）	轨底至支承垫石顶面高度 C'（m）	梁缝 Δ（m）	T 形桥台胸墙至前墙距离 d_0（m）
普通钢筋混凝土梁	5.00	5.50	1.50	4.20	1.10	1.103	0.06	0.65
	6.00	6.50	1.50	4.20	1.20	1.203	0.06	0.65
	8.00	8.50	1.50	4.20	1.75	1.84	0.06	0.80
	10.00	10.50	1.90	2.40	1.90	2.08	0.06	1.10
	12.00	12.50	1.90	3.40	2.05	2.23	0.06	1.10
	16.00	16.50	1.90	3.40	2.10	2.58	0.96	1.10
	20.00	20.60	1.90	3.40	2.70	3.10	0.10	1.20
预应力混凝土梁	24.00	24.60	1.90	3.40	2.60	3.00	0.10	1.20
	32.00	32.60	1.90	3.40	3.00	3.50	0.10	1.20

注：桥墩宽度 b' 及 B 为圆端形桥墩墩帽下墩身最小截面处尺寸。墩身坡度随设计形式而不同，在作水文计算初估桥墩尺寸时，可按 30：1 坡度估算。

对拟定的每一桥式，都要保证洪水、流冰、漂浮物和泥石流的安全通过，也要保证桥头路堤不致漫决，危及行车安全，还要考虑水陆交通和排灌的需要，注意建桥后因引起水流变化而对上下游农田房舍的影响。对桥梁孔径的式样，在同一区段内应力求简化。同一座桥，除通航或跨越深谷的桥涵外，一般应采用等跨。通航和筏运的桥孔，应布设在稳定的航道上，考虑河流的变迁与航道的变化，必要时应适当预留通航孔。除此以外，还要考虑各类河段对桥孔布设的影响。

（1）山区河流上峡谷河段的桥台不得伸入河槽，开阔河段桥头路堤可以伸入河滩，但也不得伸入河槽。桥头路堤与洪水流向斜交，在上游一侧可能形成水袋时，应通过增大或增加该侧桥孔予以消除。

（2）在山前区河流的冲积扇上游狭窄河段和下游收缩河段布设桥孔时，应分别参照山区峡谷河段和开阔河段办理。在中游扩散河段，应注意山口地形对流向的影响，要考虑河床摆动、分汊及其发展的趋势；在变迁河段上，应根据河道的现状和演变的趋势布设桥孔。

（3）平原区河流要根据河道的稳定状态布设桥孔，不要轻易封闭某些支汊而妨碍灌溉排涝。在顺直微弯和蜿蜒河段上，要预估河湾的发展和深泓的摆动，应在摆动范围内布设桥孔；在分汊河段上，应尽量少改变水流的天然状态，在各岔流上分别设桥，并应预估各汊流量分配比例的变化；在游荡河段上，应在游荡范围内，结合当地的治理规划，因地制宜地加以导治，使主槽的摆动有所约束，一般在深泓线可能摆动的范围内均应布设桥孔。

用流水面积累积曲线决定桥长只是一种近似方法，因为它粗略地给出了孔径的大致范围。实际工作中，勘测人员在确定桥址后，其头脑中就拟定了一系列如何跨越该河的各种桥式方案，对拟定的每个方案，都要求出该方案时桥下供给的过水面积 $\omega_{供}$ 与需要的桥下过水面积 $\omega_{需}$，二者的比值即为实有冲刷系数 $P_{实}$，并满足规范的要求。即

$$P_{实} = \frac{\omega_{需}}{\omega_{供}}$$

（11.5）

式中 $\omega_{供}$——对所拟定的桥孔，桥下实际供给的过水面积，系指两个桥台之间的净过水面积（参照图 11.2 ）。即：

$$\omega_{供} = \omega_{毛供} - \omega_{墩}$$

其中 $\omega_{毛供}$——设计水位下两桥台间包括桥墩宽度在内的全部过水面积；

$\omega_{墩}$——桥墩所占面积，可近似按 $\omega_{墩} = b'\bar{H}$ 计算。其中 b' 为墩宽，$\bar{H}$ 为平均水深，约为 $\bar{H} = \omega_{毛供}/L_{毛}$。

$\omega_{需}$——桥下需要面积，因 $\omega_{供}$ 中已扣除了桥墩面积，故：

$$\omega_{需} = \frac{Q_P}{\mu(1-\lambda)v_P \cos\alpha} \tag{11.6}$$

当 $\omega_{需}$ 与 $\omega_{供}$ 之比，满足式（11.5）时，说明拟定的桥式合适，否则需重新拟定桥式，直至满足式（11.5）为止。检算合格后，再从其他方面进行方案比选，以确定最佳桥式方案。

第四节 桥下河床冲刷计算

一、概 述

桥下河床冲刷计算是决定墩台基底埋置深度的重要依据，它是水流、河床、桥涵三者相互作用的结果。为了便于研究和计算，把这一综合的冲刷过程分为三部分。

1. 河床天然演变

河床天然演变是指河槽自然演变（如河弯下移、沙洲互换和深泓线不规则的摆动等）而引起的桥孔附近河槽断面形状的变化。

2. 一般冲刷

由于桥梁压缩河床，从而引起水流对河床的全断面内产生普遍的冲刷。

3. 局部冲刷

墩台周围因水流形态急剧变化，在墩台的局部范围内产生的冲刷坑。

桥下冲刷深度的计算，应是这几种深度的叠加，并取可能产生的最不利组合。目前国内外已有不少冲刷计算公式，但都是根据模型试验和观测资料建立的半理论半经验公式，具有一定的局限性，特别是当河床天然演变是属于河流发育成长性的变形时，影响因素更多。实际工作中，为考虑断面内深泓线的摆动和上游最大水深的下移，采用桥址断面实测最大水深或上游实测的最大水深，使一般冲刷与局部冲刷的深度均在断面最大水深的基础上叠加，这就考虑了河床自然演变的影响。因此，本节只讨论一般冲刷与局部冲刷的计算方法。

新中国成立后曾引用苏联公式计算，但与我国实际情况有较大差别，自 20 世纪 60 年代起召开了几次全国桥涵冲刷会议，引用我国各类河流的实测资料，先后提出了 64-Ⅰ式、64-Ⅱ式、65-Ⅰ式、65-Ⅱ式，且在 1983 年又进行了修正。

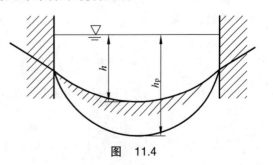

图 11.4

二、一般冲刷

桥下一般冲刷如图 11.4 所示。实际上桥下断面始终是随水流与泥沙不停地运动而变化着，随着断面增大，流速降低，当流速降到某一冲刷终止的流速时，亦即河流输送推移物的能力恰好和它上游带来的推移物的流量相等（亦即水流与泥沙运动达到瞬时平衡状态）时，冲刷即停止，从而产生一般冲刷深度 h_P。水流的横断面上水深是不等的，为了找出冲刷停止时的最大水深，用单宽流量 q（沿水面 1 m 宽范围内的流量）和垂线平均流速 $v_止$ 去寻求一般冲刷后的水深才是合理的。根据冲刷前与冲刷后单宽流量相等的原理，一般冲刷完成后的水深应为：

$$h_P = \frac{q}{v_止} \tag{11.7}$$

如何求得 q 与 $v_止$ 可以有不同的方法，下面仅介绍《桥涵勘规》推荐的 64-I 式和包氏公式。

（一）64-I 式

该式是 1960—1964 年铁路和公路两个系统大协作，根据我国 52 座桥 118 个站的年实测资料制定的。通过 20 多年来的使用与考验，证明符合实际。现分别按不同土壤与滩槽说明如下：

1. 非黏性土河床的桥下一般冲刷

（1）河槽部分。桥下河槽各垂线水深处的土质不是匀质的，流速也各不相等，只有当冲刷发展使每个垂线平均流速都达到相应的垂线冲止流速时，垂线冲刷就停止了，此时一般冲刷达到最大值。根据我国实测资料分析结果，对于沙质河槽的垂线冲止流速 $v_止$ 按下式计算：

$$v_止 = E\overline{d}^{1/6} h_P^{2/3} \tag{11.8}$$

式中　$\overline{d}$——河床土壤的平均粒径（mm）；

　　　h_P——桥下一般冲刷后的最大水深（m）；

　　　E——与汛期含沙量有关的参数，查表确定。

计算时应取桥下断面最大单宽流量 q_m，而 q_m 出现在桥下断面或桥址附近的最大水深 h_m 处，可根据断面平均单宽流量 q 导出。桥下断面的平均单宽流量对应着桥下断面的平均水深 $\overline{h}$，由谢才-满宁公式可知，单宽流量与相应垂线水深的 5/3 次方成正比，所以：

$$\overline{q} = \frac{Q_P}{L}, \quad q_m = \overline{q}\left(\frac{h_m}{h}\right)^{5/3} = \frac{Q_P}{L}\left(\frac{h_m}{\overline{h}}\right)^{5/3} \tag{11.9}$$

式中　Q_P，L——设计流量与桥孔净长。

在冲刷过程中，随着断面上水深的变化，各垂线上的单宽流量重新分配，且愈不稳定的河段这种向深水垂线集中的趋势愈强烈。因此，考虑到桥下河床未来的演变，对 q_m 应乘以大于 1 的修正系数 A，从而可得到冲刷停止时的最大单宽流量 q_{pm}。

随着水位的变化，q_{Pm} 与 q_m 之间的关系可写成 $q_{Pm} = Aq_m^n$。因为 $n \approx 1$，所以桥下断面最大单宽流量 q_{Pm} 为：

$$q_{Pm} = Aq_m^n = A\frac{Q_P}{L}\left(\frac{h_m}{\overline{h}}\right)^{5/3} \tag{11.10}$$

上式中，A 称为单宽流量集中系数，与断面的宽深比有关。即：

$$A = \left(\frac{\sqrt{B_d}}{\overline{H}}\right)^{0.15} \tag{11.11}$$

式中　B_d——满槽水位（即平滩水位）时的水面宽度，此时水位恰好与河滩高度相同，水流限制在河槽内流动，此时的流量亦称造床流量，B_d 即为通过造床流量时的水面宽度；

$\bar{H}$——造床流量时的平均水深。

B_d 是河段的稳定性指标，其值愈大河段愈不稳定，且单宽流量集中系数 A 也就愈大，B_d 值常通过现场调查或按平滩水位计算。对于河槽宽浅的游荡河段、变迁河段，当 B_d 值过大或平滩水位不易决定时，可采用 $A<1.8$。

将 q_{Pm}、$v_止$ 代入式（11.7）中，整理得：

$$h_P = \frac{qP_m}{v_止} = \left[\frac{A\dfrac{Q_P}{L}\left(\dfrac{h_m}{\bar{h}}\right)^{5/3}}{E\bar{d}^{1/6}} \right]^{3/5} \tag{11.12}$$

这就是 1964 年我国"桥涵冲刷计算学术会议"推荐使用的 64-I 式。它适用于所有推移质运动的非黏性土河床。上述公式仅在桥下断面全部为河槽，或桥孔只压缩部分河滩，且河床土质又易冲刷，桥下河滩部分将被冲刷成河槽，则桥下河槽能扩宽至全桥下时方能使用。

实际上，有些桥孔压缩部分河滩，但河床稳定，桥下河槽不可能扩宽至全桥下，则式（11.12）中的 Q_P 与 L 应改用桥下河槽部分通过的设计流量 $Q_槽$ 和桥下河槽部分的桥孔净长 $L_槽$。

而式（11.10）中的 h_m 与 h 均为桥下河槽的最大水深与平均水深。$Q_槽$ 的计算公式如下：

$$Q_槽 = \frac{\omega_槽 C_槽 \sqrt{\bar{h}_槽}}{\omega_槽 C_槽 \sqrt{\bar{h}_槽} + \sum \omega_滩 C_滩 \sqrt{\bar{h}_滩}} Q_P \tag{11.13}$$

式中　ω——河槽和各部分河滩的过水面积（m^2）；

C——谢才系数（$m^{1/2}/s$）；

h——平均水深（m）。

（2）河滩部分。若经过调查分析，河滩土质坚实，比较稳定，确无被冲刷成河槽的可能性时，则桥下河滩部分的一般冲刷，应按河滩的特点进行计算。其基本原理仍在于求 h_P 中的 $q_{m滩}$（桥下断面河滩部分的最大单宽流量）与 $u_{止滩}$（河滩垂线冲止流速），计算过程不再赘述。其公式如下：

$$h_P = \left[\frac{\dfrac{Q_滩}{B_滩}\left(\dfrac{h_{m滩}}{\bar{h}_滩}\right)^{5/3}}{v_{H1}} \right]^{5/6} \tag{11.14}$$

式中　$Q_滩$——桥下河滩部分通过的设计流量（m^3/s），可按下式计算：

$$Q_滩 = \frac{\omega_滩 C_滩 \sqrt{\bar{h}_滩}}{\omega_槽 C_槽 \sqrt{\bar{h}_槽} + \sum \omega_滩 C_滩 \sqrt{\bar{h}_滩}} Q_P \tag{11.15}$$

$h_{m滩}$——桥下河滩最大水深（m）；

$B_{滩}$——桥下河滩部分桥孔过水净宽（m）；

v_{H1}——河滩水深 1 m 时非黏性土不冲刷流速，查表 11.5。

其余符号意义同前。

表 11.5　水深 1 m 时非黏性土不冲刷流速 v_{H1}

土名	类别	$\bar{d}$（mm）	v_{H1}（m/s）
砂	细砂	0.05～0.25	0.35～0.32
砂	中砂	0.25～1.00	0.32～0.50
砂	粗砂	1.00～2.50	0.50～0.70
砾石	小砾石	2.50～5.00	0.70～0.90
砾石	中砾石	5.00～10.00	0.90～1.10
砾石	大砾石	10～15	1.10～1.30
卵石	小卵石	15～25	1.30～1.60
卵石	中卵石	25～40	1.60～1.90
卵石	大卵石	40～75	1.90～2.40
漂砾	小漂砾	75～109	2.0～2.70
漂砾	中漂砾	100～150	2.70～3.20
漂砾	大漂砾	150～200	3.20～3.50
巨砾	小巨砾	200～300	3.50～4.00
巨砾	中巨砾	300～400	4.00～4.50
巨砾	大巨砾	>400	>4.50

2. 黏性土河床的桥下一般冲刷

铁道部黏土桥涵冲刷研究专题组，调查了黄、淮、海流域的黄土质黏性土和少量的长江中游淤泥质黏性土等资料，仍按桥下最大单宽流量和黏土的垂线冲止流速推导出河槽和河滩部分的一般冲刷公式如下：

（1）河槽部分：

$$h_P = \left[\frac{A \dfrac{Q_{槽}}{B_{槽}} \left(\dfrac{h_{m槽}}{\bar{h}_{槽}} \right)^{5/3}}{0.33 \left(\dfrac{1}{I_L} \right)} \right]^{5/6} \tag{11.16}$$

式中　A——单宽流量集中系数，$A = 1.0 \sim 1.2$；

　　　I_L——冲刷范围内黏性土样的液性指数；

其余符号意义同前。

（2）河滩部分：

$$h_{\text{P}} = \left[\frac{\dfrac{Q_{\text{滩}}}{B_{\text{滩}}} \left(\dfrac{h_{\text{m滩}}}{\overline{h_{\text{滩}}}} \right)^{5/3}}{0.33 \left(\dfrac{1}{I_{\text{L}}} \right)} \right]^{6/7} \qquad (11.17)$$

式中　$h_{\text{m滩}}$ ——桥下河滩最大水深（m）；

　　　其余符号意义同前。

（二）包氏公式

假定在有底沙的河流上，当桥下流速恢复到建桥前的河槽天然流速时，冲刷即停止。包尔达柯夫认为：冲刷后的水深与冲刷前相应的垂线水深成正比。由于桥孔压缩了水流，按前节所述，冲刷完成后的过水面积将为冲刷前过水面积的数倍。也就是说，冲刷后的水深对匀质土层来说都加大数倍，即：

$$h_{\text{P}} = P_{\text{实}} h = \frac{\omega_{\text{需}}}{\omega_{\text{供}}} h \qquad (11.18)$$

式中　h_{P} ——一般冲刷后的垂线水深（m）；

　　　h ——冲刷前相应的垂线水深（m）；

　　　$P_{\text{实}}$ ——实有冲刷系数，即 $\omega_{\text{需}}$ 与 $\omega_{\text{供}}$ 之比。

这一公式是包氏在 20 世纪 30 年代制定的，新中国成立后曾广泛使用。实践说明，这一公式未考虑水流集中冲刷的因素，也未考虑河槽土质情况，但实际在一些发生集中冲刷的河流上，冲刷往往不是和水深成正比，而是冲刷集中在某一部分特别深，而其他部分甚至有淤高现象，因此本公式只适用于冲刷较小的平原及山区稳定河段，过去使用这个公式在某些河段上还是比较合适的。为了考虑河床演变的影响，使用包氏公式时，可用桥址附近的最大水深，即：

$$h_{\text{P}} = P_{\text{实}} h_{\text{m}} \qquad (11.19)$$

由于包氏公式计算简单，在稳定河段可采用，故也一并列入《桥涵勘规》中。

三、局部冲刷

局部冲刷是指墩台阻挡水流后，水位抬高进而向下淘刷河底土壤的过程，它是在一般冲刷线之下产生的局部冲刷坑，墩与台的局部冲刷各有不同的机理，现分述如下。

（一）桥墩局部冲刷

流向桥墩的水流受到桥墩的阻挡，桥墩周围的水流结构发生急剧变化，水流的动能将有一部分转化为位能，使墩前端出现壅高，这一位能沿墩的端面转化为竖直向下的水流动能直冲河底，在河床底面上形成螺旋形水流，使河底逐渐产生冲刷坑，如图 11.5、图 11.6 所示。随着冲刷坑的不断加深和扩大，水流的流速减小，挟沙能力也随之逐渐降低，与此同时，冲刷坑内发生了土壤粗化现象，留下的粗粒土壤铺盖在冲刷坑的表面上，增大了土壤的抗冲能力和坑底的粗糙程度，直到上游进入坑内的泥沙量等于漩涡所搅起来的沙量时，冲刷不再发展，冲刷达到最大深度 h_b。显见局部冲刷坑的 h_b，是在一般冲刷的基础上累加计算的。

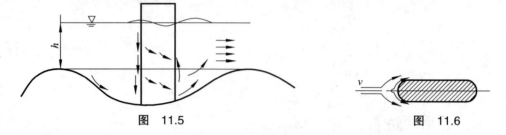

图　11.5　　　　　　　　　　　　　　图　11.6

根据模型试验和观测资料可知厂桥墩局部冲刷深度与涌向桥墩的流速 v 有关，其关系如图 11.6 所示。图上共分三个区段，当流速 v 逐渐增大到使墩前两侧的泥沙开始被冲时，这时涌上桥墩的垂线平均流速称为墩边床沙的起冲流速 v'_0。显见当流速 $v<v'_0$ 时，桥墩周围不发生局部冲刷；当 $v=v'_0$ 时，桥墩周围开始产生冲刷；当 $v>v'_0$ 并继续增大时，冲刷坑不断加深和扩大，此时冲刷坑深度 h_b 与涌向桥墩的流速呈直线关系。流速 v增大到河床泥沙的启动流速 v'_0 时，床面泥沙大量启动，但上游来的泥沙有些将滞留在冲刷坑内。因此，当 $v>v_0$时，冲刷坑的发展因有大量泥沙的补给而减缓，故冲刷深度 h_b 与流速 v 成为逐渐变缓的曲线。冲刷坑的深度和大小，

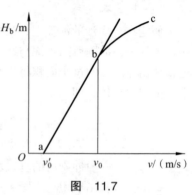

图　11.7

与很多因素有关，除涌向桥墩的流速外，主要还有桥墩的宽度、墩形、水深、床砂粒径等。这些因素与冲刷深度之间的关系十分复杂，现将《桥涵勘规》列入的修正后的 65-I 式介绍如下。

1. 非黏性土河床

当 $v \le v_0$ 时（见图 11.7 所示中的直线部分）：

$$h_b = K_\xi K_\eta B_1 0.6(v - v'_0) \tag{11.20}$$

当 $v>v_0$ 时（图 11.7 所示中的曲线部分）：

$$h_b = K_\xi K_\eta B_1 0.6(v - v'_0)\left(\frac{v - v'_0}{v_0 - v'_0}\right)^n \tag{11.21}$$

式中　v——涌向桥墩的流速，即一般冲刷后墩前行近流速。通常采用一般冲刷停止时的冲止流速；

　　　v_0——河床泥沙启动流速（m/s），按下式计算：

$$v_0 = 0.0246\left(\frac{h_p}{\overline{d}}\right)0.14\sqrt{332\overline{d} + \frac{10 + h_p}{\overline{d}^{0.72}}} \tag{11.22}$$

　　　K_ξ——墩形系数，查表 11.6；

表 11.6　墩形系数及桥墩计算宽度

编号	墩形示意图	墩形系数 K_ξ	桥墩计算宽度 B_1
1		1.00	$B_1=d$
2		不带联系梁：$K_\xi=1.00$ 带联系梁： 	α	0°	15°	30°	45°
K_ξ	1.00	1.05	1.10	1.15		$B_1=d$
3			$B_1=(L-b)\sin\alpha+b$
4		与水流正交时各种迎水角系数： | θ	45°	60°	75°	90°	120°
K_ξ	0.70	0.84	0.90	0.95	1.10	 迎水角 $\theta=90°$ 与水流斜交时的系数 K_ξ： 	$B_1=(L-b)\sin\alpha+b$ （为了简化可按圆端墩计算）

续表 11.6

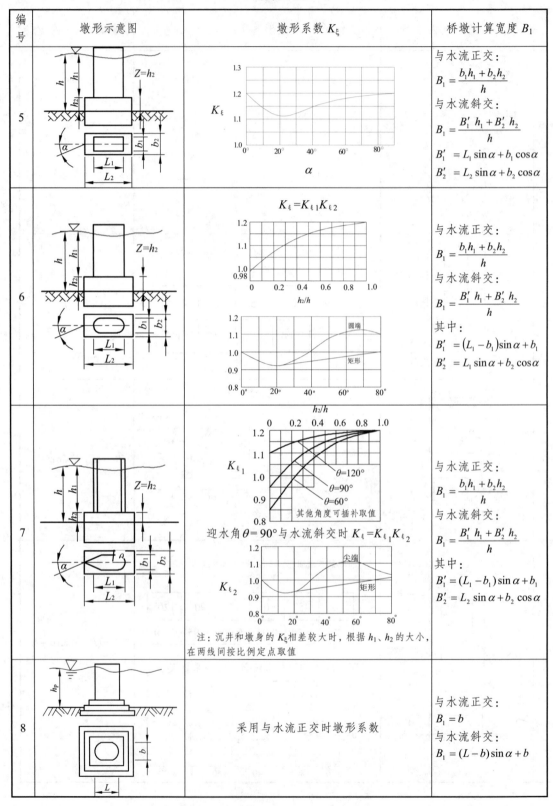

编号	墩形示意图	墩形系数 K_ξ	桥墩计算宽度 B_1
5			与水流正交： $B_1 = \dfrac{b_1 h_1 + b_2 h_2}{h}$ 与水流斜交： $B_1 = \dfrac{B_1' h_1 + B_2' h_2}{h}$ $B_1' = L_1 \sin\alpha + b_1 \cos\alpha$ $B_2' = L_2 \sin\alpha + b_2 \cos\alpha$
6		$K_\xi = K_{\xi 1} K_{\xi 2}$	与水流正交： $B_1 = \dfrac{b_1 h_1 + b_2 h_2}{h}$ 与水流斜交： $B_1 = \dfrac{B_1' h_1 + B_2' h_2}{h}$ 其中： $B_1' = (L_1 - b_1)\sin\alpha + b_1$ $B_2' = L_1 \sin\alpha + b_2 \cos\alpha$
7		迎水角 $\theta = 90°$ 与水流斜交时 $K_\xi = K_{\xi 1} K_{\xi 2}$ 注：沉井和墩身的 K_ξ 相差较大时，根据 h_1、h_2 的大小，在两线间按比例定点取值	与水流正交： $B_1 = \dfrac{b_1 h_1 + b_2 h_2}{h}$ 与水流斜交： $B_1 = \dfrac{B_1' h_1 + B_2' h_2}{h}$ 其中： $B_1' = (L_1 - b_1)\sin\alpha + b_1$ $B_2' = L_2 \sin\alpha + b_2 \cos\alpha$
8		采用与水流正交时墩形系数	与水流正交： $B_1 = b$ 与水流斜交： $B_1 = (L - b)\sin\alpha + b$

续表 11.6

编号	墩形示意图	墩形系数 K_ξ	桥墩计算宽度 B_1
9		$K_\xi' = K_\xi' K_{m\phi}$ 式中：K_ξ' ——单桩形状系数，按编号1、2、3、5墩形确定（如多为圆桩，$K_\xi' =1.0$ 可省略）； $K_{m\phi}$ ——桩群系数； $$K_{m\phi} = 1 + 5\left[\frac{(m-1)\phi}{B_m}\right]^2$$ 其中： B_m ——桩群垂直水流方向的分布宽度； m ——桩的排数	$B_1 = \phi$
10		桩承台桥墩局部冲刷计算方法 ① 当承台底面低于一般冲刷线时，按上部实体计算； ② 承台底面高于水面按排架墩计算，承台底面相对高度在 $0 \le h_\phi / h \le 1.0$ 时，冲刷深度 h_b 按下式计算： $$h_b = (K_\xi' K_{m\phi}K_{h\phi}\phi^{0.6} + 0.85K_{\xi 1}K_{h2}B_1^{0.6})K_{\eta 1}(v_0 - v_0') \times \left(\frac{v}{v_0}\right)^{n_1}$$ 式中：$K_{h\phi}$ ——淹没柱体折减系数： $$K_{h\phi} = 1.0 - \frac{0.001}{(h_\phi / h + 0.1)^3}$$ $K_{\xi 1}$，B_1 ——按承台底低于一般冲刷线计算； K_{h2} ——墩身承台减少系数； $K_{\eta 1}$，v，v_0，v_0'，n_1 见65-Ⅰ公式； K_ξ'、$K_{m\phi}$ 见编号9。 	

续表 11.6

编号	墩形示意图	墩形系数 K_ξ	桥墩计算宽度 B_1
11		按下式计算局部冲刷深度 h_b： $$h_b = K_{cd} h_{by}$$ $$K_{cd} = 0.2 + 0.4\left(\frac{c}{h}\right)^{0.3}\left[1+\left(\frac{z}{h_{by}}\right)^{0.6}\right]$$ K_{cd}——大直径围堰群桩墩形系数； h_{by}——按编号（1）墩形计算的局部冲刷深度。 适用范围： $$0.2 \leqslant \frac{c}{h} \leqslant 1.0, \quad 0.2 \leqslant \frac{z}{h_{by}} \leqslant 1.0$$	$B_1 = b$
12		按下式计算局部冲刷 h_b $$h_b = K_a K_{zh} h_{by}$$ $K_{zh} =$ $$1.22K_{h2}\left(1+\frac{h_\phi}{h}\right)+1.18\left(\frac{\phi}{B_1}\right)^{0.6}\frac{h_\phi}{h}$$ $$K_a = -0.57a^2 + 0.57\alpha + 1$$ h_{by}——按编号（1）墩形计算的局部冲刷深度； K_{zh}——工字承台大直径基桩组合墩墩形系数； α——桥轴法线与流向的夹角（以弧度计） 适用范围： $$D = 2\phi$$ $$0.2 < \frac{h_2}{h} < 0.5, \quad 0 < \frac{h_\phi}{h} < 1.0$$ $$a = 0 \sim 0.785$$	B_1

B_1——桥墩计算宽度，查表 11.6；

K_η——河床颗粒的影响系数，按下式计算：

$$K_\eta = 0.8\left(\frac{1}{\bar{d}^{0.45}}+\frac{1}{\bar{d}^{0.15}}\right) \tag{11.23}$$

v_0'——墩前始冲流速（m/s），按下式计算：

$$v_0' = 0.462\left(\frac{\bar{d}}{B_1}\right)^{0.06}v_0 \tag{11.24}$$

n——指数，按下式计算：

$$n = \left(\frac{v_0}{v}\right) 0.25 \overline{d}^{0.19} \qquad (11.25)$$

2. 黏性土河床

黏性土桥墩局部冲刷与非黏性土桥墩的局部冲刷，在桥墩自身因素和水流的作用力方面是相同的，只是受冲土质和上游补给的泥沙不同。又考虑到当桥墩宽度很大、水深较浅时，墩周局部冲刷略有减小，将黏土的局部冲刷分两种情况计算。

当 $h_P/B \geqslant 2.5$ 时，

$$h_b = 0.83 K_\xi B_1^{0.6} I_L^{1.25} v \qquad (11.26)$$

当 $h_P/B < 2.5$ 时，

$$h_b = 0.55 K_\xi B_1^{0.6} h_P^{0.1} I_L^{1.0} v \qquad (11.27)$$

式中　I_L——冲刷范围内黏性土样的液性指数；

其余符号意义同前。

以上是《桥涵勘规》推荐的计算局部冲刷的计算公式。但在初测中，对于稳定河流，生产单位为了计算简便，也常用苏联包尔达柯夫 1948 年提出的局部冲刷公式。该式与包氏一般冲刷公式配套使用，其局部冲刷后的最大水深 h_{max} 为：

$$h_{max} = h_P + h_b = h_P \left(\frac{v_P}{v_{不冲}}\right)^n = P_实 h \left(\frac{v_P}{v_{不冲}}\right)^n \qquad (11.28)$$

故局部冲刷坑的公式为：

$$h_b = h_P \left[\left(\frac{v_P}{v_{不冲}}\right)^n - 1\right] = P_实 h \left[\left(\frac{v_P}{v_{不冲}}\right)^n - 1\right] \qquad (11.29)$$

式中　v_P——设计流速（m/s）；

$v_{不冲}$——土壤不冲刷流速，见表 11.7 所列；

n——墩台形状系数，见表 11.8 所列。

表 11.7　土壤不冲刷流速

土的种类	淤泥	细砂	砂黏土	粗砂	黏土	砾石	卵石	漂石
$v_{不冲}$（m/s）	0.2	0.4	0.6	0.8	1.0	1.2	1.5	2.0

表 11.8　系数 n 值

序号	墩台类型和斜交	n
1	半流线型墩台和高桩承台，斜交不超过 5°～10°	1/4
2	流线型的墩台和基础	1/3
3	非流线型的墩台和基础	1/2
d	在摆动河流河槽区范围内的墩台，斜交在 45° 以内	2/3

包氏一般冲刷与局部冲刷公式，能够配套使用，计算简单、应用方便，为迄今常用的方法。多年的实践证明，该式对一般稳定河流较合适，对水浅流速大的河流计算结果偏小，又因确定 $v_{不冲}$ 和 n 的数值表过于粗略，所以在生产上只能作校核或初测时使用。

（二）桥台局部冲刷

由于导流堤或锥体护坡改善了桥台附近的水流状态，故桥台局部冲刷一般较桥墩为小，但至今还没有具体的计算公式，可参照桥墩的局部冲刷值考虑或只计及一般冲刷。

对于无导流堤的桥梁，而桥台突出于水流中，可近似地按丁坝或导流堤端部的局部冲刷计算，当河滩水流较大，则会在桥台附近形成集中的偏斜冲刷，如图 11.8 所示。

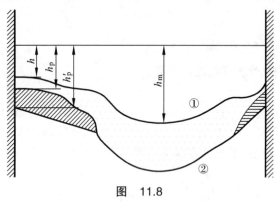

图　11.8

①—冲刷前；②—冲刷后

包尔达柯夫认为，在这种情况下，桥台附近的一般冲刷将会增大，并提出以下公式：

$$h'_{\mathrm{P}} = P_{实}\left[(h_{\mathrm{m}} - h)\frac{h}{h_{\mathrm{m}}} + h\right] \qquad (11.30)$$

式中　h'_{P}——桥台一般冲刷后增大的水深（m）；

　　　h——冲刷前桥台附近水深（m）；

　　　h_{m}——冲刷前桥下最大水深（m）；

　　　$P_{实}$——实有冲刷系数。

总之，如何考虑桥台的局部冲刷值，要视具体情况来决定。

第五节　墩台基底埋置深度的确定

桥梁墩台基底的埋置深度（或基底高程），要满足地基承载力、冻结和冲刷的要求。若根据计算的冲刷深度确定墩台基底的埋置深度时，应在墩台附近的冲刷总深度（$h_{总}$）下再加安全值（$h_{安}$）。所谓冲刷总深度，为自河床面算起的一般冲刷深度与局部冲刷深度之和。对于基底埋置的安全值，应符合《桥涵勘规》的要求。从表 11.9 中可以看出，对于一般桥梁，基底埋深的基本安全值为 2 m，随着冲刷深度的增大，再加冲刷总深度的 10%；对于技术复杂、修复困难或重要的特大桥、大桥，其埋深的基本安全值为 3 m，随着冲刷深度的增大，再加冲刷总深度的 10%。

表 11.9　基础埋置安全值

冲刷总深度（m）			0	5	10	15	20
安全值（m）	一般桥梁		2.0	2.5	3.0	3.5	4.0
	技术复杂，修复困难或重要的特大桥、大桥	设计流量	3.0	3.5	4.0	4.5	5.0
		检算流量	1.5	1.8	2.0	2.3	2.5

在确定基底高程时，要深入调查河床与水流的变化。一般情况下，所有河槽桥墩基底应置于同一高程，如河床断面形态稳定，则可将河滩桥墩基底提高。对位于河槽内和不稳定河滩上的桥台，为安全计，可用桥墩的局部冲刷值，并与桥墩基底置于同一高程。当桥台埋置在河滩部分，对于稳定河流，设置导流堤时，因局部冲刷较小，基底高程可在一般冲刷线下再加大安全值；无导流堤时，应通过调查，参照导治建筑物堤坝端部的局部冲刷计算确定，如图 11.9 所示。

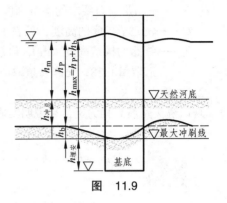

图　11.9

第六节　梁底高程及桥头引线路肩高程的决定

一、《桥涵勘规》的若干规定

确定梁底高程的目的，在于保证梁下有一定的净空高度，以满足排洪、流筏和航运的要求。对通航和筏运的桥孔，要通过调查与有关部门协商，确定桥下航行水位 $H_{航行}$ 与净空高度 $H_{净}$，不通航亦无筏运的桥孔，其桥下净空高度 $h_{净}$ 应符合表 11.10 的规定。表列的设计（或检算）水位系指表 10.1 中的洪水频率水位。表中"Δh"系表示根据河流的具体情况，分别考虑桥下壅水、浪高、局部股流壅高、河床淤积等影响的高度。

表 11.10　桥下净空高度

序号	桥的部位		高出设计水位加Δh后的最小高度（m）	高出检算水位加Δh后的最小高度（m）
1	梁底	一般情况	0.50	0.25
		洪水期有大漂浮物	1.50	1.00
		有泥石流	1.00	—
2	支承垫石顶面		0.25	—
3	拱肋和拱圈的拱脚		0.25	—

注：表中附注见《桥涵勘规》。

大中桥桥头引线的路肩高程，应高出规定的设计频率以上 0.5 m。对于Ⅰ、Ⅱ级铁路的洪水频率 $P = 1\%$，Ⅲ级铁路的洪水频率 $P = 2\%$。该项设计水位还要根据河流的具体情况，另行增加 Δh 的高度。与此同时，路肩高程还要考虑桥下净空对它的要求（即构造条件要求），这样便可把梁底高程与路肩高程归纳在一起，按以下几种情况考虑。

1. 按通航要求

$$H_{梁底} \geq H_{航行} + H_{净} \tag{11.31}$$

$$H_{路肩} \geq H_{航行} + H_{净} + C - h_a \tag{11.32}$$

式中　$H_{航行}$——通航水位（m），视河流等级与有关部门协商确定；

　　　$H_{净}$——满足通航要求的净空高度（m），视河流等级与有关部门协商确定；

　　　C——轨底至梁底的高度，见表 11.4 所列；

　　　h_a——线路的构造高度（m），包括路拱高度，道砟、枕木、垫板等的厚度，一般有砟轨道取值 0.78，无砟轨道取值 0.38，也可查阅相关设计手册。

2. 按排洪要求

现以桥头路肩高程为例，来说明梁底（即构造条件）与路肩（即水力条件）的排洪要求。

按构造条件：

$$H_{路肩} \geq H_p + \Delta h + h_{净} + C - h_a \tag{11.33}$$

按水力条件：

$$H_{路肩} \geq H_P + \Delta h + 0.5 \tag{11.34}$$

式中　H_P——设计水位（m）；

　　　$h_{净}$——桥下净空高度（m），查表 11.10，对于较大跨度的梁桥，常由支承垫石顶面控制，此时 $h_{净}$ 为 0.25 m，C 为轨底至支承垫石顶的高差；

　　　Δh——视河流的具体情况而考虑的壅高、浪高等水力影响因素，计算时，梁底与路肩所取的值并不相同；

其他符号意义同前。

实际上，在离桥头较远一段受洪水影响的河滨路堤和河滩路堤，应根据天然河道的形态和水文特征进行分析，计算沿堤水位和流速，用以确定大中桥桥头河滩路堤的沿堤高程与防护措施。

二、关于 Δh 的计算方法

1. 桥前壅水 Δz_M 与桥下壅水 $\Delta h_{桥壅}$

桥前壅水高度按水力学能量方程近似计算，即：

$$\Delta z_M = \eta(v_m^2 - v_0^2) \tag{11.35}$$

式中　η——与河滩路堤阻水有关的系数，按表 11.11 采用；

　　　v_0——断面平均流速（m/s），为设计流量被全河过水断面（包括边滩和河滩）除得之商；

　　　v_M——桥下平均流速（m/s），按表 11.12 选用。

表 11.11　η 值

序　号	河滩路堤阻挡的流量与设计流量的比值（%）	h
1	<10	0.05
2	11～30	0.07
3	31～50	0.10
4	>50	0.15

注：若为边滩辽阔的变迁性河流，可用桥孔以外边滩通过设计流量的百分数，按上表规定的百分数范围选用 η 值。

表 11.12　v_M 值

土　质	土的名称	颗粒直径（mm）	v_M
松软土	淤泥、细粒砂，中粒砂、松软的淤泥质砂黏土等	1 及以下	$v_M = v_P$
中等土	砂砾、小圆石圆砾、中等密实的砂黏土和黏土等	1～25	$v_M = v_P \times 2P/(1+P)$
密实土	大卵石、漂石、密实的黏土等	25 以上	$v_M = P \times v_P$

注：逐年淤积上涨的河流，或水流中含砂量大、洪峰涨落迅速、历时短促、桥下不易造成一般冲刷的河流，均应
　　比照密实土办理。

由于河床土质抵抗水流冲刷的能力不同，当桥下通过流量达到设计流量时，对抗冲能力较强的土质，桥下河床的冲刷不一定全部完成设计的冲刷数值，故按表 11.12 决定 v_M 值。

在按水力条件确定桥头路肩高程时，其 Δh 值应取桥前最大壅水高度，即取 $\Delta h = \Delta z_m$，在按构造条件确定桥头路肩高程时，为了计算桥下净空，桥下壅水高度一般可采用桥前最大壅水高度的一半，即 $\Delta h_{桥壅} = \Delta z_M/2$。对于山区和山前区河流，洪水涨落急骤，历时短促，且河床质坚实不易冲刷时，为安全计取 $\Delta h_{桥壅} = \Delta z_M$。对于平原区洪水涨落很缓慢的河流，且河床质松软易于造成一般冲刷时，桥下壅水 $\Delta h_{桥壅}$ 可不计。

2. 波浪侵袭高度 $\Delta h'_P$ 与波浪高度 H_b

当大中桥两岸河滩辽阔，在水库、湖泊或设计洪水持续时间很长的河流上，则需考虑波浪侵袭高度 $\Delta h'_P$ 与波浪高度 H_b 对路堤和桥下净空的影响，如图 11.10 所示。

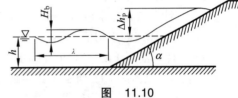

图　11.10

该高度可根据本地区或者相似地区的观测资料确定，如缺乏观测资料，亦可采用下列各近似估算公式：

$$\Delta h'_P = K_\Delta \cdot K_v \cdot R_\Delta \cdot H_{b1\%} \qquad (11.36)$$

式中　K_Δ——边坡糙渗系数，按表 11.13 选用；

　　　K_v——与风速等有关的系数，按表 11.14 选用；

　　　$H_{b1\%}$——累积频率为 1% 的波浪高度（m），为连续观测 100 个波高值中的最大值；

　　　R_Δ——相对波浪侵袭高度，即当 $K=1.0$、$K=1.0$ 及 $H_{b1\%}=1.0$ m 时的波浪侵袭高度，按
　　　　　　表 11.15 选用。

表 11.13　K_Δ 值

边坡护面类型	整片光滑不透水护面（沥青混凝土）	混凝土护面浆砌片石护面，光滑土质边坡	干砌片石护面，植草皮	一、二层抛石加固	抛石组成的建筑物
K_Δ	1.0	0.9	0.75～0.80	0.60	0.50～0.55

表 11.14　K_v 值

风速（m/s）	5～10	10～20	20～30	>30
K_v	1.0	1.2	1.4	1.6

表 11.15　R_Δ值

m（边坡横竖尺寸比）	1.0	1.25	1.5	1.75	2.0	2.5	3.0
R_Δ	2.16	2.45	2.52	2.40	2.22	1.82	1.50

$H_{b1\%}$与平均波浪高度 H_b 及沿浪程的平均水深 h_D 有关，即当 $H_b \geqslant 0.1h_D$ 时，属浅水情况，$H_{b1\%} = 2.3H_b$；当 $H_b < 0.1h_D$ 时，属深水情况，$H_{b1\%} = 2.42H_b$。为此需首先求得 H_b，然后才分深水、浅水情况求 $H_{b1\%}$：

$$\bar{H}_b = \frac{0.13\,\mathrm{th}\left[0.7\left(\dfrac{g\bar{h}_D}{\bar{v}_w^2}\right)^{0.7}\right] \cdot \mathrm{th}\left\{\dfrac{0.0018\left(\dfrac{gD}{\bar{v}_w^2}\right)^{0.45}}{0.13\,\mathrm{th}\left[0.7\left(\dfrac{g\bar{h}_D}{\bar{v}_w^2}\right)^{0.7}\right]}\right\}}{\dfrac{g}{\bar{v}_w^2}} \tag{11.37}$$

式中　th——双曲正切函数。

v_w——计算点设计水位以上 10 m 高度处，在洪水期间多年测得的自记 10 min 年平均最大风速的平均值（m/s）。

D——计算浪程（m）。对于开阔水域，一般以桥址或计算点为中心，绘制八方位风玫瑰图，如图 11.11 所示（其绘制方法，见有关专业手册）。在地形图上量取各方位至泛滥边缘距离为计算浪程 D，分别计算浪高或侵袭高，以计算的最大值控制设计。

h_D——沿浪程的平均水深（m）。

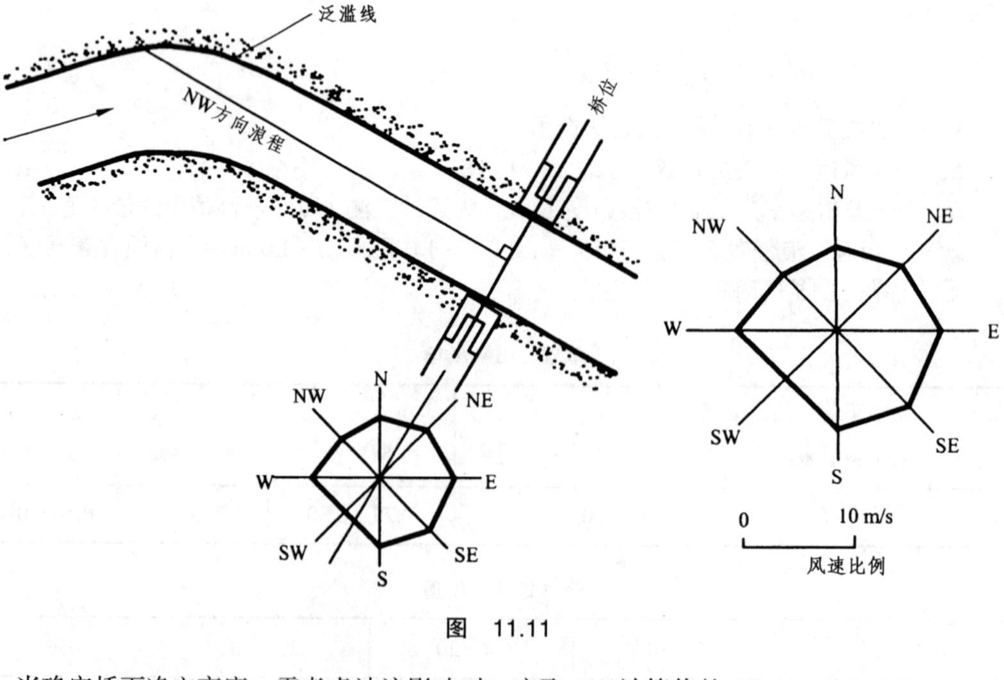

图　11.11

当确定桥下净空高度，需考虑波浪影响时，应取 $H_{b1\%}$ 计算值的 2/3。

3. 局部股流壅高 $h_{股}$

我国山前区河流，洪水主流有成股奔放现象，产生局部股流壅高 $h_{股}$，其成因很复杂，故应根据调查决定。

4. 河床淤积 $h_{床淤}$

在河床逐年淤积抬高的河流上，建桥后将加速淤积，可根据淤积的历史资料，调查或实测决定。

以上各水力要素都直接影响着设计水位的大小。因此，在桥下净空和路肩高程的计算中必须考虑 h 的数值。但它们并不都要同时计入，而是视河流的具体情况分别考虑。求得了 h 以后，即可按《桥涵勘规》的要求确定或检算梁底和路肩高程。

三、河滩路堤的冲刷与防护

河滩路堤的边坡和边脚，常会受到沿堤水流的冲刷和风浪的侵袭，因此桥头路堤的防护应根据河段特性、河道地形水文条件等情况计算沿堤水流速度和波浪侵袭高度，从而采取边坡加固类型和防护标准（具体的防护办法，将在桥梁养护课程内讲述）以保运营安全。

靠近桥台部分的路堤采用桥下流速计算。其他地段上、下游两侧沿堤水流速度，则均可按下式计算：

$$v_t = 0.7v_{ot} \tag{11.38}$$

式中　v_t——桥头河滩路堤上、下游两侧，沿堤水流流速（m/s）；

　　　v_{ot}——天然河道在设计水位时，河滩路堤范围内的平均流速（m/s）。

第七节　导治建筑物

一、导治建筑物的作用与类型

为了引导洪水和泥石流平顺地通过桥孔，保护桥梁墩台、桥头路堤和河岸不受洪水的危害，减轻修桥后引起的集中冲刷，防止河床的不利变形，以及汇集、堵截或分隔水流，桥涵近侧应有目的地设置必要的导治建筑物，以便对水流进行综合导治。但不能以设置导治建筑物作为压缩桥梁孔径的理由和手段，而且导治建筑物的修建至今还没有统一的标准和一致的看法，因此要结合具体情况作辩证地考虑。

导治建筑物的类型，按其作用、材料和使用而有所不同。按其作用分，有导流堤、丁坝、排水坝、顺水坝、河床与河岸的加固等；按其材料与是否透水分，可做成实体与透水的两类，它们可做成土质的、填石的以及钢筋混凝土排桩、防护林等；按其是否被洪水淹没分，有没水的与不没水的两类。导流堤、束水堤等在强大洪水来临时也不能淹没，而排水坝与顺水坝则常为淹没式的。

二、导治建筑物的平面布设

导治建筑物的布设，与水流情况、河床演变等自然条件密切相关。因此应结合河段特性、水文、地形和地质等不同情况来布设。按导治目的设计出一条能兼顾左右岸、上下游、洪中、枯水位的导治线，并经多种方案比较，以确定其总体布设。

  图 11.12 所示为平原区河流常用的导治建筑物的布设。它主要包括非封闭式导流堤和护路丁坝、排水坝、顺水坝、横坝、河岸加固等。但在平原区游荡河段上，宜布设封闭式导流堤。这主要为稳定河段、约束水流，如图 11.13 所示。

  山区河流峡谷段一般均无河滩，桥孔原则上满布全河，而无需设置导流堤。山区开阔段一侧或两侧有较开阔的台地，桥头路堤伸入河滩或上游有支汉汇入，水流紊乱，则应设置足够强度的导流堤。

  当河滩路堤向下游弯曲与洪水流向斜交形成水袋时，可布设封闭式导流堤，以堵截流向水袋之水流；当河滩路堤向上游弯曲，则桥头宜布设梨形导流堤，如图 11.14 所示。

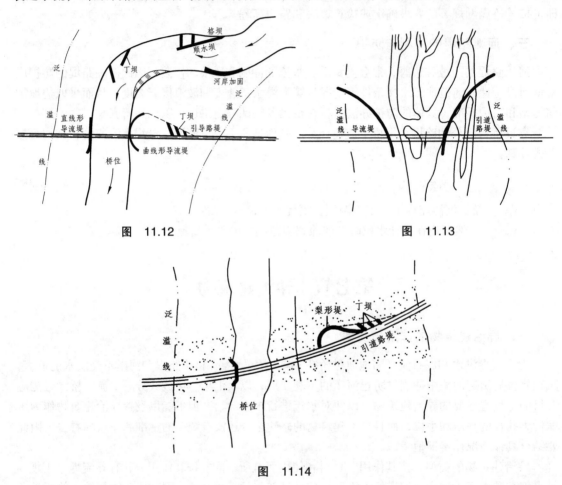

图 11.12   图 11.13

图 11.14

  山前区冲积扇下游收缩河段上布设导流堤，可参照山区开阔段办理；在中游扩散河段上，宜布设一河多桥，一般不宜布设长大的封闭式导流堤，去强行约束水流在一座桥中排泄，且在一河多桥的两桥间宜采用桃形导流堤、分水堤或加固路堤的措施来保护桥头路堤以免遭水流冲坏；山前区变迁河段，一般修建封闭式导流堤以固定天然情况下摆动不定的河道，以减少泛滥范围，约束漫流的水流归槽，使全部水流逐渐而均匀、顺畅地导入桥孔，从而对桥头路堤和两岸农田房舍起到保护作用；在摆动河段与稳定河段之间的过渡段，若河槽比较明显集中，岸坎较高，洪水不会漫溢两岸，桥头有足够的高度时，宜采取梨形导流堤。梨形堤在铁路桥涵上较为普遍，其优点是便于施工和便于养护。

　　各种导治建筑物的布设，必须符合外界客观条件，不能硬套公式计算，而且就是通过计算而求得的尺寸，亦应结合现场实际进行修改与调整。下面仅对平原区河流上导流堤与丁坝的布设作简要的说明。

　　1. 导流堤

　　导流堤不是每桥必设，应按河滩路堤阻挡的流量，结合地形、地质、水利设施和滩上水流流速等因素布设。一般情况是，若河滩被压缩部分的流量 $Q_挡$ 大于总设计流量 Q_P 的 15%，则应考虑布设导流堤；若 $Q_挡 < 0.15Q_P$，且水流比较稳定，流速小于 1 m/s，或地形有利于汇水时，可利用桥头锥体导流而不设导流堤。

　　在需要设置导游堤的河段上，可按以下几种情况分别考虑：

　　（1）非封闭式导流堤一般设计为曲线形，当需要挑导水流时可采用直线形。铁研院提出由三个不同曲线半径的圆曲线组成非封闭式导流堤，各曲线半径的计算方法可参看《桥涵勘规》的说明。

　　（2）封闭式导流堤应按水流和地形条件确定，采用对称或不对称布设。一般导流堤与桥头衔接部分可作成曲线形，以将全部洪水顺畅地导入桥孔。桥址附近上游段的曲线，其半径采用桥孔总长的 3、4 倍，圆心角采用 25° ~ 30°；下游段曲线的半径，采用桥孔总长的 1.5、2.0 倍，圆心角采用 15° ~ 20°（见图 11.15）。上游以直线与岸边衔接，堤端应嵌入稳定河岸；下游为使水流得到迅速扩散，宜作成曲线短堤。

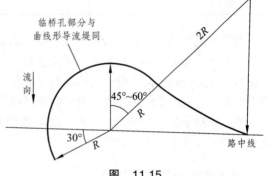

图　11.15

　　（3）梨形导流堤的平面形状与非封闭式曲线形导流堤相同，以反向曲线与河滩路堤相连，形成半梨状堤，要求堤的曲度变换应缓和平顺，以不产生涡流为原则。上游梨形导流堤为一封闭曲线，其与路堤之间一般宜全部以土填实；下游侧堤亦可设计成半梨状或曲线形短堤。

　　2. 丁　坝

　　山区河流因流速较大而不宜布设丁坝。丁坝宜布设在山前区和平原区河流上。丁坝常设置于桥头引道的一侧或河岸边上，如图 11.16 所示。一般宜按导治线布设短丁坝群，以束狭水流，改变水流动力轴线。单个长丁坝挑水能力强、水流不易控制、养护困难，故不宜布设。桥址上游附近，宜导不宜挑，也不得布设丁坝，以免水流紊

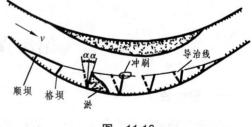

图　11.16

乱，冲刷墩台基础。一般上游距桥梁轴线 200 m 或 2 倍桥长以外才可考虑设置丁坝。丁坝坝身宜短而坚固，在平面上的方向常与水流斜交。

三、堤坝断面尺寸与高程的确定

　　导治建筑物的断面，一般均为梯形。其断面尺寸应根据用途、堤坝部位、填筑材料等因素决定。导流堤与丁坝等的顶宽与边坡坡度可参照表 11.16 拟定。

表 11.16　土质堤坝顶宽与边坡坡度

堤坝类别	顶宽（m）		边坡坡度			
	头	身	头	身		
					迎水面	背水面
堤	3～6	2～4	1：2～1：3	不经常浸水	1：1.5	1：1.5～1：2.0
				经常浸水	1：2.0	
丁坝	3～6	2～4	1：2～1：3	不经常浸水	1：1.5	1：1.5～1：2.0
				经常浸水	1：2.0	
挡水坝	2～4		1：1.5～1：3.0			

　　导治建筑物的高度视是否没水而有不同的要求。不没水的导治建筑物顶面应高出桥梁设计水位 0.25 m，尚应考虑桥前壅水、波浪侵袭、斜水流局部冲击、河床淤积等的影响。波浪侵袭高度与斜水流局部冲高不叠加，取两者之大者。没水的导治建筑物顶面应略高出常水位。常水位系指长年有水河流的每年大部分时间所保持的水位。

　　堤坝坡脚下的垂裙基础，应埋置在局部冲刷线下 0.25 m。其计算公式目前尚没有统一的标准，可参阅有关专业手册确定。

四、堤坝的防护与加固

　　导治建筑物应就地取材修筑。两侧临水者，可用土或砂石；一侧临水者应以土填筑，必要时应采取防渗措施。导治建筑物的边坡，应视水深、流速的大小和流水、流木、波浪冲击程度，就地取材供应情况，施工条件以及气候、地形和地质等因素综合考虑进行适当加固，以保证其稳定性。其防护加固类型按现行规范进行。其防护高度：不没水堤坝的迎水面要全高防护，对没水的堤坝的两侧及顶面均应防护。

第八节　算　例

一、设计资料

　　某 I 级铁路跨越一平原区次稳定河流，在桥址附近搜集到如下资料：

1. 水文资料

　　桥址附近不远处有水文站，搜集到 20 年实测资料，列入表 11.17 中的第 1、2 栏。在桥址壅水曲线以外的顺直河段上建立了水文基线，经过洪水调查与历史文献考证得知，自 1886 年以来发生过三次特大洪水（其中包括 1977 年实测特大洪水），调查的洪水用谢才公式计算得 Q_{1886} = 3 800 m³/s，Q_{1946} = 3 550 m³/s，洪水比降 i = 0.3‰，且由水文站资料得知，桥址河段历年汛期平均含沙量约为 3 kg/m³。

表 11.17 $\bar{Q}$、C_v 及经验频率计算

按年份顺序排列		按流量递减顺序排列		$K_i = \dfrac{Q_i}{\bar{Q}}$	$K_i - 1$	$(K_i - 1)^2$		经验频率
年份	流量 (m^3/s)	年份	流量 (m^3/s)			特大值	一般值	P（%）
1	2	3	4	5	6	7	8	9
1886	3 800	1886	3 800	2.10	1.10	1.210		1
1946	3 550	1946	3 550	1.96	0.96	0.922		2
1965	2 570	1977	3 470	1.92	0.92	0.846		3
1966	3 025	1966	3 025	1.67	0.67		0.449	7.35
1967	1 750	1972	2 805	1.55	0.55		0.303	12.70
1968	1 600	1965	2 570	1.42	0.42		0.176	17.55
1969	1 490	1970	2 270	1.25	0.25		0.068	22.40
1970	2 270	1976	1 960	1.08	0.08		0.006	27.25
1971	1 280	1981	1 840	1.02	0.02		0.000 4	32.10
1972	2 805	1967	1 750	0.97	−0.03		0.000 9	26.95
1973	1 680	1974	1 710	0.94	−0.06		0.004	41.80
1974	1 710	1973	1 680	0.93	−0.07		0.005	46.65
1975	1 580	1968	1 600	0.88	−0.12		0.014	51.50
1976	1 960	1975	1 580	0.87	−0.13		0.017	56.35
1977	3 470	1980	1 550	0.86	−9.14		0.020	61.20
1978	1 100	1983	1 510	0.83	−0.17		0.029	66.05
1979	1 310	1969	1 490	0.82	−0.18		0.032	70.90
1980	1 550	1984	1 460	0.81	−0.19		0.036	75.75
1981	1 840	1979	1 310	0.72	−0.28		0.078	80.60
1982	840	1971	1 280	0.71	−0.29		0.084	85.45
1983	1 510	1978	1 100	0.61	−0.39		0.152	90.30
1984	14 60	1982	840	0.46	−0.54		0.292	95.15
总计 Q（m^3/s）		特大值	10 820	$(K-1)^2$总计		2.978	1.761	
		一般值	33 330					

2. 河流情况与地质资料

平原区河流，桥址河段基本顺直，上游 1 km 以外有河湾，河床平坦，两岸较为整齐、无坍塌现象。经调查与钻探，河床部分在河底以下 8 m 内均为砾层，平均粒径 $d = 2$ mm；河滩为耕地，表层为沙和淤泥，在地面以下 6 m 内为中沙。实测桥址处河流横断面图如图 11.17 所示。经调查确定：桩号 DK + 622.60 为河槽与河滩的分界，其平滩水位为 61.42 m，并选定粗糙系数：河槽，$1/n = m_{槽} = 40$；河滩，$1/n = m_{滩} = 30$。

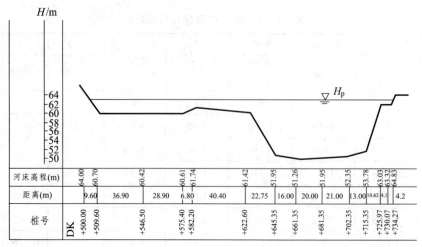

河床高程(m)：64.00　60.70　60.42　60.61　61.74　61.42　51.95　51.26　51.95　52.35　53.78　63.03　63.32　64.83

距离(m)：9.60　36.90　28.90　6.80　40.40　22.75　16.00　20.00　21.00　13.00　10.62　4.1　4.2

桩号：DK +500.00　+509.60　+546.50　+575.40　+582.20　+622.60　+645.35　+661.35　+681.35　+702.35　+715.35　+725.97　+730.07　+734.27

图　11.17

3. 其他资料

本河有通航要求，经与有关部门协商，确定桥下净跨≥30m，桥下净空 $H_净$≥4.5 m，航行水位的洪水频率 $P=10‰$。

经调查，本河属狭窄水面水流，汛期多为七八级风。根据勘测资料和气象站的风速、风向资料分析，并考虑最不利的情况，采用计算浪程 $D=600$ m，平均水深 $H=11.5$ m，风速 $v_w=17$ m/s。

二、设计要求

（1）求 $Q_{1\%}$、$H_{1\%}$；

（2）初拟孔径后，拟定桥式，使 $P_实=\omega_需/\omega_供≤[P]$；

（3）计算冲刷深度，决定墩、台基底高程；

（4）决定梁底高程、路肩高程；

（5）导治建筑物设计。

三、设计程序

（一）求 $Q_{1\%}$、$H_{1\%}$

将流量按大小顺序排列列入表 11.17 第 3、4 栏，由此计算 $\bar{Q}$、C_v。

1. 求平均流量 $\bar{Q}$

由表 11.17 计算得：

$$\sum_{j=1}^{a} Q_j = 10\ 820\ (\text{m}^3/\text{s}), \qquad \sum_{i=l+1}^{n_1} Q_i = 33\ 330\ (\text{m}^3/\text{s})$$

$$N = 1\ 984 - 1\ 886 + 1 = 99, \quad a = 3, \quad n_1 = 20, \quad l = 1,$$

$$\bar{Q} = \left(\sum_{j=1}^{a} Q_j + \frac{N-a}{n_1-l} \sum_{i=l+1}^{n_1} Q_i \right) = \frac{1}{99}\left(10\ 820 + \frac{99-3}{20-1} \times 33\ 330 \right) = 1\ 810\ (\text{m}^3/\text{s})$$

2. 求变差系数 C_v

将各流量（Q_j、Q_i）对平均流量 $\bar{Q}$ 取比值，得模比系数 K_i、K_i-1、$(K_i-1)^2$，列入表 11.17

的第 5～8 栏，由此代入式（10.15）：

$$C_v = \frac{1}{\overline{Q}}\sqrt{\frac{1}{N-1}\sum_{j=1}^{a}(Q_j-\overline{Q})^2 + \frac{N-a}{n_1-l}\sum_{i=l+1}^{n_1}(Q_i-\overline{Q})^2}$$

$$= \sqrt{\frac{1}{N-1}\sum_{j=1}^{a}(K_j-1)^2 + \frac{N-a}{n_1-l}\sum_{i=l+1}^{n_1}(K_i-1)^2}$$

3. 用适线法求偏差系数 C_s

（1）先计算经验频率点据：

特大值经验频率计算：

$$P_{1886} = \frac{M_1}{N+1} = \frac{1}{99+1} = 1\%$$

$$P_{1946} = \frac{M_2}{N+1} = \frac{2}{99+1} = 2\%$$

$$P_{1977} = \frac{M_3}{N+1} = \frac{3}{99+1} = 3\%$$

一般值经验频率计算：

$$P_{m1} = \frac{a}{N+1} + \left(1-\frac{a}{N+1}\right)\frac{m_1-l}{n_1-l+1} \quad (m_1 \text{取} \ l+1, \ l+2, \ \cdots, \ n_1)$$

当 $m_1 = l+1 = 2$ 时，$P_{1966} = 7.85\%$；当 $m_2 = 1+2 = 3$ 时，$P_{1972} = 12.7\%$；当 $m_3 = 1+3 = 4$ 时，$P_{1966} = 17.75\%$，其余类推。将各经验频率均列入表 11.17 第 9 栏，由此绘制经验频率点据，如图 11.18 所示。

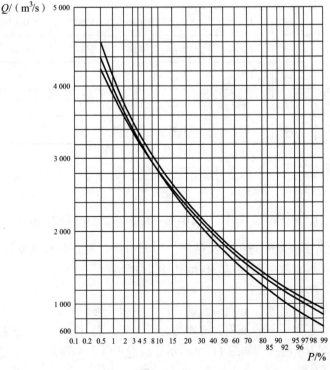

图　11.18

（2）绘制理论频率曲线。

按 $C_v = 0.35$，先假定 $C_s = 3C_v = 3 \times 0.35 = 1.05$ 进行适线，将计算结果列入表 11.18。由此绘成理论频率曲线于图 11.18 中。很明显，该曲线坡度平缓，需增大 C_v 值，仍按 $C_s = 3C_v$ 进行适线，则由式（10.12）得 $C_v = 0.35 + 0.07 = 0.42$，将计算数据列入表 11.18 第 5、7 栏中，并依此绘制理论频率曲线于图 11.18 中，适线结果表明，曲线增陡较多。故按 $C_s = 4C_v = 4 \times 0.35 = 1.4$ 进行第三次适线，分别将计算结论列入表 11.18 和绘入图 11.18 中。适线结果表明，取 $C_s = 4$，$C_v = 1.4$ 时与经验频率点据配合较好。

表 11.18　理论频率曲线计算

频率 P（%）	第一次适线 $C_v = 0.35$ $C_s = 3C_v = 1.05$			第二次适线 $C_v = 0.42$ $C_s = 3C_v = 1.26$			第三次适线 $C_v = 0.35$ $C_s = 4C_v = 1.40$		
	ϕ_P	K_P	Q_P（m³/s）	ϕ_P	K_P	Q_P（m³/s）	ϕ_P	K_P	Q_P（m³/s）
1	2	3	4	5	6	7	8	9	10
0.5	3.54	2.24	4 054	3.71	2.56	4 634	3.83	2.34	4 235
1	3.06	2.07	3 747	3.19	2.34	4 235	3.27	2.14	3 873
5	1.89	1.66	3 005	1.92	1.81	3 276	1.94	1.68	3 041
10	1.34	1.47	2 660	1.34	1.56	2 824	1.33	1.47	2 661
20	0.75	1.26	2 281	0.72	1.31	2 371	0.71	1.25	2 263
50	−0.17	0.94	1 701	−0.21	9.91	1 647	−0.22	0.92	1 665
75	−0.74	0.74	1 339	−0.74	0.69	1 249	−0.73	0.74	1 339
90	−1.12	0.61	1 104	−1.07	0.55	996	−1.04	0.64	1 158
95	−1.30	0.55	996	−1.22	0.49	887	−1.17	0.59	1 068
99	−1.56	0.46	833	−1.41	0.41	742	−1.32	0.54	977

4. 求设计流量 $Q_{1\%}$

查表 10.6 得 $\phi_{1\%} = 3.27$，于是

$$Q_{1\%} = \overline{Q}(1 + C_v\phi_{1\%}) = 1\ 810 \times (1 + 0.35 \times 3.27) = 3\ 882\ (\text{m}^3/\text{s})$$

上述设计流量是由桥址附近的水文站测流断面与形态调查的水文基线上所获的各项资料推算的，因离桥址不远，故可直接作为桥址处的设计流量。

5. 求设计水位 $H_{1\%}$

为了求得桥址处的设计水位和允许流速，需绘制和外延桥址处水位与流量、断面、流速等关系曲线。下面计算各水位下的面积、流速与流量，列入表 11.19 中，由此绘制 $Q = f(H)$、$\omega = f_1(H)$ 和 $v = f_2(H)$ 曲线，如图 11.19 所示。从 $Q = f(H)$ 曲线上知当 $Q_{1\%} = 3\ 882\ \text{m}^3/\text{s}$ 时，$H_1 = 64.17\ \text{m}$。

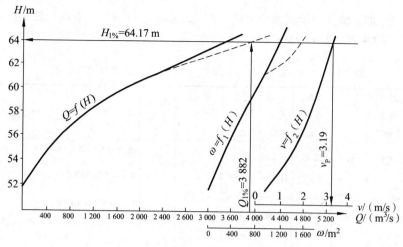

图　11.19

表 11.19　过水断面、流速与流量计算

水位 （m）	部分 名称	ω （m²）	B （m）	H （m）	$H^{2/3}$	$i^{1/2}$	$m=1/n$	v （m/s）	Q （m³/s）	ΣQ （m³/s）
52	河槽	14.20	38.72	0.37	0.51	0.017 3	40	0.35	5.0	5.0
54	河槽	142.2	75.15	1.89	1.53	0.017 3	40	1.06	151	151
56	河槽	299.6	82.25	3.64	2.37	0.017 3	40	1.64	491	491
58	河槽	471.2	89.35	5.27	3.03	0.017 3	40	2.10	989	989
60	河槽	657.15	96.45	6.81	3.59	0.017 3	40	2.49	1 636	1 636
61.4	河滩	60.6	72.76	0.83	0.88	0.017 3	30	0.46	28	2 211
	河槽	797.66	101.52	7.86	3.95	0.017 3	40	2.74	2 183	
62	河滩	121.10	116.78	1.04	1.03	0.017 3	30	0.53	64	2 513
	河槽	856.46	102.17	8.28	4.13	0.017 3	40	2.86	2 449	
62.5	河滩	179.84	118.24	1.52	1.32	0.017 3	30	0.69	124	2 811
	河槽	907.70	102.74	8.84	4.28	0.017 3	40	2.96	2 687	
63	河滩	239.33	119.09	2.01	1.59	0.017 3	30	0.83	198	3 133
	河槽	959.20	103.34	9.28	4.42	0.017 3	40	3.06	2 935	
63.5	河滩	299.54	121.14	2.47	1.83	0.017 3	30	0.95	285	3 403
	河槽	1 012.26	107.97	9.38	4.45	0.017 3	40	3.08	3 118	
64	河滩	360.47	122.60	2.94	2.05	0.017 3	30	1.06	382	3 752
	河槽	1 068.60	109.36	9.75	4.56	0.017 3	40	3.16	3 370	
64.5	河滩	422.13	124.05	3.4	2.26	0.017 3	30	1.17	494	4 128
	河槽	1 121.64	110.75	10.13	4.68	0.017 3	40	3.24	3 624	

为了检查 $H_{1\%}$ 的正确性和绘制设计水位下的流水面积累计曲线，下面计算 $H_{1\%} = 64.17\ \text{m}$ 时的各水力要素，一并列入表 11.20 中。

表 11.20　当 $H_{1\%} = 64.17\ \text{m}$ 时，过水断面、流速与流量计算

桩号	河床高程（m）	水深（m）	平均水深（m）	水面宽度（m）	过水面积（m²）	累积面积（m²）	部分名称	合计 $V = mH^{2/3}i^{1/2}$（m/s）　$Q = v\omega$（m³/s）	ΣQ（m³/s）
DK + 499.51	64.17	0				0	河滩（$m_{滩}$为 30）	$\omega_{滩} = 381.58$（m²）	
			1.74	10.09	17.56			$B_{滩} = 123.09$（m）	
+ 509.60	60.70	3.47				17.56			
			3.61	36.90	133.21			$H_{滩} = 3.1$（m）	
+ 546.50	60.42	3.75				150.77			
			3.66	28.90	105.77			$v_{滩} = 30 \times 3.12/3 \times 0.0173$	
+ 575.40	60.61	3.56				256.54		$= 1.1$（m/s）	
			3.00	6.30	20.40				
+ 582.20	61.74	2.43				276.94		$Q_{滩} = 1.1 \times 381.58$	
			2.59	40.00	104.64			$= 420$（m³/s）	
+ 622.60	61.42	2.75				381.58			3 884
			7.48	22.75	170.17		河槽（$m_{槽}$为 4.0）		
+ 645.35	51.96	12.21				551.75		$\omega_{槽} = 1\,085.77$（m²）	
			12.56	16.00	200.96				
+ 661.35	51.26	12.91				752.7		$B_{槽} = 109.83$（m）	
			12.57	20.00	251.40				
+ 681.35	5].95	12.22				1 004.11		$H_{槽} = 9.89$（m）	
			12.02	21.00	252.42				
+ 702.35	52.35	11.82				1 256.53		$v_{槽} = 40 \times 9.892/3 \times 0.0173$	
			11.11	13.00	144.43			$= 3.19$（m/s）	
+ 715.35	53.78	10.39				1 400.96			
			5.77	10.62	61.28			$Q_{槽} = 3.19 \times 1\,085.77$	
+ 725.97	63.03	1.14				1 462.24		$= 3\,464$（m³/s）	
			1.00	4.10	4.10				
DK + 730.07	63.32	0.85				1 466.34			
			0.43	2.36	1.01				
+ 332.13	64.17	0				1 467.35			

以上计算结果表明：当采用 $H_{1\%} = 64.17\ \text{m}$ 时，其相应的 $Q_{1\%} = 3884\ \text{m}^3/\text{s}$，与计算值（$3\,882\ \text{m}^3/\text{s}$）相差甚微，故在以下设计中，取 $H_{1\%} = 64.17\ \text{m}$，$Q_{1\%} = 3\,884\ \text{m}^3/\text{s}$。

（二）求孔径、拟定桥式

1. 计算桥下所需面积

由表 11.20 和图 11.19 $v = f_2(H)$ 曲线得 $v_{槽} = v_P = 3.19\ \text{m/s}$，拟选用 $l = 32\ \text{m}$ 预应力钢筋混凝土梁，查表 11.1 得 $\mu = 0.96$，查表 11.4 得桥墩宽度 $b' = 1.9\ \text{m}$，而相应设计水位处的桥墩宽度可近似取 $b' = 2\ \text{m}$ 计算，则 $\lambda = b'/l = 2/32 = 0.063$，于是：

$$\omega_{需} = \frac{Q_P}{\mu(1-\lambda)\,v_P} = \frac{3884}{0.96 \times (1-0.063) \times 3.19} = 1354 \ (\text{m}^2)$$

根据本河情况，从表 11.2 中查得允许冲刷系数为 1.4，则得考虑冲刷后的桥下所需面积：

$$\omega_{需}' = \frac{\omega_{需}}{[P]} = \frac{1354}{1.4} = 967 \ (\text{m}^2)$$

2. 初拟孔径的大致范围

将表 11.20 所计算的流水面积累积值叠加绘制到图 11.17 上，形成河流横断面图和流水面积累积曲线叠加图图 11.20。教材未给出，请同学们自行绘制图 11.20，下面的部分请同学们跟着做一遍，看是否能得到相同的结果。

参照桥址处的河流横断面和现场勘察的意见，确定将右岸桥台的前墙置于桩号 DK + 730.07 处，当 $\omega_{需} = 1\,354 \ \text{m}^2$ 时，从曲线上得 $L_{毛} = 193 \ \text{m}$；当 $\omega_{需}' = 967 \ \text{m}^2$ 时，从曲线上得 $L_{毛}' = 93 \ \text{m}$。故孔径的大致范围为 93～193 m，应在 $L_{毛}' \sim L_{毛}$ 拟定桥式。

3. 拟定桥式，计算实有冲刷系数

综合各方面的情况，拟选用 4 孔 32 m 预应力钢筋混凝土梁、圆端形桥墩、T 形桥台、沉井基础。为计算两个桥台前墙间的毛孔径，根据表 11.4，取梁全长 $L = 32.6 \ \text{m}$，梁缝 $\Delta = 0.10 \ \text{m}$，实际采用的右桥台前墙位置 DK + 730.7（2）实际采用的左桥台前墙位置 DK + 601.57（3）实际采用的桥梁毛孔径 $L_{毛} = 128.5 \ \text{m}$，胸墙至前墙距离 $d_0 = 1.2 \ \text{m}$，设计水位处墩宽按 $b' = 2 \ \text{m}$ 计，则：

$$L_{毛} = nL + (n+1) - 2d_0 = 4 \times 32.6 + (4+1) \times 0.1 - 2 \times 1.2 = 128.5 \ (\text{m})$$

仍取 DK + 730.07 为右桥台前的里程，由图 11.20 上自右桥台前墙向左量取 $L = 128.5 \ \text{m}$ 得左台前墙的位置。此时左桥台前墙的里程为 DK + 601.57，由此计算设计水位时桥下供给面积。根据表 11.20 的有关数据，得：

$$\omega_{毛供} = (1\,466.34 - 381.58) + \frac{(2.75 + 2.58)}{2} \times 21.03 = 1\,140.8 \ (\text{m}^2)$$

每个桥墩的阻水面积为：

$$\omega_{墩} = b'\bar{H} = b'\frac{\omega}{L} = 2 \times \frac{1\,140.8}{128.5} = 17.76 \ (\text{m}^2)$$

故桥下供给的净过水面积为：

$$\omega_{供} = \omega_{毛供} - 3\omega_{墩} = 1\,140.8 - 3 \times 17.76 = 1\,087.52 \ (\text{m}^2)$$

桥下需要面积为：$\omega_{需} = \dfrac{Q}{\mu v_P} = \dfrac{3\,884}{0.96 \times 3.19} = 1\,268.29 \ (\text{m}^2)$

$$P_{实} = \frac{\omega_{需}}{\omega_{供}} = \frac{1\,268.29}{1\,087.52} = 1.17$$

（三）计算冲刷深度，决定墩、台基底高程

根据两岸及河滩情况判断，桥下河槽不可能扩宽，故应分别计算滩、槽的冲刷。

1. 按包氏公式计算

（1）河槽。一般冲刷按河槽最大水深考虑：

$$h_\text{m} = 64.17 - 51.26 = 12.91 \text{（m）}$$
$$h_\text{P} = P_\text{实} h_\text{m} = 1.17 \times 12.91 = 15.10 \text{（m）}$$

局部冲刷。根据土质为砾石，查表 11.7 得 $v_\text{不冲} = 1.2$ m/s，半流线型墩台，查表 11.8 得 $n = 1/4$，代入相关公式（11.28）、（11.29）（也可参考图 11.9）得：

$$\text{冲刷总深度} = 15.10 - 12.91 + 4.18 = 6.37 \text{（m）}$$
$$\text{基底埋置安全值} = 2 + 6.37 \times 10\% = 2.64 \text{（m）}$$

由于桥位河段属于次稳定性河段，河槽中有边滩下移、深槽摆动，河槽中的桥墩宜采用相同的最低冲刷线高程；右岸桥台的位置紧靠河槽，为安全计，宜采用最低冲刷线高程。故河槽处墩和台的基底高程统一采用下值：

$$H_\text{基底} = 64.17 - 12.91 - 6.37 - 2.64 = 42.25 \text{（m）}$$

（2）河滩。只有左台位于较稳定的河滩上，按遭受偏斜冲刷考虑，取桥台处水深 $h_\text{台} = 2.58$ m，$h_\text{m} = 12.91$ m，则：

一般冲刷：

$$
\begin{aligned}
h'_\text{P} &= \frac{P_\text{实}[(h_\text{m} - h_\text{台})h_\text{台}]}{h_\text{m}} + h_\text{台} \\
&= 1.17 \times \frac{(12.91 - 2.58) \times 2.58}{12.91} + 2.58 \\
&= 5.43 \text{ （m）}
\end{aligned}
$$

局部冲刷：河滩局部冲刷，目前还没有确切的计算公式，通常可在一般冲刷线下加大安全值，亦可按照经验通过调查分析确定，本题左滩上桥台的局部冲刷按 1.5 m 考虑，则：

$$\text{冲刷总深度} = 5.43 - 2.58 + 1.5 = 4.35 \text{（m）}$$
$$\text{基础埋置安全值} = 2 + 4.35 \times 10\% = 2.44 \text{（m）}$$

故河滩处的桥台基底高程为：

$$H_\text{基底} = 64.17 - 2.58 - 4.35 - 2.44 = 54.8 \text{（m）}$$

2. 按规范推荐公式计算

（1）河槽。按桥下河槽不可能扩宽，用式（11.12）计算一般冲刷，并以 $Q_\text{槽}$、$L_\text{槽}$ 分别取代 Q_P 与 L_P。

已知 $Q_{1\%} = 3\,884 \text{ m}^3/\text{s}$、$H_{1\%} = 64.17$ m，桥下部分的河槽面积从表 11.20 的计算数据查得为 $\omega_\text{槽} = 1\,466.34 - 381.58 = 1\,084.76 \text{ m}^2$，而 $\omega_\text{滩} = 1/2 \times（2.58 + 2.75）\times 21.03 = 56.04 \text{ m}^2$，河槽部分的桥孔长度 $L_\text{槽} = 730.07 - 622.60 = 107.47$ m，而 $L_\text{滩} = 622.60 - 601.57 = 21.03$ m，则

$$\overline{h}_\text{槽} = \frac{\omega_\text{槽}}{L_\text{槽}} = \frac{1084.76}{107.47} = 10.09 \text{ （m）}$$

$$C_\text{槽} = m_\text{槽} \overline{h}_\text{槽}^{1/6} = 40 \times 10.09^{1/6} = 58.8$$

$$\overline{h}_\text{滩} = \frac{\omega_\text{滩}}{L_\text{滩}} = \frac{56.04}{21.03} = 2.66 \text{ （m）}$$

$$C_\text{滩} = m_\text{滩} \overline{h}_\text{滩}^{1/6} = 30 \times 2.66^{1/6} = 35.31$$

$$Q_槽 = \frac{\omega_槽 C_槽 \sqrt{\overline{h_槽}}}{\omega_槽 C_槽 \sqrt{\overline{h_槽}} + \sum \omega_滩 C_滩 \sqrt{\overline{h_滩}}} Q_P = 0.984 \times 3\ 884 = 3\ 882\ (\text{m}^3/\text{s})$$

按式（11.11）计算单宽流量集中系数 A。

根据桥址断面图，取平滩水位 $H = 61.42$ m，相应的水面宽度 $B = 101.52$ m，由表 11.19 计算得 $\omega = 798$ m^2，$\overline{H} = \omega/B = 798/101.52 = 7.86$ m，而

$$A = \left(\frac{\sqrt{B_d}}{\overline{H}}\right)^{0.15} = \left(\frac{\sqrt{101.52}}{7.86}\right)^{0.15} = 1.04$$

由桥址断面可知，河槽最大水深 $h_m = 12.91$ m，桥孔净长 $L_{槽净} = 107.47 - 3 \times 2 = 101.47$ m，$d = 2$ mm，$\rho = 3$ kg/m^3，由表 11.21 查得 $E = 0.66$，则：

$$h_p = \left[\frac{A \dfrac{Q_槽}{L_{槽净}} \left(\dfrac{h_m}{\overline{h_槽}}\right)^{5/3}}{E\overline{d}^{1/6}}\right]^{3/5} = 13.84\ (\text{m})$$

河槽部分的局部冲刷按修正后的 65-I 式计算。

表 11.21　E 值表

含砂量（kg/m^3）	<1.0	1~10	>10
E	0.46	0.66	0.86

注：表中含砂量是从历年汛期六、七、八、九月中，选出的年最大月平均值的算术平均值。

一般冲刷后的冲止流速：

$$v_止 = E\overline{d}^{1/6} h_p^{2/3} = 0.66 \times 2^{1/6} \times 13.84^{2/3} = 4.27\ (\text{m/s})$$

河床泥沙启动流速：

$$v_0 = 0.0246\left(\frac{h_p}{\overline{d}}\right)0.14\sqrt{332\overline{d} + \frac{10 + h_p}{\overline{d}^{0.72}}} = 0.84\ (\text{m/s})$$

$v = 4.27$ m/s $> v_0 = 0.84$ m/s，根据下部结构形式，按表 11.6 知采用 $K_\xi = 0.98$，$B_1 = 2.0$ m。则：

$$K_\eta = 0.8\left(\frac{1}{\overline{d}^{0.45}} + \frac{1}{\overline{d}^{0.15}}\right) = 1.31$$

$$v_0' = 0.462\left(\frac{\overline{d}}{B_1}\right)^{0.06} v_0 = 0.39\ (\text{m/s})$$

$$n = \left(\frac{v_0}{v}\right)0.25\overline{d}^{0.19} = 0.63$$

$$h_{\mathrm{b}} = K_{\xi}K_{\eta}B1^{0.6}\left(v_0 - v_0'\right)\left(\frac{v - v_0'}{v_0 - v_0'}\right)^n = 3.40\ (\mathrm{m/s})$$

冲刷总深度 = 13.84 − 12.91 + 3.40 = 4.33（m）

基础埋置安全值 = 2 + 4.33 × 10% = 2.43（m）

采用河槽处墩台基底统一高程：

$$H_{\text{底基}} = 64.17 - 12.91 - 4.33 - 2.43 = 44.5\ (\mathrm{m})$$

（2）河滩。按河槽不可能扩宽考虑，左岸桥台位于较稳定的河滩上，可用式（11.13）计算一般冲刷。

由以上计算得知 $Q_{\text{滩}} = Q_{1\%} - Q_{\text{槽}} = 3884 - 3822 = 62\ \mathrm{m^3/s}$，$L_{\text{滩}} = 21.03\ \mathrm{m}$，$h_{\mathrm{m滩}} = 64.17 - 61.42 = 2.75\ \mathrm{m}$，根据河滩土质为中砂，查表 11.5 得 $v_{\mathrm{H1}} = 0.5\ \mathrm{m/s}$，则：

$$h_{\mathrm{P}} = \left[\frac{\dfrac{Q_{\text{滩}}}{L_{\text{滩}}}\left(\dfrac{h_{\mathrm{m滩}}}{\overline{h}_{\text{滩}}}\right)^{5/3}}{v_{\mathrm{H1}}}\right]^{5/6} = 4.59\ (\mathrm{m})$$

河滩处桥台局部冲刷仍通过调查分析决定采用 $h_{\mathrm{b}} = 1.5\ \mathrm{m}$，故：

冲刷总深度：4.59 − 2.58 + 1.5 = 3.51（m）

基础埋置安全值：2 + 3.51 × 10% = 2.35（m）

河滩处桥台基底高程为：

$$H_{\text{基底}} = 64.17 - 2.58 - 3.51 - 2.35 = 55.73\ (\mathrm{m})$$

将以上两种公式计算结果列入表 11.22 中，通过比较分析，包氏公式偏大。由于包氏公式多用于稳定河流中，而在次稳定河流中只可作为校核参考用。现行规范推荐的公式较可靠，故采用。

表 11.22　墩台基底高程统计

墩台号 \ 计算类别 \ 公式		一般冲刷水深 h（m）	局部冲刷坑 h（m）	冲刷总深度（m）	基底埋置安全值（m）	基底高程（m）	基底高程采用值（m）
零号台	基本公式	4.59	1.50	3.51	2.35	55.73	55.73
	包氏公式	5.43	1.50	4.35	2.44	54.80	
1、2、3 号墩 4 号台	基本公式	13.84	3.40	4.33	2.43	44.50	44.50
	包氏公式	15.10	4.18	6.37	2.64	42.25	

（四）决定梁底高程、桥头路肩高程

本设计除满足排洪要求外，还要满足通航要求。

1. 按通航要求

通航水位按 $P = 10\%$ 计算，从图 11.18 Q-P 曲线上查得，当 $P = 10\%$ 时，$Q_{10\%} = 2\,661\ \mathrm{m^3/s}$，再从图 11.19 $Q = f(H)$ 曲线上查得，当 $Q_{10\%} = 2\,661\ \mathrm{m^3/s}$ 时，$H_{10\%} = 62.20\ \mathrm{m}$。又 $H_{\text{净}} = 4.5\ \mathrm{m}$，采用 $L = 32\ \mathrm{m}$ 预应力混凝土梁，查表 11.4 得 $C = 3.0\ \mathrm{m}$，此时 $h_{\mathrm{a}} = 0.78\ \mathrm{m}$。故：

$$H_{梁底} \geq H_{10\%} + H_净 = 62.20 + 4.5 = 66.70（m）$$

$$H_{路肩} \geq H_{10\%} + H_净 + C - h_a = 62.20 + 4.5 + 3 - 0.78 = 68.92（m）$$

2. 按排洪要求

据调查，本河排洪时，无大漂浮物与泥石流，有关计算数据如下：

（1）关于桥前壅水计算。

河滩路堤阻断过水面积可按前述计算和查表 11.20 求得，即 $\omega_{滩挡} = 381.58 - 56.04 = 325.54 \text{ m}^2$，河滩路堤阻断部分的水面宽 $B = 601.57 - 499.51 = 102.06 \text{ m}$，$H = \omega_{滩挡}/B = 325.54/102.06 = 3.19 \text{ m}$，其相应的流速为 $v_{滩挡} = m_滩 H^{2/3} i^{1/2} = 30 \times 3.19^{2/3} \times 0.000\,3^{1/2} = 1.12 \text{ m/s}$，故河滩阻断流量为 $Q_挡 = 325.54 \times 1.12 = 364.6 \text{ m}^3/\text{s}$，而 $Q_挡/Q_{1\%} = 364.6/3\,884 = 9.4\%$，查表 11.11，选用 $\eta = 0.05$。采用全断面平均流速 $v_0 = Q_{1\%}/\omega_全 = 3\,884/（381.58 + 1\,085.77）= 2.65 \text{ m/s}$。又河床土质属中等密实土壤，按表 11.12 得 $v_M = v_P \times 2P_实/1 + P_实 = 3.19 \times （2 \times 1.17）/（1 + 1.17）= 3.44 \text{ m/s}$，故：

$$\Delta z_M = \eta （v_m^2 - v_0^2）= 0.05 \times （3.44^2 - 2.65^2）= 0.24（m）$$

（2）关于波浪侵袭高度 $\Delta h'_P$ 与波浪高度 $H_{1\%}$ 的计算：

$$\bar{H}_b = \dfrac{0.13\text{th}\left[0.7\left(\dfrac{g\bar{h}_D}{\bar{v}_w^2}\right)^{0.7}\right] \cdot \text{th}\left\{\dfrac{0.0018\left(\dfrac{gD}{\bar{v}_w}\right)^{0.45}}{0.13\text{th}\left[0.7\left(\dfrac{g\bar{h}_D}{\bar{v}_w^2}\right)^{0.7}\right]}\right\}}{\dfrac{g}{\bar{v}_w^2}}$$

$$= 0.2 \text{ m} < 0.1 h_D = 0.1 \times 11.5 = 1.15（m）$$

属深水情况，故 $H_{b1\%} = 2.42 H_b = 2.42 \times 0.2 = 0.48 \text{ m}$。

采用干砌片石的路基护面，查表 11.14 得 $K_\Delta = 0.80 \text{ m}$，查表 11.14 得 $K_v = 1.2$，路基边坡取 1.5，查表 11.15 得 $R_\Delta = 2.52$，将各值代入式（11.36）得：

$$\Delta h'_P = K_\Delta \cdot K_v \cdot R_\Delta \cdot H_{b1\%} = 0.8 \times 1.2 \times 2.52 \times 0.48 = 1.16（m）$$

按以上数据，用下式决定 $H_{路肩}$。按构造条件（分别检查梁底与支承垫石顶面）确定：

$$H_{路肩} \geq H_P + \Delta h + h_净 + C - h_a$$
$$= H_{1\%} + \Delta Z_M/2 + 2/3 H_{b1\%} + h_净 + C - h_a$$
$$= 64.17 + 0.24/2 + 2/3 \times 0.48 + 0.5 + 3 - 0.78$$
$$= 67.33（m）$$

和

$$H_{路肩} \geq 64.17 + 0.24/2 + 2/3 \times 0.48 + 0.25 + 3.5 - 0.78 = 67.58（m）$$

按水力条件确定：

$$H_{路肩} \geq H_P + \Delta h + 0.5 = H_{1\%} + h'_p + \Delta z_M + 0.5 = 64.17 + 1.16 + 0.24 + 0.5 = 66.07（m）$$

综合以上计算，由通航要求控制设计，故桥头路肩高程 $H_{路肩} \geq 68.92 \text{ m}$。

（五）导流堤设计

本设计河滩阻断流量已算出为 $Q_挡 = 364.6 \text{ m}^3/\text{s} < 0.15 Q_{1\%} = 0.15 \times 3\,884 = 582.6 \text{ m}^3/\text{s}$，且流速

$v_{滩挡} = 1.12$ m/s 与 1 m/s 接近，故可不设导流堤，利用桥头锥体导流即可。

小　　结

（1）大中桥孔径计算的核心，就是根据已知的设计流量与设计水位去推求桥孔的大小 L、梁的高矮 $H_{梁底}$（也包括 $H_{路肩}$）和基础埋置的深浅 $H_{基底}$，它实际上就是整个桥渡的基本轮廓尺寸。

① 桥孔 L 是否合格，要用冲刷系数衡量。

② 梁底高程要与设计水位高出 Δh，再另加安全值，Δh 包括壅高、浪高、淤积等。

③ 基底标高要在局部冲刷线以下另加安全值，要按《桥渡水文勘规》指定公式计算。

④ 轮廓尺寸确定后，即可确定河滩路堤与导治建筑物的防护和设置。

（2）通过中桥的计算实例，掌握孔径计算的程序与方法，更要理解各经验公式和计算图表的物理意义和应用条件。

思考与练习题

11.1　为什么在确定孔径大小时，初学者要用流水面积累积曲线估算？当有了实践经验后，即可不用该曲线，但用什么方法确定孔径合适？

11.2　实有冲刷系数的物理概念与数学公式是什么？为什么 $P_{实} \geqslant 1$？为什么 $P_{实} \leqslant [P]$？

11.3　桥涵冲刷计算的重要性是什么？一般冲刷、局部冲刷和河床自然演变的关系是什么？这几种冲刷的过程如何？可分成哪几个阶段？它们的形成原因是什么？

11.4　什么叫净冲刷深度，从水文条件要求，基底高程如何确定？应注意哪些问题？

11.5　为什么按水力条件与按构造条件决定或检查路肩高程时，桥前壅水 z 要取用不同的值？

11.6　波浪高度与波浪侵袭高度 h'_p 在使用上有什么不同？

11.7　用 9.5、10.7 题资料，进行桥涵设计。有关资料与数据如下：Ⅰ级线路，平原区稳定河流，河床土质为粗砂夹砾石，平均粒径 $d = 5$ mm，汛期含砂量 $\rho < 1$ kg/m³。拟采用 24 m 预应力混凝土梁、圆端形桥墩、T 形桥台、扩大基础。该桥无航行要求，有关气象资料为：浪程 $D = 600$ m，沿浪程的平均水深 $h_D = 1.5$ m，风速 $v_w = 13$ m/s。

第十二章　小桥涵流量计算

内容提要　本章主要介绍小流域地面径流计算的基本原理与方法，并对规范推荐和现场常用的计算方法做简要介绍。

第一节　小桥涵的分布

小桥涵也是铁路建设中的一个重要组成部分。据统计，小桥涵的数量约占全部桥涵建筑物的75%，其建筑费用一般为铁路总造价的8%～10%，并随地区不同而有所增减。在全部运营线路中，只要有一座小桥涵被水流冲毁，就会使全线运营中断。因此合理选定小桥涵的位置，正确决定小桥涵的孔径是很重要的。

小桥涵的分布，除立交、灌溉等特殊要求外大都是根据排水需要而设置的。其目的是将线路附近的水流排走，以保证铁路行车的安全。小桥涵应服从线路的方向及要求，在线路平、剖面不变的情况下，合理地进行布置。其方法为：一般是在五万分之一的地形图上放出线路位置，沿分水岭画出线路上游侧的汇水面积，按设计频率的要求计算各汇水面积的流量，结合流量的大小、地形、水文、地质等因素，并以线路平、剖面图为依据，合理地布设小桥涵的位置与数量，一般地说，每跨越一条沟渠均应设置一座小桥涵，但从沿线整个布局分析，倘若在技术上可能、经济上合理的条件下，可以采用改沟合并的办法，以减少桥涵座数。通常在线路剖面图上，自桥涵入口沟底按照地面抬高方向，画一坡度为 2‰的直线，若此直线均低于地面，则表示地面坡度大于要求的最小坡度，可以认为桥涵数目足够；若此直线超出地面，则在超出之外可补充桥涵。除此以外，小桥涵的分布条件还要结合河流的类型考虑，例如，在山区和丘陵区，因坡陡水流急，应尽量逢沟设置桥涵，而在平原与河网地区，除在明显沟槽处设置桥涵外，沿线排洪桥涵也不宜过稀。

小桥涵的位置与路堤高度有密切关系，对于小桥则要求有一定的建筑高度，涵洞要求其顶部有足够的填土厚度。当线路路堤高度过低，设置桥涵有困难而需改移或挖深河沟时，应以确保运营中不发生病害为原则，如不能保证，则可要求抬高线路或适当改移平面位置。

小桥涵水文计算主要是确定设计流量 Q_P 与孔径 b 进而检查路堤高度是否满足设计要求。通常大中桥多建立在经常水流上，这些河流常年有水，其流量与水位有洪水与枯水之分，故大中桥多用洪水调查和观测历年洪水资料进行统计分析，确定设计流量。而小桥涵则多建立在周期水流上，周期水流是指当降雨和融雪时才有水流的沟谷与溪涧，平时是干枯的或是有极少的水，故小桥涵多用暴雨径流来计算设计流量。另外，小桥涵的孔径压缩较大，一般采用铺砌的办法来提高桥下允许流速；而大桥则常用设计水位下主槽的平均流速来设计桥孔。这些就是小桥涵与大中桥在水文计算上的主要特点与区别。

第二节　小流域地面径流的物理现象

一般情况下，面积在 100 km^2 以内的流域称为小流域。铁路沿线跨越的小河、溪流和沟壑等，都属于小流域的范围。小流域的特点是：地面径流多属周期水流，其最大洪水多数由夏、秋季的暴雨形成，而且流域面积小，坡度陡，汇流时间短，洪水暴涨暴落，历时短暂，泛滥范围较小。小流域的洪水很少能留下明显的洪水痕迹，一般也不设水文站，很难用大河的推求设计流量的方法，故需用暴雨资料以间接的方法推求设计洪水。也就是说，把暴雨当做独立的随机变量，仍用概率论的原理推求设计洪水。以暴雨推算小流域洪水流量的方法，通常称为小流域暴雨径流计算。

暴雨径流就是在很短的时间内有较大的降雨，并在流域面积内汇集的径流量。下面讨论影响暴雨径流的因素、径流的形成过程以及基本的计算公式等。

一、暴雨径流的影响因素

暴雨径流的大小，主要决定于下列因素：

1. 暴雨量与其历时，暴雨强度与其频率

暴雨是形成洪水的基本因素，表示每一次降雨特征的基本参数是降雨总量与经历时间。根据各雨量站的记录资料，按暴雨数值的要求，独立选取不同时段的最大暴雨量。暴雨量 H 与时段 t 的比值（单位时段内的降雨量）即为暴雨强度。

小流域径流计算的主要问题，在于推求能够形成洪峰流量的具有一定频率的暴雨强度值 a_p。它按照各时段的年最大暴雨量系列作频率计算，此时设计暴雨与设计洪水频率的一般假定是相应的，其计算方法亦与年洪峰流量的频率计算相同。

暴雨量频率曲线与洪水流量的累积频率曲线是一样的，均为 S 形曲线。现将各时段（例如 t_1、t_2、t_3、t_4 等）的暴雨量频率曲线绘在同一张几率格纸上，如图 12.1 所示。在这些频率曲线上读取各种历时不同频率的暴雨量，将这些数值点绘在普通坐标纸上，即得雨量、历时、频率关系曲线，如图 12.2 所示。该图上每条曲线的斜率即为暴雨强度。如将图 12.2 上的纵坐标换为平均暴雨强度（即降雨量 H 除以历时 t_n），即得到平均暴雨强度、历时、频率关系曲线，如图 12.3 所示。该曲线的性质是，在同一频率条件下，降雨历时愈短，平均暴雨强度愈大，即平均雨强随降雨历时的增长而递减。除此以外，暴雨强度还随着笼罩面积的增加而衰减。

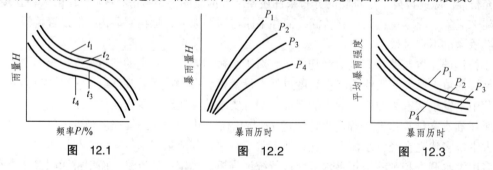

图　12.1　　　　　　　　　图　12.2　　　　　　　　　图　12.3

若频率为 P 的雨力为 S_P（或称暴雨威势），时段为 t，则暴雨强度 a_P 的公式常用以下两种形式表示，即：

$$a_P = \frac{S_P}{t_n} \tag{12.1}$$

$$a_\mathrm{P} = \frac{S_\mathrm{P}}{(t+b)^n} \tag{12.2}$$

设 t 时段的暴雨量为 H_t，而 $H_t = a_\mathrm{P}t$，则上列两式亦可写成：

$$H_t = a_\mathrm{P}t = \frac{S_\mathrm{P}}{t^n}t = S_\mathrm{P}t^{(1-n)} \tag{12.3}$$

$$H_t = a_\mathrm{P}t = S_\mathrm{P}\frac{t}{(t+b)^n} \tag{12.4}$$

式中　n——暴雨衰减指数；

　　　b——与各地区自然地理特征有关的待定参数。

现以式（12.1）、式（12.3）为例来做进一步说明，对公式两边取对数，得：

$$\log a_\mathrm{P} = \log S_\mathrm{P} - n\log t \tag{12.5}$$

$$\log H_t = \log S_\mathrm{P} + (1-n)\log t \tag{12.6}$$

显然式（12.5）、式（12.6）在双对数坐标格纸上为直线关系，n 或（$1-n$）为斜率，$\log S_P$ 为截距。由此可见，根据实测资料求公式中的参数并不困难。

实际工作中，只要将图 12.3 的坐标换成对数坐标，现以式（12.5）为例点绘在双对数坐标纸上，即可得若干条直线，如图 12.4 所示。从大量实测资料表明，图 12.4 所示的直线常常出现折点，为了工作方便，通常将折点统一取在 $t=1\ \mathrm{h}$ 处，这样折点读数值 S_P 即为各种频率时 $t=1\ \mathrm{h}$ 的暴雨强度。图中各直线相互平行，说明它们具有相同的斜率，量出斜率即可求得 n 值[如果用式（12.6），量出的斜率为 $1-n$]。n 值反映平均暴雨强度随历时的增长而减小的速度，故称为暴雨衰减指数。从图上可以看出，当 $t<1\ \mathrm{h}$ 时，取 $n=n_1$；当 $1\ \mathrm{h}<t<24\ \mathrm{h}$ 时，$n=n_2$。上述各符号所表示的数值，均可从

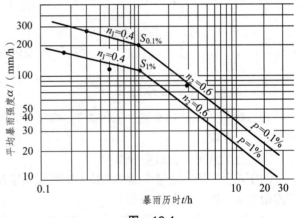

图　12.4

雨量站的资料中查得或算出，具体方法不再赘述，可参阅有关专业手册。

2. 径流损失与径流层厚度（净雨深）

流域出口处（即桥涵址断面）的最大流量，虽然由降雨形成，但并非全部降雨都流到桥涵处，这是因为降雨过程中还有损失，损失主要包括土壤入渗、植物截留和填注等。扣除损失后，即可得到设计净雨深，这就是流域内用以计算产流与汇流的径流层厚度。径流损失的大小，视流域的具体情况分别确定。

3. 流域面积的大小与形状、长度与坡度

流域面积 F 的大小，是影响径流的重要因素。流域面积中的长度与坡度，也影响汇集的流量值，而流域面积的形状不同，对径流值的影响也不同。现以图 12.5 所示两个流域面积大小相等而形状不同的例子来说明。该图中的各折线，如 20′—20′、40′—40′、60′—60′线，称为等时线。亦即在 20 min 内的降雨中，20′—20′线流域面积内的雨水都能同时流到流域出口（即桥涵

处），那么桥涵中的流量即汇集了 20′—20′线范围内流域面积中的水，降雨时间越长，汇集等时线所包围的面积越大。现以图 12.5（a）、（b）两种情况为例说明，设若降雨历时为 40 min，则长面积中只有阴影线部分面积内的雨水能同时流到出口处，而矮面积中则是全面积内的雨水都能同时流入出口处。前者称为部分面积汇流，后者称为全面积汇流。全面积汇流的流量显然比部分面积汇流量大，这是由降雨历时长短来决定的。

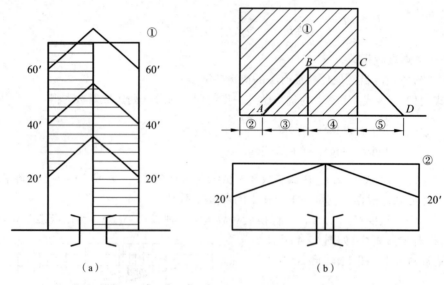

图　12.5

二、暴雨径流的形成过程

现以图 12.5 所示的全面积汇流为例，观察自降雨开始到全部雨水流出小桥涵这个径流随时间而变化的过程。

该过程大致可分为四个阶段。

（1）截留阶段：此时全部降雨被土壤吸入，还有洼地蓄水和植物截留。降雨在满足此阶段所需雨量后，即开始产生净雨深。

（2）产流阶段：自地面形成径流层厚度开始，水流自汇水面积最远点沿山坡流入支沟，由支沟汇集到主沟，再由主沟流至桥涵处。这段时间称为产流阶段，此时段桥涵处的径流量是由小逐渐增大的。

（3）全面积汇流阶段：自最远点水流流到桥涵处开始到暴雨停止时的这段时间。通常认为桥涵处的最大洪水流量是一定的暴雨在流域内经过产流与汇流两过程而形成的。此时段内在桥涵处所产生的最大径流量是计算桥涵孔径的基本数据。

（4）退水阶段：自雨停开始至径流全部流向桥涵的这段时间。

三、地面径流的基本公式

小流域暴雨径流计算，曾有许多学者和工程师进行研究，直到现在世界上还没有一种完全令人满意的方法。一方面，影响暴雨径流的因素极为复杂，现代水文学还不能妥善地解决；另一方面，缺乏实测资料，使理论和公式都很难验证。因此，必须长期积累实测资料才能够分析出各种暴雨最大径流出现的频率，以适应设计的要求。现今各家制定的半理论半经验公式，一般都从简单实用出发，结合小流域暴雨洪峰流量形成的特点，对某些过程作了适当的概化而制定的。由于对暴雨、产流、汇流有关因素的处理方法不同，因此这些推理公式有很多不同的形式，但基本上是净雨强度与汇水面积的乘积，即：

$$Q_P = \frac{h}{t}F = \frac{\psi H_{tb}}{t}F \tag{12.7}$$

式中　F——汇水面积（km^2）；

t——汇流时段（h），其与流域面积、坡度、地形等因素有关；

h——净雨深，即扣除损失后的径流层厚度（mm）；

H_{tb}——汇流时段内的最大暴雨量（mm）；

ψ——考虑损失的洪峰径流系数。

要使计算得到的洪峰流量单位为 m^3/s，必须经过单位换算，为此可事先在公式中引进单位换算系数，于是式（12.7）便又可写成

$$Q_P = 0.278\psi\frac{H_{tb}}{t}F = 0.278\psi a_P F \tag{12.8}$$

第三节　小流域地面径流的计算方法

以式（12.7）为基础推求设计洪水流量，是目前国内外小流域流量计算中广泛使用的一种方法。由于各家对有关影响径流因素的处理方法不同，各种方法也均有其特点。新中国成立前，我国曾用美国台尔帕公式来计算径流，该式简单，却很粗糙。新中国成立初期，用苏联柏诺托纪亚阔诺夫教授的公式和郭尼克别尔格工程师的简化图表。随着水文科学的发展，苏联于1956年颁布了新径流规范，由于计算工作量大，我国第三、第四设计院曾分别依此制定了简化图表与简化公式。1959年铁道科学研究院徐在庸研究员提出了《小桥涵设计暴雨流量计算办法》（又称 Q_1 等值线法）曾在第二设计院管区试行。到了20世纪60年代以后，铁道部第一设计院又提出了小流域暴雨径流计算办法。随后，各设计院又分别提出了适合各自管辖地区的半经验半理论公式。除此以外，全国水利、公路各部门也都制定了各个省区的地区经验公式。因此在使用各公式时，不要单一地取用一种计算办法，而要采用几种办法互相核对和补充。

限于篇幅，本书只重点介绍铁道部第三勘测设计院法，其他设计院法则只作简略说明。

一、华北、东北地区公式（三院法）

（一）公式制定特点、依据和所搜集的资料

（1）本法搜集了华北、东北等地区的径流实验站及水土保持站99个流域、上千场较大洪水的资料编制的。

（2）采用了暴雨时间长（24 h 的降雨量）、降雨较均匀、日强度大的雨洪资料。最后认为这种暴雨洪水是全面积汇流或接近全面积汇流所形成的最大洪峰流量。

（3）根据流域地面特征，考虑各种土质、地貌、植被，确定了各地区的系数与指数的配套使用表（见表12.1），该表内各值系由现场直观判断决定，且系数与指数配套使用。

表 12.1

地表特征	类别	系数与指数					流域内植被、土质、地貌
		A	m	N	B	r	
土质区和土石区	1	7	0.25	0.30	1.01	0.45	1. 植被：仅有稀疏矮草或者是秃山 2. 土质：遇水后易于松散的黄土或红土 3. 地貌：地貌破碎，冲沟多面深，斜坡耕地多，产量低
	2	7	0.23	0.30	0.68	0.45	1. 植被：风化岩层上无植被，土质地区只有稀疏矮草或局部矮灌木丛 2. 土质：露头岩石风化严重，近似砂粒，所占流域面积达 30%～50% 3. 地貌：冲沟多而深，斜坡耕地多，产量低
	3	7	0.25	0.30	0.52	0.45	1. 植被：只有稀矮草，或局部低矮灌木，或局部秃山 2. 土质：黏土较重，遇水后较难松散；或土石表面 3. 地貌：冲沟多，斜坡耕地多，产量低
	4	10	0.25	0.30	0.52	0.45	1. 植被：生有密草和低矮灌木丛或稀疏高干乔木的面积占流域 60%～80%，其余 20%～40% 只有稀疏矮草或者是秃山 2. 土质：植被好的部分，表面有不同程度的腐殖层，植被差的部分腐殖层被冲走，裸露的是风化岩层，或难于冲刷的坚硬土质 3. 地貌：植被差的部分冲沟多，斜坡耕地多
	5	12	0.40	0.37	0.32	0.30	1. 植被：全流域内大部地区均有密草或灌木，或为较稀乔木.原始森林进行了砍伐也属这类 2. 土质：大部地区表层均有较薄腐殖层 3. 地貌：冲沟少，地貌基本完整
	6	12	0.40	0.37	0.27	0.30	1. 植被：高大乔木稠密能成林的，占流域面积 50 m² 以上，其余均为高而密的草 2. 土质：表面有较薄的腐殖层 3. 地貌：地貌完整无冲沟
石山区	7	12	0.40	0.37	0.48	0.23	1. 地貌及土质：裸露于地表的岩石，占流域面积 50%～60%，风化不严重 2. 植被：石缝之间及土层地面有矮草及灌木丛
	8	17	0.40	0.37	0.48	0.23	1. 地貌及土质：裸露于地表的岩石，占流域面积 50%～60%，风化不严重 2. 植被：石缝之间及土层地面有矮草及灌木丛
台地（北方梯田）	9	7	0.25	0.30	0.40	0	有自然冲沟切入台地，排除洪水
	10	10	0.25	0.30	0.40	0	土石区流域内之台地
	11	12	0.40	0.37	0.40	0	台地之间只有道路串联作为排水沟，台地边墙坚实
	12	17	1.40	0.37	0.20	0.30	原始森林
	13	17	0.40	0.37	0.20	0.30	沟床沼泽化、塔头草区

（4）根据气候所采用的降雨强度公式为：

$$a_{\mathrm{P}} = \frac{\eta S_{\mathrm{P}}}{(t+b)^{n}} \qquad\qquad (12.9)$$

式中　η——暴雨点面折减系数，可在当地搜集或查表 12.2；

　　　n——暴雨衰减指数，随地区而不同，可从铁三院编的《桥涵水文》手册中查用。例如线路在承德地区 $n=0.7$，线路在沈阳地区 $n=0.75$；

　　　b——随地区而变的待定参数，仍查《桥涵水文》手册。例如承德地区 $b=0$，沈阳地区 $b=5$；

　　S_P、t、a_P 意义同前，计算方法下节叙述。

表 12.2　点面折减系数 η 值

F（km^2）	<10	10	12.5	15	20	25	30	35	40	50	60	70	80	90	100
η	1.00	0.94	0.93	0.92	0.91	0.90	0.89	0.98	0.87	0.86	0.84	0.83	0.82	0.81	0.80

（5）根据流域内的地形条件而需搜集的有关资料有：① 汇水面积 F，即自桥涵处分水岭所包围的面积，可以实测或在军用图上勾绘，然后用求积仪求出其面积（km^2）。② 流域长度 L，即分水岭内自有明显的汇流点开始沿流程至桥涵断面处的距离（km）。③ 河沟坡度 I，即自分水岭至出口断面处的河沟坡度，通常为主槽沟头点的高度至桥涵断面处的高程差与河沟长度之比（‰），坡度变化大的用加权法计算。

L、I 均可从汇水面积图中量算或实测。

（二）计算公式

计算暴雨径流的基本因素是 a_P 和 F 以及各种截留，故暴雨洪峰流量 Q_P 的基本公式为：

$$Q_P = 16.7\phi a_P F = 16.7 B a_P^{(1+r)} F \tag{12.10}$$

式中　ϕ——洪峰流量系数，其值为 $\phi = B a_P$。

式中 B、r 查表 12.1。

式（12.10）中的汇水面积 F 为已知，其中心是求得 a_P，而 a_P 中的 n 与 b 均可从手册中查出，η 可根据已知 F 查表 12.2，于是该法的主要问题便归结为求雨力 S_P 与时段 t。

1. 关于 S_P 的计算

S_P 是按 24 h 的最大降雨量 H_{24P} 计算的，它是指具有一定频率的雨力，其计算公式根据式（12.4）可写成：

$$S_P = \frac{H_{24P}}{1\ 440}(1\ 440 + b)^n \tag{12.11}$$

$$H_{24P} = \bar{H}_{24}(1 + C_{v24}\phi_P) = \bar{H}_{24} K_P \tag{12.12}$$

式中　H_{24}——24 h 的平均降雨量，从《桥涵水文》手册中查用。例如承德地区 $H_{24}=70\ mm$，沈阳地区 $H_{24}=90\ mm$。

　　　C_{v24}——变差系数，从《桥涵水文》手册中查用。例如承德地区 $C_{v24}=0.5$，沈阳地区 $C_{v24}=0.5$。

　　　ϕ_P——离均系数，由偏差系数 $C_s = 3.5C_v$ 与相应的洪水频率 $P\%$，查表 10.6 可得。

　　　K_P——模比系数，查表 10.6。

2. 关于 t 的计算

t 是计算暴雨强度时而选用的时段，该法把时段 t 近似地定为流域汇流时间 τ，τ 的计算公式为：

$$\tau = A \left(\frac{L}{IF^m} \right)^N \frac{1}{a_P^m} \tag{12.13}$$

式中 A，n，N——系数与指数，查表 12.1；

F，L，I——汇水面积、河沟长度与河沟坡度，均从流域平面图中获得。

将 τ 代入 a_P 中得：

$$a_P = \frac{S_P}{\left[A \left(\dfrac{L}{IF^m} \right)^N \dfrac{1}{a_P^m} + b \right]^n}$$

公式两边均包括 a_P，经整理后得：

$$\frac{L}{IF^m} = \left[\frac{(\eta S_P)^{\frac{1}{n}}}{A} a_P^{m - \frac{1}{n}} - \frac{b}{A} a_P^m \right]^{\frac{1}{N}} \tag{12.14}$$

为避免解 a_P 的高次方程，可根据假设的几个 a 和查表得到的 m、a、n、n 绘制 L/IF^m-a 的关系曲线，然后由已知的 L/IF^m 值在相关曲线上求得 a_P 值。将 a_P 代入式（12.10）即得所求流量。也可采用 Matlab 计算。

以上是按 $b \neq 0$ 时计算的，有些地区 $b = 0$，则 a_P 的公式可简化为：

$$a_P = \frac{S_P}{(t + b)^n} = \frac{S_P}{t^n} \tag{12.15}$$

式中 $$S_P = \frac{H_{24P}}{1\ 440} (1\ 440 + b)^n = H_{24P} 1\ 440^{(n-1)}, \quad t = A \left(\frac{L}{IF^m} \right)^N \frac{1}{a_P^m}$$

代入 a_P 得 $a_P = \dfrac{S_P}{\left[A \left(\dfrac{L}{IF^m} \right)^N \dfrac{1}{aP^m} \right]^n}$，等号两边仍有 a_P，为此需合并同类项，整理得：

$$a_P = \frac{S_P^{\frac{1}{1-mn}} \eta^{\frac{1}{1-mn}}}{A^{\frac{n}{1-mn}} \left(\dfrac{L}{IF^m} \right)^{\frac{Nn}{1-mn}}}$$

将 a_P 代入式（12.10）得：

$$Q_P = 16.7 B a_P^{(1+r)} F = 16.7 B \frac{S_P^{\frac{1+r}{1-mn}} I^{\frac{Nn(1+r)}{1-mn}} F m^{\frac{Nn(1+r)}{1-mn}}}{A^{\frac{n(1+r)}{1-mn}} L^{\frac{Nn(1+r)}{1-mn}}} F \eta^{\frac{1+r}{1-mn}}$$

若取

$$C = 16.7 B \frac{S_P^{\frac{1+r}{1-mn}}}{A^{\frac{n(1+r)}{1-mn}}}, \quad P = \frac{Nn(1+r)}{1-mn}, \quad g = 1 + mP$$

代入上式得：

$$Q_{\mathrm{P}} = \frac{CF^g I^{\mathrm{P}}}{L^{\mathrm{P}}} \eta^{\frac{1+r}{1-mn}}$$　　　　（12.16）

（三）注意事项

（1）实际应用公式时，视 $b=0$ 和 $b\neq0$ 两种情况分别计算。

（2）当 $b\neq0$ 时，为简便计，视具体条件分段计算几处的 S_{P}，建立暴雨强度公式，不必逐个桥涵都算。

（3）计算河沟坡度时，用建筑物断面与沟头两点高差计算的平均坡度比实际要大，根据抽样统计结果，比实际大 1.5 倍左右，所以用两点法计算坡度时必须将坡度除以 1.5。

（4）具有山区与平原两种情况的流域如图 12.6 所示。因为山区流量进入平原后又塌平，所以计算山区部分到达出口断面的流量时，用 $F_{山}$ 及全流域的 L 和 I，计算平原部分的流量用 $F_{平}$、$L_{平}$、$I_{平}$，最后将两种结果叠加。

（5）上述计算方法均属流域在山丘区的计算方法。倘若流域的大部分面积均在平原地区内时，计算流量应另行计算，其方法见《桥涵勘规》的说明。

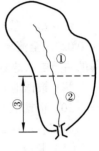

图　12.6

例 12.1　线路在华北某地区，从水文手册上得 $b=0$，$n=0.7$，$C_{v24}=0.7$，$H_{24}=60$，$F=18.9\ \mathrm{km}^2$，$L=8.73\ \mathrm{km}$，$I=0.034$。流域内有些山头是石山，部分是土质，全流域总的为土石区，阴坡灌木丛生，密度大，阳坡灌木稀疏，山顶地面为耕地，但有的地方无植物覆盖，试计算洪峰流量 $Q_{1\%}$、$Q_{2\%}$。

解：根据地表土质及植物覆盖情况，查表 12.1，属土石区第四类，$a=10$，$m=0.25$，$n=0.3$，$b=0.52$，$r=0.45$。

根据汇水面积查表 12.2，得 $\eta=0.91$。当 $C_{v24}=0.7$、$C_s=3.5C_{v24}$，查表 10.6 得 $P_{1\%}$时，$K_{1\%}=3.68$；$P_{2\%}$时，$K_{2\%}=3.12$。

（1）求 $Q_{1\%}$：

$$H_{241\%} = H_{24}(1+C_v\phi_{1\%}) = 60 \times 3.68 = 220.8\ （\mathrm{mm}）$$

$$S_{\mathrm{P1\%}} = H_{241\%}1\,440(n-1) = 220.8 \times 1\,440(0.7-1) = 24.92$$

$$C = 16.7B\frac{SP^{\frac{1+r}{1-mn}}}{A^{\frac{n(1+r)}{1-mn}}} = 145.57$$

$$P = \frac{Nn(1+r)}{1-mn} = 0.369$$

$$g = 1+mP = 1.09$$

$$Q_{\mathrm{P}} = \frac{CF^g I^{\mathrm{P}}}{L^{\mathrm{P}}} \eta^{\frac{1+r}{1-mn}} = 393.22\ （\mathrm{m}^3/\mathrm{s}）$$

（2）求 $Q_{2\%}$：

$$H_{242\%} = H_{24}(1+C_v\phi_{2\%}) = 60 \times 3.68 = 187.2\ （\mathrm{mm}）$$

$$S_{\mathrm{P2\%}} = H_{242\%}1\,440(n-1) = 220.8 \times 1\,440\ （0.7-1） = 21.13$$

$$C = 16.7B \frac{SP^{\frac{1+r}{1-mn}}}{A^{\frac{n(1+r)}{1-mn}}} = 108.90$$

$$P = \frac{Nn(1+r)}{1-mn} = 0.369$$

$$g = 1 + mP = 1.09$$

$$Q_P = \frac{CF^g I^P}{L^P} \eta^{\frac{1+r}{1-mn}} = 294.22 \ (\text{m}^3/\text{s})$$

例 12.2　线路经东北地区，$b = 10$，$n = 0.85$，$C_{v24} = 0.62$，$H_{24} = 65$，$F = 15.1 \text{ km}^2$，$L = 7.6 \text{ km}$，$I = 0.027$。全流域大部分地区均有密草或灌木，部分山坡上有稀乔木，大部分地区表层均有较薄的腐殖层，地貌基本完整，冲沟少，求 $Q_{1\%}$、$Q_{2\%}$。

解：根据地表情况查表 12.1，属土质区第五类，故 $A = 12$，$m = 0.4$，$N = 0.37$，$B = 0.32$，$r = 0.30$。根据汇水面积查表 12.2，得 $\eta = 0.92$。

由 $C_{v24} = 0.62$、$C_s = 3.5C_v$，查表 10.6 得 $K_{1\%} = 3.29$、$K_{2\%} = 2.83$。

（1）求 $Q_{1\%}$：

$$H_{241\%} = H_{24}(1 + C_{v\varphi 1\%}) = 65 \times 3.29 = 213.85 \ (\text{mm})$$

$$S_{p1\%} = H_{241\%}/1\,440(1\,440 + b)n = 72.26$$

点绘 L/IF^m 相关曲线，计算 a_P。设 $a = 1 \text{ mm/min}$，则：

$$\frac{L}{IF^m} = \left[\frac{(\eta S_P)^{\frac{1}{n}}}{A} a_P^{m-\frac{1}{n}} - \frac{b}{A} a_P^m \right]^{\frac{1}{N}} = 618.64$$

设 $a = 1.5 \text{ mm/min}$，则：

$$\frac{L}{IF^m} = \left[\frac{(\eta S_P)^{\frac{1}{n}}}{A} a_P^{m-\frac{1}{n}} - \frac{b}{A} a_P^m \right]^{\frac{1}{N}} = 231.80$$

设 $a = 2 \text{ mm/min}$，则：

$$\frac{L}{IF^m} = \left[\frac{(\eta S_P)^{\frac{1}{n}}}{A} a_P^{m-\frac{1}{n}} - \frac{b}{A} a_P^m \right]^{\frac{1}{N}} = 109.51$$

设 $a = 2.5 \text{ mm/min}$，则：

$$\frac{L}{IF^m} = \left[\frac{(\eta S_P)^{\frac{1}{n}}}{A} a_P^{m-\frac{1}{n}} - \frac{b}{A} a_P^m \right]^{\frac{1}{N}} = 58.32$$

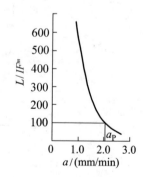

图　12.7

由上列计算值点绘 L/IF^m-a 相关曲线，如图 12.7 所示。本流域实际 $L/IF^m = 7.6/0.027 \times 15.1^{0.4} = 95$，查相关曲线得 $a_{1\%} = 2.106 \text{ mm/min}$，故：

$$Q_{1\%} = 16.7 Ba_P^{1+r} F$$

$$= 16.7 \times 0.32 \times 2.106^{1+0.30} \times 15.1$$

$$= 212.5 \ (\text{m}^3/\text{s})$$

（2）求 $Q_{2\%}$：

$$H_{24\%} = H_{24} K_{2\%} = 65 \times 2.83 = 183.95 \ (\text{mm})$$

$$S_{P1\%} = H_{241\%}/1\ 440\ (1\ 440 + b)\ n = 62.16$$

点绘 L/IF^m 相关曲线，计算 a_P。

设 $a = 1$ mm/min，则：

$$\frac{L}{IF^m} = \left[\frac{(\eta S_P)^{\frac{1}{n}}}{A} a_P^{m-\frac{1}{n}} - \frac{b}{A} a_P^m \right]^{\frac{1}{N}} = 367.98$$

设 $a = 1.5$ mm/min，则：

$$\frac{L}{IF^m} = \left[\frac{(\eta S_P)^{\frac{1}{n}}}{A} a_P^{m-\frac{1}{n}} - \frac{b}{A} a_P^m \right]^{\frac{1}{N}} = 134.00$$

设 $a = 2$ mm/min，则：

$$\frac{L}{IF^m} = \left[\frac{(\eta S_P)^{\frac{1}{n}}}{A} a_P^{m-\frac{1}{n}} - \frac{b}{A} a_P^m \right]^{\frac{1}{N}} = 61.19$$

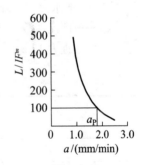

图　12.8

设 $a = 2.5$ mm/min，则：

$$\frac{L}{IF^m} = \left[\frac{(\eta S_P)^{\frac{1}{n}}}{A} a_P^{m-\frac{1}{n}} - \frac{b}{A} a_P^m \right]^{\frac{1}{N}} = 31.30$$

由上列计算值点绘 L/IF^m-a 相关曲线，如图 12.8 所示。本流域实际 $L/IF^m = 7.6/0.027 \times 15.1^{0.4}$ $= 95$，查相关曲线得 $a_{2\%} = 1.707$ mm/min，故：

$$Q_{2\%} = 16.7 Ba_P^{1+r} F = 16.7 \times 0.32 \times 1.707^{1+0.30} \times 15.1 = 161.7 \ (\text{m}^3/\text{s})$$

二、西北地区公式

我国西北地区以暴雨时程变化与最大同时汇流面积非线性分配形式的结合所产生的洪峰流量为依据，再考虑影响径流的其他因素，而提出如下基本公式：

$$Q_P = \left[\frac{K_1 (1 - K_2) K_3}{x^{n'}} \right]^{\frac{1}{1-n'y}} \tag{12.17}$$

式中　K_1——产流因子，与各地区设计暴雨参数 S_P 及汇水面积 F 等有关；

K_2——损失因子，与土壤类别及植被特征有关；

K_3——造峰因子，与暴雨衰减指数 n 及暴雨点面覆盖情况有关；

x——河槽与山坡综合汇流因子；

y——反映流域汇流特征的指数；

n'——随暴雨衰减指数而变的指数。

上式各符号的求法，可查有关专业手册的公式和图表。

三、西南地区公式

流域内任意一处的水流质点，在沿流线运动到出口断面的这段时间 t（称径流传播时间）中，沿程还不断有水量加入，因此产流是时间 t 的函数过程，故径流运动是沿程变量不稳定的洪水传播运动。

我国西南地区以暴雨笼罩流域全面积为研究对象，根据径流传播时间 t 所对应面积上的水量平衡原理，写出平衡式，经整理，其最大洪峰流量公式为：

$$Q_P = 0.278 F C_1 a_P y_m \tag{12.18}$$

式中　0.278 ——单位换算系数；

　　　F ——汇水面积（km^2）；

　　　C_1 ——产流系数，系最大产流强度与最大雨强之比，其与前期雨情及土壤类别有关，可查表 12.3；

表 12.3　产流系数 C_1 值

土壤名称	含砂量（%）	土的类别	产流系数 C_1		
			前期大雨	前期中雨	前期小雨
黏土、肥沃黏壤土	5～15	Ⅱ	0.90	0.80	0.60
灰化土、森林型黏壤土	15～35	Ⅲ	0.85	0.75	0.55
黑土、染色土、生草砂壤土	35～65	Ⅳ	0.80	0.65	0.50
砂壤土	65～85	Ⅴ	0.60	0.50	0.40
砂	85～100	Ⅵ	0.45	0.35	0.25

　　　a_P ——设计频率为 2%的最大暴雨强度（mm/h），可查西南地区的最大暴雨强度的 $a_{P\%}$ 等值线图（铁道部第三勘测设计院《桥涵水文》手册）。例如内江地区 $a_{2\%} = 200$ mm/h，昆明地区 $a_{2\%} = 140$ mm/h，如要求其他频率的暴雨最大雨强，可按表 12.4 换算。

表 12.4　不同频率换算系数表

频率 P（%）	0.3	1	2	4	5	10
换算系数	1.35	1.00	0.80	0.60	0.50	0.42

对Ⅳ类土壤用 0.72。在无 $a_{2\%}$ 等值线地区，可按下式计算：当 $F \leqslant 10$ km^2 时，$a_P = 6n_1 S_P$；当 $F > 10$ km^2 时，$a_P = 1.413 F^{-0.16} \times 6^{n_1} S_P$ 式中，n_1 为短历时暴雨衰减指数，S 为雨力。均可查地区水文手册或图集。

y_m——最大径流函数，根据径流因子 r 从表 12.5 查取。

表 12.5　最大径流函数 y_m 值

r	y_m	r	y_m	r	y_m	r	y_m
1	0.665	4	0.418	7	0.342	10	0.270
2	0.50	5	0.374	8	0.318	20	0.142
3	0.468	6	0.362	9	0.294	30	0.096

径流因子 r 的计算公式为：

$$r = 0.36 a_P^{0.4}$$

$$\tau = \frac{L^{0.72}}{1.2 A_1^{0.6} I^{0.21} F^{0.24} a_P^{0.24}}$$

式中　τ——流域最远点到达出口断面之径流汇流时间（h）；

　　　L——流域分水岭沿流程至桥涵处的距离（km）；

　　　A_1——阻力系数，与流域坡面及河槽粗糙程度有关，可根据实测资料查表 12.6。

表 12.6　阻力系数 A_1 值

流域植被，坡面、地貌，河（沟）槽情况	A_1
流域内山坡陡峻，植被茂密，河谷多旱地，河槽内乱石交错河槽陡峻	1.0
流域内坡面上有中等密度的竹林或树木，坡面多旱地，沟谷有稻田；河床为大卵石间有砾石	1.0~1.5
坡面有灌木杂草，旱地，河谷中有少量稻田，河槽中等弯曲，河床为砂质或卵石	1.5~2.0
坡面平缓，有少量小树，坡面多为稻田、旱地，河沟较顺直，且为砂质夹有卵石河槽	2.0~2.5
坡面光秃，杂草稀少，多为稻田，有少量旱地，河槽为细砂或明显泥质河槽，河沟顺直	2.5~3.0

　　　I——流域平均坡度，可从出口断面至最远点分水岭处；沿流程绘制纵断面图，按面积补偿法计算：

$$I = （流域平均高程 - 出口断面处高程）/L$$

其中，L 为流域平均高程的等高线与主槽相交处到出口断面间的距离（km）。

例 12.3　线路在贵阳地区某流域。已知：$F = 43.94 \text{ km}^2$，$L = 14.63 \text{ km}$，$A_1 = 2.76$，$L = 0.004\,6$，查所在地区 a_P 等值线图得 $a_P = 180 \text{ mm/h}$。流域内属二类土，前期大雨查表 12.3 得 $C_1 = 0.9$，求 $Q_{2\%}$、$Q_{1\%}$。

解：（1）参数计算：

$$\tau = \frac{L^{0.72}}{1.2 A_1^{0.6} I^{0.21} F^{0.24} a_P^{0.24}} = 1.123（\text{h}）$$

$$r = 0.36 a_P^{0.4} \tau = 0.36 \times 180^{0.4} \times 1.123 = 3.23$$

（2）洪峰流量计算。按 $r = 3.23$ 查表 12.5 得 $y_m = 0.457$，则：

$$Q_{2\%} = 0.278 C_1 F a_P y_m = 0.278 \times 0.9 \times 43.94 \times 180 \times 0.457 = 904（\text{m}^3/\text{s}）$$

查表 12.4，得换算系数为 $1/0.8 = 1.25$，则：

$$Q_{1\%} = 1.25 \times Q_{2\%} = 1.25 \times 904 = 1\ 130\ (\text{m}^3/\text{s})$$

四、中南、华东地区公式

我国中南、华东地区按水量平衡原理，考虑变雨强及不稳定流态，在一定概化条件下，联解坡面汇流及河槽汇流方程，从而推得设计洪峰流量。其基本公式如下：

$$Q_{\text{P}} = 0.278 A_{\text{s}} B \frac{R_{\text{P}}}{t_0} F$$

式中 R_{P}——设计净雨深（mm），随土壤类别不同而采用的 6 h 或 24 h 的设计暴雨量；

     t_0——净雨历时，按 6 h 或 24 h 计；

     B——雨型系数，随降雨的不同历时而异；

     A_{s}——洪峰消减系数，与坡面自然特征及产流条件有关，也与河槽与山坡的调蓄能力有关；

     0.278——单位换算系数。

上列各符号的求法，可查有关专业手册的公式和图表。

小 结

（1）小桥涵水文的主要内容是：① 桥涵位置的确定服从线路方向。② 通过技术、经济比较后选定桥涵类型。③ 先搜集勘测资料，后计算设计流量与孔径，重点是流量与孔径计算。

（2）小桥涵的流量对应的河流必然是小流域，其流量计算的特点是根据暴雨资料用间接法推求，故称之为小流域地面暴雨径流计算。用充分认识暴雨、产流、汇流这几个物理现象的实质，对暴雨要掌握降水量与降水历时、暴雨强度、雨力和降雨总量，这是内因；对汇水面积 F、流域长度 L 与坡度 I 的大小，要测算无误，在产流的扣损计算和汇流的径流系数的选择等方面都要从物理概念上掌握，才不致套错公式，这是外因。记住暴雨径流的基本经验公式形式，进而剖析各设计院提出的径流计算的半理论、半经验公式。

（3）不管使用哪种径流计算方法，都要抓住影响径流大小的各主要因素和搜集径流计算阶段所必需的资料，随着各自然地区的不同特点，采用现行规范推荐的各铁路设计院制定的公式，因为这些方法均系大区经验公式，因而要因地制宜地用水利部门制定的地区公式予以比较和修改。

思考与练习题

12.1   影响小流域暴雨径流的主要因素是哪些？

12.2   径流过程线各阶段的主要物理特征对桥涵设计的意义是什么？

12.3   小流域径流计算的基本公式是什么？

第十三章 小桥涵孔径计算

内容提要 对小桥涵过水情况进行分析后，用水力学公式确定孔径进而检查路堤高度，选定铺砌类型。

第一节 小桥孔径计算

一、小桥过水分析

在桥涵勘测设计中，桥涵跨越的明渠水流多为均匀流，如果碰上弯曲的河沟，通常也要裁弯取直，使建桥前的水流仍具有均匀流的条件。在水力学中已经讲到，水在明渠中的均匀流动也有急流与缓流之分，因此在这两种不同水流性质的河段上建桥，其水力计算也各有其特点。

对于缓流，小桥过水情况实际是宽顶堰。由于墩台和路堤挤压水流，使桥孔压缩，从而抬高了桥前水位，进入桥孔后，桥前的势能便转化为桥下的动能，使桥下流速增大，水流可能出现急流。因此，其水流的衔接情况也与堰闸出流有相近之处。这样便可根据桥下收缩断面水深的共轭水深与下游河沟正常水深的关系进行分析，把水流分为自由出流与淹没出流。

1. 自由出流

当下游正常水深 $h_0 \leqslant 1.3 h_k (h_c'')$ 时，说明水流受到挤压，桥下进口处产生收缩水深 h_c 后即出现临界水深 h_k 并以临界流的形式通过桥下。此时桥下具有较大的能量，能够推开下游水深，故称之为自由出流，也叫临界流，如图 13.1 所示。

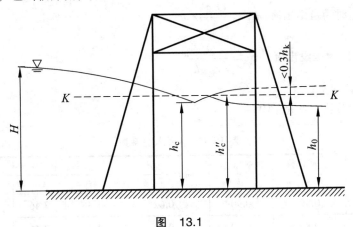

图 13.1

2. 淹没出流

当下游水深由于下游水位的顶托作用，收缩断面水深被淹没，桥下水深即为 h_0，称为淹没出流，如图 13.2 所示。

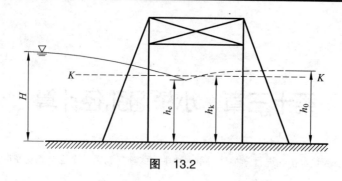

图　13.2

二、计算小桥孔径及桥前积水高度

1. 允许流速的确定

小桥的数量是很多的，为了缩小小桥孔径达到经济目的，多采用加固河床的办法来提高桥下流速，这样即可按河床铺砌类型选择允许流速。通常用干砌片石、浆砌片石、混凝土护底。若没有铺砌，可根据土壤种类的允许流速确定。

2. 孔径计算

由于桥下多采用铺砌，故桥下断面多为矩形，如图 13.3 所示。

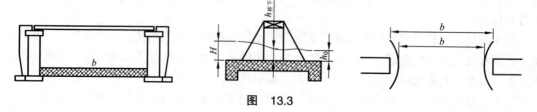

图　13.3

首先判别水流状态，由此决定小桥孔径，即：

$$b_需 = \frac{Q_P}{\varepsilon h_{桥下} v_{允许}} \tag{13.1}$$

当 $1.3 h_k \geq h_0$ 时为自由出流，$b_需 = \dfrac{Q_P g}{\varepsilon v_{允许}^3}$ $\tag{13.2}$

当 $1.3 h_k < h_0$ 时为淹没出流，$b_需 = \dfrac{Q_P}{\varepsilon v_{允许}^3 h_0}$ $\tag{13.3}$

式中　Q_P——设计流量；

　　　ε——压缩系数，查表 13.1。

表 13.1　小桥水力系数

特　征	压缩系数 ε	流速系数 ϕ	$k = \dfrac{2\phi^2}{1+2\phi^2}$	临界流状态		淹没流状态	
				M_1	M_1'	M_2	M_2'
单孔有锥体填土	0.90	0.90	0.62	1.38	2.46	3.59	3.98
单孔有八字翼墙	0.85	0.90	0.62	1.31	2.46	3.59	3.98
多孔桥或无锥体填土或桥台伸出锥体外	0.80	0.85	0.59	1.13	2.41	3.01	3.76

由于小桥的梁跨通常采用标准设计，这就要按照计算出来需要的孔径 $b_需$ 查标准图或见表 11.4，选用相近的梁跨 $b_标$ 且使 $b_标 \geq b_需$，而套用标准图后 $b_标$ 实际的孔径为

$$b_标 = nL + (n+1)\Delta - 2d_0 - (n-1)b'$$（13.4）

式中　L——梁全长；

　　　n——跨数的个数；

　　　Δ——梁缝，见表 11.4；

　　　d_0——桥台胸墙至前墙的距离，见表 11.4；

　　　b'——采用多孔时的桥墩迎水面宽度，见表 11.4。

当桥下断面为梯形时，应另行计算。

3. 实有流速 $v_实$ 的计算

由于 $b_实 \geq b_需$，$v_实$ 必然减小，对于淹没出流，$v_实 = Q_P / \varepsilon h_0 b_标$；对于自由出流，必须重新检查水流状态。

当 $1.3h_k \geq h_0$ 时，为自由出流：

$$v_实 = \sqrt[3]{\frac{Q_P g}{\varepsilon b_实}}$$（13.5）

当 $1.3h_k < h_0$ 时，为淹没出流：

$$v_实 = \frac{Q_P}{\varepsilon h_0 b_实}$$（13.6）

4. 桥前积水深度的计算

分别在桥前和桥下取两个断面列能量方程：

$$H + \frac{v_0^2}{2g} = h_{桥下} + \frac{v_{桥下}^2}{2g} + h_j$$

取 $v_{桥下} = v_实,\ h_j = \xi_j \frac{v_实^2}{2g}$，代入上式得：

$$H + \frac{v_0^2}{2g} = h_{桥下} + (1 + \xi_j) \frac{v_实^2}{2g}$$

令 $\phi = \frac{1}{\sqrt{1 + \xi_j}}$，$1 + \xi_j = \frac{1}{\phi^2}$，整理后得：

$$H = h_{桥下} + \frac{v_实^2}{2g\phi^2} - \frac{v_0^2}{2g}$$（13.7）

自由出流时，$h_{桥下} = h_k = v_实^2 / g$，则：

$$H = h_k + \frac{v_实^2}{2g\phi^2} - \frac{v_0^2}{2g} = \frac{v_实^2}{g} + \frac{v_实^2}{2g\phi^2} - \frac{v_0^2}{2g} = \frac{v_实^2}{g}\left(1 + \frac{1}{2\phi^2}\right) - \frac{v_0^2}{2g}$$

令 $\dfrac{1}{k}=\left(1+\dfrac{1}{2\phi^2}\right),k=\dfrac{2\phi^2}{1+2\phi^2}$，可查表 13.1 得到，所以上式可变为：

$$H=\dfrac{h_k}{k}-\dfrac{v_0^2}{2g} \tag{13.8}$$

淹没出流时，$h_{桥下}=h_0$，则：

$$H=h_0+\dfrac{v_{实}^2}{2g\phi^2}-\dfrac{v_0^2}{2g} \tag{13.9}$$

以上各式中，v_0 为桥前行近流速，一般可忽略；ϕ 为流速系数；k 为与 ϕ 有关的系数，可查表 13.1。

二、桥头路堤高度的检算

《桥涵勘规》规定：小桥涵附近的路肩高程，应高出设计水位连同壅水高度至少 0.5 m，设计频率可查表 10.1。

（1）按水力条件计算：

$$H_{堤}=H+0.5 \tag{13.10}$$

（2）按结构条件计算：

$$H_{堤}=H+J+C-h_a \tag{13.11}$$

式中　H——桥前水深；

　　　J——桥下净空，查表 11.10；

　　　C——梁底至轨底高度，查表 11.4；

　　　h_a——轨底至路肩高度,查有关规范确定。

上述两 H 下标值由高者控制。

例 13.1　已知某河的 $Q_P=26\ \text{m}^3/\text{s}$，下游水深 $h_0=1.3\ \text{m}$，水流与桥孔正交。采用带锥体护坡的单孔小桥，其 $\varepsilon=0.9$，$\phi=0.9$，河床用片石铺砌，采用 $v_{允许}=3.5\ \text{m/s}$，路堤高度为 3.5 m，试计算小桥孔径并检查路堤高度。

解：判别水流状态：

$$h_k=\dfrac{v_{允许}^2}{g}=\dfrac{3.5^2}{9.8}=1.25\ (\text{m})$$

$$1.3h_k=1.3\times1.25=1.625\ (\text{m})>h_0=1.3\ (\text{m})$$

桥下为自由出流，故根据公式（13.5）：

$$b_{需}=\dfrac{Q_Pg}{\varepsilon v_{允}^3}=\dfrac{26\times9.8}{0.9\times3.5^3}=6.6\ (\text{m})$$

查表 11.4，选用 1 孔 8 m 的钢筋混凝土梁和 T 形桥台，查表 11.4，$L=8.5$，$\varDelta=0.06$，$d_0=0.8$，$c=1.75$。

则实际孔径：

$$b_{实} = nL+(n+1)\Delta-2d_0-(n-1)b' = 1\times8.5+2\times0.06-2\times0.8=7.02（m）$$
$$>b_需=6.6（m）（可行）$$

因孔径加大，流速降低，在自由出流的情况下，仍需重新判别水流状态，确认是否自由出流：

$$h_k = \sqrt[3]{\frac{Q_P^2}{\varepsilon^2 b_{实}^2 g}}=\sqrt[3]{\frac{26^2}{0.9^2\times7.02^2\times9.8}}=1.2（m）$$

$$1.3h_k = 1.3\times1.2=1.56\ m>h_0=1.3(m)$$

仍为自由出流，则：

$$v_{实} = \sqrt[3]{\frac{Q_P g}{\varepsilon b_{实}}}=\sqrt[3]{\frac{26\times9.8}{0.9\times7.02}}=3.43（m/s）$$

$$H = h_k+\frac{v_{实}^2}{2g\phi^2}=1.2+\frac{3.43^2}{2\times9.8\times0.9^2}=1.94（m）$$

检查路堤高度：
① 按水力条件：

$$H_堤 = H+0.5=1.94+0.5=2.44(m)<3.5(m)（路堤高度，可行）$$

② 按结构条件：

$$H_堤 = H+J+C-h_a$$
$$= 1.94+0.5+1.75-0.78=3.41(m)<3.5(m)（路堤高度，可行）$$

例 13.2 仍用上例资料，但路堤高度为 3 m，必须改变设计方案。试用加大孔径、采用低高度预应力梁或多孔桥等三种方案检算路堤高度。

解：

方案 1：选用 1 孔 10 m 的钢筋混凝土梁、T 台，查表 11.4，L=10.5，Δ=0.06，d_0=1.1，c=1.9，则实际孔径 $b_标$：

$$b_{实} = nL+(n+1)\Delta-2d_0-(n-1)b'$$
$$b_标 = 10.5+2\times0.06-2\times1.1=8.42(m)>6.6(m)（可行）$$

$$h_k = \sqrt[3]{\frac{Q_P^2}{\varepsilon^2 b_标^2 g}}=\sqrt[3]{\frac{26^2}{0.9^2\times8.42^2\times9.8}}=1.06（m）$$

$$1.3h_k = 1.3\times1.06=1.38(m)>h_0=1.3(m)（自由出流）$$

桥下为自由出流，故：

$$v_{实} = \sqrt[3]{\frac{Q_P g}{\varepsilon b_标}}=\sqrt[3]{\frac{26\times9.8}{0.9\times8.42}}=3.23（m/s）$$

$$H = h_k + \frac{v_实^2}{2g\phi^2} = 1.06 + \frac{3.23^2}{2 \times 9.8 \times 0.9^2} = 1.72 \text{（m）}$$

按水力条件：

$$H_堤 = H + 0.5 = 1.72 + 0.5 = 2.22 \text{ (m)} < 3 \text{ (m)} \text{（给定路堤高度，可行）}$$

按构造条件：

$$H_堤 = H + J + C - h_a = 1.72 + 0.5 + 1.9 - 0.78 = 3.34 \text{ (m)}$$
$$> 3 \text{ (m)} \text{（给定路堤高度，不可行）}$$

方案 2：查表 11.4 选用 1~8 m 的低高度预应力梁，水力计算不变，C 值由 1.75 m 变为 1.05（标准查图），则：

按水力条件：

$$H_堤 = H + 0.5 = 1.94 + 0.5 = 2.44 \text{ (m)} < 3 \text{ (m)} \text{（给定路堤高度，可行）}$$

按构造条件：

$$H_堤 = H + J + C - h_a = 1.94 + 0.5 + 1.05 - 0.78 = 2.71 \text{ (m)}$$
$$< 3 \text{ (m)} \text{（给定路堤高度，可行）}$$

方案 3：采用双孔方案，必须先求出所需孔径，此时查表 13.1，可得 $\varepsilon = 0.8$。

按临界流（自由出流）计算孔径，根据公式（13.1）：

$$b_需 = \frac{Q_P g}{\varepsilon v_允^3} = \frac{26 \times 9.8}{0.8 \times 3.5^3} = 7.43 \text{（m）}$$

查表 11.4 选用 2 孔 5 m 的钢筋混凝土梁、T 台、圆端形桥墩，查表 11.4 得：$L=5.5$，$\Delta=0.06$，$d_0=0.65$，$c=1.1$，$b'=1.5$。

则实际孔径 $b_标$：

$$b_实 = nL + (n+1)\Delta - 2d_0 - (n-1)b'$$
$$= 2 \times 5.5 + (2+1) \times 0.06 - 2 \times 0.65 - (2-1) \times 1.5 = 8.38 \text{（m）}$$

$$h_k = \sqrt[3]{\frac{Q_P^2}{\varepsilon^2 b_标^2 g}} = \sqrt[3]{\frac{26^2}{0.8^2 \times 8.38^2 \times 9.8}} = 1.15 \text{（m）}$$

$$1.3h_k = 1.3 \times 1.15 = 1.495 \text{(m)} > h_0 = 1.3 \text{（m）}$$

判断为自由出流，则：

$$v_实 = \sqrt[3]{\frac{Q_P g}{\varepsilon b_标}} = \sqrt[3]{\frac{26 \times 9.8}{0.8 \times 8.38}} = 3.36 \text{（m/s）}$$

$$H = h_k + \frac{v_实^2}{2g\phi^2} = 1.95 \text{（m）}$$

按水力条件：

$$H_堤 = H + 0.5 = 1.95 + 0.5 = 2.45 \text{ (m)} < 3 \text{ (m)} \text{（给定路堤高度，可行）}$$

按构造条件：

$$H_{堤} = H + J + C - h_a = 1.95 + 0.5 + 1.1 - 0.78 = 2.77 \text{ (m)}$$
$$< 3 \text{ (m)（给定路堤高度，可行）}$$

以上两个可行方案经过经济比选后，择优选用。

例 13.3 已知某河的设计流量为 40 m^3/s，下游水深 $h_0 = 1.7$ m，水流与桥孔正交。采用带锥体护坡的单孔小桥，其 $\varepsilon = 0.9$，$\phi = 0.9$，$v_允 = 3.5$ m/s，路堤高度为 4 m，试计算小桥孔径并检查路堤高度。

解： 判别水流状态：

$$h_k = \frac{v_{允许}^2}{g} = \frac{3.5^2}{9.8} = 1.25 \text{ (m)}$$

$$1.3 h_k = 1.3 \times 1.25 = 1.625 \text{ m} < h_0 = 1.7 \text{ (m)}$$

故桥下为淹没出流，且

$$b_{需} = \frac{Q_P}{\varepsilon v_{允许} h_0} = \frac{40}{0.9 \times 3.5 \times 1.7} = 7.47 \text{ (m)}$$

采用 1 孔 10 m 的钢筋混凝土梁、T 台，查表 11.4，$L=10.5$，$\Delta=0.06$，$d_0=1.1$，$c=1.9$，则实际孔径 $b_{实}$：

$$b_{实} = nL + (n+1)\Delta - 2d_0 - (n-1)b'$$
$$= 10.5 + 2 \times 0.06 - 2 \times 1.1 = 8.42 \text{ (m)} > 7.47 \text{ (m)（需要的孔径，可行）}$$

$$v_{实} = \frac{Q_P}{\varepsilon h_0 b_{标}} = 3.10 \text{ (m/s)}$$

检查路堤高度：

按水力条件：

$$H_{堤} = H + 0.5 = 2.31 + 0.5 = 2.81 \text{ (m)} < 4 \text{ (m)（给定路堤高度，可行）}$$

按构造条件：

$$H_{堤} = H + J + C - h_a = 2.31 + 0.5 + 1.9 - 0.78 = 3.93 \text{ (m)}$$
$$< 4 \text{ (m)（给定路堤高度，可行）}$$

以上各例均未考虑行近流速 v_0 的影响，若需考虑时，根据公式（13.9）：$H = h_{桥下} + \frac{v_{实}^2}{2g\phi^2} - \frac{v_0^2}{2g}$，求 v_0 时，可用逐渐接近法。即先假定 $v_0=0$，依此求得 H，再求出桥前过水断面 ω_H，于是可得 $v_0 = \frac{Q_P}{\omega_H}$。实际上，$\frac{v_0^2}{2g}$ 一项常可忽略不计，这样所求的 H 值较大，用较大的 H 去检查路堤高度也偏于安全。

第二节　涵洞孔径计算

一、涵洞过水分析

涵洞与小桥不同，它是路堤填土下的过水建筑物，而且要保证自洞顶至轨底应有一定的填土厚度 $H_填$，如图 13.4 所示。随着填土高度的增加，涵洞顺水流的长度也越长。为使水流顺畅，涵洞要设置坡度。涵洞属整体结构，其断面可以是圆形、矩形或拱形。涵洞的孔径即过水的宽度，与净高 h_t 密切相关，h_t 按结构要求来确定。涵洞的孔径 b 最大到 6 m（圆涵最大的孔径 d 为 2.5 m），必要时可采用双孔。涵洞对水流的压缩程度比小桥大，因此，涵前积水、洞内流速均较大。因为涵洞有以上特点，其水流情况比小桥要复杂得多。根据实验，根据涵前壅水淹没涵洞进口、洞顶情况，涵洞的水流图式有下列三种，如图 13.5 所示。

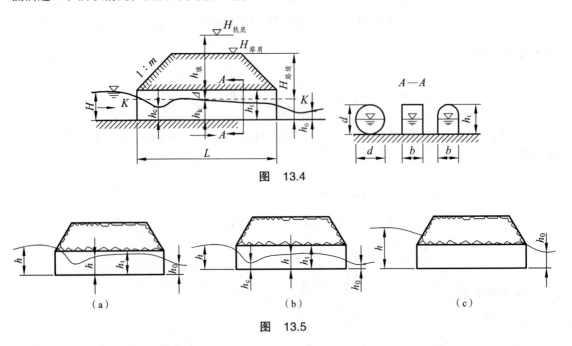

图　13.4

图　13.5

1. 无压涵洞

当涵前积水水深 H 不淹没洞口，且水流在涵洞全长上均具有自由水面时，称为无压涵洞（图 13.4）。这种涵洞的过水情况与小桥及宽顶堰水流是完全一样的，故也分自由出流与淹没出流两种。

当涵洞长度大于（8~10）H 时，涵洞内水流的沿程水头损失较大，大到不可将其忽略的程度，即沿程水头损失将影响涵洞内水深的沿程变化，在这种情况下，涵洞的水流形态在进口段是宽顶堰流的水流形态。在涵洞进口段之后，水流形态则属于明渠水流，如图 13.5（b）所示。因此，设计时，一方面要根据宽顶堰流的理论，计算涵洞进口前的积水高度 H，同时又要根据明渠非均匀流原理求涵洞内的水面曲线，从而算出涵洞内水深及相应的流速，并依此检查涵洞内净空和洞内及出口流速的冲刷情况。

现行标准图规定无压涵洞洞口的淹没标准是：一般型式进口 $H \leqslant 1.2h_t$，有提高节型式进口 $H < 1.4h_t$。（对于箱涵，提高节净高 $h_t' \leqslant 0.88$）H。

2. 半压涵洞

当进口水面与洞项内壁接触，进口被淹没，而涵洞全长内仍具有自由水面时，称为半(有)压涵洞，这种涵洞的水流状态像是闸下大孔口出流，如图 13.5（a）所示。

3. 有压涵洞

当进口被淹没，又在洞内全长范围均为水流所充满，称为有压涵洞，如图 13.5（c）所示。这种涵洞的水流状态实际上就是管流。

由于有压和半压涵洞的水流会对路堤进行渗透，严重威胁运行安全。因此，无论在设计和施工上都要有特殊的措施，所以《桥渡水文勘规》规定：涵洞的孔径应按设计流量 $Q_2\%$ 设计成无压的，其附近的路堤高度要用最大流量 $Q_1\%$ 来检查，因此只在最大流量通过涵洞时，才允许成为半压（圆涵）和有压（矩形箱涵与拱涵）状态，所以涵洞孔径计算依然是孔径 b、积水 H 和流速 v 的计算。

二、涵洞水力特征表的制定

由于涵洞水流复杂，数量又多，因此，为了减轻设计计算量，采用标准设计的水力特征表来设计计算。目前各类常用涵洞的标准设计图有圆涵（壹桥 5191）、盖板箱涵（肆桥 5009）和拱涵（专桥 5004）。按规范，涵洞应设计成无压的，其孔径最大为 6 m，一般不超过两孔，其通过的流量也不会太大，此时原河道中的正常水深 h_0 也不大，加之涵洞的建筑材料又能抵抗较大流速(最大流速可达 5 m/s)，因此洞内水流的动能能够推开下游正常水深而形成自由出流，这就保证了涵洞按临界流设计。所以标准图中的水力特征表均按无压临界流进行计算，只有在特殊地形和经过检查出现淹没流情况时，才作个别处理，单独进行水力计算。现以孔径 2 m 的高边墙盖板箱涵为例，来说明该标准图中水力特征表的制定方法。

箱涵的断面为矩形，孔径为 b，净高为 h_t，其比值按结构已确定。$b = 2$ m，可查表 13.3，可得 $h_t = 2.5$ m，根据孔径 $b = 2$ m 查表 13.3，知 $\varepsilon = 0.95$，$\phi = 0.85$，$k = 2\phi^2/(1 + 2\phi^2) = 0.591$。为保证无压条件，洞内必须有净空值 Δ，可查表 13.2。

表 13.2 涵洞内净空高度 Δ

类型 净高 h_t	圆涵	拱涵	矩形涵
$h_t \leq 3$ m	$\Delta \geq h_t/4$	$\Delta \geq h_t/4$	$\Delta \geq h_t/6$
$h_t > 3$ m	$\Delta \geq 0.75$ m	$\Delta \geq 0.75$ m	$\Delta \geq 0.5$ m

第一种情况：涵洞洞门设置提高节，涵洞内按净空要求的 Δ 来确定 h_k。

查表 13.2 可得 $\Delta = \dfrac{1}{6}h_t = \dfrac{1}{6} \times 2.5 = 0.42$ (m) 则：

根据图 13.4 $h_k = h_t - \Delta = 2.5 - 0.42 = 2.08$ (m)

根据公式（6.19）计算相应的 $v_k = \sqrt{h_k g} = \sqrt{2.08 \times 9.8} = 4.52$ (m/s)

根据公式（6.20）计算对应的 $Q = \varepsilon b h_k v_k = 0.95 \times 2 \times 2.08 \times 4.52 = 17.86$ (m³/s)

涵前积水水深 $H = \dfrac{h_k}{k} = \dfrac{2.08}{0.591} = 3.52$ (m) $> 1.2h_t = 1.2 \times 2.5 = 3$ (m)，这时说明洞口已经淹没，洞内尚未被淹没，属于半压涵洞，洞内无压，为此，盖板箱涵（肆桥 5009-1）标准图中将这一

情形下的涵洞进口安装了一段提高节,其净高 $h_t' > H$。(孔径 $b = 2$ m 的标准图中采用 $h_t' = 3.9$ m),从而保证了进口无压,涵洞内为临界流。

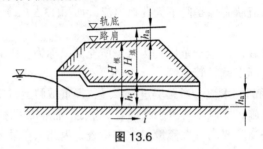

图 13.6

第二种情况:涵洞洞门不设置提高节,按涵前积水 H 不淹没洞口(自由出流)来确定 h_k:

此时有 $H = h_t = 2.5$ m,根据公式(6.18), $h_k = kH = 0.591 \times 2.5 = 1.48$(m),

根据公式(6.19)计算相应的: $v_k = \sqrt{h_k g} = \sqrt{1.48 \times 9.8} = 3.81$(m/s)

根据公式(6.20)计算相应的: $Q = \varepsilon b h_k v_k = 0.95 \times 2 \times 1.48 \times 3.81 = 10.71$(m³/s)

根据图 13.4 可得: $\Delta = h_t - h_k = 2.5 - 1.48 = 1.02(m)> 0.42$ m

比较以上情况可以看出:有提高节涵洞的流量远比无提高节的大,但所需的路堤高度大。

标准图规定:孔径为 2 m 的箱涵,有提高节时, $H_{填} \geq 2.08$ m,盖板厚 $\delta = 0.25$ m;无提高节时, $H_{填} \geq 0.38$ m, $\delta = 0.28$ m,如轨底至路肩的道床厚度 $h_a = 0.78$ m,则按构造条件要求的路堤最小高度(涵洞至路肩)$H_{堤}$为:

$$H_{堤} = h_t + \delta + H_{填} - h_a$$

有提高节: $H_{堤} = 2.5 + 0.25 + 2.08 - 0.78 = 4.05$(m)

无提高节: $H_{堤} = 2.5 + 0.28 + 0.38 - 0.78 = 2.38$(m)

根据以上计算可知,当涵洞顶部有足够的填土时应优先采用有提高节,标准图分别制定了有提高节和无提高节两种情况的水力特征表,如表 13.3 所示。

表 13.3　高边墙盖板箱涵水力特征

孔径 b (m)	净高 h_t (m)	设计流量之确定									临界坡度之确定			
		设计流量 Q_p (m³/s)	挤压系数 ε	流速系数 ϕ	$K = \dfrac{2\phi^2}{2\phi^2+1}$	临界水深 h_k (m)	流水面积 $\omega_k = bh_k$ (m²)	临界流速 $v_k = gh_k$ (m/s)	积水高度 $H_P = \dfrac{h_k}{K}$ (m)	跌水长度 S (m)	湿周长 $\chi = 2h_k + b$ (m)	水力半径 $R = \dfrac{\omega}{\chi}$ (m)	谢系数 $C = n^{\frac{1}{2}} R^{\frac{1}{6}}$ ($n = 0.017$)	临界坡度 $i_k = \dfrac{v_k^2}{C^2 k}$ (‰)
有提高节涵洞														
1.00	1.60	4.81	1.00	0.90	0.618	1.33	1.33	3.62	2.15	1.93	3.66	0.363	49.7	16.6
1.25	1.80	7.22	1.00	0.90	0.618	1.55	1.88	3.84	2.43	2.18	4.25	0.442	51.4	12.7
1.50	2.00	10.17	1.00	0.90	0.618	1.67	2.51	4.05	2.71	2.44	4.84	0.519	52.8	11.4
2.00	2.50	17.86	0.95	0.85	0.591	2.08	4.16	4.52	3.52	3.16	6.16	0.675	55.1	9.9
2.50	3.00	29.39	0.95	0.85	0.591	2.50	6.25	4.95	4.23	3.80	7.50	0.833	57.1	9.0
3.00	3.50	36.34	0.95	0.85	0.591	2.55	7.65	5.00	4.31	3.87	8.10	0.944	58.3	7.8

续表 13.3

孔径 b (m)	净高 h_t (m)	设计流量之确定								临界坡度之确定			
		设计流量 Q_p (m³/s)	挤压系数 ε	流速系数 ϕ	$K=\dfrac{2\phi^2}{2\phi^2+1}$	临界水深 h_k (m)	流水面积 $\omega_k=bh_k$ (m²)	临界流速 $v_k=gh_k$ (m/s)	积水高度 $H_P=\dfrac{h_k}{K}$ (m)	跌水长度 S (m)	湿周长 $\chi=2h_k+b$ (m)	水力半径 $R=\dfrac{\omega}{\chi}$ (m)	谢系数 $C=n^{\frac{1}{2}}R^{\frac{1}{6}}$ ($n=0.017$)	临界坡度 $i_k=\dfrac{v_k^2}{C^2k}$ (‰)
无提高节涵洞														
0.50	1.00	0.69	0.95	0.85	0.591	0.59	0.30	2.41	1.00	—	1.68	0.179	44.2	16.6
0.75	1.50	1.88	0.95	0.85	0.591	0.89	0.67	2.96	1.50	—	2.53	0.265	47.1	14.9
1.00	1.60	2.75	0.95	0.85	0.591	0.95	0.95	3.05	1.60	—	2.90	0.328	48.9	11.9
1.25	1.80	4.08	0.95	0.85	0.591	1.06	1.33	3.23	1.80	—	3.37	0.395	50.4	10.4
1.50	2.00	3.72	0.95	0.85	0.591	1.18	1.77	3.40	2.00	—	3.86	0.459	51.7	9.4
2.00	2.50	10.71	0.95	0.85	0.591	1.48	2.96	3.81	2.50	—	4.96	0.596	54.0	8.4
2.50	3.00	17.51	0.95	0.85	0.591	1.77	4.43	4.17	3.00	—	6.04	0.734	55.9	7.6
3.00	3.50	27.75	0.95	0.85	0.591	2.13	6.39	4.57	3.60	—	7.26	0.879	57.6	7.2
3.50	5.00	42.41	0.95	0.85	0.591	2.55	8.93	5.00	4.31	—	8.60	1.038	59.1	6.9
4.00	5.00	48.46	0.95	0.85	0.591	2.55	10.20	5.00	4.31	—	9.10	1.121	59.9	6.2
4.50	5.00	54.53	0.95	0.35	0.591	2.55	11.48	5.00	4.31	—	9.60	1.196	60.6	5.7
5.00	5.00	60.58	0.95	0.85	0.591	2.55	12.75	5.00	4.31	—	10.10	1.262	61.1	5.3
5.50	5.00	66.63	0.95	0.85	0.591	2.55	14.03	5.00	4.31	—	10.60	1.324	61.6	5.0
6.00	5.00	72.69	0.95	0.85	0.591	2.55	15.30	5.00	4.31	—	11.10	1.378	62.1	4.7

以上各表内的流量，是按单孔涵洞计算的；若为双孔时，其流量则为单孔的两倍，其他数值不变。

三、孔径计算步骤

一般情况下，涵洞孔径计算套用标准图（查水力特征表），特殊情况下也可单独计算。

1. 水力特征表的应用

根据已知的设计流量，查出相应的孔径（表中流量需大于等于设计流量），再按最大流量计算涵前积水深度，最后检查路堤高度。即：

按水力条件：$H_堤 \geq H_{1\%} + 0.5$

按结构条件：$H_堤 \geq h_t + \delta + H_填 - h_a$

式中　$H_堤$——给定的路堤高度；

　　　$H_{1\%}$——通过最大流量时的涵前积水深度；

　　　h_t——涵洞净高；

　　　δ——洞顶厚度；

　　　$H_填$——填洞顶的填土厚度；

　　　h_a——道床厚度。

若路堤高度不够，应加大孔径或采用双孔。

2. 涵洞的计算

以箱涵为例说明。

（1）初拟孔径，计算洞内临界水深：

$$h_k = \sqrt[3]{\frac{Q_P^2}{\varepsilon^2 b^2 g}} = \frac{v_k^2}{g}$$

（2）计算 v_k、h_c、i_c：

$$v_k = \frac{Q_P}{A_k} = \frac{Q_P}{\varepsilon b h_k} = \sqrt{g h_k}$$

根据实验知 $h_c = 0.9 h_k$，$v_c = v_k / 0.9$。

（3）涵前水深的计算，检查路堤高度：

$$H = h_c + \frac{v_c^2}{2g\phi^2} - \frac{v_0^2}{2g}$$

（4）水位跌落长度的计算：

$$S = \frac{h_P v_k^2}{2g\phi(H_P - h_k)}$$

（5）检查计算。① 进口淹没检查，$H \leqslant 1.2 h_t$（无提高节）；$H \leqslant 1.4 h_t$（有提高节）。对于箱涵，$0.88H \leqslant h_t$。② 涵洞净高检查，应符合规定。③ 洞内流速检查，不应超过 5 m/s。④ 坡度检查：$i_k = \dfrac{n^2 v_k^2}{R_k^{4/3}}$。

例 13.4 欲在某Ⅰ级线路水沟处设一涵洞，已知 $Q_{2\%} = 17.7$ m^2/s，$Q_{1\%} = 21.2$ m^3/s，河床纵坡 $i = 10‰$，路堤高度为 4.6 m，试设计该箱涵孔径。

解：（1）初拟孔径，计算临界水深。取 $v_k = 4.5$ m/s，则孔径为：

$$b = \frac{Q_P g}{\varepsilon v_k^3} = \frac{17.7 \times 9.8}{0.95 \times 4.5^3} \approx 2 \ (\text{m})$$

选用 1 孔 2 m 有提高节箱涵，从标准图知 $h_t = 2.5$ m，$h_t' = 3.9$ m，$= 0.85$，则 $h_k = \sqrt[3]{\dfrac{Q_P^2}{\varepsilon^2 b^2 g}} = 2.07$ m，而

$$1.3 h_k = 1.3 \times 2.07 = 2.69 \text{ m} > h_0 = 1.46 \ (\text{m})$$

为自由出流。

（2）计算 v_k、h_c、i_c：

$$v_k = \sqrt{g h_k} = 4.51 \ (\text{m/s})$$

$$H_c = 0.9 h_k = 0.9 \times 2.07 = 1.86 \ (\text{m})$$

$$v_c = v_k / 0.9 = 451 / 0.9 = 5.01 \ (\text{m/s})$$

（3）计算涵前积水，检查路堤高度，假定 $v_0 = 0$，则：

$$H = h_c + v_c^2 / (2g\phi^2) = 1.86 + 5.01^2 / (2 \times 9.8 \times 0.85^2) = 3.63 \ (\text{m})$$

涵前过水面积：

$$A_H = 1/2(2 + 2 \times 3.63) \times 3.63 = 20.44 \ （\text{m}^2）$$

$$v_0 = Q_P/A_H = 17.7/20.44 = 0.87 \ （\text{m/s}）$$

$$H_0 = 3.63 - v_c^2/(2g) = 3.63 - 0.872/(2 \times 9.8) = 3.59 \ （\text{m}）$$

根据求得的 H_0 检查涵洞是否为无压状态，$0.88H_0 = 0.88 \times 3.59 = 3.16 \ \text{m} < h'_t$，说明洞口不淹没；$h_k = kH_0 = 2\phi^2 H_0/(1 + 2\phi^2) = 0.591 \times 3.59 = 2.12 \ （\text{m}）$，$h_k + 1/6h_t = 2.12 + 1/6 \times 2.5 = 2.54 \ （\text{m}）$ $\approx 2.5 \ （\text{m}）$，相差甚微，基本满足涵洞净空要求，故以上计算符合无压涵洞的设计要求。

检查路堤高度要以最大流量 $Q_{1\%}$ 进行计算，当通过 $Q_{1\%} = 21.2 \ \text{m}^3/\text{s}$ 时，有：

$$h'_k = \sqrt[3]{\frac{21.22}{0.952 \times 22 \times 9.8}} = 2.33 \ （\text{m}）$$

$$v'_k = \sqrt{gh'_k} = \sqrt{2.33 \times 9.8} = 4.78 \ （\text{m}^3/\text{s}）$$

$$h'_c = 0.9h'_k = 0.9 \times 2.33 = 2.10 \ （\text{m}）$$

$$v'_c = \frac{v'_k}{0.9} = \frac{4.78}{0.9} = 5.31 \ （\text{m/s}）$$

因为 v_0 值小于 1 m/s，故可忽略不计。则：

$$H' = h'_c + \frac{v'^2_c}{2g\phi^2} = 2.10 + \frac{5.31^2}{2 \times 9.8 \times 0.85^2} = 4.09 \ （\text{m}）$$

$$0.88H' = 0.88 \times 4.09 = 3.6 \ （\text{m}） < h'_t = 3.9 \ （\text{m}）$$

洞口不淹没。

$h'_k = 2.33 \ （\text{m}） < h_t = 2.5 \ （\text{m}）$，洞内仍具有自由水面，说明通过涵洞时仍属无压状态。

按水力条件检查路堤高度：

$$H_\text{堤} = H' + 0.5 = 4.09 + 0.5 = 4.59 \ （\text{m}）$$

与 $H_\text{堤}$ 相等。按结构条件检查路堤高度（查标准图 $\delta = 0.28 \ \text{m}$，$H_\text{填} = 2.08 \ \text{m}$）：

$$H_\text{堤} = h_t + \delta + H_\text{填} - h_a = 2.5 + 0.28 + 2.08 - 0.78 = 4.08 \ （\text{m}） < 4.6 \ （\text{m}）$$

故由水力条件控制设计。

（4）水流跌落长度计算：

$$S = \frac{H_P v_k^2}{2g\phi(H_P - h_k)} = \frac{3.59 \times 4.512}{2 \times 9.8 \times 0.85 \times (3.59 - 2.07)} = 2.88 \ （\text{m}）$$

入口有提高节的管段长度应考虑的长度设置。

（5）检查计算。洞口淹没与涵洞净高检查已如前述，均已满足无压涵洞的要求。洞内流速，其出口流速近似计算值，与允许最大流速接近，亦满足要求。涵洞的临界坡度为：

$$i_k = \frac{n^2 v_k^2}{R_k^{4/3}} = \frac{0.017^2 \times 4.51^2}{\left(\dfrac{2 \times 2.07}{2 + 2 \times 2.07}\right)^{4/3}} = 0.01$$

与实际底坡 0.01 相等，亦满足设计要求。

例 13.5 在 I 级线路上设一盖板涵。已知：$Q_{2\%} = 18.5 \ \text{m}^3/\text{s}$，$Q_{1\%} = 22.5 \ \text{m}^3/\text{s}$，路堤高度为 4.1 m，试选定其孔径。

解： 从表 13.4 中可见，若选用有提高节 1 孔 2 m 和无提高节 1 孔 2.5 m 的盖板箱涵均不能满足排洪要求，如孔径再选大一挡，实属不经济，故选用双孔。

现采用有提高节 2 孔 1.5 m 盖板涵，能通过流量 $Q_P = 10.17 \ \text{m}^3/\text{s} > 18.5/2 = 9.25 \ \text{m}^3/\text{s}$；或选用无提高节 2 孔 2 m 的盖板涵，则 $Q_P = 10.71 \ \text{m}^3/\text{s} > 9.25 \ \text{m}^3/\text{s}$。两种孔径都能满足排洪要求，但两者的积水深度不一样，且对路堤要求的填土高度也不同，为此还要按水力条件与构造条件检查路堤高度。如路堤高度能满足要求，则有提高节的涵洞较为经济，应优先考虑。

根据选用的 2 孔 1.5 m 盖板涵，按 $Q_{1\%} = 1.2 Q_{2\%}$ 计算，查表 13.4，当 $Q_{1\%} = 12.2 \ \text{m}^3/\text{s} > \frac{1}{2} \times 22.5 \ \text{m}^3/\text{s} = 11.25 \ \text{m}^3/\text{s}$ 时，积水高度 $H'_{1\%} = 3.06 \ \text{m}$；由表 13.4 查得，当 $Q_{2\%} = 10.17 \ \text{m}^3/\text{s}$ 时，$H_{2\%} = 2.71 \ \text{m}$。用内插法求 $Q_{1\%} = 11.25 \ \text{m}^3/\text{s}$ 时的积水高度 $H_{1\%}$：

$$H_{1\%} = 2.71 + \frac{11.25 - 10.17}{12.2 - 10.17} \times (3.06 - 2.71) = 2.90 \ （\text{m}）$$

按水力条件检查路堤高度：

$$H_{堤} = H_{1\%} + 0.5 = 2.90 + 0.50 = 3.4 \ （\text{m}）< 4.1 \ \text{m}（可行）$$

按结构条件检查路堤高度：

$$H_{堤} = 3.42 \ （\text{m}）< H = 4.1 \ （\text{m}）（可行）$$

例 13.6 在 II 级线路上设一圆形涵洞，已知 $Q_{2\%} = 9.8 \ \text{m}^3/\text{s}$，$Q_{1\%} = 11.5 \ \text{m}^3/\text{s}$，路堤高度为 3.2 m，试选其孔径。

解： 查表 13.5，按无压条件只能选用 1 孔 2.5 m 圆涵（即 $Q_P = 10 \ \text{m}^3/\text{s} > 9.8 \ \text{m}^3/\text{s}$），又根据 $Q_P = 10 \text{m}^3/\text{s}$，$H_P = 2.66\text{m}$，$Q'_{1\%} = 12\text{m}^3/\text{s}$，$H'_{1\%} = 3\text{m}$ 内插求 $Q_{1\%} = 11.5 \ \text{m}^3/\text{s}$ 时的积水高度 $H_{1\%}$：

$$H_{1\%} = 2.66 + \frac{11.5 - 10}{12 - 10} \times (3 - 2.66) = 2.92 \ （\text{m}）$$

表 13.5 钢筋混凝土圆形涵洞水力特征

孔径 (m)	Q (m^3/s)	状态	端墙式及八字式					坡度		
			H (m)	h (m)	h_k (m)	v_c (m/s)	v_k (m/s)	i	i_k	I_{ma}
0.75	0.30	无压	0.59	0.32	0.35	1.85	1.63	0.011	0.008	0.281
	0.40		0.70	0.37	0.41	2.05	1.80	0.011	0.008	0.221
	0.50		0.81	0.41	0.46	2.25	1.96	0.013	0.009	0.186
	0.59		0.90	0.45	0.50	2.37	2.00	0.013	0.010	0.163
	0.60	半有压	0.91	0.45	0.51	2.41	2.08	0.014	0.010	0.162
	0.70		1.08	0.45	0.55	2.81	2.24	0.019	0.011	0.142
	0.80		1.27	0.45	0.58	3.21	2.43	0.024	0.012	0.130
	0.90		1.49	0.45	0.62	3.62	2.56	0.031	0.014	0.120
	1.00		1.74	0.45	0.65	4.02	2.73	0.038	0.016	0.108

续表 13.5

孔径 (m)	Q (m³/s)	状态	端墙式及八字式					坡度		
			H (m)	h (m)	h_k (m)	v_c (m/s)	v_k (m/s)	i	i_k	I_{ma}
1.00	0.60	无压	0.72	0.41	0.45	2.08	1.84	0.009	0.007	0.186
	0.80		0.85	0.47	0.52	2.32	2.04	0.010	0.007	0.145
	0.89		0.90	0.50	0.55	2.39	2.09	0.010	0.007	0.135
	0.89		1.00	0.50	0.55	2.51	2.11	0.011	0.008	0.130
	1.00		1.07	0.54	0.60	2.57	2.26	0.011	0.008	0.116
	1.20		1.18	0.60	0.67	2.71	2.38	0.012	0.008	0.100
	1.22		1.20	0.60	0.67	2.75	2.41	0.012	0.009	0.099
	1.30	半有压	1.29	0.60	0.69	2.94	2.50	0.014	0.009	0.095
	1.40		1.40	0.60	0.2	3.16	2.57	0.016	0.010	0.089
	1.50		1.52	0.60	0.74	3.39	2.67	0.018	0.010	0.084
	1.60		1.64	0.60	0.77	3.61	2.74	0.021	0.011	0.081
	1.80		1.92	0.60	0.81	4.07	2.93	0.023	0.012	0.074
	2.00		2.23	0.60	0.85	4.52	3.12	0.032	0.014	0.066
	2.20		2.57	0.60	0.88	4.97	3.34	0.039	0.016	0.064
	2.50		3.14	0.60	0.92	5.65	3.67	0.051	0.020	0.059
	2.68		3.48	0.60	0.93	6.01	3.88	0.057	0.022	0.057
1.25	1.20	无压	0.97	0.54	0.60	2.49	2.17	0.010	0.007	0.112
	1.26		1.00	0.56	0.62	2.49	2.18	0.010	0.007	0.107
	1.26		1.10	0.57	0.63	2.57	2.19	0.010	0.007	0.102
	1.40		1.17	0.60	0.67	2.67	2.32	0.010	0.007	0.094
	1.60		1.26	0.65	0.72	2.76	2.44	0.010	0.007	0.085
	1.80		1.35	0.69	0.87	2.88	2.52	0.010	0.007	0.077
	2.00		1.44	0.73	0.81	2.99	2.64	0.011	0.008	0.071
	2.12		1.50	0.75	0.84	3.06	2.70	0.011	0.008	0.068
	2.40	半有压	1.71	0.75	0.89	3.47	2.85	0.014	0.009	0.062
	2.70		1.96	0.75	0.94	3.90	3.03	0.018	0.010	0.059
	3.00		2.25	0.75	0.99	4.34	3.20	0.022	0.011	0.053
	3.50		2.79	0.75	1.06	5.06	3.51	0.030	0.013	0.047
	4.00		3.41	0.75	1.12	2.78	3.83	0.040	0.016	0.044
	4.15		3.62	0.75	1.13	6.00	3.95	0.043	0.017	0.043
1.50	2.00	无压	1.20	0.68	0.75	2.71	2.38	0.009	0.006	0.078
	2.00		1.32	0.69	0.77	2.80	2.43	0.009	0.006	0.074
	2.50		1.51	0.77	0.86	3.04	2.65	0.010	0.007	0.062
	3.00		1.67	0.86	0.95	3.18	2.83	0.010	0.007	0.053
	3.35		1.80	0.90	1.00	3.36	2.97	0.010	0.008	0.050
	3.50	半有压	1.88	0.90	1.03	3.51	3.01	0.011	0.008	0.048
	4.00		2.18	0.90	1.10	4.01	3.20	0.015	0.009	0.043
	4.50		2.53	0.90	1.16	4.52	3.41	0.019	0.010	0.040
	5.00		2.91	0.90	1.22	5.02	3.61	0.023	0.011	0.037
	5.50		3.30	0.90	1.27	5.52	2.83	0.028	0.012	0.035
	5.98		3.77	0.90	1.32	6.00	4.03	0.033	0.014	0.033

续表 13.5

孔径 (m)	Q (m³/s)	状态	端墙式及八字式					坡度		
			H (m)	h (m)	h_k (m)	v_c (m/s)	v_k (m/s)	i	i_k	I_{ma}
2.00	3.50	无压	1.60	0.85	0.94	3.06	2.68	0.008	0.006	0.051
	4.0C		1.73	0.91	1.01	3.20	2.79	0.008	0.006	0.046
	4.50		1.85	0.96	1.07	3.35	2.92	0.008	0.006	0.042
	5.00		1.97	1.02	1.13	3.45	3.04	0.009	0.006	9.039
	5.50		2.08	1.07	1.19	3.57	3.14	0.009	0.006	0.036
	6.00		2.19	1.13	1.25	3.64	3.23	0.009	0.006	0.033
	6.50		2.31	1.17	1.30	3.78	3.34	0.009	0.007	0.031
	6.84		2.39	1.20	1.34	3.87	3.40	0.009	0.007	0.030
	7.00	半有压	2.44	1.20	1.35	2.95	3.45	0.010	0.007	0.030
	7.50		2.62	1.20	1.40	4.23	3.55	0.011	0.007	0.029
	8.00		2.83	1.20	1.45	4.52	3.64	0.013	0.008	0.027
	9.00		3.26	1.20	1.52	5.08	3.88	0.016	0.009	0.025
	10.00		3.74	1.20	1.61	5.65	4.10	0.020	0.009	0.024
	10.63		4.07	1.20	1.66	6.00	4.24	0.023	0.010	> 0.023
2.50	7.00	无压	2.17	1.13	1.26	3.61	3.14	0.008	0.005	0.031
	7.50		2.25	1.18	1.31	3.66	3.20	0.008	0.005	0.030
	8.00		2.33	1.22	1.36	3.74	3.26	0.008	0.005	0.028
	8.50		2.42	1.26	1.40	3.81	3.34	0.008	0.006	0.027
	9.00		2.50	1.30	1.44	3.88	3.42	0.008	0.006	0.076
	9.50		2.59	1.33	1.48	3.98	3.49	0.008	0.006	0.025
	10.00		2.66	1.37	1.52	4.03	3.56	0.008	0.006	0.024
	11.00		2.82	1.44	1.60	4.17	3.68	0.008	0.006	0.022
	12.00		3.00	1.50	1.67	4.34	3.83	0.009	9.006	0.021
	13.00	半有压	3.26	1.50	1.75	4.70	3.94	0.010	0.007	0.020
	14.00		3.54	1.50	1.81	5.06	4.09	0.012	0.007	0.019
	15.00		3.84	1.50	1.87	5.42	4.23	0.014	0.008	0.018
	16.00		4.16	1.50	1.93	5.78	4.37	0.016	0.008	0.017
	16.S1		4.37	1.50	1.96	6.00	4.49	0.017	0.008	0.017

按水力条件检查路堤高度：

$$H_堤 = H_{1\%} + 0.5 = 2.92 + 0.5 = 3.42 （m） > 3.2 \text{ m （可）}$$

按结构条件检查路堤高度（由标准图得 0.20）：

$$H_堤 = d + \delta + 1 - 0.78 = 2.5 + 0.20 + 1 - 0.78 = 2.92（m）< 3.2\ m（可）$$

《桥规》规定：按结构条件，圆涵的填土厚度（自涵顶至轨底）不小于 1 m，管壁厚度由填方高度查标准图获得。通过以上检查可知，由水力条件控制，且不能满足要求。拟改为 2 孔 2 m 圆涵，则每孔的流量分别为 $Q_{2\%} = 9.8/2 = 4.9\ m^3/s$，而 $Q_{1\%} = 11.5/2 = 5.75\ m^3/s$，再内插求 $Q_{1\%}$ 时的 $H_{1\%}$ 为：

$$H_{1\%} = 1.97 + \frac{5.75 - 5}{6 - 5} \times (2.19 - 1.97) = 2.14（m）$$

按水力条件检查路堤高度：

$$H_堤 = H_{1\%} + 0.5 = 2.14 + 0.5 = 2.64（m）< 3.2\ m（可）$$

按结构条件检查路堤高度（由标准图得 $\delta = 0.18\ m$）：

$$H_堤 = 2 + 0.18 + 1 - 0.78 = 2.4 < 3.2\ m（可）$$

第三节　小桥涵类型的选择与布置

一、小桥涵的分类

1. 按材料分类
（1）砖涵。
（2）石涵：四铰管涵、拱涵。
（3）混凝土涵：管涵、盖板涵、拱涵。
（4）钢筋混凝土涵：管涵、盖板涵、拱涵。
（5）其他材料涵：木涵、瓦管涵、铸铁管涵、石灰三合土拱涵。

2. 按构造形式分类
（1）管涵：造价低，但清淤不便。
（2）盖板涵：适用低填土的路基。
（3）拱涵：便于就地取材，易于施工。

3. 按洞顶填土情况分类
（1）明涵：洞顶不填土或填土小于 0.5 m，适于低路堤。
（2）暗涵：洞顶填土大于 0.5 m，适于高路堤。

4. 按水力性能分类
（1）无压涵洞，如图 13.7（a）所示。
（2）半压涵洞，如图 13.7（b）所示。
（3）有压涵洞，如图 13.7（c）所示。

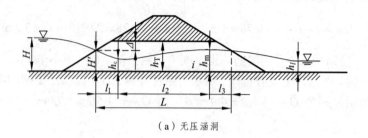

（a）无压涵洞

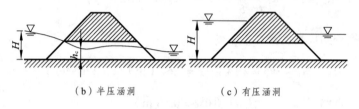

（b）半压涵洞　　　　　　　　　　（c）有压涵洞

图　　13.7

5. 按涵洞洞身形式分类

（1）平置式坡涵，如图 13.8（a）所示。

（2）平置式阶梯涵，如图 13.8（b）所示。

（3）斜置式坡涵，如图 13.8（c）、（d）、（e）所示。

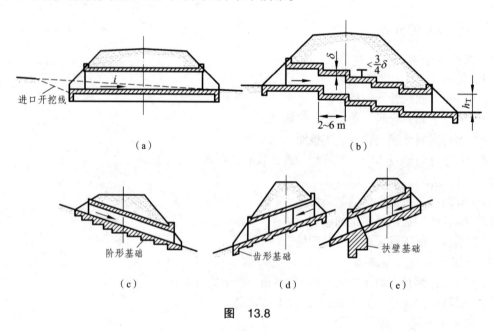

（a）　　　　　　　　　　　　　　　（b）

（c）　　　　　　（d）　　　　　　（e）

图　　13.8

二、小桥涵类型的选择

小桥适用于跨越流量大、漂浮物多、有泥石流、深沟陡岸、填土较高的河沟；涵洞适用于流量小、漂浮物少、不受路堤高度限制的河沟。

1. 石拱涵

石拱涵是山区最常用的形式。其优点是：就地取材，造价低，易于施工，坚固耐久；其缺点是：建筑高度大，难于修复，对地基要求高。它可用于流量大于 $10\ \mathrm{m^3/s}$，跨径大于 $2\ \mathrm{m}$，路堤高度在 $2.5\ \mathrm{m}$ 以上，地基条件较好的河沟，填土高度可达 $30\ \mathrm{m}$。

2. 石盖板涵

石盖板涵的优点是：就地取材，坚固耐久，建筑高度小，施工简便，易于修复；其缺点是：力学性能较差。它适用于石料丰富地区、流量小于 $10\ \mathrm{m^3/s}$、跨径小于 $2\ \mathrm{m}$ 的河沟。

3. 钢筋混凝土盖板涵

钢筋混凝土盖板涵的优点是：建筑高度较小，不受填土高度限制，可预制拼装，施工简便，对基础要求不高，易于修复；其缺点是：钢材用量大，造价高。它适于缺乏石料地区，流量较大，填土高度受限制的河沟。

4. 钢筋混凝土管涵

钢筋混凝土管涵的优点是：力学性能好，结构简单，工程量小，施工方便；其缺点是：难以清淤。它适于缺乏石料地区。

小桥涵类型的选择要综合考虑流量大小、路堤高度、地基情况以及维修等多方面因素而定，且一般采用单孔。

三、小桥涵的布置要求

1. 平面布置

（1）位于洪水主流区。

（2）桥轴线与水流流向正交，涵洞轴线与水流流向一致。

2. 立面布置

立面布置包括合理布置桥孔确定洞底中心高程和涵洞底坡、确定引水及出水渠槽、洞口及进出口沟床的防冲刷消能措施。

（1）纵坡 i < 5% 的河沟：

① 顺坡设涵，涵洞底坡与天然河沟底坡一致。

② 设急坡涵洞，当河沟纵坡较大时，可以涵洞出口处沟床高程作起坡控制点，使 $i > i_k$（i_k 为临界底坡），在进口处作适当开挖，如图 13.8（a）所示。

（2）纵坡 5% < i < 10% 的非岩石河沟或 5% < i < 30% 的岩石河沟。对于这类河沟，可采用斜置式坡涵。结合地形、地质情况，其基础可有台阶形、齿形与扶壁形，如图 13.8（c）、（d）、（e）所示。

（3）纵坡 10% < i < 30% 的河沟。这类河沟可采用洞身为阶梯形的平置坡涵，如图 13.8（b）所示。其立面布置要求有：

① 分节段长度一般为 2~6 m，随纵坡增大而减小。相邻两节段的最大高差一般不超过涵洞上部厚度的 3/4[见图 13.8（b）]；否则，应在节间加设矮墙[见图 13.8（b）]，矮墙高度应小于 0.7 m 或涵洞净高的 1/3。分节长度一般应大于台阶高度的 10 倍，否则，台阶长度按多级跌水计算确定。矮墙高度应避免过多压缩涵洞过水断面。② 当河沟纵坡变化较大时，可适应地形条件采用不等长分节洞身，不等高的阶梯形；跌水段长度应大于涵洞孔径，必要时应按多级跌水计算确定。③ 涵洞采用的孔径应大于计算值，每节间应设沉降缝。

第四节　小桥涵的防护

为了防止水流的冲刷，保护桥涵以及路基的安全，在小桥涵上下游一定范围内的沟床，需要设置防冲铺砌，应根据允许流速确定铺砌类型，其形式随地形而定，铺砌末端必须设置垂裙。当出口水流速度小于土的不冲刷容许流速或沟为位岩石时，可以不铺砌。小桥基底埋置深度满足冲刷的要求时，也可不铺砌。

对于桥台锥体填方坡面，一般应全高进行铺砌防护，在水流作用部分的防护类型按照水流流速、流冰、流木等冲刷情况而定。铺砌坡脚埋入河床的深度应考虑冲刷的影响，一般坡脚顶面应在一般冲刷线以下至少 0.25 m。

小桥涵出入口的铺砌形式和尺寸以及路堤边坡的加固均可套用标准图。

小　　结

1. 小桥涵过水分析与设计要求

（1）小桥及无压涵洞的水流现象与宽顶堰水流相似，一般称为堰高等于零的宽顶堰，其堰前的壅高是桥涵孔径压缩河道水流的结果，但淹没标准与宽顶堰有所不同，实验证实 $1.3h_k(h''_c)$ $\geqslant h_0$ 为自由出流（临界流），$1.3h_k(h''_c) < h_0$ 为淹没出流。

（2）由于小桥涵多采用铺砌，桥下和洞内有较大流速，其产生的动能推开下游水深 h_0，加之小桥涵的流量也不大，h_0 也相应较小，不会影响设计洪水出流，因此多为自由出流，故可按临界流设计。用临界流设计，可有最小的比能，当比能一定时，又可通过最大流量，是理想的设计流态。

（3）对于涵洞，因孔径是用 $Q_{2\%}$ 按无压临界流设计的，而路肩高程需要用 $Q_{1\%}$ 检算，因而相应于 $Q_{1\%}$ 的积水 $H_{1\%}$ 通过涵洞时，会出现有压或半压状态，这时需按管流和闸孔出流予以检算。

2. 小桥孔径设计程序

（1）按临界流设计孔径。

（2）检算桥下流态，求出临界水深。

（3）求出桥前积水，检查路堤高度。

（4）倘路堤高度检查不合格，应继续试算孔径，有以下办法：

① 加大孔径，使实际流速减小。

② 采用多孔（小跨度）或采用低高度梁，使 C 值减小。

（5）根据实际流速或单宽流量，按标准图选定铺砌的长度、宽度、厚度等。

3. 涵洞设计程序

因涵洞孔径小，受洞壁约束，又由于涵洞长，需设置坡度排洪，水流情况较小桥复杂，故现行标准图设计制定了涵洞的水力特征表，应按表所列要求查算。它实际上也是一个反复试算和类型比较的设计过程。

（1）拟定孔径和查出该孔径所相应的水力特征值。

用设计流量 $Q_{2\%}$ 按无压临界流从水力特征表中选出孔径，然后逐一查出临界水深、速度、坡度、积水深度，再查出最大流量相应的积水深度和相应于该孔径所需的路堤高度。

（2）检查计算。

① 流态检查，水力特征表是按无压临界流计算的，条件是 $1.3h_k \geqslant h_0$。当 $1.3h_k < h_0$ 时，要对该涵洞进行淹没流计算，计算方法同小桥，但也要考虑涵洞特点。

② 路堤高度检查：

- 按水力条件；
- 按构造条件（洞顶应有足够的填土厚度）。

③ 坡度检查，涵洞应尽量设在临界坡度上。

（3）按标准图由出口或选定涵洞进出口铺砌（包括长度、宽度和高度）。

思考与练习题

13.1 为什么在小桥涵孔径计算中，多以自由出流（临界流）设计？

13.2 说明小桥的过水状态与孔径计算程序。

13.3 说明涵洞水力特征表的制定原则与使用方法。

13.4 为什么有提高节的涵洞远比无提高节涵洞的通过能力大？

13.5 在检查路堤高度时，小桥与涵洞的构造要求各有什么特点？

13.6 利用例 13.4 的资料，若不设涵洞而改设小桥，试设计其孔径并检查路堤高度。

附录一

试验一　静水压力试验

一、试验目的

（1）理解水静力学基本方程的物理意义和几何意义。
（2）学习使用液柱压力计测压强。
（3）加强对绝对压强、相对压强和真空概念的理解。
（4）学习测量液体重度的方法。

二、试验要求

（1）观察在重力作用下，液体中任意两点 AB 的位置高度 z、测压管高度 p/γ，测管水头 H，验证静力学方程。
（2）量测当 $p_0 = p_a$（p_a 为大气压强）$p_0 > p_a$、$p_0 < p_a$ 时的 A、B 两点的绝对压强和相对压强。
（3）测量其他液体的重度。

三、试验原理

水静力学讨论静水压强的特性分布规律以及如何根据静水压强的分布规律来确定静水总压力。

1. 静水压强的特性

液体静止时不能承受切应力，一旦受到切应力时就要产生变形，这是液体的特点。由此可知，在静止的液体内部，只有法向应力。其特性可归纳为：

（1）静水压强的方向与受压面垂直且指向受压面。
（2）任一点的压强大小与受压面的方向无关，或者说任一点上的各个方向的压强大小相等。

2. 静水压强的基本方程

在重力作用下，静止液体的基本方程为：

$$z_1 + p_1/\gamma = z_2 + p_2/\gamma = C$$

式中　z——单位重量液体的位置高度，单位位能，位置水头；

p/γ——单位重量液体的压强高度，单位压能，压强水头；

p_1，p_2——液体中任意两点的压强。

γ——液体的重度。

方程的物理意义为：水头即能量，它表示单位重量液体所具有的作功能力，即势能。

方程的几何意义为：水头即高度，它表示能量大小为高度。

静水压强的基本方程也可用下式表示：

$$p = p_0 + \gamma h$$

上式说明，在静止液体中，任一点的压强等于表面压强 p_0 与该点到液体表面的单位面积上的液柱重量之和。

四、试验设备和仪器

静水压强试验仪器由水箱测压管和调压筒组成，如附录图 1 所示。

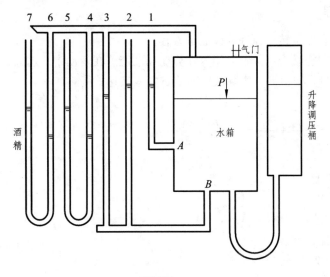

附录图　1

五、试验步骤

（1）打开箱顶气门，使箱内水面压强 $p_0 = p_a$，观察各测压管水面位置，找出等压面。

（2）关闭箱顶气门，升高调压筒，使 $p_0 > p_a$，等水面稳定后，记录各测压管读数，改变 p_0，重复一次。

（3）降低调压筒，使 $p_0 < p_a$，等水面稳定后，记录各测压管读数，改变 p_0 重复一次。

（4）记录 A、B 点到基准面的高度 z_A、z_B，则测压管水头为：

$$z_A + p_A/\gamma = H_A$$

$$z_B + p_B/\gamma = H_B$$

（5）将测出的测压管水面高差乘以液体重度，可以算出箱内水面压强 p_0 值，并验证静水压强公式，计算其他液体的重度：

$$p_0 = \gamma(z_2 - z_3) = \gamma_1(z_5 - z_4) = \gamma_2(z_7 - z_6)$$

则酒精的重度为：

$$\gamma_2 = \gamma_1(z_5 - z_4)/(z_7 - z_6) = \gamma(z_2 - z_3)/(z_7 - z_6)$$

试验二　能量方程试验

一、试验目的和要求

（1）观察水在管内作稳定流动时，位置水头、压强水头和流速水头的沿程变化规律。

（2）绘出各断面测压管水头线和总水头线及理想液体的总水头线，分析比较、加深对能量转化、能量守恒的理解，并树立沿程水头损失和局部水头损失的概念。

二、试验原理

根据能量守恒和能量转化原理验证能量方程。

运动液体具有的能量为：位置势能压强势能和动能。在运动中，这三种形式的能量可以相互转化，但总的能量是守恒的，实际液体的能量方程表达式为：

$$z_1 + \frac{p_1}{\gamma} + \frac{\partial v_1^2}{2g} = z_2 + \frac{p_2}{\gamma} + \frac{\partial v_2^2}{2g} + h_{\mathrm{w}}$$

式中　z——位置势能；

　　　p/γ——压强势能；

　　　$z + p/\gamma$——势能；

　　　$v^2/2g$——动能；

　　　$(z + p/\gamma) + v^2/2g$——总能；

　　　h_{w}——水头损失。

利用上面的图形来描述水流的各种能量的转化规律以及表示方法，以水头为纵坐标，沿流程取过水断面，按一定的比例把各过水断面上 z、p/γ、$v^2/2g$ 的分别绘在图上，如附录图 2 所示。

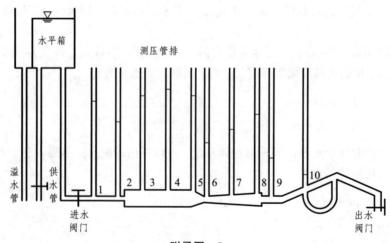

附录图　2

把各断面的 $(z + p/\gamma)$ 值的点连接起来，就得到一条测压管水头线（如附录图 2 中实线所示）。

把各断面的（$z+p/\gamma+v^2/2g$）值的点连接起来，就得到一条总水头线（如附录图 2 中点画线所示）。

任意两个断面上的总水头线之高差即为这两个断面间的水头损失。

三、试验装置

试验装置由供水箱试验管道和测压排组成。量测流量用量水箱和秒表，用体积法或重量法进行。

四、试验方法

（1）打开上水阀门 1，使水箱水面溢流，保持水面稳定。

（2）打开进水阀门 2，使水流进入试验管道，排去管内及测压管内的空气。

（3）用出水阀门调节流量，使测压管水头线在适当位置，观察测压管水头线变化规律。

（4）水流稳定后，记录各断面测压管水面读数，同时量测流量。

（5）改变流量，重复一次试验。

（6）用实测的水头损失验证能量方程。

（7）试验做完后，将仪器恢复原状。

试验三　雷诺试验

一、试验目的和要求

（1）观察水流的层流和紊流现象。

（2）学习测量圆管中雷诺数的方法。

（3）在坐标纸上绘出水头损失与雷诺数的关系曲线，求出下临界雷诺数。

（4）对试验结果进行分析，证实层流和紊流这两种流态沿程水头损失随流速变化规律的区别。

二、试验原理

水流运动有两种不同的形态，即层流和紊流。当流速较小时，质点运动惯性较小，黏滞力起主导作用，液体的质点有条不紊地按平行的轨迹运动，并保持一定的相对位置，这种流动叫作层流；当流速较大时，黏滞力处于次要地位，惯性力起主导作用，液体的质点相互碰撞掺混产生漩涡，是杂乱无章的运动，这种流动叫作紊流；介于两者之间的是过渡流动，如附录图 3 所示。

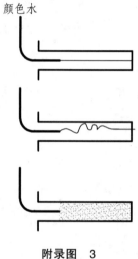

颜色水

附录图　3

雷诺试验验证了在层流和紊流时的延程水头损失规律的不同。层流时，水头损失与流速的一次方成正比；紊流时，h_f 与 v^n 成正比，$n = 1.75 \sim 2$。对于光滑管 $n = 1.75$，对于粗糙管 $n = 2$。在水平圆管上取断面 1—1 和 2—2，如附录图 3 所示，装上测压管，即可测出这两个断面间的水头损失，根据能量方程，得：

$$z_1 + \frac{p_1}{\gamma} + \frac{\partial v_1^2}{2g} = z_2 + \frac{p_2}{\gamma} + \frac{\partial v_2^2}{2g} + h_w$$

$$z_1 = z_2$$

$$v_1^2/2g = v_2^2/2g$$

$$H_f = (p_1 - p_2) = p/\gamma$$

由于流态不同，水头损失的规律也不同，所以，计算水头损失时，必须判别水流的形态。

判别水流形态的准则：试验发现，临界流速与液体的物理性质（密度黏滞系数）及管道直径有关，并提出一个表明流动形态的量 ——雷诺数：

$$Re = \rho vd/\mu = vd/\upsilon$$

式中　Re ——雷诺数；

　　　ρ ——液体的密度；

　　　μ ——动力黏滞系数，$\mu = \upsilon\rho$；

　　　v ——断面平均流速；

　　　υ ——运动黏滞系数，按下式计算：

$$\upsilon = 0.017\,75/\,(1 + 0.033\,7t + 0.000\,221t^2)\,(cm^2/s)$$

其中 t——水的温度。

液体流态转变时的雷诺数叫做临界雷诺数。但由层流向紊流转变时的雷诺数与由紊流向层流转变时的雷诺数是不同的，前者叫做上临界雷诺数，后者叫做下临界雷诺数。试验表明，圆管中的液流，下临界雷诺数是一个比较稳定的数值：

$$Re_k = vk/\upsilon = 2\ 300$$

上临界雷诺数变化很大，不稳定。因此，把下临界雷诺数作为判别液流的标准。

当 $Re = vd/\upsilon < Re_k$ 时，液流为层流；

当 $Re = vd/\upsilon > Re_k$ 时，液流为紊流。

对于明渠水流，$Re_k = 575$。

三、试验仪器

试验仪器由供水箱、试验管段、倾斜比压计组成，如附录图4所示。量测流量用量筒和秒表，水温用温度计测出，有色液体通过针状管流入管道来显示流动形态。

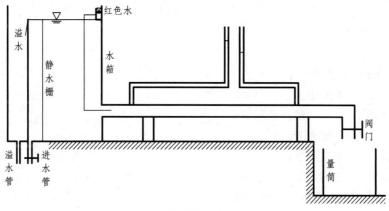

附录图 4

四、试验方法和步骤

（1）打开供水阀，使水箱充满水并保持稳定的水位（使水箱内有少量水溢出）。

（2）关闭调节阀，检查两个测压管水面是否在同一水平面上，如果不平，可能测压管内有气泡，应将气泡排尽，然后再开调节阀。

（3）打开调节阀，使管道通过较大的流量，呈现紊流状态，然后打开红色水阀门，观察水流，同时用量筒、秒表测量流量，读出差压计压差并测量水温，统一计入表内。

（4）逐步把调节阀关小，减小流速，观察流态，重复上述步骤8～10次。

（5）用测得的水温，在表内查得水的黏滞系数。

（6）计算 Re，绘出关系曲线，确定下临界雷诺数。

五、注意事项

（1）试验要按一定程序操作，即流量由大到小，不能时大时小。

（2）由于层流流量小，比压计压差小，量测不易准确，所以测流量时间应长些，压差计读2～3次，取平均值。

试验四　水跃试验

一、试验目的和要求

（1）观察水跃现象，了解水跃水流的基本特征、水跃类型及其形成条件。

（2）了解水跃消能的物理过程。

（3）测量水跃参数，与用公式计算值比较，绘制与它相关的关系曲线与理论值（理论曲线）比较，分析误差产生的原因。

二、试验原理

1. 水跃方程的推导

对于棱柱体平底明渠，根据动量方程，得：

$$\sum P = p_1 - p_2 - F_f = \rho Q(\beta_2 v_2 - \beta_1 v_1)$$

式中　　ρ——水的密度；

Q——流量；

v_1——断面 1—1 的流速；

p_1——断面 1—1 的压强；

β_1——断面 1—1 的动量修正系数；

v_2——断面 2—2 的流速；

p_2——断面 2—2 的压强；

β_2——断面 2—2 的动量修正系数；

F_f——水流与渠壁接触面上的摩擦力。

为了简化计算，作三个假定：

（1）假定 1—1 和 2—2 断面属于渐变流，作用于断面上的动水压强分布和静水压强相同。于是：

$$p_1 = \gamma A_1 h_{c1}$$
$$p_2 = \gamma A_2 h_{c2}$$

式中　　A_1，A_2——1—1 和 2—2 断面的面积；

h_{c1}，h_{c2}——1—1 和 2—2 断面的形心距水面的距离。

（2）设 $F_1 = 0$（由于 F_1 与 $p_1 - p_2$ 相比一般很小，可以忽略不计）。

（3）设 $\beta_1 = \beta_2 = 1$，由连续方程知：

$$V_1 = Q / A_1$$
$$V_2 = Q / A_2$$

根据假定和上列公式整理得：

$$Q^2/gA_1 + A_1 h_{c1} = Q^2/gA_2 + A_2 h_{c2}$$

上式为水跃方程。

对于矩形渠道，底宽为 b，单宽为 q，则 $Q = bq$，$A_1 = bh_1$，$h_c = h/2$，把这三式代入水跃方程，得：

$$q^2/gh_1 + h_1^2/2 = q^2/gh_2 + h_2^2/2$$
$$h_1h_2^2 + h_1^2h_2 - 2q^2/2 = 0$$

2. 水跃共轭水深的计算

$$h_2 = h_1/2(\sqrt{1+8q^2/gh_1^3} - 1)$$
$$h_1 = h_2/2(\sqrt{1+8q^2/gh_2^3} - 1)$$

式中　$Fr_1 = v_1^2/gh_1^3$，$Fr_2 = v_2^2/gh_2^3$。

3. 水跃长度的计算

计算水跃长度的经验公式较多，主要有下面几个：① $L_j = 6.1h_2$；② $L_j = 6.9(h_2 - h_1)$；③ $L_j = 9.4(Fr_1 - 1)h_1$；④ $L_j = 10.8(Fr_1 - 1)0.93h_1$。

三、试验设备和仪器

试验设备由进水调节阀、三角量水堰、玻璃水槽、溢流坝、电动尾门组成如附录图 5 所示。水位和水深由水位计量测。

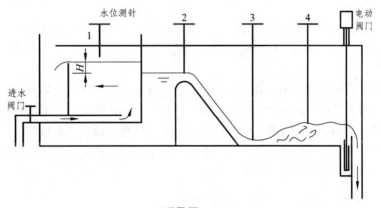

附录图　5

四、试验方法和步骤

（1）记录有关数据：量水堰零点读数、水槽底部高程读数、堰顶宽度等。

（2）打开水阀门，水流自量水堰下泄，经由实用堰形成急流，与下游缓流连接必将产生水跃。用阀门调节下游水位，可以看到三种水跃形式：当下游水深 $t = h_2$ 时产生临界水跃；$t < h_2$ 时产生远离水跃；$t > h_2$ 时产生淹没水跃。本实验只对在坝址处产生的完整水跃进行量测。

（3）用 $1^\#$、$2^\#$、$3^\#$ 测针分别测出量水堰水头 H 和跃前水深 h_1、跃后水深 h_2，同时量取水跃长度 L。

（4）改变流量，重复 5～6 次。

五、注意事项

（1）跃后断面水面波动不易测准，应多测几次取平均值。

（2）跃前水深 h_1 值测量精度，影响整个实验结果，选择测点要避开水冠。由于水面有波动应细心量测，测 2～3 次再取其平均值。

（3）流量不宜太小，太小将产生波状水跃。

附录二

误差概念及误差分析

一、测量误差与分类

在所有的层流过程中，我们所得到的都是近似结果，几乎所有的因素都将引起测量误差。误差分析可以帮助我们对被测对象进行分析研究，选择适当的测量方法，合理地选择和设计传感器、仪器和测量系统，分析测量时产生误差的原因和性质，对所测数据给予合理的解释，估计所测结果的可靠程度。

测量误差的来源是多方面的，例如仪器示数、外界因素的影响、读数准确程度等。但就其性质而言，可以分为系统误差、随机误差和过失误差三类。

1. 系统误差

大部分是由于仪器本身示数不正确而引起的。它在测量过程中，始终是以确定的规律影响着测量结果，使误差数值固定或按一定规律变化。故对于系统误差，可采用实验或分析的方法掌握其变化规律，从而有可能从测量结果中加以修正，或适当地改善测量的条件与方法，如对压力脉动传感器的率定和用温度补偿措施以消除温度的影响，测定零点定期校准，都是为了消除系统误差。系统误差可以用下式说明。即：

$$系统误差 = 平均值 - 真实值$$

系统误差影响实验结果的正确度，对某量虽在同一条件下重复测量多次并不能发现系统误差，只有改变形成系统误差根源的条件，才能发现系统误差。

2. 随机误差

亦称偶然误差。在测量时，由于大量偶然因素的影响，测量误差的出现没有一定规律，其数值的大小和性质不固定。它大多数是由于仪器的灵敏度、环境条件的波动而产生。一般说来，对于某一次具体的测量，每一个因素出现与否，以及这些因素所造成的误差大小、方向，事先是无法知道的，因而随机误差是不可避免的。但是，人们通过长期反复的实践，认识了随机误差的规律，即在多次测量中它是服从统计规律的，故可以运用概率论和数理统计的方法，对所获得的测量数据进行分析和处理，以确定其最可靠的测量结果及误差的极限范围。

3. 过失误差

过失误差是指因测量人的粗心大意，对测量、记录或计算时读错、记错、算错以及在测量进行中受到突然冲击、震动的影响造成的误差。如压力脉动示波仪由于某种原因，使几条记录线掺混在一起分辨不清造成的误差等。含有过失误差的测量数据是不能采用的，必须设法从测得的数据中剔除。

二、随机误差分析

1. 误差理论中的真值与误差

（1）真值。测量的最终目的是求得被测量值的真值，被测的量本身所具有的真实大小称之为真值。在不同的时间和空间，被测量具有不同的真值。误差理论指出：对于等精度测量，在排除系统误差的前提下，当测量次数为无限多时，测量结果的算术平均值近于真值，因而可将其视为被测量的真值，这种在测量次数为无限多时所得到的算术平均值也就是被测量的统计平均值或数学的期望值。通常，测量次数有限，故按有限测量次数得到的算术平均值只是统计平均值的近似值。由于系统误差不可能完全能排除，故通常只能将更高一级的标准仪器所测得的值当做"真值"。为了表明它并非是真正的"真值"，将"真值"的值称为"实际值"。

（2）绝对误差。如果对某一个量重复进行几次测量，得到 a_1, a_2, a_3, …, a_n 个值，则其平均值为：

$$A = (a_1 + a_2 + a_3 + \cdots + a_n)/n = \sum a_n / n$$

它近似地与被测量的真值相吻合。测量次数越多，就越可靠。由此可见，对每一个物理量的测量，都应重复若干次，这是必须遵循的准则。被测的量的平均值与各次单独测量所得值的差。即：$A - a_1 = \varepsilon_1$, $A - a_2 = \varepsilon_2$, $A - a_3 = \varepsilon_3$, …, $A - a_n = \varepsilon_n$ 叫做各次测量的绝对误差。显然，它可为正，也可为负。当测量的次数很多时，由于误差的偶然性，这些绝对误差之和应等于零。

所有测量误差的绝对值的算术平均值为：

$$\Delta A = (\varepsilon_1 + \varepsilon_2 + \varepsilon_3 + \cdots + \varepsilon_n)/n = \sum \varepsilon / n$$

其值也叫作平均绝对误差。绝对误差是一个绝对量，有单位名称不能作不同量的同类仪表及不同类仪表之间测量精度的比较。例如，在测量水位时，测量 1 m 水深的绝对误差为 0.1 cm，测量 0.1 m 水深时的绝对误差也是 0.1 cm，两者绝对误差相等，但其测量精度却相差很大。因此，仅从绝对误差的大小无法比较测量精度，为此，引入相对误差的概念。

（3）相对误差。各次测量的绝对误差 ε 与所测的值之比，即：

$$\varepsilon_1/a_1, \quad \varepsilon_2/a_2, \quad \varepsilon_3/a_3, \quad \cdots, \quad \varepsilon_n/a_n$$

叫作各次测量的相对误差。同样，结果的平均绝对误差与由公式计算的平均值之比，即：

$$E = \Delta A / A$$

给出测量结果的平均相对误差 E。相对误差一般用百分数来表示，无单位。

上述测水深的相对误差分别为：

测 1 m 水深的相对误差：$E = 0.1/100 = 0.1\%$；

测 0.1 m 水深的相对误差：$E = 0.1/10 = 1\%$。

显然，相对误差可以反映出二者的测量精度。在一台仪表的整个测量范围内，相对误差不是一个定值，它随测量的值的大小而改变。为了对同样量程的传感器和仪表比较它们之间的测量精度，厂家对传感器和仪表，以一系列标准百分比数值表示的精度等级进行分档。这个数值一般是传感器和仪表在规定条件下，最大绝对误差值相对于测量范围的百分数。因此，对于某一精度等级的传感器或仪表，在实际使用时，必须不时地根据被测的量的大小，改变测量量程的大小，从而达到较高的测量精度。由此可见，量程问题归根到底还是误差问题。

2. 正态分布随机误差的特性

模型试验时，由于自然环境条件随时在变化，传感器以及它们和其他设备之间的相互影响等很多因素综合的作用，使在测量过程中，即使相同条件下重复地测量，所得的数据之间仍会存在微小的差异，对于每一次测量值，误差的大小和符号都无法预测，具有随机性，但它们的概率分布却服从一定的统计规律。

一般把偶然误差视为随机变量，其概率密度函数服从正态分布，它具有以下几个特性：① 单峰性。正态分布只有一个峰值。② 对称性。绝对值相等的正误差和负误差出现的概率相等。③ 抵偿性。当测量次数无穷大时，各个误差的代数和等于零。④ 有限性。误差不会超过一定的范围。

3. 标准误差

标准误差又称为均方误差。随机误差服从正态分布，设测量值为 X_1, X_2, X_3, $\cdots$, X_n，其数学近似值为：

$$X = \sum X_i / n$$

剩余误差为 $\delta_i = X_i - X$。相应于 X_1, X_2, $\cdots$, X_n 测量值的剩余误差为 δ_1, δ_2, $\cdots$, δ_n。

再把按绝对值大小取算术平均，即用平均误差作为代表，它只反映了随机误差的大小与测量次数有关。但没有反映各次测量之间彼此符合的情况：如第一次测量中剩余误差彼此接近中等值，而第二次测量中剩余误差有大、中、小三种值，但两者所得可能很接近。所以，平均误差不能反映这两次测量误差的大小。

标准误差可反映出测量精度，其值越大，随机误差的极限范围越大，可靠性越差，测量误差就越大。均方差相同的测量称为等精度测量。

三、有效数字

任何一种测量仪器，由于其测量精度有限，最后显示或记录装置所得到的读数位数都是有限的，不可能读到超出其精度的更多的位数，也不可能任意增加其记录数据位数，未经测定而增加的数（包括"0"在内）是无效的数。有效数是经过测定的数字，有效数的个位数为有效位数。例如测得玻璃水槽的宽度是 55.5 cm，三个数字都是有效数，或说有效位数是 3，这就说明水槽宽度的测量结果比 55.4 cm 和 55.6 cm 都可靠。如果改进了测量仪器，提高了测量精度，测得槽宽为 55.50 cm，那么有效数字就是 4，则水槽宽度比 55.49 cm 和 55.51 cm 都可靠，说明大大提高了精度。

一个近似数有几个有效数字，也叫这个近似数有几个有效位数。如：3.141 6，2.117 3，180.00，均为五位有效数，而 0.027 4，274，27.4 均为三位有效数。

在判断有效数字时，要特别注意 0 这个数字，它可以是有效数字，也可以不是有效数字，例如：0.002 74，前面三个 0 都不是有效数字，而 180.00，后面两个 0 却都是有效数字，因为前者与测量精度无关，后者却有关。例如若把 270.00 写成 270，则其真值所在的区间为：270.5 ~ 269.5。其绝对误差为 0.5，但对于 180.00 来说，其真值所在区间应为：270.005 ~ 269.995。其绝对误差为 0.005，显然，由于去掉右边两个 0，而使绝对值误差由 0.005 变成 0.5，这样原来应精确到小数点以后第三位，现在变成精确到小数点以后第一位，使精度大大降低。因此，绝不可随随便便去掉小数部分右边的 0，或在小数部分右边随便加上 0，因为这样做的结果，虽不会改变这个数的大小，却改变了这个近似数的精确度。

参 考 文 献

[1] 宋广尧. 水力学与桥涵水文. 北京：中国铁道出版社，1987.

[2] 宋广尧. 水力学基础知识. 北京：人民铁道出版社，1983.

[3] 西南交通大学水力学教研室. 水力学. 北京：高等教育出版社，1983.

[4] 武汉水力电力学院胡重明，王真真，杨明襄. 水力学. 北京：水利电力出版社，1989.

[5] 铁道部第三勘测设计院. 桥涵水文. 北京：人民铁道出版社，1978.

[6] 张学龄. 桥涵水文. 2 版. 北京：人民交通出版社，1986.

[7] 尚久驷. 桥渡设计. 北京：中国铁道出版社，1980.

[8] 铁道部第三勘测设计院. 桥渡水文. 北京：中国铁道出版社，1993.

[9] 铁道部第三勘测设计院. 铁路桥渡勘测设计规范. 北京：中国铁道出版社，1987.

[10] 铁道部第三勘测设计院. 铁路工程水文勘测设计规范. 北京：中国铁道出版社，1999.

[11] 高光冬. 公路桥涵设计手册. 桥位设计. 北京：人民交通出版社，2000.

[12] 蒋焕章. 公路水文勘测设计与水毁防治. 北京：人民交通出版社，2002.

[13] 俞高明. 桥涵水力水文. 北京：人民交通出版社，2002.

[14] 高光冬等. 桥位勘测设计. 北京：人民交通出版社，2001.

[15] 交通部. 公路工程技术标准（JTG B01—2003）. 北京：人民交通出版社，2004.

[16] 交通部. 公路工程水文勘测设计规范（JTG C30—2002）. 北京：人民交通出版社，2002.

[17] 交通部. 内河通航标准（GBJ 139）. 北京：人民交通出版社，1998.

[18] 交通部. 通航海轮桥梁通航标准（JTJ 311）. 北京：人民交通出版社，1998.

[19] 交通部. 公路桥涵地基与基础设计规范（JTJ 024—85）. 北京：人民交通出版社，1998.

[20] 王昌杰. 河流动力学. 北京：人民交通出版社，2001.

[21] 高光冬. 桥涵水文. 北京：人民交通出版社，2003.

[22] 向文英. 工程水文学. 重庆：重庆大学出版社，2003.

[23] 向华球. 水力学. 北京：人民交通出版社，1985.

[24] 吴持恭. 水力学. 北京：高等教育出版社，1979.

[25] 肖明葵. 水力学. 重庆：重庆大学出版社，2001.

[26] 于布. 水力学. 广州：华南理工大学出版社，2001.

[27] 李炜，徐孝平. 水力学. 武汉：武汉水利电力大学出版社，1999.

[28] 纪立智. 水力学理论与习题. 上海：上海交通大学出版社，1986.